高等学校环境类教材

环境保护与可持续发展
（第2版）

Environmental Protection and Sustainable Development
(Second Edition)

曲向荣　主编
Qu Xiangrong

清华大学出版社
北京

内 容 简 介

本书以环境问题、环境保护与可持续发展为主线,全面、系统地阐述环境保护与可持续发展的理论与实践。内容包括:绪论、生态学基础、自然资源的利用与保护、大气污染及其防治、水体污染及其防治、固体废物污染及其防治、物理性污染及其防治、环境规划与管理、环境法治、环境伦理观、清洁生产、循环经济等。

本书可作为高等院校环境科学、环境工程专业及相关专业的基础课教材,也可作为高等院校非环境专业环境教育的公选课教材,同时还可作为从事环境保护的技术人员、管理人员及关注环境保护事业人员的参考书。

版权所有,侵权必究。举报: 010-62782989, beiqinquan@tup.tsinghua.edu.cn。

图书在版编目(CIP)数据

环境保护与可持续发展/曲向荣主编. —2版. —北京:清华大学出版社,2014(2024.1重印)
高等学校环境类教材
ISBN 978-7-302-36615-7

Ⅰ. ①环… Ⅱ. ①曲… Ⅲ. ①环境保护－可持续性发展－高等学校－教材 Ⅳ. ①X22

中国版本图书馆 CIP 数据核字(2014)第 113498 号

责任编辑:柳 萍 赵从棉
封面设计:傅瑞学
责任校对:刘玉霞
责任印制:丛怀宇

出版发行:清华大学出版社
网 址: https://www.tup.com.cn, https://www.wqxuetang.com
地 址:北京清华大学学研大厦 A 座　　邮 编: 100084
社 总 机: 010-83470000　　邮 购: 010-62786544
投稿与读者服务: 010-62776969, c-service@tup.tsinghua.edu.cn
质量反馈: 010-62772015, zhiliang@tup.tsinghua.edu.cn
印 装 者:天津鑫丰华印务有限公司
经 销:全国新华书店
开 本: 170mm×230mm　　印 张: 21.5　　字 数: 408 千字
版 次: 2010 年 12 月第 1 版　2014 年 8 月第 2 版　　印 次: 2024 年 1 月第 9 次印刷
定 价: 65.00 元

产品编号: 057798-03

编写人员

主　编：曲向荣

副主编：梁吉艳　崔　丽　刘　洋

参　编：张林楠　李艳平

　　　　沈欣军　王　新

　　环境保护所研究的环境问题不是自然灾害问题(原生或第一环境问题),而是人为因素引起的环境问题(次生或第二环境问题)。这种人为环境问题一般可分为两类:一是不合理开发利用自然资源,超出环境承载力,使生态环境质量恶化或自然资源枯竭的现象;二是人口激增、城市化和工农业高速发展引起的环境污染和破坏。总之,是人类社会经济发展与环境的关系不协调引起的问题。

　　环境问题随着人类社会和经济的发展而变得日益严重,残酷的现实告诉人们,人类经济水平的提高和物质享受的增加,在很大程度上是以牺牲环境与资源换来的。环境污染、生态破坏、资源短缺、酸雨蔓延、全球气候变化、臭氧层出现空洞等,都是由于人类在发展中对自然环境采取了不公允、不友好的态度和做法的结果。环境与资源作为人类生存和发展的基础和保障,正通过上述种种问题对人类施以报复。人类正遭受着环境问题的严重威胁和危害,这种威胁和危害已危及当今人类的健康、生存与发展,更危及地球的命运和人类的前途。保护环境迫在眉睫。

　　保护环境不仅需要环境科学、工程与技术,环境政策、法规与管理等领域的理论研究与科学实践,更重要的是需要全人类的一致行动。要转变传统的社会发展模式和经济增长方式,将经济发展与环境保护协调统一起来,就必须走资源节约型和环境友好型的、人与自然和谐共存的可持续发展道路。

　　本书在第1版的基础上,做了结构上的调整和内容上的充实,更具有系统性和前瞻性。本书内容丰富,理论联系实际,可满足学生拓宽知识面、适应当前教学信息量大的要求,并便于在教学中选择讲授。

　　本书以环境问题、环境保护与可持续发展为主线,全面、系统地阐述环境保护与可持续发展的理论与实践。内容包括:绪论、生态学基础、自然资源的利用与保护、大气污染及其防治、水体污染及其防治、固体废物污染及其防治、物理性污染及其防治、环境规划与管理、环境法治、环境伦理观、清洁生产及循环经济等。融合了自然科学与社会科学,既涉及科学知识和技术,又涉及思想意识和观念;既揭露了问题、总结了教训,又阐明了解决问题、寻求人类光明前途的战略和措施。

全书共分12章。第1、8、10~12章由曲向荣编写,第2章由王新编写,第3章由刘洋编写,第4~7章分别由沈欣军、崔丽、张林楠、李艳平编写,第9章由梁吉艳编写。全书由曲向荣统稿。

本书在编写过程中引用了大量的国内外相关领域的最新成果与资料,具有先进性和实用性。在此向相关专家、学者致以衷心的感谢。

由于编者水平和经验有限,错漏和不足之处在所难免,敬请广大读者批评指正。

编 者

2014 年 5 月

目录

第1章 绪论 ·· 1

  1.1 环境 ·· 1

    1.1.1 环境的概念 ·· 1

    1.1.2 环境要素及其属性 ·· 1

    1.1.3 地球环境的构成 ·· 3

    1.1.4 环境的功能 ·· 6

    1.1.5 环境承载力 ·· 7

  1.2 环境问题 ·· 8

    1.2.1 环境问题的由来与发展 ·· 8

    1.2.2 当前世界面临的主要环境问题及其危害 ······························ 11

  1.3 环境保护 ·· 16

    1.3.1 世界环境保护的发展历程 ·· 16

    1.3.2 中国环境保护的发展历程 ·· 18

  1.4 可持续发展理论及其内涵 ··· 25

    1.4.1 可持续发展思想的由来 ··· 25

    1.4.2 可持续发展的内涵和指标体系 ·· 29

    1.4.3 中国可持续发展的战略措施 ··· 34

  复习与思考 ·· 41

第2章 生态学基础 ··· 42

  2.1 生态学 ··· 42

    2.1.1 生态学的概念 ·· 42

    2.1.2 生态学的发展 ·· 42

2.2 生态系统 ··· 44
　　2.2.1 生态系统的概念 ·· 44
　　2.2.2 生态系统的组成和结构 ·· 44
　　2.2.3 生态系统的类型 ·· 47
　　2.2.4 生态系统的功能 ·· 49
2.3 生态破坏及其修复与重建 ·· 57
　　2.3.1 生态破坏的原因和类型 ·· 58
　　2.3.2 植被破坏的生态修复与重建 ··································· 65
　　2.3.3 土壤退化的生态修复与重建 ··································· 70
复习与思考 ··· 73

第 3 章 自然资源的利用与保护 ·· 74

3.1 自然资源概述 ··· 74
　　3.1.1 自然资源的定义 ·· 74
　　3.1.2 自然资源的分类 ·· 75
　　3.1.3 自然资源的属性 ·· 76
3.2 土地资源的利用与保护 ··· 77
　　3.2.1 土地资源的概念与特点 ·· 77
　　3.2.2 土地资源开发利用中的环境问题 ····························· 79
　　3.2.3 土地资源环境保护的原则和方法 ····························· 82
3.3 水资源的利用与保护 ·· 84
　　3.3.1 水资源的概念和特点 ··· 84
　　3.3.2 水资源开发利用中的环境问题 ································ 86
　　3.3.3 水资源环境保护的原则和方法 ································ 88
3.4 矿产资源的利用与保护 ··· 91
　　3.4.1 矿产资源的特点 ·· 91
　　3.4.2 矿产资源开发利用中的环境问题 ····························· 94
　　3.4.3 矿产资源环境保护的原则和方法 ····························· 95
复习与思考 ··· 97

第 4 章 大气污染及其防治 ·· 98

4.1 大气污染概述 ··· 98
　　4.1.1 大气污染的定义和大气污染源 ································ 98
　　4.1.2 大气污染物及其危害 ··· 100

4.2 大气污染的源头控制 …………………………………………… 104
　　4.3 大气污染治理技术 ……………………………………………… 106
　　　　4.3.1 颗粒态污染物的治理技术 ………………………………… 106
　　　　4.3.2 气态污染物的治理技术 …………………………………… 112
　　　　4.3.3 汽车排气净化技术 ………………………………………… 117
　　复习与思考 …………………………………………………………… 120

第5章 水体污染及其防治 …………………………………………… 121

　　5.1 水体污染概述 …………………………………………………… 121
　　　　5.1.1 水体污染的定义和水体污染源 …………………………… 121
　　　　5.1.2 水体中的主要污染物及其危害 …………………………… 123
　　5.2 源头控制 ………………………………………………………… 127
　　　　5.2.1 清洁生产 …………………………………………………… 127
　　　　5.2.2 节水 ………………………………………………………… 127
　　5.3 水体污染源控制工程技术 ……………………………………… 129
　　　　5.3.1 污水处理方法 ……………………………………………… 129
　　　　5.3.2 污泥处理 …………………………………………………… 156
　　　　5.3.3 污水处理系统 ……………………………………………… 159
　　复习与思考 …………………………………………………………… 162

第6章 固体废物污染及其防治 ……………………………………… 163

　　6.1 固体废物概述 …………………………………………………… 163
　　　　6.1.1 固体废物的分类、来源及特性 …………………………… 163
　　　　6.1.2 固体废物的环境问题 ……………………………………… 165
　　6.2 固体废物的管理原则 …………………………………………… 167
　　6.3 固体废物污染综合防治对策 …………………………………… 170
　　　　6.3.1 固体废物减量化对策与措施 ……………………………… 170
　　　　6.3.2 固体废物资源化与综合利用 ……………………………… 172
　　　　6.3.3 固体废物的无害化处理处置 ……………………………… 175
　　　　6.3.4 城市生活垃圾处理系统简介 ……………………………… 178
　　复习与思考 …………………………………………………………… 181

第7章 物理性污染及其防治 ………………………………………… 182

　　7.1 噪声污染及其防治 ……………………………………………… 182

- 7.1.1 声音与噪声 ……………………………………………………… 182
- 7.1.2 噪声的主要特征及其来源 ………………………………………… 182
- 7.1.3 噪声污染的危害 …………………………………………………… 184
- 7.1.4 噪声污染综合防治 ………………………………………………… 187
- 7.2 电磁辐射污染及其防治 …………………………………………………… 194
  - 7.2.1 电磁辐射源及其危害 ……………………………………………… 195
  - 7.2.2 电磁辐射污染的防治 ……………………………………………… 197
- 7.3 放射性污染及其防治 ……………………………………………………… 200
  - 7.3.1 放射性污染源 ……………………………………………………… 200
  - 7.3.2 放射性对人类的危害 ……………………………………………… 202
  - 7.3.3 放射性污染的控制 ………………………………………………… 203
- 复习与思考 ……………………………………………………………………… 204

第 8 章 环境规划与管理 …………………………………………………… 206

- 8.1 环境规划与管理的含义 …………………………………………………… 206
  - 8.1.1 环境规划的含义 …………………………………………………… 206
  - 8.1.2 环境管理的定义 …………………………………………………… 207
  - 8.1.3 环境规划与环境管理的关系 ……………………………………… 209
  - 8.1.4 环境规划与管理的目的、任务和作用 …………………………… 210
- 8.2 环境规划与管理的对象和手段 …………………………………………… 212
  - 8.2.1 环境规划与管理的对象 …………………………………………… 212
  - 8.2.2 环境规划与管理的手段 …………………………………………… 214
- 8.3 环境规划与管理的内容 …………………………………………………… 216
  - 8.3.1 环境规划的内容 …………………………………………………… 216
  - 8.3.2 环境管理的内容 …………………………………………………… 223
- 复习与思考 ……………………………………………………………………… 224

第 9 章 环境法治 …………………………………………………………… 225

- 9.1 环境法及其功能与地位 …………………………………………………… 225
  - 9.1.1 环境法的定义 ……………………………………………………… 225
  - 9.1.2 环境法的功能与地位 ……………………………………………… 226
- 9.2 环境法的体系与实施 ……………………………………………………… 227
  - 9.2.1 环境法体系的概念 ………………………………………………… 227
  - 9.2.2 我国环境法体系的构成 …………………………………………… 227

9.2.3 环境法的实施 ·· 233
9.3 我国环境法的基本制度 ·· 234
　　9.3.1 环境规划法律制度 ·· 234
　　9.3.2 环境管理法律制度 ·· 235
9.4 环境法律责任 ·· 241
　　9.4.1 环境法律责任的概念 ·· 241
　　9.4.2 环境法律责任的种类 ·· 241
复习与思考 ·· 244

第10章 环境伦理观 ·· 246

10.1 环境伦理观的由来与发展 ·· 246
　　10.1.1 环境伦理观的产生 ··· 246
　　10.1.2 中国古代的生态智慧 ··· 248
　　10.1.3 西方环境伦理学的代表性观点 ································· 249
10.2 环境伦理学的内容 ··· 249
　　10.2.1 环境伦理学的定义 ··· 249
　　10.2.2 环境伦理学的主要内容 ······································· 250
　　10.2.3 学习和研究环境伦理学的意义 ································· 257
10.3 环境伦理观与人类行为方式 ·· 259
　　10.3.1 环境伦理对决策者行为的影响 ································· 259
　　10.3.2 环境伦理观对企业家行为的影响 ······························· 266
　　10.3.3 环境伦理观对公众行为的影响 ································· 269
复习与思考 ·· 270

第11章 清洁生产 ·· 271

11.1 清洁生产的产生与发展 ·· 271
　　11.1.1 清洁生产的产生 ·· 271
　　11.1.2 清洁生产的发展 ·· 272
11.2 清洁生产的概念和主要内容 ·· 278
　　11.2.1 清洁生产的概念 ·· 278
　　11.2.2 清洁生产的主要内容 ··· 280
11.3 清洁生产审核 ··· 281
　　11.3.1 清洁生产审核概述 ··· 281
　　11.3.2 清洁生产审核的工作程序 ····································· 286

11.4 清洁生产的实施途径 ………………………………………………… 293
　　11.4.1 清洁生产实施的主要方法与途径 ……………………………… 293
　　11.4.2 清洁生产实施的政策法规保障 ………………………………… 302
复习与思考 …………………………………………………………………… 309

第12章 循环经济 …………………………………………………………… 310

12.1 循环经济的产生与发展 ……………………………………………… 310
　　12.1.1 循环经济的产生 ………………………………………………… 310
　　12.1.2 循环经济的发展历程 …………………………………………… 311
　　12.1.3 发展循环经济的战略意义 ……………………………………… 312
12.2 循环经济的内涵和主要原则 ………………………………………… 313
　　12.2.1 循环经济的定义 ………………………………………………… 313
　　12.2.2 循环经济的内涵 ………………………………………………… 314
　　12.2.3 循环经济的技术特征 …………………………………………… 316
　　12.2.4 循环经济的主要原则 …………………………………………… 316
12.3 循环经济的实施 ……………………………………………………… 319
　　12.3.1 实施循环经济的框架 …………………………………………… 319
　　12.3.2 实施循环经济的支持体系 ……………………………………… 323
12.4 循环经济在中国的发展 ……………………………………………… 326
　　12.4.1 研究探索阶段 …………………………………………………… 326
　　12.4.2 全面推动、实施阶段 …………………………………………… 327
复习与思考 …………………………………………………………………… 329

参考文献 ……………………………………………………………………… 330

第1章 绪 论

1.1 环境

1.1.1 环境的概念

环境是一个极其广泛的概念，它不能孤立地存在，是相对某一中心事物而言的，不同的中心事物有不同的环境范畴。对于环境科学而言，中心事物是人，环境的含义是以人为中心的客观存在，这个客观存在主要是指：人类已经认识到的，直接或间接影响人类生存与发展的周围事物。它既包括未经人类改造过的自然界众多要素，如阳光、空气、陆地(山地、平原等)、土壤、水体(河流、湖泊、海洋等)、天然森林和草原、野生生物等；又包括经过人类社会加工改造过的自然界，如城市、村落、水库、港口、公路、铁路、空港、园林等。它既包括这些物质性的要素，又包括由这些物质性要素构成的系统及其所呈现的状态。

目前，还有一种为适应某些方面工作的需要，而给"环境"下的定义，它们大多出现在世界各国颁布的环境保护法规中。例如，《中华人民共和国环境保护法》对环境作了如下规定："本法所称的环境，是指影响人类生存和发展的各种天然的和经过人工改造的自然因素的总体，包括大气、水、海洋、土地、矿藏、森林、草原、野生动植物、自然遗迹、人文遗迹、自然保护区、风景名胜区、城市和乡村等。"可以认为，我国环境法规对环境的定义相当广泛，包括前述的自然环境和人工环境。此定义是一种把环境中应当保护的要素或对象界定为环境的一种工作定义，其目的是从实际工作的需要出发，对"环境"一词的法律适用对象或适用范围作出规定，以保证法律的准确实施。

1.1.2 环境要素及其属性

1. 环境要素

构成环境整体的各个独立的、性质不同而又服从总体演化规律的基本物质组分称为环境要素,也称环境基质。主要包括水、大气、生物、土壤、岩石和阳光等。环境要素组成环境的结构单元,环境的结构单元又组成环境整体或环境系统。例如,空气、水蒸气、地球引力、阳光等组成大气圈;河流、湖泊、海洋等地球上各种形态的水体组成水圈;土壤组成农田、草地和林地等;岩石组成地壳、地幔和地核,全部岩石和土壤构成岩石圈或称土壤-岩石圈;动物、植物、微生物组成生物群落,全部生物群落构成生物圈。大气圈、水圈、土壤-岩石圈和生物圈这4个圈层则构成了人类的生存环境,即地球环境系统。

2. 环境要素的属性

环境要素具有非常重要的属性,这些属性决定了各个环境要素间的联系和作用的性质,是人类认识环境、改造环境、保护环境的基本依据。在这些属性中,最重要的是:

(1) 环境整体大于诸要素之和。环境诸要素之间相互联系、相互作用形成环境的总体效应,这种总体效应是在个体效应基础上的质的飞跃。某处环境所表现出的性质,不等于组成该环境的各个要素性质之和,而要比这种"和"丰富得多,复杂得多。

(2) 环境要素的相互依赖性。环境诸要素是相互联系、相互作用的。环境诸要素间的相互作用和制约,一方面,是通过能量流,即通过能量在各要素之间的传递,或以能量形式在各要素之间的转换来实现的;另一方面,是通过物质循环,即物质在环境要素之间的传递和转化来实现的。

(3) 环境质量的最差限制律。环境质量的一个重要特征是最差限制律,即整体环境的质量不是由环境诸要素的平均状态决定的,而是受环境诸要素中那个"最差状态"的要素控制的,不能因其他要素处于良好状态而得到补偿。因此,环境诸要素之间是不能相互替代的。例如,一个区域的空气质量优良,声环境质量较好,但水体污染严重,则该区域的总体环境质量就由水环境质量所决定。要改善该区域的整体环境质量,就要首先改善该区域的水环境质量。

(4) 环境要素的等值性。任何一个环境要素,对于环境质量的限制,只有当它们处于最差状态时,才具有等值性。也就是说,各个环境要素,无论它们本身在规模上或数量上是如何的不相同,但只要是一个独立的要素,那么它们对环境质量的限制作用并无质的差别。例如,对一个区域来说,属于环境范畴的空气、水体、土地等均是独立的环境要素,无论哪个要素处于最差状态,都制约着环境质量,使总体环境质量变差。

(5) 环境要素变化之间的连锁反应。每个环境要素在发展变化的过程中,既受到其他要素的影响,也影响其他要素,形成连锁反应。例如,由于温室效应引起的大气升温,将导致干旱、洪涝、沙尘暴、飓风、泥石流、土地荒漠化、水土流失等一系列自然灾害。这些自然现象互相之间一环扣一环,只要其中的一环发生改变,就可能引起一系列连锁反应。

1.1.3 地球环境的构成

1. 大气圈

大气圈是指受地球引力作用而围绕地球的大气层,又称大气环境,是自然环境的组成要素之一,也是一切生物赖以生存的物质基础。大气圈垂直距离的温度分布和大气的组成有明显的变化,根据这种变化通常可将大气划分为5层,如图1-1所示。

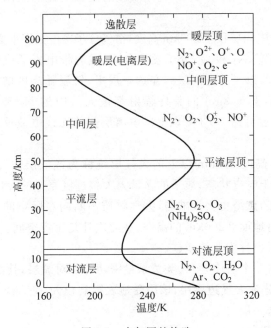

图1-1 大气圈的构造

1) 大气圈的结构

(1) 对流层。对流层位于大气圈的最底层,是空气密度最大的一层,直接与岩石圈、水圈和生物圈相接触。对流层厚度随地球纬度不同而有些差异,在赤道附近高15~20km,在两极区高8~10km。空气总质量的95%和绝大多数的水蒸气、尘埃都集中在这一层;各种天气现象,如云、雾、雷、电、雨和雪等都发生在这一层;大气污染也主要发生在这一层,尤其是在近地面1~2km内更为明显。在对流层里,气温随高度增加而下降,平均递减率为 6.5℃/km,空气由上而下进行剧烈的对流,使大气能充分混合,各处空气成分比例相同,成为均质层。

(2) 平流层。位于对流层顶,上界高度为 50～55km。在这一层内,臭氧集中,太阳辐射的紫外线($\lambda<0.29\mu m$)几乎全部被臭氧吸收,使其温度升高。在较低的平流层内,温度上升十分缓慢,出现较低等温(-55℃),气流只有水平流动,而无垂直对流。到 25km 以上,温度上升很快,而在平流层顶 50km 处,最高温度可达-3℃。在平流层内,空气稀薄,大气密度和压力仅为地表附近的 1/1 000～1/10,几乎不存在水蒸气和尘埃物质。

(3) 中间层。位于平流层顶,上界高度为 80～90km,温度再次随高度增加而下降,中间层顶最低温度可达-100℃,是大气温度最低的区域。其原因是这一层几乎没有臭氧,而能被 N_2 和 O_2 等气体吸收的波长更短的太阳辐射,大部分已被上层大气吸收。

(4) 暖层。从中间层顶至 800km 高度,空气分子密度是海平面上的 1/(500 万)。强烈的紫外线辐射使 N_2 和 O_2 分子发生电离,成为带电离子或分子,使此层处于特殊的带电状态,所以又称电离层。在这一层里,气温随高度增加而迅速上升,这是因为所有波长小于 $0.2\mu m$ 的紫外辐射都被大气中的 N_2 和 O_2 分子吸收,在 300km 高度处,气温可达 1 000℃以上。电离层能使无线电波反射回地面,这对远距离通信极为重要。

(5) 逸散层。高度 800km 以上的大气层统称为逸散层。气温随高度增加而升高,大气部分处于电离状态,质子的含量大大超过氢原子的含量。由于大气极其稀薄,地球引力场的束缚也大大减弱,大气物质不断向星际空间逸散,极稀薄的大气层一直延伸到离地面 2 200km 的高空,在此之外是宇宙空间。

暖层和逸散层也称为非均质层。

在大气圈的这 5 个层中,与人类关系最密切的是对流层,其次是平流层。离地面 1km 以下的部分为大气边界层,该层受地表影响较大,是人类活动的空间,大气污染主要发生在这一层。

2) 大气圈的组成

大气是由多种气体、水气、液体颗粒和悬浮固体杂质组成的混合物。大气中除去液体颗粒和悬浮固体杂质的混合气体,称为干洁空气。

干洁空气:N_2(体积约占 78%)、O_2(约占 21%)、Ar(约占 0.9%),此外,还有少量的其他成分,如 CO_2、Ne、He、Kr、Xe、H_2、O_3 等,这些气体占空气总体积小于等于 0.1%。

水气:大气中的水气含量,比起 N_2、O_2 等主要成分含量所占的百分比要低得多,且随着时间、地域、气象条件的不同变化很大。在干燥地区可低至 0.02%,在湿润地区可高达6%。

大气中的水汽含量虽然不大,但对天气变化却起着重要的作用,可形成云、雨、雪等天气现象。

大气颗粒物:指那些悬浮在大气中由于粒径较小导致沉降速率很小的固体、液体微粒。无论其含量、种类,还是化学成分都是变化的。

2．水圈

天然水是海洋、江河、湖泊、沼泽、冰川等地表水、大气水和地下水的综合。由地球上的各种天然水与其中各种有生命和无生命物质构成的综合水体,称为水圈。水圈中水的总量约为 $1.4 \times 10^{18} m^3$,其中海洋水约占97.2%,余下不足3%的水分布在冰川、地下水和江河湖泊等,这部分水量虽少,但与人类生产、生活活动关系最为密切。

水资源通常指淡水资源,而且是较易被人类利用、可以逐年恢复的淡水资源。因此,海水、冰川、深层地下水(大于1 000m)等目前还不能算作水资源。显然,地球上的水资源是非常有限的。在水圈中,99.99%的水是以液态和固态形式在地面上聚集在一起的,构成各种水体,如海洋、河流、湖泊、水库、冰川等。通常情况下,一个水体就是一个完整的生态系统,包括其中的水、悬浮物、溶解物、底质和水生生物等。

3．土壤-岩石圈

地球的构造是由地壳、地幔和地核3个同心圈层组成,平均半径约6 371km。地表以下几千米到70km的一层称为岩石圈。岩石圈的厚度很不均匀,大陆的地壳比较厚,平均35km,我国青藏高原的地壳厚度达65km以上;海洋的地壳厚度比较薄,为5~8km。大陆地壳的表层为风化层,它是地表中多种硅酸盐矿与丰富的水、空气长期作用的结果,为陆地植物的生长提供了基础。另外,经过植物根部作用,动植物尸体及排泄物的分解产物及微生物的作用,进一步风化形成现在的土壤。土壤是地球陆地表面生长植物的疏松层,通常称为土壤圈。

4．生物圈

生物圈是指生活在大气圈、水圈和岩石圈中的生物与其生存环境的总体。生物圈的范围包括从海平面以下深约11km(太平洋最深处的马里亚纳海沟)到地平面上约9km(陆地最高山峰珠穆朗玛峰)的地球表面和空间,通常只有在这一空间范围内才能有生命存在。因此,也可以把有生命存在的整个地球表面和空间叫做生物圈。在生物圈里,有阳光、空气、水、土壤、岩石和生物等各种基本的环境要素,为人类提供了赖以生存的基本条件。

1.1.4 环境的功能

对人类而言,环境功能是环境要素及由其构成的环境状态对人类生产和生活所承担的职能和作用,其功能非常广泛。

1. 为人类提供生存的基本要素

人类、生物都是地球演化到一定阶段的产物,生命活动的基本特征是生命体与外界环境的物质交换和能量转换。空气、水和食物是人体获得物质和能量的主要来源。因此,清洁的空气、洁净的水、无污染的土壤和食物是人类健康和世代繁衍的基本环境要素。

2. 为人类提供从事生产的资源基础

环境是人类从事生产与社会经济发展的资源基础。自然资源可以分为可耗竭资源(不可再生资源)和可再生资源两大类。可耗竭资源是指资源蕴藏量不再增加的资源。它的持续开采过程也就是资源的耗竭过程,当资源的蕴藏量为零时,就达到了耗竭状态。可耗竭资源主要是指煤炭、石油、天然气等能源资源和金属等矿产资源。

可再生资源是指能够通过自然力以某一增长率保持、恢复或增加蕴藏量的自然资源。例如太阳能、大气、森林、农作物以及各种野生动植物等。许多可再生资源的可持续性受人类利用方式的影响。在合理开发利用的情况下,资源可以恢复、更新、再生,甚至不断增长。而不合理的开发利用,会导致再生过程受阻,使蕴藏量不断减少,以致枯竭。例如水土流失或盐碱化导致土壤肥力下降,农作物减产;过度捕捞使渔业资源枯竭,由此降低鱼群的自然增长率。有些可再生资源不受人类活动影响,当代人消费的数量不会使后代人消费的数量减少,例如太阳能、风力等。

3. 对废物具有消化和同化能力(环境自净能力)

人类在进行物质生产或消费过程中,会产生一些废物并排放到环境中。环境通过各种各样的物理(稀释、扩散、挥发、沉降等)、化学(氧化和还原、化合和分解、吸附、凝聚等)、生物降解等途径来消化、转化这些废物。只要这些污染物在环境中的含量不超出环境的自净能力,环境质量就不会受到损害。如果环境不具备这种自净能力,地球上的废物就会很快积累到危害环境和人体健康的程度。

环境自净能力(环境容量)与环境空间的大小、各环境要素的特性、污染物本身的物理和化学性质有关。环境空间越大,环境对污染物的自净能力就越大,环境容量也就越大。对某种污染物而言,它的物理和化学性质越不稳定,环境对它的自净能力也就越大。

4. 为人类提供舒适的生活环境

环境不仅能为人类的生产和生活提供物质资源,还能满足人们对舒适性的要求。清洁的空气和水不仅是工农业生产必需的要素,也是人们健康、愉快生活的基本需求。优美的自然景观和文物古迹是宝贵的人文财富,可成为旅游资源。优美、舒适的环境可使人心情愉快,精神愉悦,充满活力。随着物质和精神生活水平的提高,人类对环境舒适性的要求也会越来越高。

1.1.5 环境承载力

承载力(carrying capacity,CC)是用以限制发展的一个最常用的概念。

"环境承载力"(ECC)一词的出现,最初是用来描述环境对人类活动所具有的支持能力的。众所周知,环境是人类生产的物质条件,是人类社会存在和发展的物质载体,它不仅为人类的各种活动提供空间场所,同时也供给这些活动所需要的物质资源和能量。这一客观存在反映出环境对人类活动具有支持能力。正是在认识到环境的这种客观属性的基础上,20世纪70年代,"环境承载力"一词开始出现在文献中。

环境问题的出现,具体原因是多样的:人口过多,对环境的压力太大;生产过程资源利用率低,造成资源浪费及污染物的大量产生;毁林开荒,引起生态失调等。这些均是促成环境问题形成和发展的动因。这些原因都可以归结为人类社会经济活动,因此,可以说,环境问题的产生是由于人类社会经济活动超越了环境的"限度"而引起的。

1991年,北京大学等在湄洲湾环境规划的研究中,科学定义了"环境承载力"的含义,即环境承载力是指在某一时期,某种状态或条件下,某一地区的环境所能承受人类活动作用的阈值。了解"环境承载力"的概念,对于经济发展和环境保护是十分重要的。因为不同时期、不同地区的环境,人类开发活动水平会影响该地区的社会生产力和人类的生活水平及其环境质量。开发强度不够,社会生产力会低下,人类的生活水平也会很低,而开发强度过大,又会影响、干扰以致破坏环境,反过来会制约社会生产力的发展和人类生活水平的提高。因此,人类必须掌握环境系统的运动变化规律,了解发展中经济与环境相互制约的辩证关系,了解"环境承载力",在开发活动中合理控制人类活动的强度尽可能接近ECC,但不要超过

ECC，这样才能够做到既高速发展生产，改善人民生活水平，又不至于破坏环境，从而实现经济与环境的协调发展。

1.2　环境问题

环境科学与环境保护所研究的环境问题主要不是自然灾害问题（原生或第一环境问题），而是人为因素所引起的环境问题（次生或第二环境问题）。这种人为环境问题一般可分为两类：一是不合理开发利用自然资源，超出环境承载力，使生态环境质量恶化或自然资源枯竭；二是人口激增、城市化和工农业高速发展引起的环境污染和破坏。总之，是人类经济社会发展与环境的关系不协调所引起的问题。

1.2.1　环境问题的由来与发展

从人类诞生开始就存在着人与环境的对立统一关系，就出现了环境问题。从古至今，随着人类社会的发展，环境问题也在发展变化，大体上经历了4个阶段。

1. 环境问题萌芽阶段（工业革命以前）

人类在诞生以后很长的岁月里，只是靠采集野果和捕猎动物为生，那时人类对自然环境的依赖性非常大，人类主要是以生活活动，以生理代谢过程与环境进行物质和能量转换，主要是利用环境，而很少有意识地改造环境。如果说那时也发生"环境问题"的话，则主要是由于人口的自然增长和盲目的乱采乱捕、滥用资源而造成生活资料缺乏引起的饥荒问题。为了解除这种环境威胁，人类被迫学会了吃一切可以吃的东西，以扩大和丰富自己的食谱，或是被迫扩大自己的生活领域，学会适应在新的环境中生活的本领。

随后，人类学会了培育、驯化植物和动物，开始发展农业和畜牧业，这在生产发展史上是一次伟大的革命——农业革命。而随着农业和畜牧业的发展，人类改造环境的作用也越来越明显地显示出来，但与此同时也发生了相应的环境问题，如大量砍伐森林、破坏草原、刀耕火种、盲目开荒，往往引起严重的水土流失、水旱灾害频繁和沙漠化；又如兴修水利，不合理灌溉，往往引起土壤的盐渍化、沼泽化，以及某些传染病的流行。在工业革命以前虽然已出现了城市化和手工业作坊（或工场），但工业生产并不发达，由此引起的环境污染问题并不突出。

2. 环境问题的发展恶化阶段（工业革命至20世纪50年代前）

随着生产力的发展，在18世纪60年代至19世纪中叶，生产发展史上又出现了一次伟大的革命——工业革命。它使建立在个人才能、技术和经验之上的小生产被建立在科学技术成果之上的大生产所代替,大幅度地提高了劳动生产效率,增强了人类利用和改造环境的能力,大规模地改变了环境的组成和结构,从而也改变了环境中的物质循环系统,扩大了人类的活动领域,但与此同时也带来了新的环境问题。一些工业发达的城市和工矿区的工业企业,排出大量的废弃物污染了环境,使污染事件不断发生。如1873年至1892年期间,英国伦敦多次发生可怕的有毒烟雾事件;19世纪后期,日本足尾铜矿区排出的废水污染了大片农田;1930年12月,比利时马斯河谷工业区由于工厂排出的含有SO_2的有害气体,在逆温条件下造成了几千人发病、60人死亡的严重大气污染事件;1943年5月,美国洛杉矶市由于汽车排放的碳氢化合物和NO_x,在太阳光的作用下,产生了光化学烟雾,造成大多数居民患病、400多人死亡的严重大气污染事件。如果说农业生产主要是生活资料的生产,它在生产和消费中所排放的"三废"是可以纳入物质的生物循环,而能迅速净化、重复利用的,那么工业生产除生产生活资料外,还大规模地进行生产资料的生产,把大量深埋在地下的矿物资源开采出来,加工利用投入环境之中,许多工业产品在生产和消费过程中排放的"三废",都是生物和人类所不熟悉,难以降解、同化和忍受的。总之,蒸汽机的发明和广泛使用之后,大工业日益发展,生产力有了很大的提高,环境问题也随之发展且逐步恶化。

3. 环境问题的第一次高潮(20世纪50年代至70年代)

环境问题的第一次高潮出现在20世纪50—60年代。50年代以后,环境问题更加突出,震惊世界的公害事件接连不断,如1952年12月的伦敦烟雾事件(由居民燃煤取暖排放的SO_2和烟尘遇逆温天气,造成5天内死亡人数达4 000人的严重的大气污染事件),1953—1956年日本的水俣病事件(由水俣湾镇氮肥厂排出的含甲基汞的废水进入了水俣湾,人食用了含甲基汞污染的鱼、贝类,造成神经系统中毒,病人口齿不清、步态不稳、面部痴呆、耳聋眼瞎、全身麻木,最后神经失常,患者达180人,死亡达50多人),1955—1972年日本的骨痛病事件(由日本富山县炼锌厂排放的含Cd废水进入了河流,人喝了含Cd的水,吃了含Cd的米,造成关节痛、神经痛和全身骨痛,最后骨脆、骨折、骨骼软化、饮食不进,在衰弱疼痛中死去,可以说是惨不忍睹。患者超过280人,死亡人数达34人),1961年日本的四日市哮喘病事件(由四日市石油化工联合企业排放的SO_2、碳氢化合物、NO_x和飘尘等污染物造成的大气污染事件,患有支气管哮喘、肺气肿的患者超过500多人,死亡人数达36人)等,这些震惊世界的公害事件,形成了第一次环境问题高潮。第一次环境问题高潮产生的原因主要有两个:

其一是人口迅猛增加,都市化的速度加快。刚进入20世纪时世界人口为16

亿,至 1950 年增至 25 亿(经过 50 年人口约增加了 9 亿);50 年代之后,1950—1968 年仅 18 年间就由 25 亿增加到 35 亿(增加了 10 亿);而后,人口由 35 亿增至 45 亿只用了 12 年(1968—1980 年)。1900 年拥有 70 万以上人口的城市,全世界有 299 座,到 1951 年迅速增到 879 座,其中百万人口以上的大城市约有 69 座。在许多发达国家中,有半数人口住在城市。

其二是工业不断集中和扩大,能源的消耗大增。1900 年世界能源消费量还不到 10 亿 t 煤当量,至 1950 年就猛增至 25 亿 t 煤当量;到 1956 年石油的消费量也猛增至 6 亿 t,在能源中所占的比例加大,又增加了新污染。大工业的迅速发展逐渐形成大的工业地带,而当时人们的环境意识还很薄弱,第一次环境问题高潮出现是必然的。

当时,工业发达国家的环境污染已达到严重的程度,直接威胁到人们的生命和安全,成为重大的社会问题,激起广大人民的不满,也影响了经济的顺利发展。1972 年的斯德哥尔摩人类环境会议就是在这种历史背景下召开的。这次会议对人类认识环境问题来说是一个里程碑。工业发达国家把环境问题摆上了国家议事日程,包括制定法律、建立机构、加强管理、采用新技术,20 世纪 70 年代中期,环境污染得到了有效控制,城市和工业区的环境质量有了明显改善。

4. 环境问题的第二次高潮(20 世纪 80 年代以后)

第二次环境问题高潮是伴随全球性环境污染和大范围生态破坏,在 20 世纪 80 年代初开始出现的。人们共同关心的影响范围大和危害严重的环境问题有 3 类:

一是全球性的大气污染,如"温室效应"、臭氧层破坏和酸雨;

二是大面积的生态破坏,如大面积森林被毁、草场退化、土壤侵蚀和荒漠化;

三是突发性的严重污染事件,如印度博帕尔农药泄漏事件(1984 年 12 月)、苏联切尔诺贝利核电站泄漏事故(1986 年 4 月)、莱茵河污染事故(1986 年 11 月)等。在 1979—1988 年间这类突发性的严重污染事故就发生了十多起。

这些全球性大范围的环境问题严重威胁着人类的生存和发展,不论是广大公众还是政府官员,不论是发达国家还是发展中国家,都普遍对此表示不安。1992 年里约热内卢环境与发展大会正是在这种社会背景下召开的,这次会议是人类认识环境问题的又一里程碑。

环境问题的前后两次高潮有很大的不同,有明显的阶段性:

其一,影响范围不同。第一次高潮主要出现在工业发达国家,重点是局部性、小范围的环境污染问题,如城市、河流、农田污染等;第二次高潮则是大范围,乃至全球性的环境污染和大面积生态破坏。这些环境问题不仅对某个国家、某个地区造成危害,而且对人类赖以生存的整个地球环境也造成危害。这不但包括了经济发达的国家,也包括了众多的发展中国家。发展中国家不仅认识到全球性环境问题与自己休戚相关,而且本国面临的诸多环境问题,特别是植被破坏、水土流失和荒漠化等生态恶性循环,是比发达国家的环境污染危害更大、更难解决的环境问题。

其二,就危害后果而言,第一次高潮人们关心的是环境污染对人体健康的影响,环境污染虽也对经济造成损害,但问题还不突出;第二次高潮不但明显损害人类健康,每分钟因水污染和环境污染而死亡的人数全世界平均达到28人,而且全球性的环境污染和生态破坏已威胁到全人类的生存与发展,阻碍经济的持续发展。

其三,就污染源而言,第一次高潮的污染来源尚不太复杂,较易通过污染源调查弄清产生环境问题的来龙去脉。只要一个城市、一个工矿区或一个国家下决心,采取措施,污染就可以得到有效控制。第二次高潮出现的环境问题,污染源和破坏源众多,不但分布广,而且来源杂,既来自人类的经济再生产活动,也来自人类的日常生活活动;既来自发达国家,也来自发展中国家,解决这些环境问题只靠一个国家的努力很难奏效,要靠众多国家,甚至全球人类的共同努力才行,这就极大地增加了解决问题的难度。

其四,第二次高潮的突发性严重污染事件与第一次高潮的"公害事件"也不相同。一是带有突发性,二是事故污染范围大、危害严重、经济损失巨大。例如,印度博帕尔农药泄漏事件,受害面积达 $40km^2$,据美国一些科学家估计,死亡人数在 0.6 万~1 万人,受害人数为 10 万~20 万人,其中有许多人双目失明或终生残废,直接经济损失数十亿美元。

1.2.2 当前世界面临的主要环境问题及其危害

当前人类所面临的主要环境问题是人口、资源、生态破坏和环境污染问题。它们之间相互关联、相互影响,成为当今世界环境科学所关注的主要问题。

1. 人口问题

人口的急剧增加可以认为是当前环境的首要问题。近百年来,世界人口的增长速度达到了人类历史上的最高峰,目前世界人口已经超过 60 亿! 人既是生产者,又是消费者。从生产者的角度来说,任何生产都需要大量的自然资源来支持,如农业生产要有耕地、灌溉水源,工业生产要有能源、各类矿产资源、各类生物资源等。随着人口的增加,生产规模必然扩大,一方面所需要的资源持续增多;另一方面在任何生产中都会有废物排出,而随着生产规模的扩大,资源的消耗和废物的排放量也会逐渐增大。

从消费者的角度来说,随着人口的增加、生活水平的提高,人类对土地的占用(如居住、生产食物)会越来越大,对各类资源,如矿物能源、水资源等的利用也会急剧增加,当然排出的废物量也会随之增加,从而加重资源消耗和环境污染。我们知道,地球上一切资源都是有限的,即便是可恢复的资源,如水、可再生的生物资源,也有一定的再生速度,每年的可供量是有限的,尤其是土地资源,不仅总面积有限,人类难以改变,而且是不可迁移的和不可重叠利用的。这样,有限的全球环境及其有限的资源,便限定了地球上的人口也必定是有限的。如果人口急剧增加,超过了地球环境的合理承载能力,则必然造成资源短缺、环境污染和生态破坏。这些现象在地球上的某些地区已经出现了,也正是人类要研究和改善的问题。

2. 资源问题

资源问题是当今人类发展所面临的另一个主要问题。自然资源是人类生存发展不可缺少的物质依托和条件。然而,随着全球人口的增长和经济的发展,对资源的需求与日俱增,人类正受到某些资源短缺或耗竭的严重挑战。全球资源匮乏和危机主要表现在:土地资源不断减少和退化,森林资源不断缩小,淡水资源出现严重不足,某些矿产资源濒临枯竭等。

1) 土地资源不断减少和退化

土地资源损失尤其是可耕地资源损失已成为全球性的问题,发展中国家尤为严重。目前,人类开发利用的耕地和牧场,由于各种原因正在不断减少或退化,而全球可供开发利用的后备资源已很少,许多地区已经近于枯竭。随着世界人口的快速增长,人均占有的土地资源在迅速下降,这对人类的生存构成了严重威胁。据联合国人口机构预测,到2050年,世界人口可能达到94亿,全世界人口迅猛增加,使土地的人口"负荷系数"(某国家或地区人口平均密度与世界人口平均密度之比)每年增加2%,若按农用面积计算,其负荷系数则每年增加6%～7%,这意味着人口的增长将给本来就十分紧张的土地资源,特别是耕地资源造成更大的压力。

2) 森林资源不断缩小

森林是人类最宝贵的资源之一,它不仅能为人类提供大量的林木资源,具有重要的经济价值,还具有调节气候、防风固沙、涵养水源、保持水土、净化大气、保护生物多样性、吸收二氧化碳、美化环境等重要的生态学价值。森林的生态学价值要远远大于其直接的经济价值。

由于人类对森林的生态学价值认识不足,受短期利益的驱动,对森林资源的利用过度,使森林资源锐减,造成了许多生态灾害。

历史上世界森林植被变化最大的是在温带地区。自从大约 8 000 年前开始大规模的农业开垦以来,温带落叶林已减少 33% 左右。但近几十年中,世界毁林集中发生在热带地区,热带森林正以前所未有的速率在减少。

3) 淡水资源出现严重不足

目前,世界上有 43 个国家和地区缺水,占全球陆地面积的 60%。约有 20 亿人用水紧张,10 亿人得不到良好的饮用水。此外,由于严重的水污染,更加剧了水资源的紧张程度。水资源短缺已成为许多国家经济发展的障碍,成为全世界普遍关注的问题。当前正面临着水资源短缺和用水量持续增长的双重矛盾。正如联合国早在 1977 年所发出的警告:"水不久将成为一项严重的社会危机,石油危机之后下一个危机是水。"

4) 某些矿产资源濒临枯竭

(1) 化石燃料濒临枯竭。化石燃料是指煤、石油和天然气等地下开采出来的能源。当代人类的社会文明主要是建立在化石能源的基础之上的。无论是工业、农业或生活,其繁荣都依附于化石能源。而由于人类高速发展的需要和无知的浪费,化石燃料逐渐走向枯竭,并反过来直接影响人类的文明生活。

(2) 矿产资源匮乏。与化石能源相似,人类不仅无计划地开采地下矿藏,而且在开采过程中浪费惊人,资源利用率很低,导致矿产资源储量不断减少甚至枯竭。

3. 生态破坏

全球性的生态破坏主要包括植被破坏、水土流失、土地沙漠化、生物物种消失等。

(1) 植被是全球或某一地区内所有植物群落的泛称。植被破坏是生态破坏的最典型特征之一。植被的破坏(如森林和草原的破坏)不仅极大地影响了该地区的自然景观,而且由此带来了一系列的严重后果,如生态系统恶化、环境质量下降、水土流失、土地沙化以及自然灾害加剧,进而可能引起土壤荒漠化;土壤的荒漠化又加剧了水土流失,形成了生态环境的恶性循环。

(2) 水土流失是当今世界上一个普遍存在的生态环境问题。据最新估计,最近几年全世界每年有(700~900)万 hm^2 的农田因水土流失丧失生产能力,每年有几十亿吨流失的土壤在河流河床和水库中淤积。

(3) 土地沙漠化是指非沙漠地区出现的以风沙活动、沙丘起伏为主要标志的沙漠景观的环境退化过程。目前全球土地沙漠化的趋势还在扩展,沙化、半沙化面积还在逐年增加,沙漠化的扩展使可利用土地面积缩小,土地产出减少,降低了养育人口的能力,成为影响全球生态环境的重大问题。

(4) 生物物种消失是全球普遍关注的重大生态环境问题。由于森林、湿地面积锐减和草原退化,使生物物种的栖息地遭到了严重的破坏,生物物种正以空前的速度灭绝。迄今已知,在过去的4个世纪中,人类活动已使全球700多个物种绝迹,包括100多种哺乳动物和160种鸟类,其中1/3是19世纪前消失的,1/3是19世纪灭绝的,另1/3是近50年来灭绝的,明显呈加速灭绝之势。研究表明:倘若一个森林区的面积减少10%,即可使继续存在的生物物种下降至50%。

4. 环境污染

环境污染作为全球性的重要环境问题,主要指的是温室气体过量排放造成的气候变化、臭氧层破坏、广泛的大气污染和酸沉降、海洋污染等。

(1) 由于人类生产活动的规模空前扩大,向大气层排放了大量的微量组分(如 CO_2、CH_4、N_2O、CFCs 等),大气中的这些微量组分能使太阳的短波辐射透过,地面吸收了太阳的短波辐射后被加热,于是不断地向外发出长波辐射,又被大气中的这些组分所吸收,并以长波辐射的形式放射回地面,使地面的辐射不至于大量损失到太空中去。因为这种作用与暖房玻璃的作用非常相似,称为温室效应。这些能使地球大气增温的微量组分,称为温室气体。温室气体的增加可导致气候变暖。研究表明,CO_2 浓度每增加1倍,全球平均气温将上升 $(3±1.5)$℃。气候变暖会影响陆地生态系统中动植物的生理和区域的生物多样性,使农业生产能力下降。干旱和炎热的天气会导致森林火灾的不断发生和沙漠化过程的加强。气候变暖还会使冰川融化,海平面上升,大量沿海城市、低地和海岛将被水淹没,洪水不断。气候变暖会加大疾病的发病率和死亡率。

(2) 处于大气平流层中的臭氧层是地球的一个保护层,它能阻止过量的紫外线到达地球表面,以保护地球生命免遭过量紫外线的伤害。然而,自1958年以来,发现高空臭氧有减少趋势,20世纪70年代以来,这种趋势更为明显。1985年英国科学家 Farmen 等人在南极上空首次观察到臭氧浓度减少超过30%的现象,并称其为"臭氧空洞"。造成臭氧层破坏的主要原因,是人类向大气中排放的氯氟烷烃化合物(氟利昂,CFCs)、溴氟烷烃化合物(哈龙,CFCB)及氧化亚氮(N_2O)、四氯化碳(CCl_4)、甲烷(CH_4)等能与臭氧(O_3)起化学反应,以致消耗臭氧层中臭氧的含量。研究表明,平流层臭氧浓度减少1%,地球表面的紫外线强度将增加2%。紫外线辐射量的增加会使海洋浮游生物和虾、蟹、贝类大量死亡,造成某些生物绝迹;还会使农作物小麦、水稻减产;使人类皮肤癌发病率增加3%～5%,白内障发病率增加1.6%,对人类和生物产生严重危害。有学者认为平流层中 O_3 含量减至1/5时,将成为地球存亡的临界点。

(3) 在地球演化过程中,大气的主要化学成分 O_2、CO_2 在环境化学过程中起着支配作用,其中 CO_2 的分压在一定的大气压下与自然状态下的水的 pH 有关。

由于与 10^5Pa 下的 CO_2 分压相平衡的自然水系统 pH 为 5.6，故 pH＜5.6 的沉降才能认为是酸沉降。因此，大气酸沉降是指 pH＜5.6 的大气化学物质通过降水、扩散和重力作用等过程降落到地面的现象或过程。通过降水过程表现的大气酸沉降称为湿沉降，它最常见的形式是酸雨。通过气体扩散、固体物降落的大气酸沉降称为干沉降。

酸雨或酸沉降导致的环境酸化是目前全世界最大的环境污染问题之一。伴随着人口的快速增长和迅速的工业化，酸雨和环境酸化问题一直呈发展趋势，影响地域逐渐扩大，由局地问题发展成为跨国问题，由工业化国家扩大到发展中国家。目前，世界酸雨主要集中在欧洲、北美和中国西南部 3 个地区。形成酸雨的原因主要是由人类排入大气中的 NO_x 和 SO_x 的影响所致。

可以说，哪里有酸雨，哪里就有危害。酸雨是空中死神、空中杀手、空中化学定时炸弹。酸雨对环境和人类的危害是多方面的。如酸雨可引起江、河、湖、水库等水体酸化，影响水生动植物的生长，当湖水 pH 降到 5.0 以下时，湖泊将成为无生命的死湖；酸雨可使土壤酸化，有害金属（Al、Cd）溶出，使植物体内有害物质含量增高，对人体健康构成危害，尤其是植物叶面首当其冲，受害最为严重，直接危害农业和森林草原生态系统，瑞典每年因酸雨损失的木材达 450 万 m^3；酸雨可使铁路、桥梁等建筑物的金属表面受到腐蚀，降低使用寿命；酸雨会加速建筑物的石料及金属材料的风化、腐蚀，使主要为 $CaCO_3$ 成分的纪念碑、石刻壁雕、塑像等文化古迹受到腐蚀和破坏；酸化的饮用水对人的健康危害更大、更直接。

（4）海洋污染是目前海洋环境面临的最重大的问题。目前局部海域的石油污染、赤潮、海面漂浮垃圾等现象非常严重，并有扩展到全球海洋的趋势。据估计，输入海洋的污染物，有 40% 是通过河流输入的，30% 是由空气输入的，海运和海上倾倒各占 10% 左右。人类每年向海洋倾倒 600 万～1 000 万 t 石油、100 万 t 有机氯农药和大量的氮、磷等营养物质。

海洋石油污染不仅影响海洋生物的生长、降低海滨环境的使用价值、破坏海岸设施，还可能影响局部地区的水文气象条件和降低海洋的自净能力。据实测，每滴石油在水面上能够形成 $0.25 m^2$ 的油膜，每吨石油可能覆盖 500 万 m^2 的水面。油膜使大气与水面隔绝，减少进入海水的氧的数量，从而降低海洋的自净能力。油膜覆盖海面还会阻碍海水的蒸发，影响大气和海洋的热交换，改变海面的反射率，减少进入海洋表层的日光辐射，对局部地区的水文气象条件可能产生一定的影响。海洋石油污染的最大危害是对海洋生物的影响，油膜和油块能粘住大量鱼卵和幼鱼，使鱼卵死亡、幼鱼畸形，还会使鱼虾类产生石油臭味，使水产品品质下降，造成经济损失。

氮、磷等营养物聚集在浅海或半封闭的海域中，可促使浮游生物过量繁殖，发生赤潮现象。我国自 1980 年以来发生赤潮 30 多起,1999 年 7 月 13 日,辽东湾海域发生了有史以来最大的一次赤潮,面积达 6 300km²。

赤潮的危害主要表现在:赤潮生物可分泌粘液,粘附在鱼类等海洋动物的鱼鳃上,妨碍其呼吸,导致鱼类窒息死亡;赤潮生物可分泌毒素,使生物中毒或通过食物链引起人类中毒;赤潮生物死亡后,其残骸被需氧微生物分解,消耗水中溶解氧,造成缺氧环境,厌氧气体(NH_3、H_2S、CH_4)的形成,引起鱼、虾、贝类死亡;赤潮生物吸收阳光,遮盖海面(几十厘米),使水下生物得不到阳光而影响其生存和繁殖;引起海洋生态系统结构变化,造成食物链局部中断,破坏海洋的正常生产过程。

海水中的重金属、石油、有毒有机物不仅危害海洋生物,还能通过食物链危害人体健康,破坏海洋旅游资源。

1.3 环境保护

环境保护是一项范围广、综合性强、涉及自然科学和社会科学的许多领域,又有自己独特对象的工作。概括起来说,环境保护就是利用现代环境科学的理论与方法,协调人类和环境的关系,解决各种环境问题,是保护、改善和创建环境的一切人类活动的总称。人类社会在不同历史阶段和不同国家或地区,有各种不同的环境问题,因而环境保护工作的目标、内容、任务和重点,在不同时期和不同国家是不同的。

1.3.1 世界环境保护的发展历程

近百年来,世界各国,主要是发达国家的环境保护工作,大致经历了 4 个发展阶段。

1. 限制阶段(20 世纪 50 年代以前)

环境污染早在 19 世纪就已发生,如英国泰晤士河的污染,日本足尾铜矿的污染事件等。20 世纪 50 年代前后,相继发生了比利时马斯河谷烟雾、美国洛杉矶光化学烟雾、美国多诺拉镇烟雾、英国伦敦烟雾、日本水俣病和骨痛病、日本四日市大气污染和米糠油污染事件,即所谓的八大公害事件。由于当时尚未搞清这些公害事件产生的原因和机理,所以一般只是采取限制措施,如英国伦敦发生烟雾事件后,制定了法律,限制燃料使用量和污染物排放时间。

2. "三废"治理阶段

20世纪50年代末60年代初,发达国家环境污染问题更加突出,环境保护成了举世瞩目的国际性大问题,于是各发达国家相继成立环境保护专门机构。但因当时的环境问题还只是被看做工业污染问题,所以环境保护工作主要就是治理污染源、减少排污量。因此,在法律措施上,颁布了一系列环境保护的法规和标准,加强法治。在经济措施上,给工厂企业补助资金,帮助工厂企业建设净化设施;并通过征收排污费或实行"谁污染、谁治理"的原则,解决环境污染的治理费用问题。在这个阶段,经过大量投资,尽管环境污染有所控制,环境质量有所改善,但所采取的尾部治理措施,从根本上来说是被动的,因而收效并不显著。

3. 综合防治阶段

1972年6月5日至16日,联合国在瑞典斯德哥尔摩召开了人类环境会议,并通过了《人类环境宣言》。这次会议成为人类环境保护工作的历史转折点,它加深了人们对环境问题的认识,扩大了环境问题的范围。宣言指出,环境问题不仅仅是环境污染问题,还应该包括生态环境的破坏问题。另外,它冲破了以环境论环境的狭隘观点,把环境与人口、资源和发展联系在一起,从整体上来解决环境问题。对环境污染问题,也开始实行建设项目环境影响评价制度和污染物排放总量控制制度,从单项治理发展到综合防治。1973年1月,联合国大会决定成立联合国环境规划署,负责处理联合国在环境方面的日常事务工作。

4. 规划管理阶段

20世纪80年代初,由于发达国家经济萧条和能源危机,各国都亟须协调发展、就业和环境三者之间的关系,并寻求解决的方法和途径。这一阶段环境保护工作的重点是制定经济增长、合理开发利用自然资源与环境保护相协调的长期政策。其特点是重视环境规划和环境管理,对环境规划措施,既要求促进经济发展,又要求保护环境;既要求有经济效益,又要求有环境效益。即要在不断发展经济的同时,不断改善和提高环境质量。

这一时期,许多国家在治理环境污染上都进行了大量投资。发达国家,如美国、日本用于环境保护的费用占国民生产总值的1%~2%;发展中国家为0.5%~1%。环境保护在宏观上促进了经济的发展,既有经济效益,又有社会效益和环境效益;但在微观上,尤其在某些污染型工业和城市垃圾治理等方面,环境污染治理投资较高,运营费用较大,对产品成本有些影响,对城市社会经济的发展是一个重要的制约因素。

1992年6月,在里约热内卢召开了联合国环境与发展大会,这标志着世界环境保护工作又迈上了新的征途:环境保护的目标是探求环境与人类社会发展的协调方法,从而实现人类与环境的可持续发展。"和平、发展与保护环境是相互依存和不可分割的。"至此,环境保护工作已从单纯治理污染扩展到人类发展、社会进步这个更广阔的范围,"环境与可持续发展"成为当今世界环境保护工作的主题。

1.3.2 中国环境保护的发展历程

中国的环境保护起步虽然较晚但成就突出,具有自己的特色。从1973年至今共经历了3个阶段。

1. 中国环保事业的起步(1973—1978年)

"文化大革命"使中国的国民经济到了崩溃的边缘,环境污染和破坏也达到了严重的程度。在环境污染和生态破坏迅速蔓延的时候,中国于1972年发生了几件较大的环境事件。

大连湾污染告急,涨潮一片黑水,退潮一片黑滩,因污染荒废的贝类滩涂达330多公顷,每年损失海参1万多千克,贝类10多万千克,蚬子150多万千克;北京发生了鱼污染事件,市场出售的鱼有异味,经调查是官厅水库的水受污染造成的;此外,还发生了松花江水系污染报警,一些渔民食用江中含汞的鱼类、贝类,已经出现了水俣病(甲基汞中毒)的征兆。

根据时任总理周恩来的指示,中国派代表团参加了1972年6月5日在斯德哥尔摩召开的人类环境会议。通过这次会议,使中国代表团的成员比较深刻地了解到环境问题对经济社会发展的重大影响。中国高层次的决策者们开始认识到中国也存在着严重的环境问题,需要认真对待。

在这样的历史背景下,1973年8月5日至20日,在北京召开了第一次全国环境保护会议。

第一次全国环保会议的历史贡献具体表现为会议取得了三项主要成果:

一是向全国人民、也向全世界表明了中国不仅认识到存在环境污染,且已到了比较严重的程度,而且有决心去治理污染。会议作出了环境问题"现在就抓,为时不晚"的明确结论。

二是审议通过了"全面规划、合理布局,综合利用、化害为利,依靠群众、大家动手,保护环境、造福人民"的32字环境保护方针。

三是会议审议通过了中国第一个全国性环境保护文件《关于保护和改善环境的若干规定(试行)》,后经国务院以"国发[1973]158号"文批转全国。

《关于保护和改善环境的若干规定(试行)》(以下简称《规定》),是中国历史上第一个由国务院批转的具有法规性质的文件。《规定》共10条,第1条和第2条提出"做好全面规划,工业合理布局";第3条"逐步改善老城市的环境",要求保护水源,消烟除尘,治理城市"四害",消除污染;第4条"综合利用,除害兴利"规定预防为主治理工业污染,要求努力改革工艺,开展综合利用,并明确规定"一切新建、扩建和改建企业,防治污染项目必须和主体工程同时设计,同时施工,同时投产"(即"三同时")。

其余各条则是加强土壤和植被的保护;加强水系和海域的管理;植树造林,绿化祖国;以及开展环保科研和宣传教育;开展环境监测工作,落实环保投资、设备和材料等。

这一时期的环境保护工作主要有以下4个方面。

(1) 全国重点区域的污染源调查、环境质量评价及污染防治途径的研究。

主要有:①北京西北郊污染源调查及环境质量评价研究;②北京东南郊污染源调查、环境质量评价及污染防治途径的研究,这是在总结西北郊工作经验的基础上进行的,强调了污染防治途径研究的重要性。此外,沈阳市、南京市等也开展了类似的研究工作。

在水域、海域方面开展了蓟运河、白洋淀、鸭儿湖污染源调查,以及渤海、黄海的污染源调查。

(2) 开展了以水、气污染治理和"三废"综合利用为重点的环保工作。

主要是保护城市饮用水源和消烟除尘,并大力开展工业"三废"的综合利用。

(3) 制定环境保护规划和计划。

自1974年国务院环境保护领导小组成立之日起,为了尽快控制环境恶化,改善环境质量,1974—1976年连续下发了3个制定环境保护规划的通知,并提出了"5年控制,10年解决"的长远规划目标。尽管因缺乏科学的预测分析,目标不切合实际,但仍是一大进步。

(4) 逐步形成一些环境管理制度,制定了"三废"排放标准。

1973年"三同时"制度逐步形成并要求企事业单位执行;1973年8月国家计委在上报国务院的《关于全国环境保护会议情况的报告》中明确提出:对污染严重的城镇、工业企业、江河湖泊和海湾,要一个一个地提出具体措施,限期治好。1978年由国家计委、国家经委、国务院环境保护领导小组联合提出了一批限期治理的严重污染环境的企业名单,并于当年10月下达。

为了加强对工业企业污染的管理,做到有章可循,1973年11月17日,由国家计委、国家建委、卫生部联合颁布了中国第一个环境标准——《工业"三废"排放试行标准》(GBJ 4—1973)。这是一种浓度控制标准,共4章19条。

2. 改革开放时期环保事业的发展(1979—1992年)

1978年12月18日,党的十一届三中全会的召开实现了全党工作重点的历史性转变,开创了改革开放和集中力量进行社会主义现代化建设的历史新时期,我国的环境保护事业也进入了一个改革创新的新时期。

1978年12月31日,中共中央批准了国务院环境保护领导小组的《环境保护工作汇报要点》(简称《要点》),《要点》指出:"消除污染,保护环境,是进行社会主义建设,实现四个现代化的一个重要组成部分……我们绝不能走先建设、后治理的弯路。我们要在建设的同时就解决环境污染的问题。"这是在中国共产党的历史上,第一次以党中央的名义对环境保护做出的指示,它引起了各级党组织的重视,推动了中国环保事业的发展。

1983年12月31日至1984年1月7日,在北京召开了第二次全国环境保护会议。这次会议是中国环境保护工作的一个转折点,为中国的环境保护事业做出了重要的历史贡献。主要有以下4个方面。

(1) 环境保护基本国策的确立。在第二次全国环境保护会议上,当时担任副总理的李鹏代表国务院宣布:环境保护是中国现代化建设中的一项战略任务,是一项基本国策。从而确定了环境保护在社会主义现代化建设中的重要地位。

(2) "三同步"、"三统一"战略方针的提出。根据我国的国情,会议制定了环境保护工作的重要战略方针,提出"经济建设、城乡建设和环境建设同步规划、同步实施、同步发展",实现"经济效益、社会效益与环境效益的统一"。有的环保专家认为这项战略方针实质上是环境保护工作的总政策。因为这项方针是环境保护总的出发点和归宿。环境保护总的出发点是在快速发展经济、搞好经济建设的同时,保护好环境。这就要同步规划、同步实施,促进同步协调发展。而最后的落脚点和归宿,是"三个效益"的统一。

(3) 确定了符合国情的三大环境政策。中国绝不能走先污染后治理的弯路,而由于人口众多、底子薄,在一个相当长的时期内又不可能拿出大量资金用于污染治理。会议确定把强化环境管理作为当前环境保护的中心环节,提出了符合国情的三大环境政策,即"预防为主、防治结合、综合治理"、"谁污染谁治理"、"强化环境管理"。

(4) 提出了到20世纪末的环保战略目标。会议提出:到2000年,力争全国环境污染问题基本得到解决,自然生态基本达到良性循环,城乡生产生活环境优美、安静,全国环境状况基本上同国民经济和人民物质文化生活水平的提高相适应。虽然在此之后对这个战略目标做过调整,但奋斗目标的提出为环保工作指明了方向,有利于调动广大干部和人民群众的积极性。

在这一阶段中国的环保政策体系已初步形成,如图1-2所示。

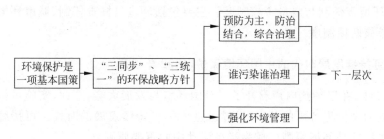

图1-2　环保政策体系示意图

三大环境政策的下一个层次包括环境经济政策、生态保护政策、环境保护技术政策、工业污染控制政策,以及相关的能源政策、技术经济政策等。

环境保护法规体系也初步形成,如图1-3所示。

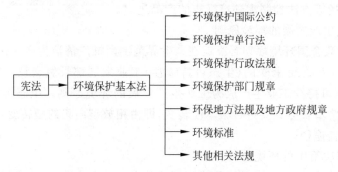

图1-3　中国环境保护法规体系示意图

1989年4月底至5月初在北京召开了第三次全国环境保护会议,这是一次开拓创新的会议,其历史贡献主要表现如下。

(1) 提出了努力开拓有中国特色的环境保护道路。20世纪80年代末,环境问题更加成为举世瞩目的重大问题,在环境保护工作实践中,我国也积累了比较丰富的经验。为了进一步推动环境保护工作上新台阶,这次会议明确提出:"努力开拓有中国特色的环境保护道路。"

(2) 总结确定了8项有中国特色的环境管理制度。按照其在环境管理运行机制中的作用,8项环境管理制度可分为3组:

① 贯彻"三同步"方针,促进经济与环境协调发展的制度。主要包括环境影响评价及"三同时"制度。这两项制度结合起来是防止新污染产生的两个有力的制约环节,可保证经济建设与环境建设同步实施,达到同步协调发展的目标。

② 控制污染,以管促治的制度。主要包括排污收费、排污申报登记及排污许

可证、污染集中控制,以及限期治理4项制度。

③ 环境责任制与定量考核制度。主要包括环境目标责任制、城市环境综合整治定量考核两项制度。

3. 可持续发展时代的中国环境保护(1992年以后)

1992年,在里约热内卢召开了联合国环境与发展大会,至此,实施可持续发展战略已成为全世界各国的共识,世界已进入了可持续发展的时代。可持续发展时代的重要特征是环境原则已成为经济活动中的重要原则。

1) 国际贸易中的环境原则

这项原则是指投放市场的商品(各类产品),必须达到国际规定的环境指标。发达国家的政府实行环境标志制度(环发大会后我国也已开始实行),即对达到环境指标要求的产品颁发环境标志。在国际贸易中将采取限制数量、压低价格甚至禁止进入市场等方法控制无环境标志的产品进口。

2) 工业生产发展的环境原则

1989年联合国环境规划署决定在全世界范围内推广清洁生产。1991年10月在丹麦举行了生态可承受的(生态可持续性)工业发展部长级会议。推行清洁生产、实现生态可持续工业生产成为工业生产发展的环境原则。生态可持续性工业发展要求经济增长方式要进行根本性转变,即由粗放型向集约型转变,这是控制工业污染的最佳途径。

3) 经济决策中的环境原则

实行可持续发展战略,就必须推行环境与发展综合决策(环境经济综合决策)。即在整个经济决策的过程中都要考虑生态要求,控制开发建设的强度不超出资源环境的承载力,从而使经济与环境协调发展。

这一时期于1996年7月在北京又召开了第四次全国环境保护会议。这次会议对于部署落实跨世纪的环境保护目标和任务,实施可持续发展战略,具有十分重要的意义。

会议进一步明确了控制人口和保护环境是我国必须长期坚持的两项基本国策;在社会主义现代化建设中,要把实施科教兴国战略和可持续发展战略摆在重要位置。会议指出:环境保护是关系我国长远发展和全局性的战略问题。在加快发展中绝不能以浪费资源和牺牲环境为代价。并强调要做好5个方面的工作:一是节约资源,二是控制人口,三是建立合理的消费结构,四是加强宣传教育,五是保护自然生态。会议重申了1996年3月全国人大四次会议通过的跨世纪的环境保护目标,这就是:2000年,力争使环境污染和生态破坏加剧的趋势得到基本控制,部分城市和地区的环境质量有所改善;2010年,基本改变环境恶化的状况,城乡环境有明显的改善。同时强调了实现环境保护奋斗目标的"四个必须",即必须严格管理,必须积极推进经济增长方式的转变,必须逐步增加环保投入,必须加强环境法制建设。

这次会议提出了两项重大举措:

其一,"九五"期间全国主要污染物排放总量控制计划。这项举措实质上是对12种主要污染物(烟尘、粉尘、SO_2、COD、石油类、汞、镉、六价铬、铅、砷、氰化物及工业固体废物)的排放量进行总量控制,要求其2000年的排放总量控制在国家批准的水平。

其二,中国跨世纪绿色工程规划。这项举措是《国家环境保护"九五"计划和2010年远景目标》的重要组成部分,也是《"九五"环保计划》的具体化。它有项目、有重点、有措施,在一定意义上可以说是对"六五"、"七五"、"八五"历次环保5年计划的创新和突破,也是同国际接轨的做法。

第四次全国环保会议后,国务院又发布了《国务院关于环境保护若干问题的决定》(以下简称《决定》)。《决定》具有明显的特点。

(1) 目标明确。《决定》规定:到2000年,全国所有工业污染源排放污染物要达到国家或地方规定的标准;各省、自治区、直辖市要使本辖区主要污染物排放总量控制在国家规定的排放总量指标内,环境污染和生态破坏的趋势得到基本控制;直辖市及省会城市、经济特区城市、沿海开放城市和重点旅游城市的环境空气、地面水环境质量,按功能区分别达到国家规定的有关标准(概括为"一控双达标")。

(2) 重点突出。《决定》提出:污染防治的重点是控制工业污染;重点保护好饮用水源,水域污染防治的重点是三湖(太湖、巢湖、滇池)和三河(淮河、海河、辽河);大气污染防治主要是燃煤产生的大气污染,重点控制二氧化硫和酸雨加重的趋势(依法尽快划定酸雨控制区和二氧化硫污染控制区)。

(3) 要求高、可操作性强。《决定》中明确规定的目标、任务和措施共10条,要求很高,政策性很强。但这10条内容都是经过有关部门反复讨论、协调形成的统一意见,可操作性强。

1999年3月,在北京召开了"中央人口资源环境工作座谈会",这是一次贯彻可持续发展战略的新部署,表明了中央领导解决好中国环境与发展问题的决心。

时任中共中央总书记、国家主席江泽民发表了重要讲话,他指出:"促进我国经济和社会的可持续发展,必须在保持经济增长的同时,控制人口增长,保护自然资源,保护良好的生态环境。"

"实现我国经济和社会跨世纪发展目标,必须始终注意处理好经济建设同人口、资源、环境的关系。人口众多,资源相对不足,环境污染严重,已成为影响我国经济和社会发展的重要因素。"

"必须从战略的高度深刻认识处理好经济建设同人口、资源、环境的关系的重要性,把这件事关中华民族生存和发展的大事作为紧迫任务,坚持不懈地抓下去。"

"1999年是'一控双达标'的关键一年,要逐个地区、逐个城市、逐个企业地狠抓落实。"

"要全面落实《全国生态建设规划》,抓紧编制和实施全国生态环境保护纲要,根据不同地区的客观情况,采取不同的保护措施。"

2002年11月8—14日,中国共产党第十六次全国代表大会举行。江泽民作《全面建设小康社会,开创中国特色社会主义事业新局面》的报告。报告总结过去5年的工作和13年的基本经验,把实施可持续发展战略,实现经济发展和人口、资源、环境相协调写入了党领导人民建设中国特色社会主义必须坚持的基本经验,强调实现全面建设小康社会的宏伟目标,必须使可持续发展能力不断增强,生态环境得到改善,资源利用效率显著提高,促进人与自然的和谐,推动整个社会走上生产发展、生活富裕、生态良好的文明发展道路。

2005年10月8—11日,中国共产党第十六届五中全会在北京召开,全会提出:要加快建设资源节约型、环境友好型社会,大力发展循环经济,加大环境保护力度,切实保护好自然生态,认真解决影响经济社会发展特别是严重危害人们健康的突出的环境问题,在全社会形成资源节约的增长方式和健康文明的消费模式。

2005年12月3日,国务院发布了《关于落实科学发展观加强环境保护的决定》。《决定》指出,要充分认识做好环境保护工作的重要意义,用科学发展观统领环境保护工作,协调经济社会发展与环境保护,切实解决突出的环境问题,建立和完善环境保护的长效机制,加强对环境保护工作的领导。

2006年3月14日,十届全国人大四次会议批准了《关于国民经济和社会发展第十一个五年规划纲要》,《纲要》要求在"十一五"时期,加快建设资源节约型、环境友好型社会,单位国内生产总值能源消耗降低20%左右,主要污染物排放总量减少10%,将污染减排指标完成情况纳入经济社会发展综合评价体系,作为政府领导干部综合考核评价和企业负责人业绩考核的重要内容。

2007年10月15日,在中国共产党第十七次全国代表大会上,《高举中国特色社会主义伟大旗帜,为夺取全面建设小康社会新胜利而奋斗》报告中提出了要"建设生态文明,基本形成节约能源资源和保护生态环境的产业结构、增长方式、消费模式"的新要求,并首次把"生态文明"写入了党代会的政治报告。这更有利于着力解决中国发展新阶段面临的一些突出问题。

这一时期,2002年6月我国颁布了《中华人民共和国清洁生产促进法》,2002年10月颁布了《中华人民共和国环境影响评价法》,2008年8月又颁布了《中华人民共和国循环经济促进法》,标志着我国国民经济战略性调整正在深化。可以说,中国环境保护的发展已从传统模式开始转向可持续发展的轨道,其核心体现在人们的文化价值观念和经济发展模式上。

2011年3月16日,第十一届全国人大第四次会议通过的《中华人民共和国国民经济和社会发展第十二个五年规划纲要》第6篇专篇为环境规划,其规划的指导思想是增强资源环境危机意识,树立绿色、低碳发展理念,以节能减排为重点,健全激励和约束机制,加快构建资源节约、环境友好的生产方式和消费模式,增强可持续发展能力,提高生态文明水平。

2012年11月,党的十八大从新的历史起点出发,做出了"大力推进生态文明建设"的战略决策。十八大报告强调:"把生态文明建设放在突出地位,融入经济建设、政治建设、文化建设、社会建设各方面和全过程"。由此,生态文明建设不但要做好其本身的生态建设、环境保护、资源节约等,更重要的是要放在突出地位,融入经济建设、政治建设、文化建设、社会建设各方面和全过程。党的十八大使我国的环境保护工作又迈上了一个历史新时期,为新形势下开创我国环境保护工作的新局面指明了方向。

1.4 可持续发展理论及其内涵

20世纪60年代至70年代,环境问题的严峻形势使人们对传统发展方式开始了全面的质疑和反思。20世纪80年代,世界环境与发展委员会正式提出可持续性发展的理念,这一理论和战略得到了世界各国的广泛认同,可持续性发展观正逐步取代传统发展观,使人类社会的发展范式出现了重大变革。

1.4.1 可持续发展思想的由来

发展是人类社会不断进步的永恒主题。

人类在经历了对自然顶礼膜拜、唯唯诺诺的漫长历史阶段之后,通过工业革命,铸就了驾驭和征服自然的现代科学技术之剑,从而一跃成为大自然的主宰。可就在人类为科学技术和经济发展的累累硕果沾沾自喜之时,却不知不觉地步入了自身挖掘的陷阱。种种始料不及的环境问题击破了单纯追求经济增长的美好神话,固有的思想观念和思维方式受到了强大的冲击,传统的发展模式面临着严峻的挑战。历史把人类推到了必须从工业文明走向现代新文明的发展阶段。可持续发展思想在环境与发展理念的不断更新中逐步形成。

1. 古代朴素的可持续性思想

可持续性(sustainability)的概念渊源已久。早在公元前3世纪,杰出的先秦思想家荀况在《王制》中说:"草木荣华滋硕之时,则斧斤不入山林,不夭其生,不绝其长也;鼋鼍鱼鳖鳅鳣孕别之时,罔罟毒药不入泽,不夭其生,不绝其长也。春耕、夏耘、秋收、冬藏,四者不失时,故五谷不绝,而百姓有余食也。污池渊沼川泽,谨其时禁,故鱼鳖尤多,而百姓有余用也。斩伐养长不失其时,故山林不童,而百姓有余材也。"这是自然资源永续利用思想的反映,春秋时在齐国为相的管仲,从发展经济、富国强兵的目标出发,十分注意保护山林川泽及其生物资源,反对过度采伐。他说:"为人君而不能谨守其山林菹泽草莱,不可以立为天下王。"1975年在湖北云梦睡虎地11号秦墓中发掘出上千支竹简,其中的《田律》清晰地体现了可持续性发展的思想。因此,"与天地相参"可以说是中国古代生态意识的目标和思想,也是可持续性的反映。

西方一些经济学家如马尔萨斯、李嘉图和穆勒等的著作中也比较早认识到人类消费的物质限制,即人类的经济活动范围存在的生态边界。

2. 现代可持续发展思想的产生和发展

现代可持续发展思想的提出源于人们对环境问题的逐步认识和热切关注。其产生背景是人类赖以生存和发展的环境和资源遭到越来越严重的破坏,人类已不同程度地尝到了环境破坏的苦果,因此,在探索环境与发展的过程中逐渐形成了可持续发展思想。在这一过程中以下几件事的发生具有历史意义。

1)《寂静的春天》——对传统行为和观念的早期反思

20世纪中叶,随着环境污染的日趋加重,特别是西方国家公害事件的不断发生,环境问题频频困扰着人类。美国海洋生物学家蕾切尔·卡逊(Rechel Karson)在潜心研究美国使用杀虫剂所产生的种种危害之后,于1962年出版了环境保护科普著作《寂静的春天》(*Silent Spring*)。作者通过对污染物DDT等的富集、迁移、转化的描写,阐明了人类同大气、海洋、河流、土壤、动植物之间的密切关系,初步揭示了污染对生态系统的影响。她告诉人们:"地球上生命的历史一直是生物与其周围环境相互作用的历史,……,只有人类出现后,生命才具有了改造其周围大自然的异常能力。在人类对环境的所有袭击中,最最令人震惊的,是空气、土地、河流以及大海受到各种致命化学物质的污染。这种污染是难以清除的,因为它们不仅进入了生命赖以生存的世界,而且进入了生物组织内。"她还向世人呼吁,我们长期以来行驶的道路,容易被人误认为是一条可以高速前进的平坦、舒适的超级公路,但实际上,这条路的终点却潜伏着灾难,而另外的道路则为我们提供了保护地球的最后唯一的机会。这"另外的道路"究竟是什么样的,卡逊没能确切告诉我们,但作为环境保护的先行者,卡逊的思想在世界范围内,较早地引发了人类对自身的传统行为和观念进行比较系统和深入的反思。

2)《增长的极限》——引起世界反响的"严肃忧虑"

1968年,来自世界各国的几十位科学家、教育家和经济学家等学者聚会罗马,成立了一个非正式的国际协会——罗马俱乐部(The Club of Rome)。它的工作目标是,关注、探讨与研究人类面临的共同问题,使国际社会对人类面临的社会、经济、环境等诸多问题,有更深入的理解,并在现有全部知识的基础上推动采取能扭转不利局面的新态度、新政策和新制度。

受罗马俱乐部的委托,以麻省理工学院梅多斯(D. Meadows)为首的研究小组,针对长期流行于西方的高增长理论进行了深刻的反思,并于1972年提交了俱乐部成立后的第一份研究报告——《增长的极限》。报告深刻阐明了环境的重要性以及资源与人口之间的基本联系。报告认为:由于世界人口增长、粮食生产、工业发展、资源消耗和环境污染这五项基本因素的运行方式是指数增长而非线性增长,全球的增长将会因为粮食短缺和环境破坏于21世纪某个阶段内达到极限。也就是说,地球的支撑力将会达到极限,经济增长将发生不可控制的衰退。因此,要避免因超越地球资源极限而导致世界崩溃的最好方法是限制增长,即"零增长"。

《增长的极限》一发表,在国际社会特别是在学术界引起了强烈的反响。该报告在促使人们密切关注人口、资源和环境问题的同时,因其反增长情绪而遭受到尖锐的批评和责难。因此,引发了一场激烈的、旷日持久的学术之争。一般认为,由于种种因素的局限,《增长的极限》的结论和观点存在十分明显的缺陷。但是,报告所表现出的对人类前途的"严肃的忧虑"以及唤起人类自身觉醒的意识,其积极意义却是毋庸置疑的。它所阐述的"合理、持久的均衡发展",为孕育可持续发展的思想萌芽提供了土壤。

3)联合国人类环境会议——人类对环境问题的正式挑战

1972年,联合国人类环境会议在斯德哥尔摩召开,来自世界113个国家和地区的代表会聚一堂,共同讨论环境对人类的影响问题。这是人类第一次将环境问题纳入世界各国政府和国际政治的事务议程。大会通过的《人类环境宣言》宣布了37个共同观点和26项共同原则。它向全球呼吁:现在已经到达历史上这样一个时刻,我们在决定世界各地的行动时,必须更加审慎地考虑它们对环境产生的后果。由于无知或不关心,我们可能给生活和幸福所依靠的地球环境造成巨大的无法挽回的损失。因此,保护和改善人类环境是关系到全世界各国人民的幸福和经济发展的重要问题,是全世界各国人民的迫切希望和各国政府的责任,也是人类的紧迫目标。各国政府和人民必须为全体人民和自身后代的利益而作出共同的努力。

作为探讨保护全球环境战略的第一次国际会议,联合国人类环境大会的意义在于唤起了各国政府对环境问题,特别是对环境污染的觉醒和关注。尽管大会对整个环境问题的认识比较粗浅,对解决环境问题的途径尚未确定,尤其是没能找出问题的根源和责任,但是,它正式吹响了人类共同向环境问题挑战的进军号。各国政府和公众的环境意识,无论是在广度上还是在深度上都向前迈进了一步。

4)《我们共同的未来》——环境与发展思想的重要飞跃

20 世纪 80 年代伊始,联合国本着必须研究自然的、社会的、生态的、经济的以及利用自然资源过程中的基本关系,确保全球发展的宗旨,于 1983 年 3 月成立了以挪威首相布伦特兰夫人(G. H. Brundtland)任主席的世界环境与发展委员会(WCED)。联合国要求其负责制定长期的环境对策,研究能使国际社会更有效地解决环境问题的途径和方法。经过 3 年多的深入研究和充分论证,该委员会于 1987 年向联合国大会提交了研究报告《我们共同的未来》。

《我们共同的未来》分为"共同的问题"、"共同的挑战"、"共同的努力"三大部分。报告将注意力集中于人口、粮食、物种和遗传资源、能源、工业和人类居住等方面。在系统探讨了人类面临的一系列重大的经济、社会和环境问题之后,提出了"可持续发展"的概念。报告深刻指出,在过去,我们关心的是经济发展对生态环境带来的影响,而现在,我们正迫切地感到生态的压力对经济发展所带来的重大影响。因此,我们需要有一条新的发展道路,这条道路不是一条仅能在若干年内、在若干地方支持人类进步的道路,而是一直到遥远的未来都能支持全球人类进步的道路。这实际上就是卡逊在《寂静的春天》里没能提供答案的、所谓的"另外的道路",即"可持续发展道路"。布伦特兰鲜明、创新的观点,把人类从单纯考虑环境保护引导到把环境保护与人类发展切实结合起来,实现了人类有关环境与发展思想的飞跃。

5)联合国环境与发展大会——环境与发展的里程碑

从 1972 年联合国人类环境会议召开到 1992 年的 20 年间,尤其是 20 世纪 80 年代以来,国际社会关注的热点已由单纯注重环境问题逐步转移到环境与发展二者的关系上来,而这一主题必须有国际社会的广泛参与。在这一背景下,联合国环境与发展大会(UNCED)于 1992 年 6 月在巴西里约热内卢召开。共有 183 个国家的代表团和 70 个国际组织的代表出席了会议,102 位国家元首或政府首脑到会讲话。会议通过了《里约环境与发展宣言》(又名《地球宪章》)和《21 世纪议程》两个纲领性文件。前者是开展全球环境与发展领域合作的框架性文件,是为了保护地球永恒的活力和整体性,建立一种新的、公平的全球伙伴关系的"关于国家和公众行为基本准则"的宣言,它提出了实现可持续发展的 27 条基本原则;后者则是全球范围内可持续发展的行动计划,它旨在建立 21 世纪世界各国在人类活动对环境产生影响的各个方面的行动规则,为保障人类共同的未来提供一个全球性措施的战略框架。此外,各国政府代表还签署了联合国《气候变化框架公约》、《关于森林问题的原则申明》《生物多样性公约》等国际文件及有关国际公约。可持续发展得到世界最广泛和最高级别的政治承诺。

以这次大会为标志,人类对环境与发展的认识提高到了一个崭新的阶段。大会为人类高举可持续发展旗帜,走可持续发展之路发出了总动员,使人类迈出了跨向新的文明时代的关键性的一步,为人类的环境与发展矗立了一座重要的里程碑。

1.4.2 可持续发展的内涵和指标体系

1. 可持续发展的定义

要精确地给可持续发展下定义是比较困难的,不同的机构和专家对可持续发展的定义角度虽有所不同,但基本方向一致。

世界环境与发展委员会(WCED)经过长期的研究,在1987年4月发表的《我们共同的未来》中将可持续发展定义为:"可持续发展是既满足当代人的需要,又不对后代人满足其需要的能力构成危害的发展。"这个定义明确地表达了两个基本观点:一是要考虑当代人,尤其是世界上贫穷人的基本要求;二是要在生态环境可以支持的前提下,满足人类当前和将来的需要。

1991年,世界自然保护同盟、联合国环境规划署和世界野生生物基金会在《保护地球——可持续生存战略》一书中提出这样的定义:"在生存不超出维持生态系统承载能力的情况下,改善人类的生活质量。"

1992年,联合国环境与发展大会(UNCED)的《里约宣言》中对可持续发展进一步阐述为"人类应享有以与自然和谐的方式过健康而富有生产成果的生活的权利,并公平地满足今世后代在发展和环境方面的需要,求取发展的权利必须实现"。

另有许多学者也纷纷提出了可持续发展的定义,如英国经济学家皮尔斯和沃福德在1993年所著的《世界无末日》一书中提出了以经济学语言表达的可持续发展定义:"当发展能够保证当代人的福利增加时,也不应使后代人的福利减少。"

我国学者叶文虎、栾胜基等为可持续发展给出的定义是:"可持续发展是不断提高人群生活质量和环境承载能力的,满足当代人需求又不损害子孙后代满足其需求的,满足一个地区或一个国家的人群需求又不损害别的地区或国家的人群满足其需求的发展。"

2. 可持续发展的内涵

在人类可持续发展的系统中,经济可持续性是基础,环境可持续性是条件,社会可持续性才是目的。人类共同追求的应当是以人的发展为中心的经济-环境-社会复合生态系统持续、稳定、健康的发展。所以,可持续发展需要从经济、环境和社会三个角度加以解释才能完整表述其内涵。

（1）可持续发展应当包括"经济的可持续性"。具体而言，是指要求经济体能够连续地提供产品和劳务，使内债和外债控制在可以管理的范围以内，并且要避免对工业和农业生产带来不利的极端的结构性失衡。

（2）可持续发展应当包含"环境的可持续性"。这意味着要求保持稳定的资源基础，避免过度地对资源系统加以利用，维护环境的净化功能和健康的生态系统，并且使不可再生资源的开发程度控制在使投资能产生足够的替代作用的范围之内。

（3）可持续发展还应当包含"社会的可持续性"。这是指通过分配和机遇的平等、建立医疗和教育保障体系、实现性别的平等、推进政治上的公开性和公众参与性这类机制来保证"社会的可持续发展"。

更根本地，可持续发展要求平衡人与自然和人与人两大关系。人与自然必须是平衡的、协调的。恩格斯指出："我们不要过分陶醉于我们人类对自然界的胜利，对于每一次这样的胜利，自然界都对我们进行报复。"他告诫我们要遵循自然规律，否则就会受到自然规律的惩罚，并且提醒"我们每走一步都要记住：我们统治自然界，绝不像征服者统治异族人那样，绝不像站在自然界之外的人似的——相反地，我们连同我们的肉、血和头脑都是属于自然界和存在于自然界之中的；我们对自然界的全部统治力量，就在于我们比其他一切生物强，能够认识和正确运用自然规律"。

可持续发展还强调协调人与人之间的关系。马克思、恩格斯指出：劳动使人们以一定的方式结成一定的社会关系，社会是人与自然关系的中介，把人与人、人与自然联系起来。社会的发展水平和社会制度直接影响人与自然的关系。只有协调好人与人之间的关系，才能从根本上解决人与自然的矛盾，实现自然、社会和人的和谐发展。由此可见，可持续发展的内容可以归结为三条：人类对自然的索取，必须与人类向自然的回馈相平衡；当代人的发展，不能以牺牲后代人的发展机会为代价；本区域的发展，不能以牺牲其他区域或全球的发展为代价。

总之，可以认为可持续发展是一种新的发展思想和战略，目标是保证社会具有长期的持续性发展的能力，确保环境、生态的安全和稳定的资源基础，避免社会经济大起大落的波动。可持续发展涉及人类社会的各个方面，要求社会进行全方位的变革。

3. 可持续发展的基本原则

1）公平性原则

公平性是指机会选择的平等性。可持续发展强调：人类需求和欲望的满足是发展的主要目标，因而应努力消除人类需求方面存在的诸多不公平性因素。"可持续发展"所追求的公平性原则包含以下两个方面的含义：

一是追求同代人之间的横向公平性，"可持续发展"要求满足全球全体人民的基本需求，并给予全体人民平等性的机会以满足他们实现较好生活的愿望，贫富悬殊、两极分化的世界难以实现真正的"可持续发展"，所以要给世界各国以公平的发展权（消除贫困是"可持续发展"进程中必须优先考虑的问题）。

二是代际间的公平，即各代人之间的纵向公平性。要认识到人类赖以生存与发展的自然资源是有限的，本代人不能因为自己的需求和发展而损害人类世世代代需求的自然资源和自然环境，要给后代人利用自然资源以满足其需求的权利。

2）可持续性原则

可持续性是指生态系统受到某种干扰时能保持其生产率的能力。资源的永续利用和生态系统的持续利用是人类可持续发展的首要条件，这就要求人类的社会经济发展不应损害支持地球生命的自然系统、不能超越资源与环境的承载能力。

社会对环境资源的消耗包括两方面：耗用资源及排放污染物。为保持发展的可持续性，对可再生资源的使用强度应限制在其最大持续收获量之内；对不可再生资源的使用速度不应超过寻求作为替代品的资源的速度；对环境排放的废物量不应超出环境的自净能力。

3）共同性原则

不同国家、地区由于地域、文化等方面的差异及现阶段发展水平的制约，执行可持续的政策与实施步骤并不统一，但实现可持续发展这个总目标及应遵循的公平性及持续性两个原则是相同的，最终目的都是促进人类之间及人类与自然之间的和谐发展。

因此，共同性原则有两个方面的含义：一是发展目标的共同性，这个目标就是保持地球生态系统的安全，并以最合理的利用方式为整个人类谋福利；二是行动的共同性。因为生态环境方面的许多问题实际上是没有国界的，必须开展全球合作，而全球经济发展不平衡也是全世界的事。

4. 可持续发展的指标体系

长期以来，人们采用国内生产总值来衡量经济发展的速度，并以此作为宏观经济政策分析与决策的基础。但是，从可持续发展的观点看，它存在着明显的缺陷，如忽略收入分配状况、忽略市场活动以及不能体现环境退化等状况。为了克服其缺陷，使衡量发展的指标更具科学性，不少较权威的世界性组织和专家学者都提出了一些衡量发展的新思路。

1) 衡量国家(地区)财富的新标准

1995年,世界银行颁布了一项衡量国家(地区)财富的新标准:一国的国家财富由三个主要资本组成,即人造资本、自然资本和人力资本。人造资本为通常经济统计和核算中的资本,包括机械设备、运输设备、基础设施、建筑物等人工创造的固定资产。自然资本指的是大自然为人类提供的自然财富,如土地、森林、空气、水、矿产资源等。可持续发展就是要保护这些财富,至少应保证它们在安全的或可更新的范围之内。很多人造资本是以大量消耗自然资本来换取的,所以应该从中扣除自然资本的价值。如果将自然资本的消耗计算在内,一些人造资本的生产未必是经济的。人力资本指的是人的生产能力,它包括了人的体力、受教育程度、身体状况、能力水平等各个方面,人力资本不仅与人的先天素质有关系,而且与人的教育水平、健康水平、营养水平有直接关系。因此人力资本是可以通过投入人造资本来获得增长的。从这一指标中我们可以看出,财富的真正含义在于:一个国家生产出来的财富,减去国民消费,再减去产品资产的折旧和消耗掉的自然资源。这就是说,一个国家可以使用和消耗本国的自然资源,但必须在使其自然生态保持稳定的前提下,能够高效地转化为人力资本和人造资本,保证人造资本和人力资本的增长能补偿自然资本的消耗。如果自然资源减少后,人力资本和人造资本并没有增加,那么,这种消耗就是一种纯浪费型的消耗。该方法更多地纳入了绿色国民经济核算的基本概念,特别是纳入了资源和环境核算的一些研究成果,通过对宏观经济指标的修正,试图从经济学的角度去阐明环境与发展的关系,并通过货币化度量一个国家或地区总资本存量(或人均资本存量)的变化,以此来判断一个国家或地区发展是否具有可持续性,能够比较真实地反映一个国家和地区的财富。

按照上述标准排列,中国在世界上192个国家和地区中排在第161位。人均财富6 600美元,其中自然资本占8%,人造资本占15%,人力资本占77%。从人均财富相对结构来看,中国的自然资源相当贫乏;从人均财富的绝对量来看,中国拥有的各种财富的量也非常低,特别是高素质人才少,人力资本只有发达国家或地区的1/50。因此,今后如果仍一味地追求那种以自然资源高消耗、环境高污染为代价来换取经济高增长的模式,我国的人均财富不仅难以大幅度增长,而且还有可能下降。

2) 人文发展指数

联合国开发计划署(UNDP)于1990年5月在第一份《人类发展报告》中,首次公布了人文发展指数(HDI),以衡量一个国家的进步程度。它由收入、寿命、教育三个衡量指标构成:收入是指人均GDP的多少;寿命反映了营养和环境质量状况;教育是指公众受教育的程度,也就是可持续发展的潜力。收入通过估算实际人均国内生产总值的购买力来测算;寿命根据人口的平均预期寿命来测算;教育通过成人识字率(2/3权数)和大、中、小学综合入学率(1/3的权数)的加权平均数来衡量。虽然"人文发展指数"并不等同"可持续发展",但该指数的提出仍有许多有益的启示。HDI强调了国家发展应从传统的以物为中心转向以人为中心,强调了达到合理的生活水平而非追求对物质的无限占有,向传统的消费观念提出了挑战。HDI将收入与发展指标相结合,人类在健康、教育等方面的社会发展是对以收入衡量发展水平的重要补充,倡导各国更好地投资于民,关注人们生活质量的改善,这些都是与可持续发展原则相一致的。

在这个报告中,中国的HDI在世界173个国家中排名第94位,比人均GDP(第143位)名次提高了49位。但我们却比朝鲜和蒙古这些不发达的国家还要低,差距主要在于环境质量和教育水平,特别是学龄儿童入学率,"人文发展指数"进一步确认了一个经过多年争论并被世界初步认识到的道理:经济增长不等于真正意义上的发展,而后者才是正确的目标。

3) 绿色国民账户

从环境的角度来看,当前的国民核算体系存在三个方面的问题:一是国民账户未能准确反映社会福利状况,没有考虑资源状态的变化;二是人类活动所使用自然资源的真实成本没有计入常规的国民账户;三是国民账户未计入环境损失。因此,要解决这些问题,有必要建立一种新的国民账户体系。近年来,世界银行与联合国统计局合作,试图将环境问题纳入当前正在修订的国民账户体系框架中,以建立经过环境调整的国内生产净值(NDP)和经过环境调整的净国内收入(EDI)统计体系。目前,已有一个试用性的联合国统计局(UNSO)框架问世,称为"经过环境调整的经济账户体系"(SEEA)。其目的在于:在尽可能保持现有国民账户体系的概念和原则的情况下,将环境数据结合到现存的国民账户信息体系中。环境成本、环境收益、自然资产以及环境保护支出均与以国民账户体系相一致的形式,作为附属账户内容列出。简单来说,SEEA寻求在保护现有国民账户体系完整性的基础上,通过增加附属账户内容,鼓励收集和汇入有关自然资源与环境的信息。SEEA的一个重要特点在于,它能够利用其他测度的信息,如利用区域或部门水平上的实物资源账目。因此,附属账户是实现最终计算NDP和EDI的一个重大进展。

4) 国际竞争力评价体系

国际竞争力评价体系是由世界经济论坛和瑞士国际管理学院共同制定的。它清晰地描述了主要经济强国正在经历的变化,展示出未来经济发展的趋势。它不仅为各国制定经济政策提供重要参考,而且对整个社会经济的发展具有重要导向作用。

这套评价体系由八大竞争力要素、41个方面、224项指标构成。八大要素包括：国内经济实力、国际化程度、政府作用、金融环境、基础设施、企业管理、科技开发和国民素质。其中国民素质有人口、教育结构、生活质量和就业失业等7个要素；生活质量中包含医疗卫生状况、营养状况和生活环境等状况。这套评价体系比较全面地评价和反映一个国家的整体水平，不仅包括现实的竞争能力，还预示潜在的竞争力，从而揭示未来的发展趋势。1996年，在参加评价的46个国家和地区中，中国内地排名第26位，美国排在榜首，新加坡排名第2，中国香港排名第3，日本排名第4。在八大要素中，中国国内经济实力一项排名最好，位列第2；基础设施一项排名最差，位列第46位；国民素质一项排名第35位，其中生活质量排名第42位，劳动力状况与教育结构排名第43位，分别位居倒数第3、第4位。由此表明，我国的教育状况和环境状况均是阻碍我国国民素质提高的主要因素。

5）几种典型的综合型指标

综合型指标是通过系统分析方法，寻求一种能够从整体上反映系统发展状况的指标，从而达到对很多单个指标进行综合分析，为决策者提供有效信息。

（1）货币型综合指标。货币型综合指标以环境经济学和资源经济学为基础，其研究始于20世纪70年代的改良GNP运动。1972年，美国经济学家W. Nordhaus和Tobin提出"经济福利尺度"概念，主张通过对GNP的修正得到经济福利指标。这方面研究的代表还有英国伦敦大学环境经济学家D. W. 皮尔斯，他在其著作《世界无末日》中，将可持续发展定义为：随着时间的推移，人类福利持续不断地增长。从该定义出发，形成测量可持续发展的判断依据：总资本存量的非递减是可持续性的必要前提，即只有当全部资本的存量随时间保持一定增长的时候，这种发展才有可能是可持续的。

（2）物质流或能量流型综合指标。以世界资源研究所的物质流指标为代表，寻求经济系统中物质流动或能量流动的平衡关系，反映可持续发展水平，也为分析经济、资源与环境长期协调发展战略提供了一种新思路。物质流或能量流的主要计量单位是能量单位"J"，所有的货币单位都通过特定的系数（能量强度）转化为能量单位。它通过分析自然资产消耗和生产资产增加之间的关系，在一定的政策、技术条件下，对一个国家的国民经济系统的潜力进行分析，是可持续发展指标的一种定量分析方法。

1.4.3 中国可持续发展的战略措施

中国的社会经济正在蓬勃发展，充满生机与活力，但同时也面临着沉重的人口、资源与环境压力，隐藏着严重的危机，发展与环境的矛盾日益尖锐。表1-1列出的新中国成立60年来的环境态势可以说明这一点。

表 1-1 中国各时期的环境态势

项目	1949年以前的背景情况	60年来的发展历程	当前存在的主要问题	目前仍沿用的决策偏好
人口	数量极大,素质低	人口数量增长快,人口素质提高滞后	人口数量压力,低素质困扰,老龄化压力,教育落后	重人口数量控制,轻人口素质提高,未及时重视老龄化隐患
资源	人均资源较缺乏	资源开发强度大,综合利用率低	土地后备资源不足,水资源危机加剧,森林资源短缺,多种矿产资源告急	对各种资源管理,重消耗,轻管理;重材料开发,轻综合管理
能源	能源总储量大,但人均储量少,煤炭质量差	一次能源开发强度大,二次能源所占比例小	一次能源以煤为主,二次能源开发不足,煤炭大多不经洗选,能源利用率低,生物质能过度消耗	重总量增长,轻能源利用率的提高;重火电厂的建设,轻清洁能源的开发利用;重工业和城镇能源的开发,轻农村能源问题的解决
社会经济发展	社会、经济严重落后	经济总体增长率高,波动大,经济技术水平低,效益低	以高资源消耗和高污染为代价换取经济的高速增长,单位产值能耗、物耗高;产业效益低,亏损严重,财政赤字大	增长期望值极高,重速度,轻效益;重外延扩展,轻内涵;重本位利益,轻全局利益;重长官意志,轻科学决策
自然资源	自然环境相对脆弱	生态环境总体恶化,环境污染日益突出,生态治理和污染治理严重滞后	自然生态破坏严重,生态赤字加剧;污染累计量递增,污染范围扩大,污染程度加剧	环境意识逐渐增强,环境法规逐渐健全,但执法不力,决策被动,治理投资空位,环境监督虚位

上述态势的发展,特别是自然生态环境的恶化,已成为社会、经济发展的重大障碍,也使经济领域的隐忧不断加剧,几十年来发展的传统模式已不能适应中国的社会、经济发展,迫切需要新的发展战略,走可持续发展之路就成为中国未来发展的唯一选择,唯此才能摆脱人口、环境、贫困等多重压力,提高发展水平,开拓更为美好的未来。

联合国环境与发展大会之后,中国政府重视自己承担的国际义务,积极参与全球可持续发展理论的建立和健全工作。中国制定的第一份环境与发展方面的纲领性文件是1992年8月党中央国务院批准转发的《环境与发展十大对策》。1994年3月,《中国21世纪议程》公布,这是全球第一部国家级的《21世纪议程》，把可持续发展原则贯穿到各个方案领域。《中国 21 世纪议程》阐明了中国可持续发展的战略和对策，它已成为我国制定国民经济和社会发展计划的一个指导性文件。

中国可持续发展战略的总体目标是：用 50 年的时间，全面达到世界中等发达国家的可持续发展水平，进入世界总体可持续发展能力前 20 名的国家行列；在整个国民经济中科技进步的贡献率达到 70% 以上；单位能量消耗和资源消耗所创造的价值在 2000 年基础上提高 10~12 倍；人均预期寿命达到 85 岁；人文发展指数进入世界前 50 名；全国平均受教育年限在 12 年以上；能有效地克服人口、粮食、能源、资源、生态环境等制约可持续发展的"瓶颈"；确保中国的食物安全、经济安全、健康安全、环境安全和社会安全。2030 年实现人口数量的"零增长"；2040 年实现能源资源消耗的"零增长"；2050 年实现生态环境退化的"零增长"，全面实现进入可持续发展的良性循环。

1. 环境与发展十大对策

1992 年 8 月，我国按照联合国环发大会精神，根据我国具体情况，提出了我国环境与发展领域应采取的 10 条对策和措施，这是我国现阶段和今后相当长一段时期内环境政策的集中体现，现将主要内容摘录如下。

1）实行可持续发展战略

（1）人口战略。中国要严格控制人口数量，加强人力资源开发、提高人口素质，充分发挥人们的积极性和创造性，合理地利用自然资源，减轻人口对资源与环境的压力，为可持续发展创造一个宽松的环境。

（2）资源战略。实行保护、合理开发利用、增值并重的政策，依靠科技进步挖掘资源潜力，动用市场机制和经济手段促进资源的合理配制，建立资源节约型的国民经济体制。

（3）环境战略。中国要实现社会主义现代化，就必须把国民经济的发展放在第一位，各项工作都要以经济建设为中心来进行。但是，生态环境恶化已经严重地影响着中国经济和社会的持续发展。因此，防治环境污染和公害，保障公众身体健康，促进经济社会发展，建立与发展阶段相适应的环保体制是实现可持续发展的基本政策之一。

（4）稳定战略。要提高社会生产力，增强综合国力和不断提高人民生活水平，就必须毫不动摇地把发展国民经济放在第一位，各项工作都要紧紧围绕经济建设这个中心来开展。为此，必须从国家整体的角度上来协调和组织各部门、各地方、各社会阶层和全体人民的行动，才能保证在经济稳定增长的同时，保护自然资源和改善生态环境，实现国家长期、稳定发展。

社会可持续发展的内容包括：①人口、消费与社会服务；②消除贫困；③卫生与健康；④人类居住区可持续发展；⑤防灾减灾。经济可持续发展的内容包括：①可持续发展的经济政策；②工业与交通、通信业的可持续发展；③可持续的能源生产和消费；④农业与农村的可持续发展。坚持社会和经济稳定协调发展。

从总体上说，我国可持续发展战略重在发展这一主题，否定了我国传统的人口放任、资源浪费、环境污染、效益低下、分配不公、教育滞后、闭关锁国和管理落后的发展模式，强调了合理利用自然资源、维护生态平衡以及人口、环境与经济的持续、协调、稳定发展的观念和作用。

2) 可持续发展的重点战略任务

(1) 采取有效措施，防治工业污染。坚持"预防为主，防治结合，综合治理"等指导原则，严格控制新污染，积极治理老污染，推行清洁生产，主要措施如下。

① 预防为主，防治结合。严格按照法律规定，对初建、扩建、改建的工业项目要先评价、后建设，严格执行"三同时"制度，技术起点要高。对现有工业结合产业和产品结构调整，加强技术改进，提高资源利用率，最大限度地实现"三废"资源化。积极引导和依法管理，防治乡镇企业污染，严禁对资源滥挖乱采。

② 集中控制和综合治理。这是提高污染防治的规模效益的必由之路。综合治理要做到合理利用环境自净能力与人为措施相结合；生态工程与环境工程相结合；集中控制与分散治理相结合；技术措施与管理措施相结合。

③ 转变经济增长方式，推行清洁生产。走资源节约型、科技先导型、质量效益型道路，防治工业污染。大力推行清洁生产，全过程控制工业污染。

(2) 加强城市环境综合整治，认真治理城市"四害"。城市环境综合整治包括加强城市基础设施建设，合理开发利用城市的水资源、土地资源及生活资源，防治工业污染、生活污染和交通污染，建立城市绿化系统，改善城市生态结构和功能，促进经济与环境协调发展，全面改善城市环境质量。当前主要任务是通过工程设施和管理措施，有重点地减轻和逐步消除废气、废水、废渣和噪声城市"四害"的污染。

(3) 提高能源利用率，改善能源结构。通过电厂节煤，严格控制热效率低、浪费能源的小工业锅炉的发展，推广民用型煤，发展城市煤气化和集中供热方式，逐步改变能源价格体系等措施，提高能源利用率，大力节约能源。调整能源结构，增加清洁能源比重，降低煤炭在中国能源结构中的比重。尽快发展水电、核电，因地制宜地开发和推广太阳能等清洁能源。

(4) 推广生态农业，坚持植树造林，加强生物多样性保护。推广生态农业，提高粮食产量，改善生态环境。植树造林，确保森林资源的稳定增长。通过扩大自然保护区面积，有计划地建设野生珍稀物种及优良家禽、家畜、作物和药物良种的保护及繁育中心，加强对生物多样性的保护。

3) 可持续发展的战略措施

(1) 大力推进科技进步,加强环境科学研究,积极发展环保产业。解决环境与发展问题的根本出路在于依靠科技进步。加强可持续发展的理论和方法的研究、总量控制及过程控制理论和方法的研究、生态设计和生态建设的研究、开发和推广清洁生产技术的研究,提高环境保护技术水平。正确引导和大力扶持环保产业的发展,尽快把科技成果转化成防治污染的能力,提高环保产品质量。

(2) 运用经济手段保护环境。应用经济手段保护环境,做到排污收费、资源有偿使用、资源核算和资源计价、环境成本核算。

(3) 加强环境教育,提高全民环境意识。加强环境教育,提高全民的环保意识,特别是提高决策层的环保意识和环境开发综合决策能力,是实施可持续发展的重要战略措施。

(4) 健全环保法制,强化环境管理。中国的实践表明,在经济发展水平较低、环境保护投入有限的情况下,健全管理机构、依法强化管理是控制环境污染和生态破坏的有效手段。建立健全使经济、社会与环境协调发展的法规政策体系,是强化环境管理,实现可持续发展战略的基础。

(5) 实施循环经济。发展知识经济和循环经济,是 21 世纪国际社会的两大趋势。知识经济就是在经济运行过程中智力资源对物质资源的替代,实现经济活动的知识化转向。自从 20 世纪 90 年代确立可持续发展战略以来,发达国家正在把发展循环经济、建立循环型社会看做实施可持续发展战略的重要途径和实现方式。

2.《中国 21 世纪议程》

1)《中国 21 世纪议程》的主要内容

1994 年 3 月 25 日,中国国务院第 16 次常务会议讨论通过了《中国 21 世纪议程——中国 21 世纪人口、环境与发展白皮书》,制定了中国国民经济目标、环境目标和主要对策。《中国 21 世纪议程》共有 20 章,78 个方案领域,主要内容分为四部分。

第一部分,可持续发展总体战略与政策。论述了实施中国可持续发展战略的背景和必要性,提出了中国可持续发展战略目标、战略重点和重大行动,建立中国可持续发展法律体系,制定促进可持续发展的经济技术政策,将资源和环境因素纳入经济核算体系,参与国际环境与发展合作的意义、原则立场和主要行动领域,其中特别强调了可持续发展能力建设,包括建立健全可持续发展管理体系、费用与资金机制,加强教育,发展科学技术,建立可持续发展信息系统,促使妇女、青少年、少数民族、工人和科学界人士及团体参与可持续发展。

第二部分,社会可持续发展。包括人口、居民消费与社会服务、消除贫困、卫生与健康、人类居住区可持续发展和防灾减灾等。其中最重要的是实行计划生育、控制人口数量、提高人口素质,包括引导建立适度和健康消费的生活体系。强调尽快消除贫困,提高中国人民的卫生和健康水平。通过正确引导城市化,加强城镇用地规划和管理,合理使用土地,加快城镇基础设施建设,促进建筑业发展,向所有的人提供住房,改善住区环境,完善住区功能,建立与社会主义经济发展相适应的自然灾害防治体系。

第三部分,经济可持续发展。把促进经济快速增长作为消除贫困、提高人民生活水平、增强综合国力的必要条件,其中包括可持续发展的经济政策,农业与农村经济的可持续发展,工业与交通、通信业的可持续发展,可持续能源和生产消费等部分。着重强调利用市场机制和经济手段推动可持续发展,提供新的就业机会,在工业活动中积极推广清洁生产,尽快发展环保产业,提高能源效率与节能,开发利用新能源和可再生能源。

第四部分,资源的合理利用与环境保护。包括水、土地等自然资源的保护与可持续利用,还包括生物多样性保护,防治土地荒漠化,防灾减灾,保护大气层,如控制大气污染和防治酸雨,固体废物无害化管理等。着重强调在自然资源管理决策下推行可持续发展影响评价制度,对重点区域和流域进行综合开发整治,完善生物多样性保护法规体系,建立和扩大国家自然保护区网络,建立全国土地荒漠化的监测和信息系统,开发消耗臭氧层物质的替代产品和替代技术,大面积造林,制定有害废物处置、利用的新法规和技术标准等。

2)《中国 21 世纪议程》的实施

自《中国 21 世纪议程》颁布以来,我国各级政府分别从计划、法规、政策、宣传、公众参与等方面推动实施,并取得不少成就。今后,在相当长的时期内,我国还要采取一系列举措来促进《中国 21 世纪议程》的实施。

具体措施可归结为以下几条。

(1) 切实转变指导思想

长期以来,在计划经济体制下,我们讲到发展往往只注重经济增长而忽视环境问题,这是不全面的,也是不能持久的。因为经济发展是通过高投入、高消耗实现较高增长的,于是不可避免地为环境带来严重污染;资源也越来越难以支撑。今后,在建设社会主义市场经济体制的过程中,我国必须真正转变传统的发展战略,由单纯追求增长速度转变为以提高效益为中心,由粗放经营转变为集约经营。

为了持续发展,必须遵循经济规律和自然规律,遵循科学原则和民主集中制原则,在决策中要正确处理经济增长速度与综合效益(经济、环境、社会效益)之间的关系,要把保护环境和资源的目标明确列入国家经济、社会发展总体战略目标中,列入工业、农业、水利、能源、交通等各项产业的发展目标中,要调整和取消一些助长环境污染和资源浪费的经济政策等手段,以综合效益,而不是仅以产值来衡量地区、部门和企业的优劣,在制定经济发展速度时,一定要量力而行,要考虑到资源的承载能力和环境容量,不能吃祖宗饭,造子孙孽。要造就人与自然和谐、经济与环境和谐的良性局面。

(2) 大力调整产业结构和优化工业布局

今后,我国的人口还会继续增加,工业化进程将会进一步加快,必然给环境带来更大的压力,因此,经济发展要在提高科技含量和规模效益、增强竞争能力上下功夫,才能防止环境和生态继续恶化。

① 制定和实施正确的产业政策,及时调整产业结构。要严格限制和禁止能源消耗高、资源浪费大、环境污染重的企业发展,优先发展高新技术产业。对现有的污染危害较大的企业和行业进行限期治理;推行清洁生产,提倡生态环境技术;大力支持企业开发利用低废技术、无废技术和循环技术,使企业降低资源消耗和废物排放量。

② 根据资源优化配置和有效利用的原则,充分考虑环境保护的要求,制定合理的工业发展地区布局规划,并按规划安排工业企业的类型和规模,同时,依据自然地理的条件和特点,合理利用自然生态系统的自净能力。

③ 要改变控制污染的模式,由末端排放控制转为生产全过程控制,由控制排放浓度转为控制排污总量;由分散治理污染向集中控制转化(使有限的资金充分发挥效益)。通过建立区域性供热中心、热电联产等方式进行集中供热,有效控制小工业锅炉的盲目发展;通过建立区域性污水处理厂,实行污水集中处理;通过建立固体废物处理场、处置厂和综合利用设施,对固体废物进行有效集中控制。

(3) 加强农业综合开发,推行生态农业工程建设

农业是国民经济的基础,合理开发土地资源、切实保护农村生态环境是农业发展的根本保证。因此,在发展农村经济时要注意以下几点。

① 加强土地管理,稳定现有耕地面积。

② 积极开发生态农业工程建设,不断提高农产品质量,发展绿色食品生产。生态农业是一种大农业生产,注重农、林、牧、副、渔全面发展,农工商综合经营。它能充分合理地利用农业资源,具有较强的抵抗外界干扰能力、较高的自我调节能力和持续稳定的发展能力。国内外一些生态农场的试验证明:生态农业是遵循生态学原理发展起来的一种新的生产体系,是一种持续发展的农业模式,也是一条保护生态环境的有效途径。

③ 进一步扩大退耕还林和退牧还草规模,加快宜林荒山荒地造林步伐,防止土地沙漠化的扩大和水土流失的加剧;改良土壤,改造中低产田;在大力发展旅游业的同时,注意加强风景名胜和旅游点的环境保护,以改善国土和农村生态

环境。

④ 对乡镇企业和个体企业采取合理规划、正确引导、积极扶植、加强管理的方针,提高其生产和设备的科技水平,严格控制其对环境的污染。

(4) 加强对环境保护的投资

同经济增长相适应,将公共投资重点向环境保护领域倾斜,并引导企业向环境保护投资。政府在清洁能源、水资源保护和水污染治理、城市公共交通、大规模生态工程建设的投资方面发挥主导作用,并利用合理收费和企业化经营的方式,引导其他方面的资金进入环境保护领域,使中国的环保投资保持在 GDP 的 $1\% \sim 1.5\%$。

(5) 构筑可持续发展的法律体系

把可持续发展原则纳入经济立法,完善环境与资源法律,加强与国际环境公约相配套的国内立法。

(6) 同政府体制改革相配套,建立廉洁、高效、协调的环境保护行政体系,加强其能力建设,使之能强有力地实施国家各项环境保护法律、法规。

(7) 加强环境保护教育,不断提高国民的环保意识

要使走可持续发展道路的思想深入人心。要充分发挥妇女、工会、青少年等组织和科技界的作用,进一步扩大公众参与环境保护和可持续发展的范围和机会,加强群众监督,使环境保护深入到社会生活各个领域,成为政府和人民的自觉行动。

复习与思考

1-1 什么是环境、环境要素?环境要素有哪些属性?
1-2 地球环境是怎样构成的?
1-3 环境主要有哪些功能?
1-4 什么是环境承载力?为什么要了解环境承载力?
1-5 当前人类面临的主要环境问题有哪些?
1-6 我国的环境保护工作经历了哪三个发展阶段?
1-7 可持续发展的内涵和基本原则是什么?
1-8 实施《中国 21 世纪议程》有哪些举措?

第2章 生态学基础

随着人口的增长和工业的快速发展,人类正以前所未有的规模和强度影响着环境。人类赖以生存的自然环境在退化,生存的基本条件受到严重的破坏。全球性环境问题日益突出,如人口膨胀、资源枯竭、环境污染、生态失衡等。这些问题的解决,都有赖于生态学理论的指导。

2.1 生态学

2.1.1 生态学的概念

生态学(ecology)一词源于希腊文 oikos,其意为"住所"或"栖息地"。从字义上讲,生态学是关于居住环境的科学。1866 年德国生物学家海克尔(H. Haeckel)在《普通生物形态学》一书中第一次正式提出生态学的概念,并将生态学定义为:"生态学是研究生物与其环境关系的科学。"

我国著名生态学家马世骏教授定义生态学为:"研究生物与环境之间相互关系及其作用机理的科学。"目前,最为全面和大多数学者们所采用的定义为:"生态学是一门研究生物与生物、生物与其环境之间的相互关系及其作用机理的科学。"

2.1.2 生态学的发展

综观生态学的发展,可分为两个阶段。

1. 生物学分支学科阶段

20 世纪 60 年代以前,生态学基本上局限于研究生物与环境之间的相互关系,隶属于生物学的一个分支学科。初期的生态学主要是以各大生物类群与环境相互关系为研究对象,因而出现了植物生态学、动物生态学、微生物生态学等。进而以生物有机体的组织层次与环境的相互关系为研究对象,出现了个体生态学、种群生态学和生态系统生态学。

个体生态学就是研究各种生态因子对生物个体的影响。各种生态因子包括阳光、大气、水分、温度、湿度、土壤和环境中的其他相关生物等。各种生态因子对生物个体的影响，主要表现在引起生物个体生长发育、繁殖能力和行为方式的改变等。

种群是指同一时空中同种生物个体所组成的集合体。种群生态学主要研究种群与其生存环境相互作用下，种群的空间分布和数量变动的规律。

生态系统生态学主要研究生物群落与其生存环境相互作用下，生态系统结构和功能的变化及其稳定性。所谓的生物群落就是指同一时空中多个生物种群的集合体。

2. 综合性学科阶段

20 世纪 50 年代后半期以来，由于工业发展、人口膨胀，导致粮食短缺、环境污染、资源紧张等一系列世界性环境问题的出现，迫使人们不得不以极大的关注去寻求协调人类与自然的关系，探求全球可持续发展的途径。人们寄希望于集中全人类的智慧，更期望发挥生态学的作用。这种社会需求推动了生态学的发展。

近代系统科学、控制论、计算机技术和遥感技术等的广泛应用，为生态学对复杂系统结构的分析和模拟创造了条件，为深入探索复杂系统的功能和机理提供了更为科学和先进的手段，这些相邻学科的"感召效应"也促进了生态学的高速发展。

随着现代科学技术向生态学的不断渗透，生态学被赋予了新的内容和动力，突破了原有生物科学的范畴，成为当代最为活跃的领域之一。生态学在基础研究方面，已趋于向定性和定量相结合、宏观与微观相结合的方向发展，并进一步研究生物与环境之间的内在联系及其作用机理，使生态学原有的个体生态学、种群生态学和生态系统生态学等各个分支学科，均有不同程度的提高，达到了一个新的水平。同时，由于生态学与相邻学科的相互交融，也产生了若干个新的学科生长点，诸如生态学与数学相结合，形成了数学生态学。数学生态学不仅为阐明复杂生态系统提供了有效的工具，而且数学的抽象和推理也有助于对生态系统复杂现象的解释和有关规律的探求，这必将导致生态学新理论和新方法的出现。生态学与化学相结合，形成了化学生态学。化学生态学不仅可以揭示生物与环境之间相互作用关系的实质，而且在有害生物防治的探求方面，如农药的使用，也提供了有效的手段。

随着经济建设和社会的发展，出现了一些违背生态学规律的现象，如人口膨胀、资源浪费、环境污染、生态破坏等，引发了一系列经济问题和社会问题，迫使人们在运用经济规律解决问题的同时，也积极主动地探索对生态规律的应用。此时，生态学与经济学、社会学相互渗透，使生态学出现了突破性的新进展。生态学不仅限于研究生物圈内生物与环境的辩证关系及其相互作用的规律和机理,也不仅限于研究人类活动(主要是经济活动)与自然环境的关系,而是研究人类与社会环境的关系。

研究人类与其生存环境的关系及其相互作用的规律,形成了人类生态学。研究人类与各类人工环境的关系及其相互作用的规律,就构成了人类生态学的众多分支学科。如研究人类与社会环境的关系及其相互作用的规律形成了社会生态学;研究人类与经济、政治、教育环境的关系则分别形成了经济生态学、政治生态学和教育生态学等;研究城市居民与城市环境的关系及其相互作用的规律形成了城市生态学;研究人类与工业环境的关系及其相互作用的规律形成了工业生态学;研究人类与农业环境的关系及其相互作用的规律形成了农业生态学等。

目前,生态学正以前所未有的速度,在原有学科理论和方法的基础上,与自然科学和社会科学相互渗透,向纵深发展并不断拓宽研究领域。生态学将以生态系统为中心,以生态工程为手段,在协调人与人、人与自然的复杂关系,探求全球走可持续发展之路、建设和谐社会方面,做出重要的贡献。21世纪是生态的世纪。

2.2 生态系统

2.2.1 生态系统的概念

生态系统的概念是英国植物群落学家坦斯莱(A. G. Tansley)在20世纪30年代首先提出的。由于生态系统的研究内容与人类的关系十分密切,对人类的活动具有直接的指导意义,所以很快得到了人们的重视。20世纪50年代后已得到广泛传播,60年代以后逐渐成为生态学研究的中心。

生态系统是生态学中最重要的一个概念,也是自然界最重要的功能单位。所谓的生态系统,就是在一定的空间中共同栖居着的所有生物(即生物群落)与其环境之间,由于不断地进行物质和能量流动过程而形成的统一整体。如果将生态系统用一个简单明了的公式概括可表示为:生态系统 = 生物群落 + 非生物环境。

2.2.2 生态系统的组成和结构

1. 生态系统的组成

所有的生态系统,不论陆生的还是水生的,都可以概括为两大部分或4种基本成分。两大部分是指非生物部分和生物部分,4种基本成分包括非生物环境和生产者、消费者与分解者三大功能类群,见图2-1。

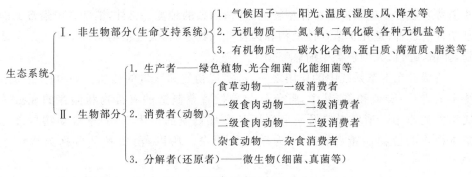

图 2-1　生态系统的组成成分

1) 非生物部分

非生物部分是指生物生活的场所,是物质和能量的源泉,也是物质和能量交换的地方。非生物部分具体包括:①气候因子,如光照、热量、水分、空气等;②无机物质,如氮、氧、碳、氢及矿物质等;③有机物质,如碳水化合物、蛋白质、腐殖质及脂类等。非生物部分在生态系统中的作用,一方面是为各种生物提供必要的生存环境,另一方面是为各种生物提供必要的营养元素,可统称为生命支持系统。

2) 生物部分

生物部分由生产者、消费者和分解者构成。

(1) 生产者。生产者主要是绿色植物,包括一切能进行光合作用的高等植物、藻类和地衣。这些绿色植物体内含有光合作用色素,可利用太阳能把二氧化碳和水合成有机物,同时释放出氧气。除绿色植物以外,还有利用太阳能和化学能把无机物转化为有机物的光能自养微生物和化能自养微生物。

生产者在生态系统中不仅可以生产有机物,而且也能在将无机物合成有机物的同时,把太阳能转化为化学能,储存在生成的有机物当中。生产者生产的有机物及储存的化学能,一方面供给生产者自身生长发育的需要,另一方面也用来维持其他生物全部生命活动的需要,是其他生物类群包括人类在内的食物和能源的供应者。

(2) 消费者。消费者由动物组成,它们以其他生物为食,自己不能生产食物,只能直接或间接地依赖于生产者所制造的有机物获得能量。根据不同的取食地位,消费者可分为:一级消费者(也称初级消费者),直接依赖生产者为生,包括所有的食草动物,如牛、马、兔、池塘中的草鱼以及许多陆生昆虫等;二级消费者(也称次级消费者),是以食草动物为食的食肉动物,如鸟类、青蛙、蜘蛛、蛇、狐狸等。食肉动物之间又是"弱肉强食",由此,可以进一步分为三级消费者、四级消费者,这些消费者通常是生物群落中体型较大、性情凶猛的种类。另外,消费者中最常见的是杂食消费者,是介于草食性动物和肉食性动物之间,既食植物又食动物的杂食动物,如猪、鲤鱼、大型兽类中的熊等。

消费者在生态系统中的作用之一,是实现物质和能量的传递。如草原生态系统中的青草、野兔和狼,其中,野兔就起着把青草制造的有机物和储存的能量传递给狼的作用。消费者的另一个作用是实现物质的再生产,如草食动物可以把草本植物的植物性蛋白再生产为动物性蛋白。所以,消费者又可称为次级生产者。

(3) 分解者。分解者也称还原者,主要包括细菌、真菌、放线菌等微生物以及土壤原生动物和一些小型无脊椎动物。这些分解者的作用,就是把生产者和消费者的残体分解为简单的物质,最终以无机物的形式归还到环境中,供给生产者再利用。所以,分解者对生态系统中的物质循环具有非常重要的作用。

2. 生态系统的结构

构成生态系统的各个组成部分,各种生物的种类、数量和空间配置,在一定时期均处于相对稳定的状态,使生态系统能够各自保持一个相对稳定的结构。对生态系统结构的研究,目前着眼于形态结构和营养结构。

1) 形态结构

生态系统的形态结构是指生物成分在空间、时间上的配置与变化,即空间结构和时间结构。

(1) 空间结构。空间结构是生物群落的空间格局状况,包括群落的垂直结构(成层现象)和水平结构(种群的水平配置格局)。例如,一个森林生态系统,在空间分布上,自上而下具有明显的成层现象,地上有乔木、灌木、草本植物、苔藓植物,地下有深根系、浅根系及根系微生物和微小动物。在森林中栖息的各种动物,也都有其相对的空间位置,如在树上筑巢的鸟类、在地面行走的兽类和在地下打洞的鼠类等。在水平分布上,林缘、林内植物和动物的分布也有明显的不同。

(2) 时间结构。时间结构主要是指同一个生态系统,在不同的时期或不同的季节,存在着有规律的时间变化。例如,长白山森林生态系统,冬季满山白雪覆盖,到处是一片林海雪原;春季冰雪融化,绿草如茵;夏季鲜花遍野,五彩缤纷;秋季又是果实累累,气象万千。不仅在不同季节有着不同的季相变化,就是昼夜之间,其形态也会表现出明显的差异。

2) 营养结构

生态系统各组成部分之间,通过营养联系构成了生态系统的营养结构,其一般模式可用图 2-2 表示。

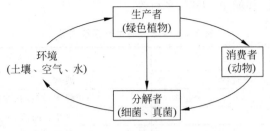

图 2-2 生态系统的营养结构

生产者可向消费者和分解者分别提供营养,消费者也可向分解者提供营养,分解者则把生产者和消费者以动植物残体形式提供的营养分解为简单的无机物质归还给环境,由环境再供给生产者利用。这既是物质在生态系统中的循环过程,也是生态系统营养结构的表现形式。由于不同生态系统的组成成分不同,其营养结构的具体表现形式也会因之各异。如鱼塘生态系统的生产者是藻类、水草,消费者是鱼类,分解者是鱼塘微生物,环境则是水、水中空气和底泥;而森林生态系统的生产者是森林、草本植物,消费者是栖息在森林中的各种动物,分解者是森林微生物,环境则是森林土壤、空气和水。

2.2.3 生态系统的类型

自然界中的生态系统是多种多样的,为了方便研究,人们从不同的角度将生态系统分成了若干类型。

按照生态系统的生物成分,可将生态系统分为:①植物生态系统,如森林、草原等生态系统;②动物生态系统,如鱼塘、畜牧等生态系统;③微生物生态系统,如落叶层、活性污泥等生态系统;④人类生态系统,如城市、乡村等生态系统。

按照环境中的水体状况,可将生态系统划分为陆生生态系统和水生生态系统。陆生生态系统可进一步划分为荒漠生态系统、草原生态系统、稀树干草原生态系统和森林生态系统等。水生生态系统也可进一步划分为淡水生态系统和海洋生态系统。而淡水生态系统又包括江、河等流水生态系统和湖泊、水库等静水生态系统;海洋生态系统则包括滨海生态系统和大洋生态系统等,详见表 2-1。

按照人为干预的程度,可将生态系统分为自然生态系统、半自然生态系统和人工生态系统。自然生态系统是指没有或基本没有受到人为干预的生态系统,如原始森林、未经放牧的草原、自然湖泊等;半自然生态系统是指虽然受到人为干预,但其环境仍保持一定自然状态的生态系统,如人工抚育过的森林、经过放牧的草原、养殖的湖泊等;人工生态系统是指完全按照人类的意愿,有目的、有计划地建立起来的生态系统,如城市、工厂、乡村等。

表 2-1 地球上的生态系统类型

陆生生态系统	水生生态系统
荒漠:干荒漠、冷荒漠	淡水
苔原	静水:湖泊、水库等
极地	流水:河流、溪流等
高山	湿地:沼泽
草地:湿草地、干草原	海洋
稀树干草原	远洋
温带针叶林	珊瑚礁
亚热带常绿阔叶林	浅海(大陆架)
热带雨林:雨林、季雨林	河口
	海峡
	海岸带

随着城市化的发展,人类面临的人口、资源和环境等问题都直接或间接地关系到经济发展、社会进步和人类赖以生存的自然环境三个不同性质的问题。实践要求把三者综合起来加以考虑,于是产生了社会-经济-自然复合生态系统的新概念。这种系统是最为复杂的,它把生态、社会和经济多个目标一体化,使系统复合效益最高、风险最小、活力最大。

城市是一个典型的以人为中心的自然-经济-社会复合生态系统。它不仅包括大自然生态系统所包含的所有生物要素与非生物要素,而且还包含人类最重要的社会及经济要素。在整个城市生态系统中又可分为 3 个层次的亚系统,即自然亚系统、经济亚系统和社会亚系统。自然亚系统包括城市居民赖以生存的基本物质环境,它以生物与环境协同共生及环境对城市活动的支持、容纳、缓冲及净化为特征。社会亚系统以人为核心,以满足城市居民的就业、居住、交通、供应、文娱、医疗、教育及生活环境等需求为目标,为经济亚系统提供劳力和智力,并以高密度的人口和高强度的生活消费为特征。经济亚系统以资源为核心,由工业、农业、建筑、交通、贸易、金融、信息、科教等部门组成,它以物质从分散向集中的高密度运转、能量从低质向高质的高强度聚集、信息从低序向高序的连续积累为特征。自然-经济-社会复合生态系统各亚系统之间的关系,见图 2-3。

上述各个亚系统除自身内部的运转外,各亚系统之间还相互作用、相互制约,构成一个不可分割的整体。各亚系统的运转或系统间的联系如果失调,便会造成整个城市系统的紊乱和失衡,因此,就需要城市的相关部门制定政策,采取措施,发布命令,对整个城市生态系统的运行进行调控。

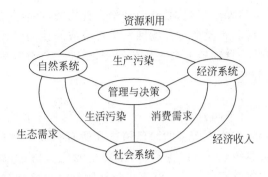

图 2-3 自然-经济-社会复合生态系统各亚系统之间的关系

2.2.4 生态系统的功能

生态系统的功能主要表现在生态系统具有一定的能量流动、物质循环和信息传递。食物链(网)和营养级是实现这些功能的保证。

1. 食物链(网)和营养级

1) 食物链(网)

生态系统中各种生物以食物为联系建立起来的链锁称为"食物链"。按照生物间的相互关系,一般地,食物链可分为下述3种类型。

(1) 捕食性食物链,以生产者为基础,其构成形式为植物→食草动物→食肉动物,后者捕食前者。如在草原上,青草→野兔→狐狸→狼;在湖泊中,藻类→甲壳类→小鱼→大鱼。

(2) 腐食性食物链,以动植物遗体为基础,由细菌、真菌等微生物或某些动物对其进行腐殖质化或矿化。如植物遗体→蚯蚓→线虫类→节肢动物。

(3) 寄生性食物链,以活的动植物有机体为基础,再寄生以寄生生物,前者为后者的寄主。例如:牧草→黄鼠→跳蚤→鼠疫病菌。

在各种类型的生态系统中,3种食物链几乎同时存在,各种食物链相互配合,保证了能量流动在生态系统内畅通。

实际上,生态系统中的食物链很少是单条、孤立出现的(除非食物性都是专一的),它往往是交叉链锁,形成复杂的网络结构,即食物网。例如,田间的田鼠可能吃好几种植物的种子,而田鼠也是好几种肉食动物的捕食对象,每一种肉食动物又以多种动物为食等。

食物网是自然界普遍存在的现象。生产者制造有机物,各级消费者消耗这些有机物,生产者和消费者之间相互矛盾,又相互依存。不论是生产者还是消费者,其中某一种群数量突然发生变化,必然牵动整个食物网,在食物链上反映出来。生态系统中各生物成分间,正是通过食物网发生直接或间接的联系,保持着生态系统结构和功能的稳定性。食物链上某一环节的变化,往往会引起整个食物链的变化,从而影响生态系统的结构。

2) 营养级

食物链上的各个环节叫营养级。一个营养级是指处于食物链某一环节上的所有生物的总和。例如,作为生产者的绿色植物和所有自养生物都位于食物链的起点,共同构成第一营养级;所有以生产者(主要是绿色植物)为食的动物都属于第二营养级,即草食动物营养级;第三营养级包括所有以草食动物为食的肉食动物,依此类推。由于能流在通过营养级时会急剧地减少,所以食物链就不可能太长,生态系统中的营养级一般只有 4～5 级,很少有超过 6 级的。

对捕食者和被捕食者之间关系、植食动物和植物之间关系的广泛研究表明,在输入到一个营养级的能量中,只有 10%～20% 能够流通到下一个营养级,其余的则为呼吸所消耗。能量通过营养级逐渐减少。在营养级序列上,上一营养级总是依赖于下一营养级,下一营养级只能满足上一营养级中少数消费者的需要,由下向上,营养级的物质、能量呈阶梯状递减,于是形成一个底部宽、上部窄的尖塔,称为"生态金字塔"。生态金字塔可以是能量(生产力)、生物量表征,也可以是数量表征。在寄生性食物链上,生物数量往往呈倒金字塔形,在海洋中的浮游植物与浮游动物之间,其生物量也往往呈倒金字塔形。生态金字塔见图 2-4。

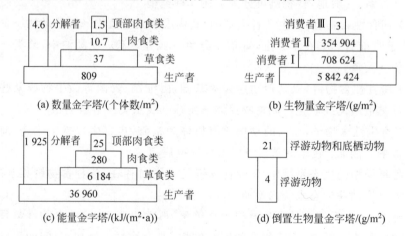

图 2-4 生态金字塔

2. 生态系统的三大功能

1) 能量流动

能量是生态系统的动力,是一切生命活动的基础。一切生命活动都需要能量,并且伴随着能量的转化,否则就没有生命,没有有机体,也就没有生态系统,而太阳能正是生态系统中能量的最终来源。能量有两种形式:动能和潜能。动能是生物及其环境之间以传导和对流的形式相互传递的一种能量,包括热和辐射。潜能是蕴藏在生物有机分子键内的能量,代表做功的能力和做功的可能性。太阳能正是通过植物光合作用而转化为潜能并储存在有机分子键内的。

从太阳能到植物的化学能,然后通过食物链的联系,使能量在各级消费者之间流动,这样就构成了能流。能流是单向性的,每经过食物链的一个环节,能流都有不同程度的散失,食物链越长,散失的能量就越多。由于生态系统中的能量在流动中是层层递减的,所以需要由太阳不断地补充能流,才能维持下去。

(1) 能量流动的过程。生态系统中全部生命活动所需要的能量最初均来自太阳。太阳能被生物利用,是通过绿色植物的光合作用实现的。光合作用的化学方程式为:

$$6CO_2 + 6H_2O \xrightarrow[\text{光合作用色素}]{2\,817.8\text{kJ}} C_6H_{12}O_6 + 6O_2$$

绿色植物的光合作用在合成有机物的同时将太阳能转变为化学能,储存在有机物中。绿色植物体内储存的能量,通过食物链,在传递营养物质的同时,依次传递给食草动物和食肉动物。动植物的残体被分解者分解时,又把能量传递给分解者。此外,生产者、消费者和分解者的呼吸作用都会消耗一部分能量,消耗的能量被释放到环境中去。这就是能量在生态系统中的流动(图2-5)。

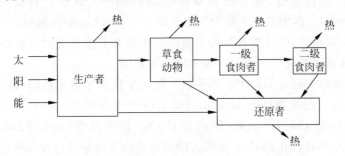

图2-5 生态系统的能量流动

(2) 能量流动的特点。能量流动的特点有:①就整个生态系统而言,生物所含能量是逐级减少的;②在自然生态系统中,太阳是唯一的能源;③生态系统中能量的转移受各类生物的驱动,它们可直接影响能量的流速和规模;④生态系统的能量一旦通过呼吸作用转化为热能,散逸到环境中去,就不能再被生物所利用。因此,系统中的能量呈单向流动,不能循环。

在能量流动过程中,能量的利用效率称为生态效率。能量的逐级递减基本上是按照"十分之一定律"进行的,也就是说,从一个营养级到另一个营养级的能量转化率为10%,能量流动过程中有90%的能量被损失掉了,这就是营养级一般不能超过6级的原因。

2) 物质循环

(1) 生命与元素。生命的维持不仅依赖于能量的供应,也依赖于各种营养物质的供应。生物需要的养分很多,如碳(C)、氢(H)、氧(O)、氮(N)、磷(P)、钾(K)、钙(Ca)、镁(Mg)、硫(S)、铁(Fe)、钠(Na)等。其中C、H、O占生物总质量的95%左右,需要量最大,最为重要,称为能量元素;N、P、Ca、K、Mg、S、Fe、Na称为大量元素。生物对硼(B)、铜(Cu)、锌(Zn)、锰(Mn)、钼(Mo)、钴(Co)、碘(I)、硅(Si)、硒(Se)、铝(Al)、氟(F)等的需要量很小,它们被称为微量元素。这些元素对生物来说缺一不可,作用各不相同。生物所需要的碳水化合物虽然可以通过光合作用利用H_2O和CO_2来合成,但是还需要其他一些元素,如N、P、K、Ca、Mg等参与更为复杂的有机物质如叶绿素的合成。

(2) 物质循环的概念和特点。物质是不灭的,物质也是生命活动的基础。生态系统中的物质循环,主要是指生物为维持生命所需的各种营养元素,它们在各个营养级之间传递,构成物质流。物质从大气、水域或土壤中,通过以绿色植物为代表的生产者吸收进入食物链,然后转移到食草动物和食肉动物等消费者,最后被以微生物为代表的分解者分解转化回到环境中。这些释放出的物质又再一次被植物利用,重新进入食物链,参加生态系统的物质循环。这个过程就是物质循环(nutrient cycle)。物质循环又称为生物地球化学循环(biogeochemical cycle)或生物地化循环,简而言之,是指各种化学物质在生物和非生物之间的循环运转。"循环"一词意味着这些化学物质可以被多次重复利用。

生物在地球上存在的范围不外乎四大圈。生物界形成生物圈(biosphere),非生物界三大圈:大气圈(atmosphere)(如空气中气态的N_2、以CO_2形式存在的C)、岩石圈(lithosphere)(如Ca以石灰$CaCO_3$形式存在)和水圈(hydrosphere)(如以H_2CO_3形式存在的C)。这四大圈彼此之间不断地进行着各种物质的交换,但是,在每一圈中,各种元素的相对数量和绝对数量是明显不同的。

可以把生态系统的各个部分看成不同的子系统,把生态系统中有元素滞留的各子系统看成一个个的库。库是研究生态系统物质循环时经常用到的一个概念,它是指某物质在生物和非生物中储存的数量。例如,大气中的含C量是一个库,植物体内的含C量又是一个库。C在大气和植物之间的循环,实际上是C在库与库之间的迁移。常把大的、缓慢移动的库叫做储存库,而把小的、迅速移动的库叫做交换库。在多数营养物质的循环中,无机物沉淀被看做储存库;而把生物看做交换库,因为生物能与栖息地迅速地进行各种物质的交换。

物质在生态系统中的流通可以用单位时间、单位面积(或体积)通过的数量来表示。库量与流通率之比即为周转时间。例如,大气库与植物库之间CO_2的周转时间为3 000a,也就是说,植物和动物呼出的CO_2在大气库中可停留3 000a,再为植物细胞所固定。在正常情况下,在整个物质流中,各个库之间的物质流动,收入与支出应该是平衡的,否则生态系统的功能将发生障碍。

(3) 生物地球化学循环的类型。生物地球化学循环可分为三大类型,即水循环、气体型循环和沉积型循环。

水循环的主要储存库是水体,元素在水体中是以液态形式出现,如氢的循环。气体型循环的储存库是在大气圈和水圈中,如C是作为CO_2的构成物而存在,O是以O_2和H_2O的构成物而存在,而N_2则占大气成分的78%。沉积型循环的营养物质储存库是在地球的沉积物中,如磷元素是以磷灰石等形式存在的。

气体型循环是相当完善的系统,因为大气或海洋储存库的局部变化,很快就会分摊开来,各种元素过分集聚或短缺的现象都不会发生。相反,沉积型循环(包括Ca、P等元素)大都是不很完善的循环。一种元素的局部过量或短缺的情况经常发生,因为储存库是由缓慢移动的沉积层组成的,循环物质可能在很长时间内都不参与各库之间的循环。因此,从生物的角度看,沉积型循环系统可以说是一个很不完善的反馈控制系统,因为生物总是要求一种营养物质能保持相当稳定的供应。

(4) 水循环。水由氢和氧组成,是生命过程中氢的主要来源,一切生命有机体的主要成分都是水。水又是生态系统中的能量流动和物质循环的介质,整个生命活动就是处在无限的水循环之中。

水循环的动力是太阳辐射。水循环主要是在地表水的蒸发与大气降水之间进行的。海洋、湖泊、河流等地表水通过蒸发进入大气;植物吸收到体内的大部分水分通过蒸发和蒸腾作用也进入大气。在大气中水分遇冷,形成雨、雪、雹,重新返回地面,一部分直接落入海洋、河流和湖泊等水域中;一部分落到陆地表面,渗入地下,形成地下水,供植物根系吸收;另一部分在地表形成径流,流入河流、湖泊和海洋。水循环的主要途径见图2-6。

(5) 碳循环。碳是一切生物体中最基本的成分,有机体干重的45%以上是碳。在无机环境中,碳主要以二氧化碳和碳酸盐的形式存在。碳的主要循环形式是从大气的二氧化碳储存库开始,经过生产者的光合作用,把碳固定,生成糖类,然后经过消费者和分解者,在呼吸和残体腐败分解后,再回到大气储存库中。

植物通过光合作用,将大气中的二氧化碳固定在有机体中,包括合成多糖、脂肪和蛋白质,储存于植物体内。食草动物吃了以后经消化合成,通过一个一个营养级,再消化再合成。在这个过程中,部分碳又经过呼吸作用回到大气中;另一部分成为动物体的组分。动物排泄物和动植物残体中的碳,则由微生物分解为二氧化碳,再回到大气中。

除了大气,碳的另一个储存库是海洋,它的含碳量是大气的50倍,更重要的是海洋对调节大气中的含碳量起着重要的作用。在水体中,同样由水生植物将大气中扩散到水上层的二氧化碳固定转化为糖类,通过食物链经消化合成,各种水生动植物呼吸作用又释放二氧化碳到大气。动植物残体埋入水底,其中的碳也可以借助于岩石的风化和溶解、火山爆发等返回大气圈;有些则转化为化石燃料。燃烧过程使大气中的二氧化碳含量增加。碳循环的主要途径见图2-7。

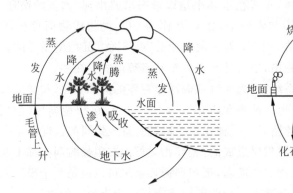

图2-6 全球水循环

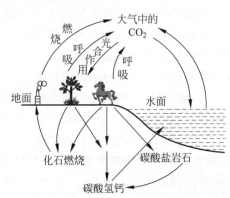

图2-7 生态系统中的碳循环

近百年来,由于大量砍伐森林,同时在工业发展中大量燃烧化石燃料,人类活动对碳循环的影响大大增强,使得大气中二氧化碳的含量呈上升趋势。由于二氧化碳对来自太阳的短波辐射有高度的透过性,而对地球反射出来的长波辐射有高度的吸收性,这就导致大气层低处的对流层变暖,而高处的平流层变冷,这一现象称为"温室效应"。温室效应将导致地球气温逐渐上升,引起全球性的气候改变,促使南北极冰雪融化,海平面上升,淹没许多沿海城市和广大陆地;其对地球上生物的影响同样不可忽视。

(6) 氮循环。氮也是生命的重要元素之一。虽然大气化学成分中氮的含量非常丰富,有78%为氮,然而氮是一种惰性气体,植物不能直接利用。因此,大气中的氮对生态系统来讲,不是决定性库。必须通过固氮作用经游离氮与氧结合成为硝酸盐或亚硝酸盐,或与氢结合成氨才能为大部分生物所利用,参与蛋白质的合成。因此,氮被固定后,才能进入生态系统,参与循环。

固氮作用主要通过三种途径实现。一是生物固氮,这是最重要的固氮途径,大约占地球固氮的90%。能够进行固氮的生物主要是固氮菌、与豆科植物共生的根瘤菌和蓝藻等自养和异养微生物。二是工业固氮,是人类通过工业手段,将大气中的氮合成氨和铵盐,即合成氮肥,供植物利用。三是通过闪电、宇宙射线、陨石和火山爆发活动等的高能固氮,其结果形成氨或硝酸盐,随着降雨到达地球表面。

氮在环境中的循环可用图 2-8 表示。植物从土壤中吸收无机态的氮,主要是硝酸盐,用做合成蛋白质的原料。这样,环境中的氮进入了生态系统。植物中的氮一部分被草食动物所取食,合成动物蛋白质。在动物代谢过程中,一部分蛋白质分解为含氮的排泄物(尿酸、尿素),再经过细菌的作用,分解释放出氮。动植物死亡后经微生物等分解者的分解作用,使有机态氮转化为无机态氮,形成硝酸盐。硝酸盐再被植物所利用,继续参与循环,也可被反硝化细菌作用,形成氮气,返回大气库中。因此,含氮有机物的转化和分解过程主要包括氨化作用、硝化作用和反硝化作用。

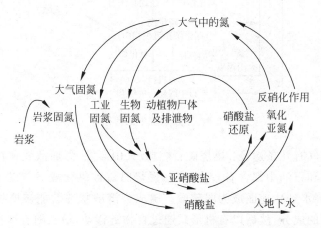

图 2-8　生态系统中的氮循环

自然生态系统中,一方面通过各种固氮作用使氮素进入物质循环,另一方面又通过反硝化、淋溶、沉积等作用使氮素不断重返大气,从而使氮的循环处于一种平衡状态。

在氮循环中,人类活动的影响,使停留在地表的氮进入了江河湖泊或沿海水域,是造成地表水体出现富营养化的重要原因之一。另外,在大气圈中有一部分氮氧化物与碳氢化物等经光化学反应,形成光化学烟雾,对生物和人类造成危害。

(7) 硫循环。硫在有机体内含量较少,但却十分重要。许多蛋白质和氨基酸都含有硫元素。

硫循环既属沉积型,也属气体型。硫的主要储存库是岩石,以硫化亚铁(FeS_2)的形式存在。硫循环有一个长期的沉积阶段和一个较短的气体阶段。在沉积阶段中,硫被束缚在有机和无机的沉积物中,只有通过风化和分解作用才能被释放出来,并以盐溶液的形式被携带到陆地和水生生态系统。在气体阶段,可在全球范围内进行流动。生态系统中的硫循环见图2-9。

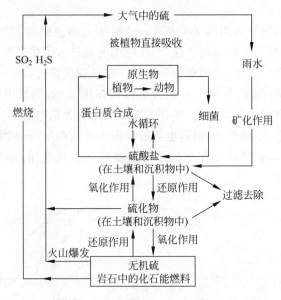

图2-9 生态系统中的硫循环

硫进入大气有几条途径：燃烧矿石燃料、火山爆发、海面散发和在分解过程中释放气体。煤和石油中都含有较多的硫，燃烧时硫被氧化成 SO_2 进入大气。SO_2 可溶于水，随降水到达地面成为弱硫酸。硫成为溶解状态就能被植物吸收、利用，转化为氨基酸的成分，然后以有机形式通过食物链移动，最后随着动物排泄物和动植物残体的腐烂、分解，硫酸盐又被释放出来，回到土壤或水体底部，通常可被植物再利用，但也可能被厌氧水生细菌还原成 H_2S，把硫释放出来。

由于硫在大气中滞留的时间短，硫的全年大气收支可以认为是平衡的。也就是说，在任何一年间，硫进入大气的数量大致等于离开大气的数量。然而，硫循环的非气体部分，在目前还处于不完全平衡的状态，因为经有机沉积物的埋藏进入岩石圈的硫少于从岩石圈输出的硫。

人类对硫循环的干扰，主要是化石燃料的燃烧向大气排放了大量的 SO_2。据统计，人类每年向大气输入的 SO_2 达1.47亿t，其中70%来源于煤的燃烧。硫进入大气，不仅给生物和人体健康带来直接危害，而且还会形成酸雨，使地表水和土壤酸化，对生物和人类的生存造成更大的威胁。

3) 信息传递

信息是指系统传输和处理的对象。在生态系统的各组成部分之间及各组成部分的内部，存在着各种形式的信息联系，使生态系统联系成为一个有机的统一整体。生态系统中的信息形式主要有物理信息、化学信息、行为信息和营养信息。

(1) 物理信息。如生态系统中的各种声音、颜色、光、电等都是物理信息。鸟鸣、兽吼可以传达惊慌、警告、嫌恶、有无食物和要求配偶等各种信息。大雁迁飞时,中途停歇,总会有一只担任警戒,一旦发现"敌情",即会发出一种特殊的鸣声,向同伴传达出敌袭的信息,雁群即刻起飞。昆虫可以根据花的颜色判断花蜜的有无。由于光线越强,食物越多,以浮游藻类为食的鱼类,可以以光传递有食物的信息。

(2) 化学信息。化学信息是指生态系统各个层次生物代谢产生的化学物质所传递的信息,它可以参与协调各种功能,这种能传递信息的化学物质通称为信息素。

如某些高等动物及群居性昆虫,在遇到危险时,能释放出一种或几种化合物作为信号,以警告种内其他个体有危险来临,这类化合物叫做报警信息素。还有许多动物能向体外分泌性信息素来吸引异性。

在植物群落中,一种植物通过某些化学物质的分泌和排泄而影响另一种植物的生长甚至生存的现象是很普遍的。人们早就注意到,有些植物分泌的化学亲和物质,能够促进旁边某种植物的生长,如作物中的洋葱与食用甜菜、马铃薯和菜豆、小麦和豌豆种在一起能相互促进生长。

(3) 行为信息。行为信息指的是动植物的异常表现和异常行为传递的某种信息。如蜜蜂发现蜜源时,就以舞蹈"告诉"其他蜜蜂。蜂舞有各种形态和动作,来表示蜜源的远近和方向。若蜜源较近,蜜蜂跳圆舞;蜜源较远,跳摆尾舞。其他公蜂则以触觉来感觉舞蹈的步伐,得到正确飞翔方向的信息。又如燕子在求偶时,雄燕会围绕雌燕在空中做出特殊的飞翔动作。

(4) 营养信息。在生态系统中,生物的食物链就是一个生物的营养信息系统,各种生物通过营养信息关系联系成一个相互依存和相互制约的整体。食物链中的各级生物要求一定的比例关系,即生态金字塔规律,养活一只草食动物需要几倍于它的植物,养活一只肉食动物需要几倍数量的草食动物。前一个营养级的生物数量反映出后一营养级的生物数量。如在草原牧区,草原的载畜量必须根据牧草的生长量而定,使牲畜数量与牧草产量相适应。如果不顾牧草提供的营养信息,超载过牧,必定会因牧草饲料不足而使牲畜生长不良和引起草原退化。

2.3 生态破坏及其修复与重建

生态系统是人类生存和发展的基础,人类活动及自然灾害等引起的生态破坏已经对人类的生存和发展构成了严重威胁。生态破坏是指自然和人为因素对生态系统结构和功能的破坏,导致生态系统结构变异、功能退化、环境质量下降等。生态破坏涉及植被、土壤、水体等生态环境要素,其表现形式纷繁复杂。造成生态系统破坏的主要原因包括自然因素和人为因素。其中,人为因素起主导作用,它不但诱发了大量的环境问题,也对自然因素引起的生态破坏起到推波助澜的作用。所以,研究生态破坏的原因,规范人类活动方式,加强生态管理,显得尤为重要。

2.3.1 生态破坏的原因和类型

1. 生态破坏的原因

1) 自然因素

对生态系统产生破坏作用的自然因素包括地震、火山爆发、泥石流、海啸、台风、洪水、火灾和虫灾等突发性灾害,这些灾害可在短时间内对生态系统造成毁灭性的破坏,导致生态系统演替阶段发生根本的逆转且较难预防。

(1) 地震。地震是地球内部介质局部发生急剧的破裂,产生地震波,从而在一定范围内引起地面震动的现象。地震不仅会导致建筑物的破坏,而且能引起地面开裂、山体滑坡、河流改道或堵塞等,进而对地表植被及其生态系统造成毁灭性破坏。

(2) 火山爆发。火山岩浆所到之处,生物很难生存。火山爆发时喷出的大量火山灰和二氧化碳、二氧化硫、硫化氢等气体,不仅会造成空气质量大幅度下降,造成酸雨损害植物和建筑物,同时火山物质会遮住阳光,导致气温下降。火山灰和暴雨结合形成泥石流,破坏山体植被。火山爆发过后,生态系统破坏严重,区域内出现原生演替。

(3) 泥石流。泥石流具有冲刷、冲毁和淤埋等作用,改变山区流域生态环境。高山区泥石流沟口一般位于森林植被覆盖区,大规模的泥石流活动毁坏沿途森林植被,造成水土涵养力降低,加速水土流失、环境恶化,部分地段形成荒漠化。同时泥石流活动还会改变局部地貌形态。

(4) 海啸。海啸是由海底地震、火山爆发或海底塌陷、滑坡以及小行星溅落、海底核爆炸等产生的具有超大波长和周期的大洋行波。当其接近岸边浅水区时,波速变小,波幅陡涨,有时可达20~30m,骤然形成"水墙",对沿岸的建筑、人畜生命和生态环境造成毁灭性的破坏。2004年12月26日,印度尼西亚近海发生里氏9.0级强烈地震,引发了印度洋少见的大海啸,造成大量人员死亡,同时还有很多海洋动物死亡。

(5) 台风。台风是发生在热带海洋上的强大涡旋,它带来的暴雨、大风和暴潮及其引发的次生灾害(洪水、滑坡等)会对环境造成巨大的破坏,特别是风暴潮对沿海地区危害最大。1970年11月袭击孟加拉国的热带风暴,登陆时值天文高潮时期,因而出现数十米高的巨浪袭击沿海地区,导致30万人死亡。

(6) 洪灾。洪灾是我国经济损失最重的自然灾害,暴雨和洪水还常常引发山崩、滑坡和泥石流等地质灾害。1950年以来,全国年平均受灾面积667万 hm^2,人民生命财产遭受巨大损失,并且造成严重的生态破坏,改变了大量动植物的生境。

(7) 火灾。主要是森林火灾,突发性强、危害极大,不仅直接危害林业发展,也是破坏生态环境最严重的灾害。森林火灾烧毁大面积的林木和大量的林副产品,破坏森林结构。森林火灾后,如果不能及时地人工种草植树,往往会引起水土流失、土壤贫瘠、地下水位下降和水源枯竭等一系列次生自然灾害。同时森林火灾使大量的动植物丧生灭绝,甚至使一些珍稀的动植物物种绝迹,使整个生态系统中各种生物种群之间赖以维系的食物链、食物网遭到破坏,需经过多年的恢复和调整,正常的食物链才能重新建立起来。据统计,我国森林火灾平均每年发生1.43万次,受害森林面积82.2万 hm^2。

(8) 虫灾。草原、农业、林业均受到虫灾威胁。我国主要的森林虫害5 020种,病害2 918种,鼠类160余种,每年致灾面积达700万 hm^2 以上。虫灾主要有森林虫灾(包括结构单一的经济林虫灾)和农作物虫灾两种。由于虫灾都是大面积暴发,同时害虫种类也在日益增多,所以目前在对虫灾的控制治理方面仍存在不少难题。在我国,一些常灾性害虫如马尾松毛虫、天牛等每隔数年就大规模暴发一次,危害性极大。

2) 人为因素

生态破坏除了自然因素的驱动外,人为活动往往起着主导的诱发作用。人类活动的强烈干扰往往会加速生态退化进程,将潜在的生态退化转化为生态破坏。人为活动可能会从生物个体、种群、群落到生态系统等不同层面上,直接和间接地破坏生态系统。中国科学院对沙漠化过程的成因类型的调查结果表明,在我国北方地区现代荒漠化土地中,94.5%为人为因素所致。荒漠化的主要原因是人口的激增及对自然资源利用不当所致。生态破坏的人为因素主要有环境污染、乱砍滥伐、过度放牧、围湖围海、疏干沼泽、物种入侵和全球变化等。

(1) 环境污染。环境污染主要包括大气污染、水污染和土壤污染等。大气污染如酸雨、温室效应和臭氧空洞扩大等,不仅对人类健康造成严重危害,而且对植被、生态系统也会产生破坏,可导致森林植物被毁、造成植被退化;可使农作物减产,甚至颗粒无收;可使海洋生物大量死亡,甚至造成某些生物绝迹。大量污水排入河流、湖泊及海洋,可导致水体富营养化、水华和赤潮暴发频繁,水生生态系统退化。土壤污染可导致土壤功能退化,农产品产量和质量严重下降。环境污染造成的生态破坏已经严重威胁到人类生存质量和可持续发展。

(2) 乱砍滥伐。人类对木材、薪柴的需求和耕地及居住地等的需求不断增加,导致对森林的乱砍滥伐。乱砍滥伐一方面可引起森林面积迅速减少、生物多样化丧失,另一方面可造成水土流失、生态服务功能下降乃至地区及全球气候变化等环境问题。

(3) 过度放牧。过度放牧不仅会直接引起草原植被退化、生物多样性下降,而且可引发土壤侵蚀、干旱、沙化、鼠害和虫害等。近30年来,由于严重过度放牧,我国的许多地区,特别是西部地区的草地已经严重退化,沙漠化和盐碱化趋势加剧。过度放牧造成的生态破坏经常是难以逆转的,例如,草场的荒漠化是我国沙尘暴产生的关键因素之一,不仅严重影响退化牧区的可持续发展,同时也导致临近区域的环境质量下降。

(4) 围湖围海。基于生产生活用地的需要,人类通过各种工程措施,围填河湖海洋,直接改变了河湖海洋水域生态系统的基本特征。围湖造田不仅加快湖泊沼泽化的进程,使湖泊面积不断缩小,还侵占河道,降低了河湖调蓄能力和行洪能力,导致旱涝灾害频繁发生,水生动植物资源衰退,湖区生态环境劣变,生态功能丧失。

(5) 疏干沼泽。湿地被称为地球之肾,在涵养水源、调节水文、调节气候、防止土壤侵蚀和降解环境污染等方面起着极其重要的作用。排水疏干沼泽湿地,可导致沼泽旱化,沼泽土壤泥炭化、潜育化过程减弱或终止,土壤全氮及有机质大幅度下降;可导致沼泽植被退化、重要水禽种群数量减少或种群消失,最终导致湿地生态系统结构退化、功能丧失。

(6) 物种入侵。物种入侵是指某种生物从外地自然传入或经人为引种后成为野生状态,并对本地生态系统造成一定危害的现象。外来物种成功入侵后,侵占生态位,挤压和排斥土著生物,降低物种多样性,破坏景观的自然性和完整性。目前我国外来入侵物种已达200多种,已造成巨大的经济损失。例如,豚草、水葫芦、海菜花、松树线虫和飞机草等在我国均属于入侵种。土著生态系统退化也为外来物种入侵创造了条件,例如,撂荒地、污染水域和新开垦地等都是外来物种易入侵的地方。

(7) 全球变化。全球变化是指由于自然或人为因素而造成的全球性环境变化,主要包括气候变化、大气组成(如二氧化碳浓度及其他温室气体的变化),以及由于人口、经济、技术和社会的压力而引起的土地利用的变化。全球变化可使全球生态系统受到影响,使极端灾害事件频繁发生,从而导致大范围的生态破坏,例如,全球气候变化,可导致植被带分布出现位移、病虫害散布等。

2. 生态破坏的类型

根据生态系统中主要生态因子遭受破坏的状况,可以将生态破坏划分为植被破坏、土壤退化和水域退化等。

1) 植被破坏

按照生态系统类型,植被破坏可分为森林植被破坏、草地退化和水生植被破坏。

(1) 森林植被破坏。森林是地球表层最重要的生态系统,每年生产的有机物质约占陆地有机物质生产总量的 56.8%。森林植被不仅为人类提供丰富的林产品和生产资料,与人类的生活及经济建设密切相关,而且还具有涵养水源、保持水土、防风固沙、保护农田、调节气候、净化污染等重要的生态功能。

① 森林面积减少。2000—2005 年,全球有 57 个国家的森林面积在增加,但仍有 83 个国家的森林面积在继续减少。全球森林每年净减少面积仍高达 730 万 hm^2,平均每天有 2 万 hm^2 森林消失,1990—2005 年,世界森林面积减少了 3%。联合国粮食及农业组织的资料显示,全球森林面积的减少主要发生在 20 世纪 50 年代以后,其中 1980—1990 年,全球平均每年损失森林 995 万 hm^2。

② 森林植被组成变化。我国暖温带落叶阔叶林带原始植被几乎破坏殆尽,目前多为天然次生植被和栽培植被所占据,20 世纪 70 年代以来,我国在北方种植大量杨树,南方则以松、杉、竹为主,品种单一,抗病抗虫性差,经常出现大规模的病虫害事件。

③ 森林植被景观破碎化。景观破碎化可引起斑块数目、形状和内部生境等多方面的变化,它不仅会给外来种的入侵提供机会,而且会改变生态系统结构、影响物质循环、降低生物多样性,还会降低景观的稳定性以及生态系统的抗干扰能力与恢复能力。

④ 森林植被功能丧失。森林植被生产力降低,生物多样性减少,调节气候、涵养水分、保育土壤、营养元素能力等生态功能明显降低。对世界各地 44 个模拟植物物种灭绝实验的结果表明,物种单调的生态系统与生物多样性丰富的自然生态系统相比,植物生物量的生产水平下降 50% 以上。

⑤ 森林植被利用价值下降。森林植被破坏后往往导致一些速生种和机会种占据优势地位,木材品质下降。我国暖温带一些材质优良的落叶阔叶树种,已经被一些速生树种取代,例如,北方常见的白杨、泡桐。南方的常绿阔叶林也被一些速生的针叶林取代,例如,马尾松、水杉等。传统的名贵木材已经很难见到自然林,现在我国的名贵家具用材主要靠进口,这也会对出产国造成植被破坏。

(2) 草地退化。草地退化是指草原生态系统在不合理人为因素干扰下进行逆向演替,植物生产力下降、质量降级和土壤退化,动物产品质量和产量下降等现象。

① 草地面积减少。由于过度放牧、人类活动等对草地侵占,全世界草原有半数已经退化或正在退化,中国草地面积逐年缩小,退化程度不断加剧。

② 草地植被组成变化。退化草原植物主要由耐牧、抗性强、有毒的草种构成。过度放牧以及缺乏必要的管理,导致优质牧草数量减少,杂类草和毒草增加,草丛变矮、稀疏,产草量下降。青海湖南部草场严重退化,狼毒和黄花棘豆等毒草和不可食杂类草的产草量占草地总产量的比例多数在20%以上,高者达27%~28%。

③ 草地植被景观破碎化。草地植被破碎化、斑块化,最终导致草场沙漠化、荒漠化。1980年我国若尔盖县草原沙化面积仅0.49万hm^2,1995年达到2.56万hm^2,2001年发展到4.67万hm^2,尚有潜在沙化面积6万多公顷,目前沙化面积正在以每年11.8%的速度速增。

④ 草地土壤退化。草地植被与草地土壤是草地生态系统的两个相互依存的重要成分,草地植被退化不仅导致草地土壤有机质含量和含氮量下降,而且也引起土壤动物、微生物组成的巨大变化,土壤生物多样性下降。同时,草地表层土壤质地变粗,通气性变弱,持水量下降。

⑤ 草地植被利用价值下降。过度放牧导致优质的、适口性好的牧草被高强度利用,优质牧草的再生产和恢复能力下降,最终导致优质牧草退化、低适口性的牧草成为优势,草地利用价值下降,畜产品的数量和质量下降。

(3) 水生植被破坏。水生植被是水域生态系统的重要初级生产者和水环境质量调节器,分布于江河湖库以及近海海域水体中,由挺水植物、漂浮植物、浮叶植物以及沉水植物等水生湿生植物组成。

① 水生植物面积减少。水体污染、过度养殖以及水面围垦等,导致水生植被分布面积缩小。例如,滇池的水生植被面积由20世纪60年代的90%下降到80年代末的12.6%。

② 植被组成变化。污染及水环境质量下降导致一些不耐污种类逐渐消失并灭绝,耐污种类滋生。例如,由于水体富营养化、透明化下降等原因,清水型水生植物如海菜花、轮藻在滇池等湖泊已经消失;20世纪50年代,滇池水生植物多达28科44种,而到80年代只剩12科15种。

③ 植被景观破碎化。由于人类干扰,如围垦造田、水产养殖和修路筑坝等,水陆交错带绵延成片的湿地植被景观出现严重的破碎化,无论是沿海的红树林、碱蓬等盐沼植被,还是江河两岸的芦苇等湿地植被,多数已是溃不成片。

④ 植被功能丧失。水生植被可吸收分解水中的污染物、控制藻类生长、为水生动物提供生境等。由于污染等原因,水生植物退化甚至消失,水体"荒漠化",水体自净能力下降。水陆交错带的湿地植被具有拦截泥沙、吸收分解污染物等功能,同时还能够为动物提供食物来源和栖息环境,随着湿生植被的退化甚至消失,其环境生态功能也随着丧失。

⑤ 植被利用价值下降。不少水生植物是重要的食物资源和工业原料,例如,

一些水生蔬菜和海洋大型藻类,水生植被破坏不仅直接导致植物性水产品的种类、产量下降,而且还导致以水生植物为食的其他水生动物产量和品质的下降。

2) 土壤退化

土壤退化(soil degradation)即土壤衰退,又称土壤贫瘠化,是指土壤肥力衰退导致生产力下降的过程,也是土壤环境和土壤理化性状恶化的综合表征。土壤退化包括土壤有机质含量下降、营养元素减少、土壤结构遭到破坏、土壤侵蚀、土层变浅、土体板结、土壤盐化、酸化、沙化等。其中,有机质下降,是土壤退化的主要标志。在干旱、半干旱地区,原来稀疏的植被受到破坏,致使土壤沙化是严重的土壤退化现象。

(1) 土壤退化类型。中国科学院南京土壤研究所借鉴了国外的分类,结合我国的实际,对我国土壤退化类型进行了二级分类。一级类型包括土壤侵蚀、土壤沙化、土壤盐化、土壤污染、土壤性质恶化和耕地的非农业占用六大类,在这六大类基础上划分了19个二级类型,见表2-2。

表2-2 中国土壤(地)退化二级分类体系

一级		二级	
A	土壤侵蚀	A_1	水蚀
		A_2	冻融侵蚀
		A_3	重力侵蚀
B	土壤沙化	B_1	悬移风蚀
		B_2	推移风蚀
C	土壤盐化	C_1	盐渍化和次生盐渍化
		C_2	碱化
D	土壤污染	D_1	无机物(包括重金属和盐碱类)污染
		D_2	农药污染
		D_3	有机废物(工业及生物废弃物中生物易降解有机毒物)污染
		D_4	化学肥料污染
		D_5	污泥、矿渣和粉煤灰污染
		D_6	放射性物质污染
E	土壤性质恶化	E_1	寄生虫、病原菌和病毒污染
		E_2	土壤板结
		E_3	土壤潜育化和次生潜育化
		E_4	土壤酸化
		E_5	土壤养分亏缺
F	耕地的非农业占用		

(2) 土壤退化的特征

① 土壤物理特性退化。土壤物理特性包括土体构型、有效土层厚度、有机质层厚度、质地、容量、孔隙度、田间持水量和储水库容等。退化土壤土层浅薄，土体构型劣化，导致土壤水、肥、气、热条件的恶化，有效土层明显减少。储水库容下降，抗旱能力下降。

② 土壤化学特性退化。土壤化学特性是指土壤中化学元素的含量及其形态分布，主要有 pH、有机质、全氮、全磷、全钾、速效磷、速效钾、阳离子交换量、交换性盐基、化学组成和交换性铝等指标。土壤退化导致土壤肥力状况和土壤质量普遍下降，有机质贫乏，粘粒流失，阳离子交换量下降，供应营养元素的缓冲能力下降。

③ 土壤生物学特性退化。土壤生物学特性包括土壤酶活性、土壤动物群落组成和土壤微生物群落组成等。退化土壤中，与土壤肥力相关的酶活性下降、土壤动物群落和土壤微生物群落多样性下降，生物量下降。

3) 水域退化

水域退化包括由人为及自然因素造成的河流生态退化、湖泊水库富营养化、海洋生态退化和湿地生态退化等。水域生态退化表现在水域生态系统结构退化、功能下降、水体环境质量下降，严重制约水域功能的实现。

(1) 水质恶化。水质恶化是指水体环境质量下降，水生生态系统结构和功能退化，不能满足水体的正常功能，水生态平衡被破坏等现象。例如，富营养化引起的赤潮、水华等。湖泊水华频发，不仅影响到湖泊水环境质量，而且影响水体生态安全；海洋赤潮暴发不仅对海洋生态系统产生威胁，而且对近海海域经济发展和生态安全构成较大的制约影响。

(2) 水文条件异常。水文条件是水域生态系统的关键控制因子，水文条件异常将导致水域生态系统的演替趋势偏离。各种人为因素和自然因素均影响水域的水文条件，并对水域生态系统产生重大影响。例如，过水性湖泊洪泽湖、洞庭湖等，由于水文条件变化，在水位较高的年份（尤其是春季水位较高的年份），湖泊水深加大，透光层变浅，水底的植物难以萌发生长而退化。

(3) 水域生态系统结构破坏。水域生态系统结构的破坏包括生物多样性下降、物种暴发和物种灭绝等。湖泊水域萎缩，可使水生生物量及其种类构成发生变化。水域萎缩会直接危及鱼类的栖息、产卵和索饵的空间，使得鱼类种群数量减少，种类组成趋向简单。同时，水域破坏也导致大量物种灭绝。我国各大水域破坏严重，大量水生动物物种濒临灭绝或已经灭绝。

(4) 水生生态功能退化。水生生态系统结构退化进一步引发了生态功能的退化，表现为生产力下降、水产品质量下降和景观功能下降等。例如，发生富营养化的水体水质恶化、水质腥臭、鱼类及其他生物大量死亡,某些藻类能够分泌、释放有毒性的物质对其他物种产生毒害,不仅直接影响湖泊供水水质、水体景观,而且会影响水域其他经济活动。在污染的水体中,一些耐污的生物数量会猛增,而一些非耐污的优质鱼类等经济水产种类会大量减少甚至消失,使得水产养殖的经济效益大幅度下降。

2.3.2 植被破坏的生态修复与重建

植被恢复(vegetation restoration)是指通过人工引种或生境保护措施,逐步恢复和重建天然或人工植被,包括植被的组成、群落的结构及功能修复与重建。

1. 受损森林生态系统的修复

一般来讲,受损森林生态系统的修复应根据受损程度及所处地区的地质、地形、土壤特性、降水等气候特点确定修复的优先性与重点。例如,在热带和亚热带降雨量较大的地区,森林严重受损后,裸露地面的土壤极易迅速被侵蚀,在坡度较大的地区还会因为泥石流及塌方等原因,破坏植被生存的基本环境条件。因此,对这类受损生态系统进行修复时,应优先考虑对土壤等自然条件的保护,可采取一些工程措施及生态工程技术,如在易发生泥石流的地区进行工程防护,对坡地设置缓冲带或栽种快速生长的适宜草类、小灌木等以保持水土。在此前提下再考虑对生物群落的整体修复方案。干扰程度较轻且自然条件能够保持较稳定的受损生态系统,则重点要考虑生物群落的整体修复。对受损森林生态系统生物群落的修复,要遵循生态系统的演替规律,加大人工辅助措施,促进群落的正向演替。

1) 物种框架法

物种框架法就是建立一个或一群物种,作为恢复生态系统的基本框架。这些物种通常是植物群落演替阶段早期(或称先锋)的物种或演替中期阶段的物种。这个方法的优点是,只涉及一个(或少数几个)物种的种植,生态系统的演替或维持依赖于当地的种源(或称"基因池")来增加物种,并实现生物的多样性。因此,这种方法最好是在距离现存天然生态系统不远的地方采用,如保护区的局部退化地区的恢复,或在天然斑块之间建立联系和通道时采用。

物种框架法的关键是演替初期物种的选择。其条件不仅是抗逆性和再生能力强的种类,并具有吸引野生动物或为其提供稳定食物的植物。

应用物种框架法的物种选择标准如下。

(1)抗逆性强:这些物种能够适应退化环境的恶劣条件。

(2)能够吸引野生动物:这些植物的叶、花或种子要能吸引多种无脊椎动物(传粉者、分解者)或脊椎动物(消费者、传播者)。

(3) 再生能力强:具有强大的繁殖力,能够通过传播使其扩展到更大区域。

(4) 能够提供快速和稳定的野生动物食物:这些物种能够在生长早期为野生动物提供花或果实作为食物,这种食物资源常常是比较稳定的。

2) 最大多样性法

最大多样性法就是尽可能地按照生态系统受损前的物种组成及多样性水平种植物种,需要种植大量演替成熟阶段的物种而不必考虑先锋物种(图 2-10)。这种方法要求高强度的人工管理和维护,因为很多演替成熟阶段的物种生长慢且需要经常补植大量植物。因此,这种方法适用于距人们居住比较近的地段。

图 2-10 最大多样性法修复受损森林生态系统

采用最大多样性法,一般生长快的物种会形成树冠层,生长慢的耐阴物种则会等待树冠层出现缺口,有大量光线透射时,才迅速生长达到树冠层。因此,可以搭配 10% 的先锋树种,这些树种会很快生长,为怕光的物种遮挡过强的阳光。等成熟阶段的物种开始生长,需要强光条件时,可以有选择地伐掉一些先锋树木。留出来的空间,下层的树木会很快补充上,过大的空地还可以补种容易成熟的物种。

3) 其他常用的修复方法

受损森林生态系统其他常用的修复方法主要有以下几方面。

(1) 封山育林。封山育林是最简便易行、经济有效的方法,因为封山可达到最大限度地减少人为干扰,消除胁迫压力,为原生植物群落的恢复提供适宜的生态条件,使生物群落由逆向演替向正向演替发展。

(2) 透光抚育或遮光抚育。在南亚热带(如广东),森林的演替需经历针叶林、针阔叶混交林和阔叶林阶段;在针叶林或其他先锋群落中,对已生长的先锋针叶树或阔叶树进行择伐,改善林下层的光照环境,可促进林下其他阔叶树的生长,使其尽快演替到顶级群落。在东北,由于红松纯林不易成活,而纯的阔叶树(如水曲柳等)也不易长期存活,采取"栽针保阔"的人工修复途径,实现了当地森林的快速修复,这种方法主要是通过改善林地环境条件来促进群落正向演替而实现。

(3) 林业生态工程技术。林业生态工程是根据生态学、林学及生态控制论原理,设计、建造与调控以木本植物为主的人工复合生态系统的工程技术,其目的在于保护、改善与持续利用自然资源与环境。

具体内容包括四个方面:①构筑以森林为主体的或森林参与的区域复合生态系统的框架。②进行时空结构设计。在空间上进行物种配置,构建乔灌草结合、农林牧结合的群落结构;时间上利用生态系统内物种生长发育的时间差别,调整物种的组成结构,实现对资源的充分利用。③进行食物链设计,使森林生态系统的产品得到循环利用。④针对特殊环境条件进行特殊生态工程的设计,例如,工矿区林业生态工程,严重退化的盐渍地、裸岩和裸土地等生态恢复工程。

2. 受损草地生态系统的修复

草地生态系统是地球上最重要的陆地生态系统之一,草地破坏的生态修复一直是生态学家关注的焦点。草地的生态修复应遵循以下原则:①关键因子原则,确定草地植被破坏关键因子;②节水原则,恢复进程要求最少或不灌溉,尽可能截留雨水;③本地种原则,尽量使用乡土种,配置多样性;④环境无害原则,不用化肥和杀虫剂。

(1) 改进现存草地,实施围栏养护或轮牧。对受损严重的草地实行"围栏养护"是一种有效的修复措施。这一方法的实质,是消除或减轻外来干扰,让草地生态系统休养生息,依靠生态系统具有的自我恢复能力,适当辅之以人工措施来加快恢复。对于那些受损严重的草地生态系统,自然恢复比较困难时,可因地制宜地通过松土、浅耕翻或适时火烧等措施改善土壤结构,播种群落优势牧草草种,采取人工增施肥料和合理放牧等修复措施来促进恢复。

(2) 重建人工草地。这是减缓天然草地的压力,改进畜牧业生产方式而采用的修复方法,常用于已完全荒废的退化草地。它是受损生态系统重建的典型模式,它不需要过多地考虑原有生物群落的结构,而且多是由经过选择的优良牧草为优势种的单一物种所构成的群落。其最明显的特点是,既能使荒废的草地很快产出大量牧草,获得经济效益;同时又能使生态和环境得到改善。例如,青海省果洛藏族自治州草原站,在达日县旦塘区对40多公顷严重退化的草地进行翻耕,播种披碱草后,鲜草产量高达$21\,000kg/hm^2$,极大地提高了畜牧生产力,同时植被覆盖率的提高还起到了防止水土流失的作用。实施这种重建措施,涉及区域性产业结构的调整,以及种植业与养殖业的关系。因此,其关键是要有统筹安排,尤其是要疏通好市场销售环节,实现牧草产品的正常销售,以确保牧民种植的积极性。

(3) 实施合理的畜牧育肥生产方式。这种修复方法实行的是季节畜牧业,它是合理利用多年生草地(人工或自然草地)每年中的不同生长期,进行幼畜放牧育肥的方式,即在青草期利用牧草,加快幼畜的生长,而在冬季来临前便将家畜出售。这种生产模式避免了在草地牧草幼苗生长初期比较脆弱时的牧食破坏,既可改变以精料为主的高成本育肥方式,又可解决长期困扰的草地畜牧畜群结构不易调整的问题。采用这种技术的关键是畜牧品种问题,要充分利用现代生物技术,培育适合现代畜牧业这种生产模式的新品种。

3. 水生植被破坏的生态修复

水生植被修复的实践主要是湖泊河流的生态修复。水生植被由生长在湖泊河流浅水区及滩地上的沉水植物群落、浮叶植物群落、漂浮植物群落、挺水植物群落及湿地植物群落共同组成,这几类群落均由大型水生植物组成,俗称水草。一般而言,水体生态系统中水草茂盛则水质清澈、水产丰富、生态稳定,而水草缺乏则水质浑浊、水产贫乏、生态脆弱。

水生植被修复包括自然修复与人工重建水生植被两条途径。前者是指通过消除水生植物的胁迫压力促进水生植被的自然恢复;后者则是对已经丧失了自动恢复水生植被能力的水体,通过生态工程途径重建水生植被。重建水生植被并非简单地"栽种水草",也并非要恢复受破坏前的原始水生植被,而是在已经改变了的水体环境条件基础上,根据水体生态功能的现实需要,按照系统生态学和群落生态学理论,重新设计和建设全新的能够稳定生存的水生植被。一般来说,水生植被修复技术主要包括以下方面。

1) 挺水植物的恢复

挺水植物是水陆交错带重要的生物群落,对于净化陆源污染、截留泥沙等有十分重要的作用。水位波动、岸坡改造及水工建筑等使得挺水植被退化甚至消失,因此,在进行挺水植物恢复时,首先应了解胁迫因子状况,并对基质(如河流湖泊的石砌护岸)、水位波动等进行适当改造和调节,为挺水植物生长繁殖奠定基础。多数挺水植物可以直接引种栽培,芦苇、荚草和香蒲等挺水植物种类大多为宿根性多年生,能通过地下根状茎进行繁殖。这些植物在早春季节发芽,发芽之后进行带根移栽成活率最高。

2) 浮叶植物的恢复

浮叶植物对水环境有比较强的适应能力,它们的繁殖器官如种子(菱角、芡实)、营养繁殖体(荇菜)、根状茎(莼菜)或块根(睡莲)通常比较粗壮,储存了充足的营养物质,在春季萌发时能够供给幼苗生长直至到达水面。它们的叶片大多数漂浮于水面,直接从空气中接受阳光照射,因而对水质和透明度要求不严,可以直接进行目标种的种植或栽植。但是,浮叶植物的恢复应注意其蔓延和无序扩张。

种植浮叶植物可以采取营养体移栽、撒播种子或繁殖芽和扦插根状茎等多种形式。例如,菱和芡,以撒播种子最为快捷,且种子比较容易收集;初夏季节移栽幼苗效果也比较好,只是育苗时要控制好水深,移栽时苗的高度一定要大于水深。

3) 沉水植物的恢复

沉水植物与挺水和浮叶植物不同,它生长期的大部分时间都浸没于水下,因而对水深和水下光照条件的要求比较高。沉水植物的恢复是水生植被恢复的重点和难点。沉水植物恢复时,应根据水体沉水植被分布现状、底质、水质现状等要素,选择不同生物学、生态学特性的先锋种进行种植。在沉水植被几乎绝迹、光照条件差的次生底质上,应选择光补偿点低、耐污的种类建立先锋群落。

4. 采矿废弃地植被破坏的生态恢复

采矿废弃地是指为采矿活动所破坏而无法使用的土地。根据形成原因可分为三大类型:一是剥离表土开采废土废石及低品位矿石堆积形成的废土废石堆废弃地;二是随矿物开采形成的大量采空区域及塌陷区,即开采坑废弃地;三是利用各种分选方法分选出精矿后的剩余物排放形成的尾矿废弃地。采矿废弃地植被恢复技术有以下几种。

1) 植被的自然恢复

废弃地植被的自然恢复是很缓慢的,但在不能及时进行人工建植植被的采矿废弃地上,植被自然恢复仍有其现实意义。采矿废弃地在停止人类活动和干扰后,只要基质和水分等条件适宜,可以逐步出现一些植物,并开始裸地植被演替过程。调查表明,在人为废弃地上植被自然恢复过程长达10~20年,条件差的地区20~30年也难以恢复。为了促进废弃地植被的自然恢复,改良废弃地土壤基质成分,改善水分特征,适当播撒草、树种子,可以促进植被的自然恢复。

2) 基质改良

基质是制约采矿废弃地植被恢复的一个极为重要的因子。一般采矿废弃地的基质比较差,有机质含量低,矿化度低,保水、含水能力差,植物难以生根,难以获得有效养分和水分。因此,必须对基质进行改良。

(1) 利用化学肥料改良基质:采矿废弃地一般矿化度低,肥力差,人工添加肥料一般能取得快速而显著的效果,但由于废弃地的基质结构被破坏,速效化学肥料极易淋溶,在施用速效肥料时应采用少量多施的办法,或选用长效肥料效果更好。

(2) 利用有机改良物改良基质:利用有机改良物改良废弃地有很好的经济效益,改良效果好。污水污泥、生活垃圾、泥炭及动物粪便都被广泛地用于采矿废弃地植被重建时的基质改良。另外,作物秸秆也被用做废弃地的覆盖物,可以改善地表温度,维持湿度,有利于种子的萌发及幼苗生长。秸秆还田还能改善基质的物理结构,增加基质养分,促进养分转化。

(3) 利用表土转换改良基质:表土转换是在动工之前,先把表层土壤剥离保存,以便工程结束后再把它放回原处,这样土壤基本保持原样,土壤的营养条件及种子库基本保证了原有植物种类迅速定居建植,无须更多的投入。表土转换工程关键在于表土的剥离、保存和工程后的表土复原。另外,也可从别处取来表土,覆盖遭到破坏的区域。这种方法在较小的工程中广泛使用,但由于代价昂贵,获得适宜的土壤较为困难,难以在大型工程中推广。

(4) 利用淋溶改良基质:对含酸、碱、盐分及金属含量过高的废弃地进行灌溉,在一定程度上可以缓解废弃地的酸碱性、盐度和金属的毒性。Cresswell指出,南非金矿的尾矿沙堆在种植植物前,采用人工喷水淋溶酸性物质,最终获得了成功的植物建植。一般经过淋溶,当废弃地的毒害作用被解除后,应施用全价的化学肥料或有机肥料来增加土壤肥力,以使植物定居建植。

3) 生物改良

生物改良是基质改良措施的继续深入,以实现采矿废弃地的植被恢复与重建。生物改良主要是利用对极端生境条件具特异抗逆性的植物、金属富集植物、绿肥植物和固氮植物等来改善废弃地的理化性质,通过先锋植物的引种,不断积累有机质,改良土壤,为植物群落的演替创造条件。

2.3.3 土壤退化的生态修复与重建

1. 沙漠化土壤的生态修复与重建

治理沙害的关键是控制沙质地表面被风蚀的过程和削弱风沙流动的强度,固定沙丘。一般采用植物治沙、工程防治、化学固沙细菌和藻类等孢子植物固沙等措施。

1) 植物治沙

植物治沙具有经济效益好、持久稳定、改良土壤、改善生态环境等优点,并可为家畜提供饲草,应用最普遍,是世界各国治沙所采用的最主要措施。

(1) 封沙育草:封沙育草就是在植被遭到破坏的沙地上,建立防护措施,严禁人畜破坏,为天然植物提供休养生息、滋生繁衍的条件,使植被逐渐恢复。封沙育草应选择适宜的地形地貌,在平坦开阔或缓坡起伏的草地和比较低矮的半流动半固定沙质草地围封,注意围栏最好沿丘间低地拉线。

(2) 封沙造林:沙漠化草地自然条件差,因此封沙造林一般是先在立地条件较好的丘间低地造林,把沙丘分割包围起来,经过一定时间后,风将沙丘逐渐削平,同时在块状林的影响下,沙区的小气候得到了改善,可以在沙丘上直播或栽植固沙植物,这种方法俗称为"先湾后丘"或者"两步走"。

(3) 营造防沙林带：防沙林带按营造的目的可分为沙漠边缘防沙林带和绿洲内部护田林网。沙漠边缘防沙林带：在沙漠边缘营造防沙林带的目的是防止流沙侵入绿洲内部,保护农田和居民点免受沙害。在流沙边缘以营造紧密林带为宜,在靠近流沙的一侧最好进行乔灌混交。绿洲内部护田林网：主要目的是降低风速,以防止耕作土壤受风蚀和沙埋的危害。一般护田林网按通风结构设置,采用窄林带、小林网、高大乔木为主要树种的配置方式。

(4) 建立农林草复合经营模式。

① 在沙丘建立乔、灌、草结合的人工林生态模式,例如在兴安盟、吉林白城,可建立樟子松—小青杨—紫穗槐、胡枝子—沙打旺植被。可先在流动沙丘上播种沙打旺作先锋作物,待沙丘半固定后再种紫穗槐,以及小青杨、樟子松等乔灌木。

② 沙平地建立林草田复合生态系统,沙平地尚有稀疏的林木、草地,应以林带为框带,林带和农田之间设 10～15m 宽的草带,以宽林带(10～15 行树)、小网眼($5～10hm^2$ 为一林草田生态系统)防风固沙效果较好。

③ 已受沙化影响区应推行方田林网化和草粮轮作。

2) 工程防治

工程防治就是利用柴、草以及其他材料,在流沙上设置沙障和覆盖沙面,以达到防风固沙的目的。

(1) 覆盖沙面。覆盖沙面的材料有砂砾石、熟性土等,也可用柴草、枝条等。将其覆盖在沙面上,隔绝风与松散沙面的作用,使沙粒不被侵蚀。但它不能阻挡外来的流沙。

(2) 草方格沙障。草方格沙障是将麦秸、稻草、芦苇等材料,直接插入沙层内,直立于沙丘上,在流动沙丘上扎设成方格状的半隐蔽式沙障。流动沙丘上设置草方格沙障后,增加了地表的粗糙度,增加了对风的阻力。在风向比较单一的地区,可将方格沙障改成与主风向垂直的带状沙障,行距视沙丘坡度与风力大小而定,一般为 1～2m。据观测,其防护效能几乎与格状沙障相同,但是能够大大地节省材料和劳力。

(3) 高立式沙障。高立式沙障主要用于阻挡前移的流沙,使之停积在其附近,达到切断沙源、抑制沙丘前移和防止沙埋危害的目的。该种沙障一般用于沙源丰富地区草方格沙障带的外缘。高立式沙障采用高秆植物,例如,芦苇、灌木枝条、玉米秆、高粱秆等直接栽植在沙丘上,埋入沙层深度为 30～50cm,外露 1m 以上。将这些材料编成篱笆,制成防沙栅栏,钉于木框之上,制成沙障。沙障的设置方向应与主风向垂直,配置形式可用"一"字形、"品"字形、行列式等。

3) 化学固沙

化学固沙是在流动的沙地上喷洒化学胶结物质,使沙地表面形成一层有一定强度的防护壳,隔开气流对沙层的直接作用,达到固定流沙的目的。目前,国内外用做固沙的胶结材料主要是石油化学工业的副产品。常用的有沥青乳液、高树脂石油、橡胶乳液等。

4) 细菌和藻类等孢子植物固沙

研究发现,细菌、藻类、地衣、苔藓等孢子植物在固沙方面作用巨大。中国科学院新疆生态与地理研究所对古尔班通古特沙漠奇特的微观世界进行探索,在1 000～2 000倍的电子显微镜下,看到了"生物结皮"的真实结构,细小的沙粒并不是以单独的颗粒的形式存在,而是被微生物形成的粘液粘连,或者被藻类、地衣和苔藓的假根捆绑起来。荒漠藻类作为先锋拓殖生物不仅能在严重干旱缺水、营养贫瘠、生境条件恶劣的环境中生长、繁殖,并且通过其生活代谢方式影响并改变环境,特别是在荒漠表面形成的藻类结皮,在防风固沙、防止土壤侵蚀、改变水分布状况等方面更是扮演着重要角色。生物结皮的生长替代过程在实验室得到模拟,微生物、藻类、地衣和苔藓分别形成了完整的结皮,固定了容易流失的飞沙,同时还证明了其降低沙粒粒径、固氮肥壤的作用。

2. 土壤水土流失的生态修复与重建

土壤水土流失的生态修复与重建必须是建立在预防的基础之上。

(1) 树立保护土壤、保护生态环境的全民意识。土壤流失问题是关系到区域乃至全国农业及国民经济持续发展的问题。要在处理人口与土壤资源、当前发展与持续发展、土壤生态环境治理和保护上下功夫。要制定相应的地方性、全国性荒地开垦,农、林地利用监督性法规,制定土壤流失量控制指标。要像防治污染一样处理好土壤流失。

(2) 无明显流失区在利用中应加强保护。这主要是在森林、草地植被完好的地区,采育结合、牧养结合、制止乱砍滥伐,控制采伐规模和密度,控制草地载畜量。

(3) 轻度和中度流失区在保护中利用。在坡耕地地区,实施土壤保持耕作法。例如,丘陵坡地梯田化、横坡耕作、带状种植;实行带状、块状和穴状间隔造林,并辅以鱼鳞坑、等高埂等田间工程,以促进林木生长,恢复土壤肥力。

(4) 在土壤流失严重地区应先保护后利用。土壤流失是不可逆过程,在土壤流失严重地区要将保护放在首位。在封山育林难以奏效的地区,首先必须搞工程建设,如高标准梯田化以栏沙蓄水,增厚土层,千方百计培育森林植被;在江南丘陵、长江流域可种植经济效益较高的乔、灌、草本作物,以植物代工程,并以保护促利用。这些地区宜在工程实施后全面封山、恢复后视情况再开山。

复习与思考

2-1　什么是生态系统？它的基本组成是什么？
2-2　简述生态系统的三大功能。
2-3　生态破坏的主要类型有哪些？你周围的生活环境中有哪些生态破坏现象？原因是什么？造成了何种危害？
2-4　受损森林生态系统的修复有哪些方法？
2-5　受损草地生态系统的修复有哪些方法？
2-6　采矿废弃地植被恢复技术有哪几种？
2-7　沙漠化土壤生态修复与重建的方法有哪些？
2-8　如何预防土壤水土流失？

第3章 自然资源的利用与保护

自然资源的开发利用是人类社会生存发展的物质基础,也是人类社会与自然环境之间物质流动的起点。当今世界上的许多环境问题都与自然资源的不合理开发利用密切相关。因此,对自然资源进行合理的开发利用,是环境保护的重要内容。

自然资源在环境社会系统及其物质流中具有极其特殊的地位与作用,其重要性体现在以下两个方面。

首先,自然资源是自然环境子系统中不可缺少的部分,同时又是人类社会子系统得以运行的不可缺少的要素,因此它是自然环境系统和人类社会系统之间的一个十分重要的界面。作为自然环境的一部分,自然资源如山、水、森林、矿藏等是组成自然环境的基本骨架。而作为人类社会经济活动的原材料,自然资源又是劳动的对象,是形成物质财富的源泉,是人类社会生存发展须臾不可或缺的物质。

其次,自然资源是人类社会活动最剧烈的地方,也是作用于自然环境最强烈的地方。因为人们为了使自己的生存获得更大的保障,就要不断地开发自然资源。在工业文明的时代,一个国家开发自然资源的能力,几乎已不受怀疑地成了"国力强弱"和"发达与否"的唯一标尺。人类沿着这个方向努力了两三百年,结果导致了自然环境的严重恶化和毁坏。

由上所述可见,自然资源是人类社会系统和自然环境系统相互作用、相互冲突最严重的地方。因此,处理好自然资源的开发和保护的关系是处理好"人与环境"关系最关键的问题,是关系到人类社会持久、幸福生存的大问题,当然也是环境保护最重要的内容之一。

3.1 自然资源概述

3.1.1 自然资源的定义

自然资源也称资源。根据联合国环境规划署的定义,自然资源是指在一定时间条件下,能够产生经济价值以提高人类当前和未来福利的自然环境因素的总称。

如土地、水、森林、草原、矿物、海洋、野生动植物、阳光、空气等。

自然资源的概念和范畴不是一成不变的,随着社会生产的发展和科学技术水平的提高,过去被视为不能利用的自然环境要素,将来可能变为有一定经济利用价值的自然资源。

3.1.2 自然资源的分类

按照不同的目的和要求,可将自然资源进行多种分类。但目前大多按照自然资源的有限性,将自然资源分为有限自然资源和无限自然资源,如图 3-1 所示。

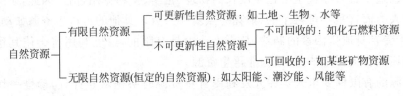

图 3-1　自然资源分类

1. 有限自然资源

有限自然资源又称耗竭性资源。这类资源是在地球演化过程中的特定阶段形成的,质与量有限,空间分布不均。有限自然资源按其能否更新又可分为可更新资源和不可更新资源两大类。

可更新资源又称可再生资源。这类资源主要是指那些被人类开发利用后,能够依靠生态系统自身的运行力量得到恢复或再生的资源,如生物资源、土地资源、水资源等。只要其消耗速度不大于它们的恢复速度,借助自然循环或生物的生长、繁殖,这些资源从理论上讲是可以被人类永续利用的。但各种可更新资源的恢复速度不尽相同,如岩石自然风化形成 1cm 厚的土壤层需要 300~600 年,森林的恢复一般需要数十年至百余年。因此,不合理的开发利用也会使这些可更新的资源变成不可更新资源,甚至耗竭。

不可更新资源又称不可再生资源。这类资源是在漫长的地球演化过程中形成的,它们的储量是固定的。被人类开发利用后,会逐渐减少以致枯竭,一旦被用尽,就无法再补充,如各种金属矿物、非金属矿物、化石燃料等。这些矿物都是由古代生物或非生物经过漫长的地质年代形成的,因而它们的储量是固定的,在开发利用中,只能不断减少,无法持续利用。

2. 无限自然资源

无限自然资源又称为恒定的自然资源或非耗竭性资源。这类资源随着地球形成及其运动而存在,基本上是持续稳定产生的,几乎不受人类活动的影响,也不会因人类利用而枯竭,如太阳能、风能、潮汐能等。

3.1.3 自然资源的属性

1. 有限性

有限性是自然资源最本质的特征。大多数资源在数量上都是有限的。资源的有限性在矿产资源中尤其明显,任何一种矿物的形成不仅需要有特定的地质条件,还必须经过千百万年甚至上亿年漫长的物理、化学、生物作用过程,因此,矿产资源相对于人类而言是不可再生的,消耗一点就少一点。其他的可再生资源如动物、植物,由于受自身遗传因素的制约,其再生能力是有限的,过度利用将会使其稳定的结构破坏而丧失再生能力,成为非再生资源。

资源的有限性要求人类在开发利用自然资源时必须从长计议,珍惜一切自然资源,注意合理开发、利用与保护,绝不能只顾眼前利益,掠夺式地开发资源,甚至肆意破坏资源。

2. 区域性

区域性是指资源分布的不平衡、数量或质量上存在着显著的地域差异,并有其特殊分布规律。自然资源的地域分布受太阳辐射、大气环流、地质构造和地表形态结构等因素的影响,其种类特性、数量多寡、质量优劣都具有明显的区域差异。由于影响自然资源地域分布的因素是恒定的,在一定条件下必定会形成相应的自然资源,所以自然资源的区域分布也有一定的规律性。例如我国的天然气、煤和石油等资源主要分布在北方,而南方则蕴藏着丰富的水资源。

自然资源区域性的差异制约着经济的布局、规模和发展。例如,矿产资源状况(矿产种类、数量、质量、结构等)对采矿业、冶炼业、机械制造业、石油化工业等都会有显著影响。而生物资源状况(种类、品种、数量、质量)对种植业、养殖业和轻、纺工业等有很大的制约作用。

因此,在自然资源开发过程中,应该按照自然资源区域性的特点和当地的经济条件,对资源的分布、数量、质量等情况进行全面调查和评价,因地制宜地安排各业生产,扬长避短,有效发挥区域自然资源优势,使资源优势成为经济优势。

3. 整体性

整体性是指每个地区的自然资源要素存在着生态上的联系,形成一个整体,触动其中一个要素,可能引起一连串的连锁反应,从而影响整个自然资源系统的变化。这种整体性在再生资源中表现得尤为突出。例如,森林资源除具有经济效益外,还具有涵养水分、保持水土等生态效益,如果森林资源遭到破坏,不仅会导致河流含沙量增加,引起洪水泛滥,而且会使土壤肥力下降,土壤肥力的下降又进一步促使植被退化,甚至土地沙漠化,从而使得动物和微生物大量减少。相反,如果通过种草种树使沙漠地区慢慢恢复茂密的植被,水土将得到保持,动物和微生物将集结繁衍,土壤肥力将会逐步提高,从而促进植被进一步优化及各种生物进入良性循环。

由于自然资源具有整体性的特点,因此对自然资源的开发利用必须持整体的观点,应统筹规划、合理安排,以保持生态系统的平衡。否则将顾此失彼,不仅使生态与环境遭到破坏,经济也难以得到发展。

4. 多用性

多用性是指任何一种自然资源都有多种用途,如土地资源既可用于农业,也可以用于工业、交通、旅游以及改善居民生活环境等。森林资源既可以提供木材和各种林产品,作为自然生态环境的一部分,又具有涵养水源、调节气候、保护野生动植物等功能,还能为旅游提供必要的场地。

自然资源的多用性只是为人类利用资源提供了不同用途的可能性,具体采取何种方式进行利用则是由社会、经济、科学技术以及环境保护等诸多因素决定的。

资源的多用性要求人们在对资源进行开发利用时,必须根据其可供利用的广度和深度,从经济效益、生态效益、社会效益等各方面进行综合研究,从而制定出最优方案实施开发利用,以做到物尽其用,取得最佳效益。

3.2 土地资源的利用与保护

3.2.1 土地资源的概念与特点

1. 土地及土地资源的概念

土地是构成自然环境的最重要要素之一,是人类赖以生存和发展的场所,是人类社会生产活动中最基础的生产资料,是一种重要的自然资源。

人们对土地的认识随着历史的发展而不断深化。不同的学科基于不同的目的和角度,形成了不同的土地概念。

广义的土地概念,是指地球表面陆地和陆内水域,不包括海洋。它是由大气、地貌、岩石、土壤、水文、地质、动植物等要素组成的综合体。

狭义的土地概念,是指地球表面陆地部分,不包括水域,它由土壤、岩石及其风化碎屑堆积组成。

土地资源是指地球表层土地中,现在和可预见的将来,能在一定条件下产生经济价值的部分。从发展的观点看,一些难以利用的土地,随着科学技术的发展,将会陆续得到利用,在这个意义上,土地资源与土地是同义词。

2. 土地资源的特性

土地资源具有如下特性。

(1) 土地资源是在自然力作用下形成和存在的,人类一般不能生产土地,只能利用土地,影响土地的质量和发展方向。

(2) 土地资源占据着一定的空间,存在于一定的地域,并与其周围的其他环境要素相互联系,具有明显的地域性。

(3) 土地资源作为人类生产、生活的物质基础,基本生产资源和环境条件,其基本用途和功能不能用其他任何自然资源来替代。

(4) 地球在形成和发展过程中,决定了现代全世界的土地面积。一般来说,土地资源的总量是个常量。

(5) 土地资源在人类开发利用过程中,其状态和价值具有一定程度的可塑性,可以被提升,也可能下降。

3. 土地资源的作用

土地资源具有以下作用。

(1) 人类离不开土地。土地资源具备供所有动植物滋生繁衍的营养力,可借以生产出人类生存所必需的生活资料;土地资源是人类生产、生活活动的场所,是人类社会安身立命的载体。

(2) 土地资源为人类社会进行物质生产提供了大量的生产资料。土地本身就是农、林、牧、副、渔业的最基本的生产资料,同时也为人类生产金属材料、建筑材料、动力资源等提供生产资料;一些土地资源类型,自然和人文景观奇特,为人类提供了赏心悦目、陶冶情操的景观。

4. 我国土地资源的特点

我国地域辽阔,总面积达 960 万 km^2,占世界陆地面积的 6.4%,仅次于俄罗斯和加拿大,居世界第三位。概括起来我国土地资源有以下几个特点。

(1) 土地资源绝对量多,人均占有量少。我国土地总面积居世界第三位,但我国人口众多,人均占有的土地资源数量很少。根据联合国粮农组织的资料,我国人均占有土地只有 1.01hm², 仅为世界人均占有量的 1/3。

(2) 土地类型复杂多样。我国的土地,从平均海拔 50m 以下的东部平原,到海拔 4 000m 以上的西部高原,形成平原、盆地、丘陵、山地等错综复杂的地貌类型。从水热条件看,我国的土地,南北距离长达 5 000km,跨越 49 个纬度,经历了从热带、亚热带到温带的热量变化;我国的土地东西距离长达 5 200km,跨越了 62 个经度,经历了从湿润到半湿润再到半干旱的干湿度变化。在这广阔的范围内,不同的水热条件和复杂的地质、地貌条件,形成了复杂多样的土地类型。

(3) 山地多,平原少。我国属多山国家,山地面积(包括丘陵、高原)占土地总面积的 69.23%,平原、盆地约占土地总面积的 30.73%。山地坡度大,土层薄,如利用不当,则自然资源和生态环境易遭到破坏。

(4) 农用土地资源比重小,分布不平衡。我国土地面积很大,但可以被农、林、牧、副各业和城乡建设利用的土地仅占土地总面积的 70%,且分布极不平衡。

(5) 后备耕地资源不足。我国现有耕地面积占全国土地总面积的 10.4%,人均占有耕地的面积只有世界人均耕地面积的 1/4。在未利用的土地中,难利用的占 87%,主要是戈壁、沙漠和裸露石砾地,仅有 0.33 亿 hm² 宜农荒地,能作为农田的不足 0.2 亿 hm²,按 60% 的垦殖率计算,可净增耕地 0.12 亿~0.14 亿 hm²。所以,我国后备耕地资源很少。

(6) 人口与耕地的矛盾十分突出。我国现有耕地面积约 1×10^8 hm²,为世界总耕地面积的 7%。我国用占世界 7% 的耕地养活着占世界 22% 的人口,人口与耕地的矛盾相当突出。随着我国人口的增长,人口与耕地的矛盾将更加尖锐。据估计,21 世纪中叶,我国人均耕地将减少到国际公认的警戒线 0.05hm²/人。

3.2.2 土地资源开发利用中的环境问题

开发利用土地资源造成的环境问题,主要是生态破坏和环境污染,其表现是土地资源生物或经济产量的下降或丧失。这一环境问题也称为土地资源的退化,是全球重要的环境问题之一。土地退化的最终结果,除了造成贫困外,还可能对区域和全球性安全构成威胁。据联合国环境规划署估计,全球有 100 多个国家和地区的 3.6×10^9 hm² 土地资源受到土地退化的影响,由此造成的直接损失达 423 亿美元,而间接经济损失是直接经济损失的 2~3 倍,有的国家甚至高达 10 倍。

我国是全世界土地退化比较严重的国家之一,主要表现在如下几个方面。

1. 水土流失

过度的樵采、放牧,甚至毁林、毁草开荒,破坏了植被,造成了水土流失。另外,由于在工矿、交通、城建及其他大型工程建设中不注意水土保持,也是使水土流失加重的主要原因之一。

2005年7月至2008年11月,水利部、中国科学院和中国工程院联合开展的"中国水土流失与生态安全综合科学考察"取得的数据表明:全国现有土壤侵蚀面积达到357万 km^2,占国土面积的37.2%。水土流失不仅广泛发生在农村,而且发生在城镇和工矿区,几乎每个流域、每个省份都有。从我国东、中、西三大区域分布来看,东部地区水土流失面积9.1万 km^2,占全国的2.6%;中部地区51.15万 km^2,占全国的14.3%;西部地区296.65万 km^2,占全国的83.1%。

水土流失对我国经济发展的影响是深远的。因水土流失全国每年丧失的表土达 $5.0×10^9$ t,其中耕地表土流失 $3.3×10^9$ t。因水土流失引起的土地生物或经济产量明显下降或丧失的土壤资源约 $3.78×10^5 km^2$。

水土流失使土地资源的生产力迅速下降。据研究,无明显侵蚀的红壤分别为遭到强度侵蚀和剧烈侵蚀的红壤中所含的有机质总量的4倍和18倍,全氮含量为39倍和40倍,全磷含量为4.6倍和16.7倍。

水土流失后,地表径流将冲走大量泥沙,并在河流、湖泊、水库淤积,使河床抬高,并使一些河流缩短通航里程,一些水库库容减少,导致泥石流和滑坡,严重影响下游人民群众的生产和生活。如全国水土流失最严重的陕北高原,水库库容的平均寿命只有4年;长江三峡库区年入库泥沙达4 000万 t,对三峡工程构成了严重的威胁;长江流域洪湖地区洞庭湖等淤塞严重,湖面不断缩小,调节能力越来越低。

2. 土地沙化

土地沙化是指地表在失去植被覆盖后,在干旱和多风的条件下,出现风沙活动和类似沙漠景观的现象。据国家林业局第二次沙化土地监测结果显示,截至2005年底,我国沙化土地面积达174.3万 km^2,占国土面积的18%,涉及全国30个省(区、市)841个县(旗)。土地一旦沙化,其发展速度迅速加快。土地沙化后的生产力将急速下降甚至完全丧失。

土地沙化有自然的和人为的双重因素。但人为活动是土壤沙化的主导因子。这是因为:①人类经济的发展使水资源进一步萎缩,绿洲的开发、水库的修建使干旱地区断尾河进一步缩短、湖泊萎缩,加剧了土壤的干旱化,促进了土壤的可风蚀性;②农垦和过度放牧,使干旱、半干旱地区植被覆盖率大大降低。

土地沙化对经济建设和生态环境危害极大。首先,土地沙化使大面积土壤失去农、牧业生产能力,使有限的土地资源面临更为严重的挑战。其次,使大气环境恶化。由于土地大面积沙化,使风挟带大量沙尘在近地面大气中运移,极易形成沙尘暴甚至"黑风暴"。例如,呼伦贝尔草原在1974年5月出现近代期间前所未有过的沙尘暴，狂风挟带巨量尘土形成"火墙"，风速达 14～19m/s，持续 8h；鄂尔多斯每年沙尘暴日数有 15～27d，往往在干旱的春、秋季，土地沙化使周边地区尘土飞扬。20 世纪 70 年代以来，我国新疆也发生过多次"黑风暴"。

3. 土地盐渍化

盐渍化指土地中易溶盐分含量增高，并且超过作物的耐盐限度时，作物不能生长，土地丧失了生产力的现象。由于不恰当的利用活动，使潜在盐渍化土壤中的盐分趋向于表层积聚的过程，称土地次生盐渍化。据有关学者研究，引起土地次生盐渍化的原因是：①由于发展引水自流灌溉，导致地下水位上升超过其临界深度，从而使地下水和土体中的盐分随土壤毛管水流通过地面蒸发耗损而聚于表土；②利用地面或地下矿化水（尤其是矿化度大于 3g/L 时）进行灌溉，而又不采取调节土壤水盐运动的措施，导致灌溉水中的盐分积累于耕层中；③在开垦利用心底土具有积盐层土壤的过程中，过量灌溉下渗水流的蒸发耗损使盐分聚于土壤表层。

土地次生盐渍化问题是干旱、半干旱气候带土地垦殖中的老问题。据联合国粮农组织（FAO）和联合国环境规划署（UNEP）估计，全世界约有 50% 的耕地因灌溉不当、受水渍和盐渍的危害。每年有数百万公顷灌溉地废弃。我国土地盐渍化主要发生在华北黄淮海平原，宁夏、内蒙古的引黄灌区，黑、吉两省西部，辽宁西部内蒙古东部的灌溉农田。我国现有盐渍化土地 $8.18 \times 10^5 km^2$，其中次生盐渍化的土地面积达 $6.33 \times 10^4 km^2$。

4. 土壤污染

随着工业化和城市化的进展，特别是乡镇工业的发展，大量的"三废"物质通过大气、水和固体废物的形式进入土壤。同时由于农业生产技术的发展，人为地使用化肥和农药以及污水灌溉等，使土壤污染日益加重。最新资料表明，我国每年农药的施用量达 50 万～60 万 t，而农药的有效利用率仅为 20%～30%，全国至少有 1 300 万～1 600 万 hm^2 的耕地受到了农药的污染。目前我国受重金属污染的耕地多达 2 000 万 hm^2 以上，每年生产重金属污染的粮食多达 1 200 万 t。

5. 非农业用地逐年扩大，耕地面积不断减少

城镇建设、住房建设及交通建设等都要占用大量的土地资源。我国城市建设 1978 年到 1998 年由原来不足 200 个增加到 600 多个，增加了 475 个。上海郊区被占耕地达 7.33 万 hm^2，相当于上海、宝山、川沙三县耕地面积的总和。据中国国土资源部的报告统计，"十五"期间，全国耕地面积净减少 616.31 万 hm^2（9 240 万亩），由 2000 年 10 月底的 1.28 亿 hm^2（19.24 亿亩）减至 2005 年 10 月底的 1.21hm^2

(18.31亿亩),年均净减少耕地123.26万hm^2(1848万亩)。随着经济和城市化的发展以及人口的增长,耕地总量和人均量还将进一步下降。据初步预测,到2050年,我国非农业建设用地将比现在增加0.23亿hm^2,其中需要占用耕地约0.13亿hm^2。另外,煤炭开采,每年破坏土地1.2万~2万hm^2,砖瓦生产每年破坏耕地近1万hm^2。

3.2.3 土地资源环境保护的原则和方法

1. 土地资源环境保护的原则

根据我国严峻的土地资源形势,我国必须十分珍惜土地资源,合理利用土地资源,精心保护土地资源,并在利用中不断提高土地资源的质量。为此,应明确利用和保护土地资源的原则,制定土地资源保护办法和当前应采取的对策。这些原则主要为:

(1) 以提高土地资源利用率为目标,全面规划,合理安排。在规划时要特别严格控制城乡建设用地的规模,注意土地使用的集约化程度和规模效益,保证农、林、牧等基本用地不被挤占。

(2) 以提高土地资源的质量为目标,合理调配土地利用的方向、内容和方式,保护和改善生态环境,保障土地的可持续利用。严禁过度的不合理的开发活动,防止土地退化,包括水土流失、土地沙漠化、土地盐碱化等各种形式的退化。要继续大力推进和加强防护林工程与水土流失工程建设,尤其要重视生态系统中自然绿地的建设(森林、草地的保护和建设)。

(3) 以防止土壤和水体的污染、破坏为目标,综合运用政策的、经济的和技术的(包括污染源控制技术、污染土壤修复技术及生态农业技术)等手段,严格控制和消除土壤污染源,同时防止土壤中各种形态污染物向地下、地表水体转移及向地上作物转移。

(4) 以实现粮食基本自给、保持农村社会稳定为目标,守住18亿亩耕地红线,占用耕地与开发复垦耕地相平衡,从而保障中国粮食安全有基本的资源基础。

2. 土地资源环境保护的方法

(1) 开展土地利用现状调查和评价

土地利用现状调查的内容主要有:①土地利用状况调查。国家土地利用总体规划根据土地用途,将土地分为农用地、建设用地和未利用地。农用地是指直接用于农业生产的土地,包括耕地、林地、草地、农田水利用地、养殖水面等;建设用地是指建造建筑物、构筑物的土地,包括城乡住宅和公共设施用地、工矿用地、交通水利设施用地、旅游用地、军事设施用地等；未利用地是指农用地和建设用地以外的土地。②土地利用率和土地利用效率分析。所谓土地利用率指已利用的土地面积与土地总面积之比；土地利用效率指单位用地面积所产出的产值或利税或功效。

土地利用评价其要点有：①明确评价的目的。在实际工作中，土地利用评价的目的可以有很大的不同。比如有的可以为制定土地利用规划服务；有的是为确定土地税负和防止流失使用；有的为地籍工作提供基础资料。由于目的不同，相应的评价原则与方法也不相同。②确定土地利用评价的原则。③选择土地利用评价的技术方法。

(2) 制定在不同层次上科学、合理的土地利用规划体系

这里所说的层次和体系指在国家、省(自治区、直辖市)、县(区)、镇(乡)、村等不同级别上分别从宏观、中观和微观上制定出各类土地的使用安排。

各级人民政府应当依据国民经济和社会发展规划、国土整治和资源环境保护的要求、土地供给能力以及各项建设对土地的需求，组织编制土地利用总体规划和土地利用年度计划。下级土地利用总体规划应当依据上一级土地利用总体规划编制。省、自治区、直辖市人民政府编制的土地利用总体规划，应当确保本行政区域内耕地总量不减少。同时各级人民政府应当加强土地利用计划管理，实行建设用地总量控制。

制定土地利用规划的关键在于妥善处理好不同部门、不同项目在土地利用要求上的矛盾。这里要协调的有国家的利益(包括眼前的和长远的)、部门或地区的利益、企业单位的利益和公众(特别是农民)的利益。

(3) 制定合理、有效的土地利用和管理保护的政策体系、运作机制和相应的制度体系

这里提到的政策、机制、制度三者是相辅相成、有机联系的一个整体。其中政策是核心和灵魂。土地利用合理与否的标志在于：一是土地利用的总效益、总效率是否高；二是土地利用的效益能否持续，即是否能在用好地的同时做到养好地。这就是说土地利用政策的方向必须正确。

一个好的土地利用政策能够调动各种开发利用土地资源主体的积极性，引导并激励其自觉执行政策。因此土地利用政策要能恰当地协调政府部门、企业和公众三者的利益关系，其中特别要注意巧妙地运用经济、法律手段，保护公众尤其是广大农民的经济利益。因此多项政策必须构成一个完备的体系。

(4) 制定、完善并有效推行保障土地资源合理利用的法律、法规体系

逐步完善和真正严格执行《中华人民共和国土地管理法》、《中华人民共和国环境保护法》等有关土地资源保护的法律和法规，依法保护土地资源，使土地管理纳入法制的轨道。县级以上人民政府土地行政主管部门对违反土地管理法律、法规

的行为要进行监督检查,在监督检查工作中发现土地违法行为构成犯罪的,应当将案件移送有关机关,依法追究刑事责任;尚不构成犯罪的,应当依法给予行政处罚。

3.3 水资源的利用与保护

3.3.1 水资源的概念和特点

1. 水资源的概念

水是人类维系生命的基本物质,是工农业生产和城市发展不可缺少的重要资源。

地球上水的总量约为 $1.4\times 10^9 \text{ km}^3$,其中约有 97.3% 的水是海水,淡水不及总量的 3%。其中还有约 3/4 以冰川、冰帽的形式存在于南北极地区,人类很难使用。与人类关系最密切又较易开发利用的淡水储量约为 $4\times 10^6 \text{ km}^3$,仅占地球上总水量的 0.3%。

水资源是指在目前技术和经济条件下,比较容易被人类直接或间接开发利用的那部分淡水,主要包括河川、湖泊、地下水和土壤水等。

这里需要说明的是,土壤水虽然不能直接用于工业、城镇供水,但它是植物生长必不可少的,所以土壤水属于水资源范畴。至于大气降水,它是径流、地下水和土壤水形成的最主要,甚至唯一的补给来源。

直到 20 世纪 20 年代,人类才认识到水资源并非取之不尽,用之不竭。随着人口增长和经济的发展,对水资源的需求与日俱增,人类社会正面临水资源短缺的严重挑战。据联合国统计,全世界有 100 多个国家缺水,严重缺水的国家已达 40 多个。水资源不足已成为许多国家制约经济增长和社会进步的障碍因素。

2. 水资源的特点

水资源具有如下特点。

(1) 循环再生性与总量有限性。水资源属可再生资源,在再生过程中通过形态的变换显示出它的循环特性。在循环过程中,由于要受到太阳辐射、地表下垫面、人类活动等条件的作用,因此每年更新的水量是有限的。这里需注意的是,虽然水资源具有可循环再生的特性是从全球范围水资源的总体而言的,至于对一个具体的水体,如一个湖泊、一条河流,它完全可能干涸而不能再生。因此在开发利用水资源过程中,一定要注意不能破坏自然环境的水资源再生能力。

(2) 时空分布的不均匀性。由于水资源的主要补给来源是大气降水、地表径流和地下径流,它们都具有随机性和周期性(其年内与年际变化都很大),它们在地区分布和季节分布上又很不均衡。

(3) 功能的广泛性和不可替代性。水资源既是生活资料又是生产资料,更是生态系统正常维持的需要,其功能在人类社会的生存发展中发挥了广泛而又重要的作用,如保证人畜饮用、农业灌溉、工业生产使用、养鱼、航运、水力发电等。水资源这些作用和综合效益是其他任何自然资源无法替代的。不认识到这一点,就不能算是真正认识了水资源的重要性。

(4) 利弊两重性。由于降水和径流的地区分布不平衡和时程分配不均匀,往往会出现洪涝、旱碱等自然灾害。如果开发利用不当,也会引起人为灾害,例如:垮坝、水土流失、次生盐渍化、水质污染、地下水枯竭、地面沉降、诱发地震等。这说明水资源具有明显的利弊两重性。

3. 我国水资源的分布及特点

我国水资源的分布及特点如下。

(1) 总量多、人均占有量少,属贫水国家。中国陆地水资源总量为 $2.8 \times 10^{12} m^3$,列世界第 6 位。多年平均降水量为 648mm,年平均径流量为 $2.7 \times 10^{12} m^3$,地下水补给总量约 $0.8 \times 10^{12} m^3$,地表水和地下水相互转化和重复水量约 $0.7 \times 10^4 m^3$。但由于中国人口多,故人均占有量只有 $2 632 m^3$,约为世界平均占有量的 1/4,位居世界第 110 位,已经被联合国列为 13 个贫水国家之一。

(2) 地区分配不均,水土资源组配不平衡。总体来说,我国陆地水资源的地区分布是东南多、西北少,由东南向西北逐渐递减,不同地区水资源量差别很大。

我国的水土资源的组配是很不平衡的。平均每公顷耕地的径流量为 $2.8 \times 10^4 m^3$。长江流域为全国平均值的 1.4 倍;珠江流域为全国平均值的 2.4 倍;淮河、黄河流域只有全国平均值的 20%;辽河流域为全国平均值的 29.8%;海河、滦河流域为全国平均值的 13.4%。长江流域及其以南地区,水资源总量占全国的 81%,而耕地只占全国的 36%;黄河、淮河、海河流域,水资源总量仅占全国的 7.5%,而耕地却占全国的 36.5%。

我国地下水的分布也是南方多,北方少。占全国国土 50% 的北方,地下水只占全国的 31%。晋、冀、鲁、豫 4 省,耕地面积占全国的 25%,而地下水只占全国的 10%。从而形成了南方地表水多,地下水也多;北方地表水少,地下水也少的极不均衡的分布状况。

(3) 年内分配不均,年际变化很大。我国的降水受季风气候的影响,故径流量的年内分配不均。长江以南地区 3—6 月(或 4—7 月)的降水量约占全年降水量的 60%;而长江以北地区 6—9 月的降水量,常占全年降水量的 80%,秋、冬、春则缺雪少雨。

我国降水的年际变化很大,多雨年份与少雨年份往往相差数倍。由于降水过分集中,造成雨期大量弃水,非雨期水量缺乏,总水量不能充分利用。由于降水年内分配不均,年际变化很大,我国的主要江河都出现过连续枯水年和连续丰水年。在雨季和丰水年,大量的水资源不仅不能充分利用,白白地注入海洋,而且造成许多洪涝灾害。旱季或少雨年,缺水问题又十分突出,水资源不仅不能满足农业灌溉和工业生产的需要,甚至某些地方人畜用水也发生困难。

(4) 部分河流含沙量大。我国平均每年被河流带走的泥沙约 3.5×10^9 t,年平均输沙量大于 1×10^7 t 的河流有 115 条。其中黄河年径流量为 5.43×10^{10} m^3,平均含沙量为 37.6 kg/m^3,多年平均年输沙量为 1.6×10^9 t,居世界诸大河之冠。水的含沙量大会造成河道淤塞、河床坡降变缓、水库淤积等一系列问题,同时,由于泥沙能吸附其他污染物,故增大了开发利用这部分水资源的难度。

(5) 水能资源丰富。我国的山地面积广大,地势梯级明显,尤其在西南地区,大多数河流落差较大,水量丰富,所以我国是一个水能资源蕴藏量特别丰富的国家。我国水能资源理论蕴藏量约为 6.8 亿 kW·h,占世界水能资源理论蕴藏量的 13.4%,为亚洲的 75%,居世界首位。已探明可开发的水能资源约为 3.8 亿 kW·h,为理论蕴藏量的 60%。我国能够开发的、装机容量在 1 万 kW·h 以上的水能发电站共有 1 900 余座,装机容量可达 3.57 亿 kW·h,年发电量为 1.82 万亿 kW·h,可替代年燃煤 10 多亿吨的火力发电站。

3.3.2 水资源开发利用中的环境问题

水资源开发利用中的环境问题,是指水量、水质、水能发生了变化,导致水资源功能的衰减、损坏以致丧失。我国水资源开发利用中的环境问题主要表现在如下方面。

1) 水资源供需矛盾突出

据住房与城乡建设部 2006 年公布的数据,全国 668 座城市中,有 400 多座城市供水不足,110 座城市严重缺水;在 32 个百万人口以上的特大城市中,有 30 个城市长期受缺水困扰。北京、天津、青岛、大连等城市缺水最为严重;地处水乡的上海、苏州、无锡等城市出现水质型缺水。目前,中国城市的年缺少水量已远远超过 60 亿 m^3。

中国是农业大国,农业用水占全国用水总量的 2/3 左右。目前,全国有效灌溉面积约为 0.481 亿 hm^2,约占全国耕地面积的 51.2%,近一半的耕地得不到灌溉,其中位于北方的无灌溉地约占 72%。河北、山东和河南缺水最为严重;西北地区缺水也很严重,而且区域内大部分为黄土高原,人烟稀少,改善灌溉系统的难度较大。

2) 用水浪费严重加剧水资源短缺

我国工农业生产中水资源浪费严重。农业灌溉工程不配套,大部分灌区渠道没有防渗措施,渠道漏失率为30%～50%,有的甚至更高;部分农田采用漫灌方法,因渠道跑水和田地渗漏,实际灌溉有效率为20%～40%,南方地区更低。而国外农田灌溉的水分利用率多在70%～80%之间。

在工业生产中用水浪费也十分惊人,由于技术设备和生产工艺落后,我国工业万元产值耗水比发达国家多数倍。工业耗水过高,不仅浪费水资源,同时增大了污水排放量和水体污染负荷。在城市用水中,由于卫生设备和输水管道的跑、冒、滴、漏等现象严重,也浪费大量的水资源。

3) 水资源质量不断下降,污染比较严重

多年来,我国水资源质量不断下降,水环境持续恶化,由于污染所导致的缺水和事故不断发生,不仅使工厂停产、农业减产甚至绝收,而且造成了不良的社会影响和较大的经济损失,严重地威胁社会的可持续发展,威胁了人类的生存。从地表水资源质量现状来看,我国有50%的河流、90%的城市水域受到不同程度的污染。地下水资源质量也面临巨大压力,根据水利部的调研结果,我国西北五省区(新疆、内蒙古、陕西、甘肃、宁夏)和海河流域地下水资源,无论是农村(包括牧区)还是城市,浅层水或深层水均遭到不同程度的污染,局部地区(主要是城市周围、排污河两侧及污水灌区)和部分城市的地下水污染比较严重,污染呈上升趋势。

水污染使水体丧失或降低了其使用功能,造成了水质性缺水,更加剧了水资源的不足。

4) 盲目开采地下水造成地面下沉

目前,由于地下水的开发利用缺乏规范管理,所以开采严重超量,出现水位持续下降、漏斗面积不断扩大和城市地下水普遍污染等问题。据统计,一些地区超量开采,形成大面积水位降落漏斗,地下水中心水位累计下降10～30m。由于地下水位下降,十几个城市发生地面下沉,在华北地区形成了全世界最大的漏斗区,且沉降范围仍在不断扩展。沿海地区由于过量开采地下水,破坏了淡水与咸水的平衡,引起海水入侵地下淡水层,加速了地下水的污染。

5) 河湖容量减少,环境功能下降

我国是一个多湖的国家,长期以来,由于片面强调增加粮食产量,在许多地区过分围垦湖泽、排水造田,结果使许多天然小型湖泊从地面消失。号称"千湖之省"的湖北省,1949年有大小湖泊1066个,2004年只剩下326个。据不完全统计,近40年来,由于围湖造田,我国的湖面减少了133.3万hm^2以上,损失淡水资源350亿m^3。许多历史上著名的大湖,也出现了湖面萎缩、湖容减少的情况。中外闻名的"八百里洞庭",30年内被围垦掉3/5的水面,湖容减少115亿m^3。鄱阳湖20年内被垦掉一半水面,湖容减少 67 亿 m^3。围湖造田不仅损失了淡水资源,减弱了湖泊蓄水防洪的能力,也减少了湖泊的自净能力,破坏了湖泊的生态功能,从而造成湖区气候恶化、水产资源和生态平衡遭到破坏,进而影响到湖区多种经营的发展。

此外,由于水土流失,大量泥沙沉积使水库淤积、河床抬高,甚至某些河段已发展成地上河,严重影响了河湖蓄水行洪纳污的能力以及发电、航运、养殖和旅游等功能的开发利用。

3.3.3 水资源环境保护的原则和方法

水是生命之源、生产之要、生态之基,人多水少、水资源时空分布不均、水资源短缺、水污染严重、水生态环境恶化是我国的基本国情和水情,严重地制约了我国经济社会的可持续发展,因此,必须加强水资源的保护与管理。

1. 水资源环境保护的指导思想和基本原则

1) 指导思想

水资源环境保护的指导思想为:以水资源配置、节约和保护为重点,强化用水需求和用水过程管理,通过健全法规制度、落实责任、提高能力、强化监管,严格控制用水总量,全面提高用水效率,严格控制入河湖排污总量,加快节水型社会建设,促进水资源可持续利用和经济发展方式转变,推动经济社会发展与水资源水环境承载能力相协调,保障经济社会长期平稳较快发展。

2) 基本原则

水资源环境保护的基本原则为:坚持以人为本,着力解决人民群众最关心最直接最现实的水资源问题,保障饮水安全、供水安全和生态安全;坚持人水和谐,尊重自然规律和经济社会发展规律,处理好水资源开发与保护关系,以水定需、量水而行、因水制宜;坚持统筹兼顾,协调好生活、生产和生态用水,协调好上下游、左右岸、干支流、地表水和地下水关系;坚持改革创新,完善水资源管理体制和机制,改进管理方式和方法;健全水资源保护利用的政策法规,严格执法;坚持开源与节流相结合、节流优先和污水处理再利用的原则。

2. 水资源环境保护的方法

水资源环境保护的方法如下。

(1) 加强法制,强化水资源管理。2002 年 8 月 29 日,九届全国人大常委会第 29 次会议最终审议通过了《中华人民共和国水法(修正案)》(简称新《水法》);新《水法》于 2002 年 10 月 1 日起施行。与原《水法》相比,新《水法》有了许多重大的变化:新《水法》确立了所有权与使用权分离;确立了对水资源依法实行取水许可制度和有偿使用制度、国家对用水实行总量控制和定额管理相结合的制度；确立了对水资源实行流域管理与行政区域管理相结合的管理体制；确立了统一管理与分部门管理相结合，监督管理与具体管理相分离的新型管理体制；明确了流域规划与区域规划的法律地位。

2012年3月，结合我国水资源日益短缺的严峻形势，国务院又发布了《关于实行最严格的水资源管理制度的意见》，其主要内容可概括为确定"三条红线"：①水资源开发利用控制红线，即到2030年全国用水总量控制在7 000亿m^3以内；②用水效率控制红线，即到2030年用水效率达到或接近世界先进水平，万元工业增加值用水量（以2000年不变价计，下同）降低到40m^3以下，农田灌溉水有效利用系数提高到0.6以上；③水功能区限制纳污红线，即到2030年主要污染物入河湖总量控制在水功能区纳污能力范围之内，水功能区水质达标率提高到95%以上。

为实现"三条红线"的目标，提出了四项水资源管理制度：①用水总量控制制度；②用水效率控制制度；③水功能区限制纳污制度；④水资源管理责任和考核制度及其相应的实施办法。

因此，按照《中华人民共和国新水法》和国务院《关于实行最严格的水资源管理制度的意见》的要求，切实加强水资源管理，加强执法，加强责任考核，依法管理水资源是水资源保护的关键。

(2) 制定科学合理的水资源开发利用规划。开发、利用、节约、保护水资源和防治水害，应当按照流域、区域统一制定规划。规划分为流域规划和区域规划。流域规划包括流域综合规划和流域专业规划；区域规划包括区域综合规划和区域专业规划。

所谓的综合规划，是指根据经济社会发展需要和水资源开发利用现状编制的开发、利用、节约、保护水资源和防治水害的总体部署。所谓的专业规划，是指防洪、治涝、灌溉、航运、供水、水力发电、渔业、水资源保护、水土保持、防沙治沙、节约用水等规划。流域范围内的区域规划应当服从流域规划，专业规划应当服从综合规划。制定规划时，必须进行水资源综合科学考察和调查评价。

(3) 认真开展宣传教育工作，树立全民保护水资源和节约用水的意识。水资源属于可更新资源，可以循环利用，但是在一定的时间和空间内都有数量的限制。

目前，我国的总缺水量为300亿～400亿m^3。2030年全国总需水量将近10 000亿m^3，全国将缺水4 000亿～4 500亿m^3，到2050年全国将缺水6 000亿～7 000亿m^3。

在我国人口众多的情况下，提高全社会保护水资源、节约用水的意识和守法的自觉性，建立一个节水型社会，是实现水资源可持续开发利用的重要手段之一。因此，要广泛深入开展基本水情宣传教育，强化社会舆论监督，进一步增强全社会水忧患意识和水资源节约保护意识,形成节约用水、合理用水的良好风尚。

要开展全面节水运动。工业方面主要通过改进生产工艺、调整产品结构、推行清洁生产,降低水耗,提高循环用水率;适当提高水价,以经济手段限制耗水大的行业和项目发展等措施节水。农业灌溉是我国最大的用水户,农业方面节水主要通过改进地面灌溉系统,采取渠道防渗或管道输送(可减少50%~70%水的损失);制定节水灌溉制度,实行定额、定户管理;推广先进的农灌技术如滴灌、雾灌和喷灌等措施节水。生活方面则通过强制推行节水卫生器具,控制城市生活用水的浪费;加强城市用水输水管道的维护工作,防止跑、冒、滴、漏等现象发生等措施节水。

(4) 实行水污染物总量控制,推行许可证制度,实现水量与水质并重管理。水资源保护包含水质和水量两个方面,二者相互联系和制约。水资源的总量减少或质量降低,都必然会影响到水资源的开发利用,而且对人民的身心健康和自然生态环境造成危害。

大量的废水未经处理,直接排入水环境系统,严重污染了水质,降低了水资源的可利用度,加剧了水环境资源供需矛盾。因此必须采取措施综合防治水污染,恢复水质,解决水质性缺水问题。对此,在三次产业中应大力推广清洁生产,将水污染防治工作从末端处理逐步走向全过程管理,同时应加强集中式污水处理厂、污水处理站建设,全面实行排放水污染物总量控制,推行许可证制度;还要大力开展水循环用系统和中水回用系统建设,使水资源能得到梯次利用和循环利用。要不断完善和加强水环境监测监督管理工作,实现水量与水质并重管理。

(5) 加强水利工程建设,积极开发新水源。由于水资源具有时空分布不均衡的特点,必须加强水利工程的建设,如修建水库以解决水资源年际变化大、年内分配不均的情况,使水资源得以保存和均衡利用。跨流域调水则是调节水资源在地区分布上的不均衡性的一个重要途径。我国实施的具有全局意义的"南水北调"工程,是把长江流域一部分水量由东、中、西三条线路,从南向北调入淮河、黄河、海河,把长江、淮、黄、海河流域连成一个统一的水利系统,以解决西北、华北地区的缺水问题。但水利工程往往会破坏一个地区原有的生态平衡,因此要做好生态环境影响的评价工作,以避免和减少不可挽回的损失。

此外,还应积极进行新水源的开发研究工作,如海水淡化、抑制水面蒸发、雨水收集和污水资源化循环利用等。

(6) 加强水面保护与开发,促进水资源的综合利用。开发利用水资源必须综合考虑,除害兴利,在满足工农业生产用水和生活用水外,还应充分认识到水资源在水产养殖、旅游、航运等方面的巨大使用价值以及在改善生态环境中的重要意义,使水利建设与各方面的建设密切结合、与社会经济环境协调发展,尽可能做到一水多用,以最少的投资取得最大的效益。

水面资源(特别是湖泊)是旅游资源的重要组成部分。在我国已公布的国家级风景名胜区中,有很多都属于湖泊类风景名胜区。搞好湖泊旅游资源开发,不仅能提高经济效益,还能带动其他相关产业的发展。

水面(特别是较大水面)的存在,对于调节空气温湿度、改善小气候、净化水质、防止洪涝灾害、维持水生态平衡等都具有重要的意义,是改善生态环境质量的重要措施之一。

3.4 矿产资源的利用与保护

矿产资源主要指埋藏于地下或分布于地表的、由地质作用所形成的有用矿物或元素,其含量达到具有工业利用价值的矿产。矿产资源可分为金属和非金属两大类。金属按其特性和用途又可分为铁、锰、铬、钨等黑色金属,铜、铅、锌等有色金属,铝、镁等轻金属,金、银、铂等贵金属,铀、镭等放射性元素和锂、铍、铌、钽等稀有、稀土金属;非金属主要是煤、石油、天然气等燃料原料(矿物能源),磷、硫、盐、碱等化工原料,金刚石、石棉、云母等工业矿物和花岗岩、大理石、石灰石等建筑材料。

3.4.1 矿产资源的特点

矿产资源主要有3个特点。

(1) 不可更新性。矿产资源属不可更新资源,是亿万年的地质作用形成的,在循环过程中不能恢复和更新,但有些可回收重新利用,如铜、铁、石棉、云母、矿物肥料等;而另一些属于物质转化的自然资源,如石油、煤、天然气等则完全不能重复利用。因此在开发利用矿产资源过程中,一定要注意矿产资源不可更新性,要节约使用。

(2) 时空分布的不均匀性。矿产资源空间分布的不均衡是其自然属性的体现,是地球演化过程中自然地质作用的结果,它们都具有随机性和周期性,表现为在地区分布上很不均衡,因此在开发利用矿产资源时必须因地制宜,发挥区域资源优势。

(3) 功能的广泛性和不可替代性。矿产资源是人类社会赖以生存和发展的不可缺少的物质基础,据统计,当今世界95%以上的能源和80%以上的工业原料都取自矿产资源。所以很多国家都将矿产资源视为重要的国土资源,当做衡量国家综合国力的一个重要指标。

1. 世界矿产资源的分布及特点

目前世界已知的矿产有 1 600 多种,其中 80 多种应用较广泛。

世界上的矿产资源的分布和开采主要在发展中国家,而消费量最多的是发达国家。

石油资源各地区储量及其所占世界份额差别很大。人口不足世界 3%、仅占全球陆地面积 4.21% 的中东地区石油储量为 925 亿 t,占世界储量的 65%。

煤炭资源空间分布较为普遍。主要分布在三大地带:世界最大煤带是在亚欧大陆中部,从我国华北向西经新疆、横贯中亚和欧洲大陆,直到英国;北美大陆的美国和加拿大;南半球的澳大利亚和南非。

铁矿主要分布在俄罗斯、中国、巴西、澳大利亚、加拿大、印度等国。欧洲有库尔斯克铁矿(俄罗斯)、洛林铁矿(法国)、基律纳铁矿(瑞典)和英国奔宁山脉附近的铁矿;美国的铁矿主要分布在五大湖西部;印度的铁矿主要集中在德干高原的东北部。

其他矿产资源中,铝土矿主要分布在南美、非洲和亚太地区;铜矿分布较普遍,但主要集中在南美和北美的东环太平洋成矿带上;世界主要产金国有南非、俄罗斯、加拿大、美国、澳大利亚、中国、巴西、巴布亚新几内亚、印度尼西亚等国家。

2. 我国矿产资源的分布及特点

我国矿产资源的分布及特点如下。

(1) 矿产资源总量丰富,品种齐全,但人均占有量少。我国矿产资源总量居世界第二位。我国已发现了 171 种矿产,查明有资源储量的矿产 159 种,已发现矿床、矿点 20 多万处,其中有查明资源储量的矿产地 1.8 万余处。煤、稀土、钨、锡、钽、钒、锑、菱镁矿、钛、萤石、重晶石、石墨、膨润土、滑石、芒硝、石膏等 20 多种矿产,无论在数量上或质量上都具有明显的优势,有较强的国际竞争能力。但是我国人均矿产资源拥有量少,仅为世界人均的 58%,列世界第 53 位,个别矿种甚至居世界百位之后。

(2) 大多矿产资源质量差,贫矿多、富矿少,可露天开采的矿山少。与国外主要矿产资源国相比,中国矿产资源的质量很不理想。从总体上讲,中国大宗矿产,特别是短缺矿产的质量较差,在国际市场中竞争力较弱,制约了其开发利用。

我国有相当一部分矿产,贫矿多,如铁矿石,储量有近 500 亿 t,但含铁大于 55% 的富铁矿仅有 10 亿 t,占 2%;铜矿储量中含铜量大于 1% 的仅占 1/3;磷矿中 $P_2O_5 > 30\%$ 的富矿仅占 7%,硫铁矿富矿(含硫量 $>35\%$)者仅占 9%;铝土矿储量中的铝硅比大于 7 的仅占 17%。

此外适于大规模露天开采的矿山少,如可露采的煤约占14%,铜、铝等矿露采比例更小;有些铁矿大矿,虽可露采,但因埋藏较深,剥采比大,采矿成本增多。

(3) 一些重要矿产短缺或探明储量不足,能源矿产结构性矛盾突出。中国石油、天然气、铁矿、锰矿、铬铁矿、铜矿、铝土矿、钾盐等重要矿产短缺或探明储量不足,这些重要矿产的消费对国外资源的依赖程度比较大,2006年中国石油消费对进口的依赖程度已经达到47.3%。

2005年中国一次能源消费结构中,煤炭占68.7%,石油占21.2%,天然气占2.8%,水电占7.3%。煤炭消费所占比例过大,能源效率低,是我国大气环境污染的主要元凶。

(4) 多数矿产矿石组分复杂、单一组分少。我国铁矿有1/3,铜矿有1/4,伴生有多种其他有益组分,如攀枝花铁矿中伴生有钒、钛、铬、镓、锰等13种矿产;甘肃金川的镍矿,伴生有铜、铂族、金、银、硒等16种元素。这一方面说明我国矿产资源综合利用大有可为,另一方面也增加了选矿和冶炼的难度。另外有一些矿,如磷、铁、锰矿都是一些颗粒细小的胶磷矿、红铁矿、碳酸锰矿石,选矿分离难度高,也使有些矿山长期得不到开发利用。

(5) 小矿多,大矿少,地理分布不均衡。在探明储量的16 174处矿产地中,大型矿床占11%,中型矿床占19%,小型矿床则占70%。例如,我国铁矿有1 942处,大矿仅95个,占4.9%,其余均为小矿。煤矿产地中,绝大部分也为小矿。

由于各地区地质构造特征不同,我国矿产资源分布不均衡,已探明储量的矿产大部分集中在中部地带。如煤的57%集中于山西、内蒙古,而江南九省仅占1.2%;磷矿储量的70%以上集中于西南中南五省;云母、石棉、钾盐稀有金属主要分布于西部地区。这种地理分布不均衡,造成了交通运输的紧张,增加了运输费用。

(6) 矿产资源自给程度较高。据对60种矿物产品统计(表3-1),自给有余可出口的有36种,占60%,基本自给的(有小量进出口的)为15种,占25%。不能自给的(需要进口的)或短缺的有9种,占15%,其自给率可达85%左右。

表3-1 主要矿产品自给及进出口情况

矿种分类 \ 自给程序	自给有余,可以出口的	基本自给,有进、有出的	短缺或近期需要进口的
黑色金属	钒、钛		铁、铬、锰
有色金属	钨、锡、钼、铋、锑、汞	铅、锌、钴、镍、镁、镉、铝	铜
贵金属		金、银	铂(族)
能源矿产	煤	石油、天然气	铀
稀土、稀有金属	稀土、铍、锂、锶	镓	

续表

矿种分类 \ 自给程序	自给有余，可以出口的	基本自给，有进、有出的	短缺或近期需要进口的
非金属	滑石、石墨、重晶石、叶蜡石、萤石、石膏、花岗岩、大理石、板石、盐、膨润土、石棉、长石、刚玉、蛭石、浮石、焦宝石、麦饭石、硅灰石、石灰岩、芒硝、方解石、硅石	硫、磷、硼	天然碱、金刚石
合计	36	15	9
所占比重/%	60	25	15

但从铁、锰、铜、铅、锌、铝、煤、石油这 8 种用量最多的大宗矿产来分析，仅有煤、铅、锌、铝能够自给，其余 4 种有的自给率仅达 50%，从这个意义上来说我国主要矿产资源自给程度还存在一定局限性。

3.4.2 矿产资源开发利用中的环境问题

1. 资源总回收率低，综合利用差

目前我国金属矿山采选回收率平均比国际水平低 10%～20%。约有 2/3 具有共生、伴生有用组分的矿山未开展综合利用，在已开展综合利用的矿山中，资源综合利用率仅为 20%，尾矿利用率仅达 10%。

2. 乱采滥挖，环境保护差

具体表现在以下几方面。

(1) 植被破坏，水土流失，生态环境恶化。由于大量的采矿活动及开采后的复垦还田程度低，使很多矿区的生态环境遭到严重破坏。许多地方矿石私挖滥采，造成水土严重流失。特别典型的是南方离子型稀土矿床，漫山遍野地露天挖矿，使山体植被与含有植物养分的腐殖土层及红色粘土层被大量剥光，原有的生态已严重失衡。

(2) 工业固体废物成灾。矿产资源的开发利用过程中所产生的废石主要有煤矸石、冶炼渣、粉煤灰、炉渣、选矿生产中产生的尾矿等。现仅全国金属矿山堆存的尾矿就达到了50亿t。煤矿生产的矸石量约占煤炭产量的10%,每年新产生矸石约1亿t。绝大多数小矿山没有排石场和尾矿库,废石和尾砂随意排放,不仅占用土地,还造成水土流失,堵塞河道和形成泥石流。

(3) 水污染比较严重。一方面,矿山开采过程中对水源的破坏比较严重,由于矿山地下开采的疏干排水导致区域地下水位下降,出现大面积疏干漏斗,使地表水和地下水动态平衡遭到破坏,以致水源枯竭或者河流断流。另一方面,矿山企业和选矿厂在生产过程中产生了大量的含有有毒污染物的废水,如有色金属选矿厂中排放的废水就含有重金属离子,对矿区周围的河流、湖泊、地下水和农田造成的危害极大。

3. 矿产资源二次利用率低,原材料消耗大

国外发达国家已将废旧金属回收利用作为一项重要再生资源。如1988年美国再生铜和矿山铜比例约为各50%,而我国再生铜仅占20%。据统计,我国每年丢弃的可再生利用的废旧资源,折合人民币250亿元。

4. 深加工技术水平不高

我国不少矿产品由于深加工技术水平低,因此,在国际矿产品贸易中,主要出口原矿和初级产品,经济效益低下,如滑石或出口初级品块矿,每吨仅45美元,而在国外精加工后成为无菌滑石粉,为每千克50美元,价格相差1 000倍。此外,优质矿没有优质优用,如山西优质炼焦煤,年产5 199万t,大量用于动力煤和燃料煤,损失巨大。

3.4.3 矿产资源环境保护的原则和方法

根据对中国矿情和我国矿产资源开发利用中存在的问题的辩证分析,从实际出发,在矿产资源开发利用中应遵循以下原则与方法。

1. 依法加强矿产资源开发的管理

新中国成立以来,我国一直致力于加强矿产资源立法的建设,通过了一系列法律和法规。1982年,国务院颁布《中华人民共和国对外合作开采海洋石油资源条例》,1984年10月颁布了《中华人民共和国资源税条例》,1986年3月全国人大通过了《中华人民共和国矿产资源法》,1994年,国务院颁布了《矿产资源补偿税征收管理规定》,1996年8月,全国人大通过并颁布了《全国人民代表大会常务委员会关于修改〈中华人民共和国矿产资源法〉的决定》。但是这些法律和法规还不完善,在新的历史时期,应该加快推进资源保护的法律制度建设,重点是矿产资源规划制度、矿产开发监督管理制度、地质环境保护制度建设等。从法规制度入手，依法保护和管理矿产资源。

各级政府及有关资源管理部门应依法加强矿山开采过程中的生态环境恢复治理的管理。对矿产资源的勘查、开发实行统一规划，合理布局，综合勘查，合理开采和综合利用，严格勘查、开采审批登记，坚持"在保护中开发、在开发中保护"的原则，强化人们的矿区生态保护意识。整顿矿业秩序，坚决制止乱采滥挖、破坏资源和生态环境的行为，取缔无证开采，关闭开采规模小、资源利用率低、企业效益差的矿点，逐步使矿产资源开发活动纳入法制化轨道。

2. 运用经济手段保护矿产资源

一是按照"谁受益谁补偿"，谁破坏谁恢复的原则，开采矿产资源必须向国家缴纳矿产资源补偿费，并进行土地复垦和恢复植被；二是按照污染者付费的原则征收开采矿产过程中排放污染物的排污费，促进提高对矿山"三废"的综合开发利用水平，努力做到矿山尾矿、废石、矸石，以及废水和废气的"资源化"和对周围环境的无害化，鼓励推广矿产资源开发废弃物最小量化和清洁生产技术；三是制定和实施矿山资源开发生态环境补偿收费，以及土地复垦保证金制度，减少矿产资源开发的生态代价。

3. 对矿产资源开发进行全过程环境管理

新建矿山及矿区，应严格执行矿山地质环境影响评价和建设项目环境影响评价及"三同时"制度，先评价，后建设。而且防治污染和生态破坏及资源浪费的措施应与主体工程同时设计、同时施工、同时投入运营。对不符合规划要求的新建矿山一律不予审批，从根本上消除矿产资源开发利用过程中的生态环境影响问题，并要进行生态环境质量跟踪监测。

4. 开源与节流并重，加强矿产资源的综合利用

矿产资源是不可更新的自然资源，为保证经济、社会持续发展，一方面要寻找替代资源（以可更新资源替代不可更新资源），并加强勘查工作，发现探明新储量；另一方面要节约利用矿产资源，提高矿产资源利用效率。要加强矿产资源的综合利用或回收利用，积极发展矿产品深加工业，大力发展矿山环保产业，提高矿产资源开发利用的科学技术水平。要逐步实行强制化技术改造和技术革新政策，更新矿山设备和生产工艺，实施清洁生产，降低能耗，减少废弃物的排放，提高矿产资源开发利用的综合效益。

复习与思考

3-1　什么是自然资源？自然资源有哪些属性？

3-2　什么是土地资源？土地资源有哪些特性？

3-3　土地资源开发利用中存在哪些环境问题？

3-4　进行土地资源环境保护应遵循哪些原则？采取哪些途径和方法？

3-5　什么是水资源？我国水资源有哪些特点？

3-6　针对我国水资源开发利用中的环境问题，进行水资源环境保护应遵循哪些原则？采取哪些途径和方法？

3-7　什么是矿产资源？简述我国矿产资源的分布及其特点。

3-8　针对我国矿产资源开发利用中的环境问题，如何进行矿产资源的保护？

第4章 大气污染及其防治

4.1 大气污染概述

大气是包围地球的空气,通常又称为大气层或大气圈。像鱼类生活在水中一样,我们人类生活在地球大气的底部,并且一刻也离不开大气。大气为地球生命的繁衍、人类的发展,提供了理想的环境。大气环境的状态和变化,时时处处影响到人类的生存、活动以及人类社会的发展。由于工业、交通的迅速发展,人口的急剧增加和城市化进程的加快,人类正不断地面临着大气污染的困扰。从早期工矿区和城市地区的大气污染,发展到目前全球性大气环境问题,特别是随着人们对生活质量要求的不断提高,对大气环境质量的要求也越来越高,大气环境污染防治已成为当代人类的一项重要工作。

4.1.1 大气污染的定义和大气污染源

1. 大气污染的定义

国际标准化组织(ISO)的定义是,"大气污染通常系指由于人类活动或自然过程引起某些物质进入大气中,呈现出足够的浓度,达到足够的时间,并因此危害了人体的舒适、健康和福利,或危害了环境的现象"。所谓对人体舒适、健康的危害,包括对人体正常生理机能的影响,引起急性病、慢性病,甚至死亡等;而所谓福利,则包括与人类协调并共存的生物、自然资源,以及财产、器物等。

"定义"指明了造成大气污染的原因是人类活动和自然过程。自然过程包括火山活动、森林火灾、海啸、土壤和岩石的风化、雷电、动植物尸体的腐烂以及大气圈空气的运动等。但是,由自然过程引起的空气污染,通过自然环境的自净化作用(如稀释、沉降、雨水冲洗、地面吸附、植物吸收等物理、化学及生物机能),一般经过一段时间后会自动消除,能维持生态系统的平衡,因而,大气污染主要是由于人类的生产与生活活动向大气中排放的污染物质,在大气中积累,超过了环境的自净能力而造成的。

"定义"还指明了形成大气污染的必要条件,即污染物在大气中要含有足够的浓度,并在此浓度下对受体作用足够的时间。在此条件下对受体及环境产生了危害,造成了后果。大气中有害物质的浓度越高,污染就越重,危害也就越大。污染物在大气中的浓度,除了取决于排放的总量外,还同排放源高度、气象和地形等因素有关。

按照大气污染的范围,大气污染可分为下列三种类型。

(1) 局地性的大气污染,即在较小的空间尺度内(如厂区,或者一个城市)产生的大气污染问题,在该范围内造成影响,并可以通过该范围内的控制措施加以解决的局部污染。

(2) 区域性的大气污染,即跨越城市乃至国家的行政边界的大气污染,需要通过各行政单元间相互协作才能解决的大气环境问题。如北美洲、欧洲和东亚地区的酸沉降、大气棕色云等。

(3) 全球性的大气污染,即涉及整个地球大气层的大气环境问题,如臭氧层被破坏以及温室效应等。

2. 大气污染源

大气污染源可分为两类:天然源和人为源。天然源系指自然界自行向大气环境排放物质的场所。人为源系指人类的生产活动和生活活动所形成的污染源。由于自然环境所具有的物理、化学和生物功能(自然环境的自净作用),能够使自然过程所造成的大气污染经过一定时间后自动消除,大气环境质量能够自动恢复。一般而言,大气污染主要是人类活动造成的。

为了满足污染调查、环境评价、污染物治理等不同方面的需要,对人工源进行了多种分类。

1) 按污染源存在形式分类

固定污染源:排放污染物的装置、所处位置固定,如火力发电厂、烟囱、炉灶等。

移动污染源:排放污染物的装置、所处位置是移动的,如汽车、火车、轮船等。

2) 按污染物的排放形式分类

点源:集中在一点或在可当做一点的小范围内排放污染物,如烟囱。

线源:沿着一条线排放污染物,如汽车、火车等的排气。

面源:在一个大范围内排放污染物,如成片的民用炉灶、工业炉窑等。

3) 按污染物排放空间分类

高架源:在距地面一定高度上排放污染物,如烟囱。

地面源：在地面上排放污染物。

4）按污染物排放的时间分类

连续源：连续排放污染物，如火力发电厂的排烟。

间断源：间歇排放污染物，如某些间歇生产过程的排气。

瞬时源：无规律地短时间排放污染物，如事故排放。

5）按污染物发生类型分类

工业污染源：主要包括工业用燃料燃烧排放的废气及工业生产过程的排气等。

农业污染源：农用燃料燃烧的废气、某些有机氯农药对大气的污染、施用的氮肥分解产生的 NO_x。

生活污染源：民用炉灶及取暖锅炉燃煤排放的污染物、焚烧城市垃圾的废气、城市垃圾在堆放过程中由于厌氧分解排出的有害污染物。

交通污染源：交通运输工具燃烧燃料排放的污染物。

4.1.2 大气污染物及其危害

大气污染物是指由于人类活动或自然过程排入大气，并对人和环境产生有害影响的物质。

大气的污染物种类很多，按其来源可分为一次污染物与二次污染物。一次污染物系指直接从污染源排出的原始物质，进入大气后其性质没有发生变化，如 SO_2 气体、CO 气体等。若由污染源直接排出的一次污染物与大气中原有成分，或几种一次污染物之间，发生了一系列的化学变化或光化学反应，形成了与原污染物性质不同的新污染物，则所形成的新污染物则称为二次污染物，如硫酸烟雾和光化学烟雾。

大气污染物按其存在的形态可分为两大类，颗粒污染物与气态污染物。

1. 颗粒污染物及其危害

进入大气的固体粒子和液体粒子均属于颗粒污染物。对颗粒污染物可作如下分类。

(1) 粉尘。粉尘系指悬浮于气体介质中的小固体颗粒，受重力作用能发生沉降，但在一段时间内能保持悬浮状态。它通常是由于固体物质的破碎、研磨、分级、输送等机械过程，或土壤、岩石的风化等自然过程形成的。颗粒的状态往往是不规则的。颗粒的尺寸范围，一般为 $1\sim200\mu m$。属于粉尘类的大气污染物的种类很多，如粘土粉尘、石英粉尘、粉煤、水泥粉尘、各种金属粉尘等。

(2) 烟。烟一般系指由冶金过程形成的固体颗粒气溶胶。它是由熔融物质挥发后生成的气态物质的冷凝物,在生成过程中总是伴有诸如氧化之类的化学反应。烟颗粒的尺寸很小,一般为 0.01~1μm。产生烟是一种较为普遍的现象,如有色金属冶炼过程中产生的氧化铅烟、氧化锌烟,在核燃料后处理场中的氧化钙烟等。

(3) 飞灰。飞灰系指随燃料燃烧产生的烟气排出的分散得较细的灰分。

(4) 黑烟。黑烟一般系指由燃料燃烧产生的能见气溶胶。

(5) 雾。雾是气体中液滴悬浮体的总称。在气象中指造成能见度小于 1km 的小水滴悬浮体。

在我国的环境空气质量标准中,根据颗粒物粒径的大小,将颗粒态污染物分为总悬浮颗粒物(TSP)、可吸入颗粒物(PM10)和细颗粒物(PM2.5)三种类型。总悬浮颗粒物(TSP)指悬浮在空气中,空气动力学当量直径≤100μm 的颗粒物。可吸入颗粒物(PM10)指悬浮在空气中,空气动力学当量直径≤10μm 的颗粒物。细颗粒物(PM2.5)指悬浮在空气中,空气动力学当量直径≤2.5μm 的颗粒物。

颗粒物对人体健康危害很大,其危害主要取决于大气中颗粒物的浓度和人体在其中暴露的时间。研究数据表明,因上呼吸道感染、心脏病、支气管炎、气喘、肺炎、肺气肿等疾病而到医院就诊人数的增加与大气中颗粒物浓度的增加是相关的。患呼吸道疾病和心脏病老人的死亡率也表明,在颗粒物浓度一连几天异常高的时期内就有所增加。暴露在合并有其他污染物(如 SO_2)的颗粒物中所造成的健康危害,要比分别暴露在单一污染物中严重得多。表 4-1 中列举了颗粒物浓度与其产生的影响之间关系的有关数据。

表 4-1 观察到的颗粒物的影响

颗粒物浓度/(mg·m^{-3})	测量时间及合并污染物	影 响
0.06~0.18	年度几何平均,SO_2 和水分	加快钢和锌板的腐蚀
0.15	相对湿度<70%	能见度缩短到 8km
0.10~0.15		直射日光减少 1/3
0.08~0.10	硫酸盐水平 30mg/(cm^2·月)	50 岁以上的人死亡率增加
0.10~0.13	SO_2>0.12mg/m^3	儿童呼吸道发病率增加
0.20	24h 平均值,SO_2>0.25mg/m^3	工人因病未上班人数增加
0.30	24h 最大值,SO_2>0.63mg/m^3	慢性支气管炎病人可能出现急性恶化的症状
0.75	24h 平均值,SO_2>0.715mg/m^3	患者数量明显增加,可能发生大量死亡

颗粒物粒径大小是危害人体健康的另一重要因素。它主要表现在两个方面。

(1) 粒径越小,越不易沉积,长时间漂浮在大气中容易被吸入体内,且容易深入肺部。一般粒径在 100μm 以上的尘粒会很快在大气中沉降,10μm 以上的尘粒可以滞留在呼吸道中；5~10μm 的尘粒大部分会在呼吸道沉积，被分泌的粘液吸附，可以随痰排出；小于5μm 的尘粒能深入肺部；0.01~0.1μm 的尘粒，50%以上将沉积在肺腔中，引起各种尘肺病。

（2）粒径越小，粉尘比表面积越大，物理、化学活性越高，加剧了生理效应的发生与发展。此外，尘粒的表面可以吸附空气中的各种有害气体及其他污染物，而成为它们的载体，如可以承载致癌物质苯并[a]芘及细菌等。

2. 气态污染物及其危害

1）一次污染物

以气体形态进入大气的污染物称为气态污染物。气态污染物种类极多，按其对我国大气环境的危害大小，主要分为以下五种类型。

（1）含硫化合物。含硫化合物主要是指 SO_2、SO_3 和 H_2S 等，其中以 SO_2 的数量最大，对人类和环境危害也最大，SO_2 是形成酸雨的重要污染气体，是影响大气质量的最主要的气态污染物。

SO_2 在空气中的浓度达到 0.3~1.0ppm[①] 时，人们就会闻到一种气味。包括人类在内的各种动物，对二氧化硫反应都会表现为支气管收缩。一般认为，空气中 SO_2 浓度在 0.5ppm 以上时，对人体健康已有某种潜在性影响，1~3ppm 时多数人开始受到刺激，10ppm 时刺激加剧，个别人还会出现严重的支气管痉挛。

当大气中 SO_2 氧化形成硫酸和硫酸烟雾时，即使其浓度只相当于 SO_2 的 1/10，其刺激和危害也将显著增加。根据动物实验表明，硫酸烟雾引起的生理反应要比单一 SO_2 气体强 4~20 倍。

在自然界里，火山爆发能喷出大量的 SO_2，森林火灾也能使一定量的 SO_2 进入大气，但人为活动仍是大气中 SO_2 的主要来源。城市及其周围地区大气中 SO_2 主要来源于含硫燃料的燃烧。其中约 60%来自煤的燃烧，30%左右来自石油燃烧和炼制过程。

（2）含氮化合物。含氮化合物种类很多，其中最主要的是 NO、NO_2、NH_3 等。

NO 毒性不太大，但进入大气后可被缓慢地氧化成 NO_2，当大气中有 O_3 等强氧化剂存在时，或在催化剂作用下，其氧化速度会加快。NO 结合血红蛋白的能力比 CO 还强，容易造成人体缺氧。NO_2 是棕红色气体，其毒性约为 NO 的 5 倍，对呼吸器官有强烈的刺激作用。据实验表明，NO_2 会迅速破坏肺细胞，可能是哮喘病、肺气肿和肺癌的一种病因。环境空气中 NO_2 浓度低于 0.01ppm 时，儿童（2~3周岁）支气管炎的发病率有所增加；NO_2 浓度为 1~3ppm 时，可闻到臭味；

---

① 1ppm=10^{-6}。

浓度为 13ppm 时,眼、鼻有急性刺激感;在浓度为 17ppm 的环境下,呼吸 10min,会使肺活量减少,肺部气流阻力增加。NO_x(NO、NO_2)与碳氢化合物混合时,在阳光照射下发生光化学反应生成光化学烟雾。光化学烟雾的成分是 PAN、O_3、醛类等光化学氧化剂,其危害更加严重。

NO_x 是形成酸雨的主要物质之一,是大气环境中的另一个重要污染物。

天然排放的 NO_x 主要来自土壤、海洋中的有机物分解。人为活动排放的 NO_x 主要来自化石燃料的燃烧。燃烧过程产生的高温使氧分子(O_2)热解为原子,氧原子和空气中的氮分子(N_2)反应生成 NO。城市大气中的 NO_x 一般有 2/3 来自汽车等流动源的排放,1/3 来自固定源的排放。无论是流动源还是固定源,燃烧产生的 NO_x 主要是 NO,占 90% 以上;NO_2 的数量很少,占 0.5%~10%。在适宜的条件下,NO 可以转化为 NO_2。

(3) 碳氧化合物。污染大气的碳氧化合物主要是 CO 和 CO_2。

CO 是一种窒息性气体,进入大气后,由于大气的扩散稀释作用和氧化作用,一般不会造成危害。但在城市冬季采暖季节或在交通繁忙的十字路口,当气象条件不利于排气扩散时,CO 的浓度有可能达到危害人体健康的水平。如在 CO 浓度 10~15ppm 下暴露 8h 或更长时间的有些人,对时间间隔的辨别力就会受到损害。这种浓度范围是白天商业区街道上的普遍现象。在 30ppm 浓度下暴露 8h 或更长时间,会造成损害,出现呆滞现象。一般认为,CO 浓度为 100ppm 是一定年龄范围内健康人暴露 8h 的工业安全上限。CO 浓度达到 100ppm 以上时,多数人感觉眩晕、头痛和倦怠。

大气中的 CO 主要来源内燃机的排气和锅炉中化石燃料的燃烧。缺氧燃烧会生成大量的 CO,供氧量越低,产生的 CO 量就越大。汽车尾气排放的 CO 约占全球 CO 排放总量的 50%。

CO_2 是无毒气体,但当其在大气中的浓度过高时,使氧气含量相对减少,对人会产生不良影响。在大气污染问题中,CO_2 之所以引起人们的普遍关注,原因在于 CO_2 是一种重要的温室气体,能够导致温室效应的发生,从而引发一系列全球性的气候变化。CO_2 的主要来源是生物的呼吸作用和化石燃料的燃烧过程。

(4) 碳氢化合物。此处主要是指有机废气。有机废气中的许多组分构成了对大气的污染,如烃、醇、酮、酯、胺等。

大气中的挥发性有机化合物(VOC),一般是 C_1~C_{10} 化合物,它不完全相同于严格意义上的碳氢化合物,因为它除含有碳和氢原子以外,还常含有氧、氮和硫的原子。甲烷被认为是一种非活性烃,所以人们总以非甲烷烃类(NMHC)的形式来报道环境中烃的浓度。特别是多环芳烃(PAH)中的苯并[a]芘(B[a]P)是强致癌物质,因而作为大气受 PAH 污染的依据。苯并[a]芘主要通过呼吸道侵入肺部,并引起肺癌。实验数据表明,肺癌与大气污染、苯并[a]芘含量的相关性是显著的。从世界范围看,城市肺癌死亡率约比农村高2倍,有的城市甚至比农村高9倍。

大气中大部分碳氢化合物来自植物的分解作用,人类活动的主要来源是石油燃料的不充分燃烧和化工生产过程等,其中汽车尾气是碳氢化合物主要的来源之一。

(5) 卤素化合物。对大气构成污染的卤素化合物,主要是含氯化合物及含氟化合物,如 HCl、HF、SiF_4 等。HCl 和 HF 都是强酸性气体,无论是对人体健康还是对生态环境都会造成不利的影响,但其在环境中造成影响的范围是有限的,因此其危害性也是有限的。

2) 二次污染物

气态污染物从污染源排放入大气,可以直接对大气造成污染,同时还经过反应形成二次污染物。主要气态污染物和其所形成的二次污染物种类见表 4-2。

表 4-2 气体状态大气污染物的种类

污染物	一次污染物	二次污染物
含硫化合物	SO_2、H_2S	SO_3、H_2SO_4、MSO_4
含氮化合物	NO、NO_2	NO_2、HNO_3、MNO_3、O_3
碳氧化合物	CO、CO_2	无
碳氢化合物	C_mH_n	醛、酮等
卤素化合物	HF、HCl	无

注:M 代表金属离子。

二次污染物中危害最大,也最受人们普遍重视的是硫酸烟雾和光化学烟雾。

(1) 硫酸烟雾。因为其最早发生在英国伦敦,也称为伦敦型烟雾。硫酸烟雾是还原型烟雾,系大气中的 SO_2 等硫氧化物,在有水雾、含有重金属的悬浮颗粒物或氮氧化物存在时,发生一系列化学或光化学反应而生成的硫酸雾或硫酸盐气溶胶。这种污染一般发生在冬季、气温低、湿度高和日光弱的天气条件下。硫酸烟雾引起的刺激作用和生理反应等危害,要比 SO_2 气体大得多。

(2) 光化学烟雾。1946 年美国洛杉矶首先发生严重的光化学烟雾事件,故又称洛杉矶型烟雾。光化学烟雾是氧化型烟雾,系在阳光照射下,大气中的氮氧化物和碳氢化合物等污染物发生一系列光化学反应而生成的蓝色烟雾(有时带些紫色或黄褐色)。其主要成分有臭氧、过氧乙酰硝酸酯(PAN)、酮类和醛类等。光化学烟雾的刺激性和危害比一次污染物强烈得多。

4.2 大气污染的源头控制

具体可采取以下措施对大气污染进行源头控制。

(1) 实施清洁生产。清洁生产(cleaner production)是在环境和资源危机的背景下,国际社会在总结了各国工业污染控制经验的基础上提出的一个全新的污染预防的环境战略。

很多的大气污染都是生产工艺不能充分利用资源造成的。改进生产工艺是减少污染物产生的最经济有效的措施。生产中应从清洁生产工艺方面考虑,尽量采用无害或少害的原材料、清洁燃料,革新生产工艺,采用闭路循环工艺,提高原材料的利用率。加强生产管理,减少跑、冒、滴、漏等,容易产生扬尘的生产过程要尽量采用湿式作业、密闭运转。粉状物料的加工应尽量减少高差跌落和气流扰动。液体和粉状物料要采用管道输送,并防止泄漏。有条件的地方可以建立综合性工业基地,开展综合利用和"三废"资源化,减少污染物排放总量。

(2) 调整能源结构,提高能源利用效率。煤炭、石油等污染型能源的消费是影响大气环境质量的最重要的因素。在我国,煤炭的消费量在一次能源消费总量中所占的比重约为66.0%。煤炭消费是造成煤烟型大气污染的主要原因。据历年的资料估算,我国燃煤排放的二氧化硫占各类污染源排放的87%,颗粒物占60%,氮氧化物占67%。随着我国机动车保有量的迅速增加,部分城市大气污染已经变成煤烟与机动车尾气混合型。因此,调整能源结构、增加清洁能源比重,是改善大气环境质量首先要考虑的重要方面。

我国目前发展的较为广泛的清洁能源包括核电、太阳能、生物质能、水能、风能、地热能、潮汐能、煤层气、氢能等。因此可以逐步改变我国以煤为主的能源结构,因地制宜地建设水电、风电、太阳能发电、生物质能发电和核电等。在调整能源结构的同时,还要积极开展型煤、煤炭气化和液化、煤气化联合循环发电等煤炭清洁利用技术的应用。还应提高电力在能源最终消费中的份额,特别是把煤炭转化为电力后消费,对提高能源利用率和保护大气环境极为有利。

另外,中国能源利用效率低,单位产品能耗高,节能潜力很大,这也是减轻污染很有效的措施。因此,要采取有力措施,提高广大群众的节能意识,认真落实国家鼓励发展的通用节能技术:①推广热电联产、集中供热,提高热电机组的利用率,发展热能梯级利用技术,热、电、冷联产技术和热、电、煤气三联供技术,提高热能综合利用效率;②发展和推广适合国内煤种的硫化床燃烧、无烟燃烧技术,通过改进燃烧装置和燃烧技术,提高煤炭利用效率。鼓励使用大容量、高参数、高效率、低能耗、低排放的节能环保型燃煤发电机组。

(3) 调整优化产业结构,淘汰落后产能。应加大推动服务业特别是现代服务业发展力度,加快金融、物流、商贸、文化、旅游等产业发展,把推进产业结构调整与提高经济增长的质量和效益相结合,与改善大气环境质量相结合。由于经济结构发生重大转变,经济增长对能源需求的强度将会逐渐下降,可从产业结构调整上减排大气污染负荷。

在产业结构调整中,关停、并转高污染、高能耗和高危险企业或生产线。建立新开工项目管理部门联动机制和项目审批问责制,严格控制高耗能、高排放和产能过剩行业新上项目,进一步提高行业准入门槛。制定水泥、化工、石化、有色、造纸等行业落后产能淘汰计划并实施严格退出。对未按期淘汰的企业,依法吊销排污许可证、生产许可证和安全生产许可证。

严格落实《产业结构调整指导目录》。加快运用高新技术和先进适用技术改造提升传统产业,促进信息化和工业化深度融合,重点支持对产业升级带动作用大的重点项目和重污染企业搬迁改造。调整《加工贸易禁止类商品目录》,提高加工贸易准入门槛,促进加工贸易转型升级。合理引导企业兼并重组,提高产业集中度。

4.3 大气污染治理技术

集中的污染源,如火力发电厂、大型锅炉、窑炉等,排气量大,污染物浓度高,设备封闭程度较高,废气便于集中处理后进行有组织的排放,比较容易使污染物对近地面的影响控制在允许范围内。依据大气污染物类别不同,其治理技术也不相同。大气污染治理技术可分为两类,即颗粒态污染物的治理技术和气态污染物的治理技术。

4.3.1 颗粒态污染物的治理技术

从烟气中将颗粒物分离出来并加以捕集、回收的过程称为除尘。实现上述过程的设备装置称为除尘器。

1. 除尘装置的分类

除尘器种类繁多,根据不同的原则,可对除尘器进行不同的分类。

依照除尘器的主要机制可将其分为机械式除尘器、过滤式除尘器、湿式除尘器、静电除尘器四类。

根据在除尘过程中是否使用水或其他液体可分为湿式除尘器和干式除尘器。

按除尘效率的高低可将除尘器分为高效除尘器、中效除尘器和低效除尘器。

近年来,为提高对微粒的捕集效率,还出现了综合几种除尘机制的新型除尘器,如声凝聚器、热凝聚器、高梯度磁分离器等,但目前大多仍处于试验研究阶段,还有些新型除尘器由于性能、经济效果等方面原因不能推广使用。

2. 各类除尘装置

1) 机械式除尘器

机械式除尘器是通过质量力的作用达到除尘目的的除尘装置。质量力包括重力、惯性力和离心力，主要除尘器形式为重力沉降室、惯性除尘器和离心式除尘器。

(1) 重力沉降室。重力沉降室是利用粉尘与气体的密度不同，使含尘气体中的尘粒依靠自身的重力从气流中自然沉降下来，达到净化目的的一种装置。

重力沉降室是各种除尘器中最简单的一种，只能捕集粒径较大的尘粒，只对直径 $50\mu m$ 以上的尘粒具有较好的捕集作用，因此除尘效率较低，只能作为初级除尘手段。

(2) 惯性除尘器。利用粉尘与气体在运动中的惯性力不同，使粉尘从气流中分离出来的方法为惯性力除尘，常用方法是使含尘气流冲击在挡板上，气流方向发生急剧改变，气流中的尘粒惯性较大，不能随气流急剧转弯，便从气流中分离出来（图 4-1）。

一般情况下，惯性除尘器中的气流速度越高，气流方向转变角度越大，气流转换方向次数越多，则对粉尘的净化效率越高，但压力损失也越大。

惯性除尘器适于非粘性、非纤维性粉尘的去除，设备结构简单，阻力较小，但其分离效率较低，为 $50\%\sim70\%$，只能捕集直径 $10\sim20\mu m$ 以上的粗尘粒，故只能用于多级除尘中的第一级除尘。

(3) 离心式除尘器。使含尘气流沿某一方向作连续的旋转运动，粒子在随气流旋转中获得离心力，使粒子从气流中分离出来的装置为离心式除尘器，也称为旋风除尘器（图 4-2）。

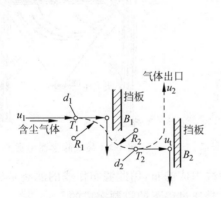

图 4-1 惯性除尘器的分离机理

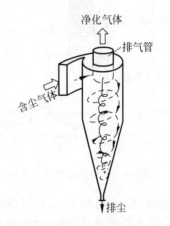

图 4-2 离心式除尘器示意图

在机械式除尘器中，离心式除尘器是效率最高的一种。它适用于非粘性、非纤维性粉尘的去除，对直径大于 $5\mu m$ 的颗粒具有较高的去除效率，属于中效除尘器，除尘效率在 85% 左右，且可用于高温烟气的净化，因此是应用广泛的一种除尘器。它多应用于锅炉烟气除尘、多级除尘及预除尘。它的主要缺点是对细小尘粒

（<5μm）的去除效率较低。

2）过滤式除尘器

过滤式除尘是使含尘气体通过多孔滤料，把气体中的尘粒截留下来，使气体得到净化的方法。按滤尘方式有内部过滤与外部过滤两种形式。内部过滤是把松散多孔的滤料填充在框架内作为过滤层，尘粒是在滤层内部被捕集，如颗粒层过滤器就属于内部过滤器（图 4-3）。外部过滤是用纤维织物、滤纸等作为滤料，通过滤料的表面捕集尘粒。这种除尘方式的最典型的装置是袋式除尘器（图 4-4），它是过滤式除尘器中应用最广泛的一种。

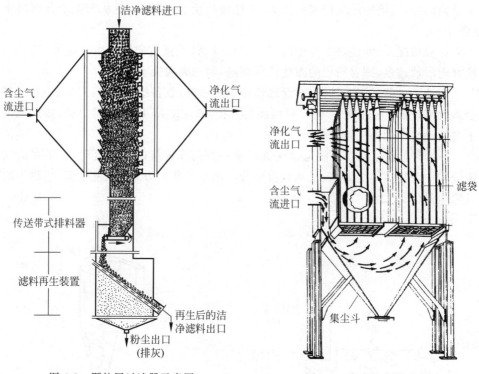

图 4-3　颗粒层过滤器示意图　　　　图 4-4　袋式除尘器示意图

用棉、毛、有机纤维、无机纤维的纱线织成滤布，用此滤布作成的滤袋是袋式除尘器中最主要的滤尘部件，滤袋的捕尘是通过以下的机制完成的。

（1）筛滤作用。尘粒粒径大于滤料纤维的孔隙时，会被滤料拦截，从气流中筛滤出来；特别是粉尘在滤料上沉积到一定厚度后，形成了所谓的"粉尘初层"，这使得筛滤作用更为显著。粉尘层的存在是保证高除尘效率的关键因素。随着粉尘层的增厚，除尘效率不断提高，但气流通过阻力也不断加大，当粉尘积累到一定厚度后要进行清灰，以减少通过阻力。

(2) 惯性碰撞作用。粒径在 1μm 以上的粒子有较大的惯性。当气流遇到滤料等障碍物产生绕流时，粒子仍会因本身的惯性按原方向运动，与滤料相碰而被捕集。

(3) 扩散作用。气流中粒径小于 1μm 的小尘粒，由于布朗运动或热运动与滤料表面接触而被捕集。

(4) 静电作用。当滤布和粉尘带有电性相反的电荷时，由于静电引力，尘粒可被吸引到纤维上而捕获。但会影响到滤料的清扫。

(5) 重力沉降作用。含尘气流进入除尘器后，因气流速度降低，大颗粒由于重力作用而沉降下来。

在袋式除尘器中，集尘过程的完成是上述各机制综合作用的结果。由于粉尘性质的不同，装置结构的不同及运行条件的不同，各种机理所起作用的重要性也就不会相同。

袋式除尘器广泛应用于各种工业废气除尘中，它属于高效除尘器，除尘效率大于 99%，对细粉尘有很强的捕集作用，对颗粒性质及气量适应性强，同时便于回收干料。袋式除尘器不适于处理含油、含水及粘结性粉尘，同时也不适于处理高温含尘气体，一般情况下被处理气体温度应低于 100℃。在处理高温烟气时需预先对烟气进行冷却降温。

3) 湿式除尘器

湿式除尘也称为洗涤除尘。该方法是利用液体所形成的液膜、液滴或气泡来洗涤含尘气体，尘粒随液体排出，气体得到净化。

由于洗涤液对多种气态污染物具有吸收作用，因此它既能净化废气中的固体颗粒物，又能同时脱除废气中的气态有害物质，这是其他类型除尘器所无法做到的。某些洗涤器也可以单独充当吸收器使用。

湿式除尘器种类很多，常用的有各种形式的喷淋塔、填料洗涤除尘器、泡沫除尘器和文丘里管洗涤器等。

图 4-5 给出典型的喷淋式湿式除尘器示意图。顶部设有喷水器（也有的在塔身中下部装几排喷淋器），含尘气体由下方进入，与喷头洒下的水滴逆向相遇而被捕集，净化气体由上方排出，废水由下方排出。

图 4-6 为文丘里管洗涤器结构示意图。它的除尘机理是使含尘气流经过文丘里管的喉径形成高速气流，并与在喉径处喷入的高压水所形成的液滴相碰撞，使尘粒粘附于液滴上而达到除尘目的。所以文丘里管洗涤器又称加压水式洗涤器。

湿式除尘器结构简单，造价低、除尘效率高，在

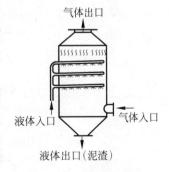

图 4-5 喷淋式湿式除尘器示意图

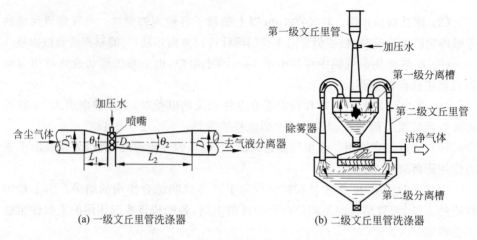

(a) 一级文丘里管洗涤器　　　　(b) 二级文丘里管洗涤器

图 4-6　文丘里管洗涤器结构示意图

处理高温、易燃、易爆气体时安全性好,在除尘的同时还可以去除废气中的有害气体。湿式除尘器的不足是用水量大,易产生腐蚀性液体,产生的废液或泥浆需进行处理,并可能造成二次污染。在寒冷地区和季节,易结冰。

4) 静电除尘器

静电除尘是利用高压电场产生的静电力(库仑力)的作用实现固体粒子或液体粒子与气流分离的方法。

常用的静电除尘器有管式与板式两大类型,均是由放电极与集尘极组成。图 4-7 为管式静电除尘器示意图。放电极为一用重锤绷直的细金属线,与直流高

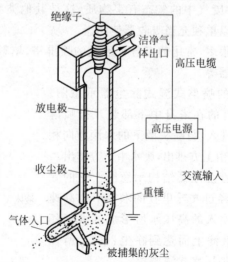

图 4-7　管式静电除尘器示意图

压电源相接;金属圆管的管壁为集尘极,与地相接。

含尘气体进入静电除尘器后,通过三个阶段达到除尘目的。

(1) 粒子荷电。在放电极与集尘极间施以很高的直流电压时,两极间形成一不均匀电场,放电极附近电场强度很大,集尘极附近电场强度很小。在电压加到一定值时,发生电晕放电,故放电极又称为电晕极。电晕放电时,生成的大量电子及阴离子在电场作用下,向集尘极迁移。在迁移过程中,中性气体分子很容易捕获这些电子或阴离子形成负气体离子,当这些带负电荷的气体离子与气流中的尘粒相撞并附着其上时,就使尘粒带上了负电荷,实现了粉尘粒子的荷电。

(2) 粒子沉降。荷电粉尘在电场中受库仑力的作用被驱往集尘极,经过一定时间到达集尘极表面,尘粒上的电荷便与集尘极上的电荷中和,尘粒放出电荷后沉积在集尘极表面。

(3) 粒子清除。集尘极表面上的粉尘沉积到一定厚度时,用机械振打等方法,使其脱离集尘极表面,沉落到灰斗中。

电除尘器是一种高效除尘器,对细微粉尘及雾状液滴捕集性能优异,除尘效率达 99% 以上,对于 <0.1μm 的粉尘粒子,仍有较高的去除效率;电除尘器的气流通过阻力小,处理气量大;由于所消耗的电能是通过静电力直接作用于尘粒上,因此能耗也低;电除尘器还可应用于高温、高压的场合,因此被广泛用于工业除尘。电除尘器的主要缺点是设备庞大,占地面积大,因此一次性投资费用高,同时不易处理有爆炸性的含尘气体。

表 4-3 中比较了各种除尘装置的实用性能。

表 4-3 各种除尘装置的实用性能比较

类型	粒度/μm	压力降/mmH$_2$O	除尘效率/%	一次性投资	运行费用
重力沉降室	50~1 000	10~15	40~60	小	小
惯性除尘	10~100	30~70	50~70	小	小
旋风除尘	3~100	50~150	85~95	中	中
湿式文丘里除尘	0.1~100	300~1 000	80~95	中	大
袋式除尘器	0.1~20	100~200	90~99	中以上	中以上
电除尘	0.05~20	10~20	85~99.9	大	小~大

注:1mmH$_2$O=9.806 65Pa。

在进行烟尘治理时,往往采用多种除尘设备组成一个净化系统。一般的烟尘净化系统有如图 4-8 所示的几种基本形式。图 4-8(a)为最简单的形式,适于烟气温度和烟尘浓度都不太高,或者对排放要求不高的场合。当烟气温度高,需要冷却时,采用如图 4-8(b)所示的系统。当烟气温度和烟尘浓度均较高时采用如图 4-8(c)所示的系统。如烟气温度和烟尘浓度高,且含有较多可燃性组分时,可增加燃烧装置,如图4-8(d)所示的系统。

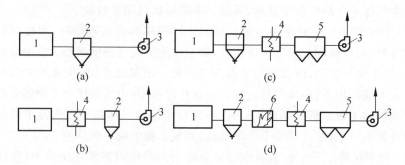

图4-8 烟尘净化系统的几种基本形式
1—炉窑；2——级除尘；3—风机；4—冷却器；5—二级除尘；6—燃烧室

锅炉排放烟尘的控制技术已基本完善,只要选用合适的除尘器就能达到烟尘排放的环境标准要求。现以锅炉烟尘净化系统为例说明。

锅炉烟气的污染物是烟尘和 SO_2 气体。烟尘主要包括未能完全燃烧的炭粒,由灰粒和固体可燃物微粒组成的飞灰。对不同形式的锅炉应设置不同的除尘系统。对中小型锅炉,主要采用旋风除尘器。对于电站的大型锅炉,由于烟气量大、粉尘浓度高、颗粒细,宜采用二级净化系统；第一级选用旋风除尘器,第二级一般采用静电除尘器和布袋除尘器、文丘里管洗涤器等。静电除尘器和布袋除尘器的初期投资较高,湿式除尘器存在腐蚀和形成水污染问题。

随着环境标准对烟尘排放浓度的限制越来越严,除尘器的选用也逐步向高效除尘器发展。在许多发达国家已广泛地使用电除尘器和袋式除尘器,旋风除尘器已很少采用。

4.3.2 气态污染物的治理技术

工业生产、交通运输和人类生活活动中所排放的有害气态物质种类繁多,依据这些物质不同的化学性质和物理性质,需要采用不同的技术方法进行治理。

1. 吸收法

吸收法是采用适当的液体作为吸收剂,使含有有害物质的废气与吸收剂接触,废气中的有害物质被吸收于吸收剂中,使气体得到净化的方法。用于吸收污染物的液体叫做吸收剂,被吸收剂吸收的气体污染物叫吸收质。吸收过程中,依据吸收质与吸收剂是否发生化学反应,可将吸收分为物理吸收与化学吸收。在处理以气量大、有害组分浓度低为特点的各种废气时,化学吸收的效果要比单纯物理吸收好得多,因此在用吸收法治理气态污染物时,多采用化学吸收法进行。

吸收过程是在吸收塔内进行的。吸收设备有喷淋塔、填料塔、泡沫塔、文丘里管洗涤器等。吸收过程的一般工艺如图 4-9 所示。其中图 4-9(a)是最简单的逆流工艺;图 4-9(b)为循环的逆流工艺;图 4-9(c)为多级串联逆流工艺。

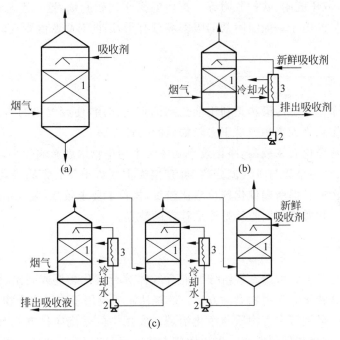

图 4-9 吸收过程的一般工艺
1—填料层;2—循环泵;3—热交换器

吸收法几乎可以处理各种有害气体,也可回收有价值的产品,但工艺比较复杂,吸收效率一般不高。吸收液必须经过处理以免引起处理液废水的二次污染。

2. 吸附法

吸附法治理废气即使废气与大表面多孔性固体物质相接触,将废气中的有害组分吸附在固体表面上,使其与气体混合物分离,达到净化有害气体的目的。具有吸附作用的固体物质称为吸附剂,被吸附的有害气体组分称为吸附质。

当吸附进行到一定程度时,为了回收吸附质以及恢复吸附剂的吸附能力,须采用一定的方法使吸附质从吸附剂上解脱下来,称为吸附剂的再生。吸附法治理气态污染物应包括吸附及吸附剂再生的全部过程。

吸附净化法的净化效率高,特别是对低浓度气体仍具有很强的净化能力。因此,吸附法特别适用于排放标准要求严格或有害物浓度低,用其他方法达不到净化要求的气体净化。因此常作为深度净化手段或联合应用几种净化方法时的最终控制手段。吸附效率高的吸附剂如活性炭、分子筛等,价格一般都比较昂贵,因此必须对失效吸附剂进行再生,重复使用吸附剂,以降低吸附的费用。常用的再生方法有升温脱附、减压脱附、吹扫脱附等。再生的操作比较麻烦,这一点限制了吸附方法的应用。另外由于一般吸附剂的吸附容量有限,因此对高浓度废气的净化,不宜采用吸附法。

3. 催化法

催化法净化气态污染物是利用催化剂的催化作用,使废气中的有害组分发生化学反应并转化为无害物或易于去除物质的一种方法。

催化方法净化效率较高,净化效率受废气中污染物浓度影响较小,而且在治理过程中,无须将污染物与主气流分离,可直接将主气流中的有害物转化为无害物,避免了二次污染。但所用催化剂价格比较贵,操作上要求较高,废气中的有害物质很难作为有用物质进行回收等是该法存在的缺点。

4. 燃烧法

燃烧法是对含有可燃有害组分的混合气体进行氧化燃烧或高温分解,从而使这些有害组分转化为无害物质的方法。燃烧法主要应用于碳氢化合物、一氧化碳、恶臭、沥青烟、黑烟等有害物质的净化治理。实用中的燃烧净化方法有三种,即直接燃烧、热力燃烧与催化燃烧。催化燃烧方法前面已有介绍,此处不再赘述。

直接燃烧法是把废气中的可燃有害组分当做燃料直接燃烧,因此只适用于净化含可燃组分浓度高或有害组分燃烧时热值较高的废气。直接燃烧是有火焰的燃烧,燃烧温度高($>1\,000\,℃$),一般的窑、炉均可作为直接燃烧的设备。热力燃烧是利用辅助燃料燃烧放出的热量将混合气体加热到要求的温度,使可燃的有害物质进行高温分解变为无害物质。热力燃烧一般用于可燃有机物含量较低的废气或燃烧热值低的废气治理。热力燃烧为无火焰燃烧,燃烧温度较低($760\sim820\,℃$),燃烧设备为热力燃烧炉,在一定条件下可用一般锅炉进行。直接燃烧与热力燃烧的最终产物均为二氧化碳和水。

燃烧法工艺比较简单,操作方便,可回收燃烧后的热量;但不能回收有用物质,并容易造成二次污染。

5. 冷凝法

冷凝法是采用降低废气温度或提高废气压力的方法,使一些易于凝结的有害气体或蒸汽态的污染物冷凝成液体并从废气中分离出来的方法。

冷凝法只适于处理高浓度的有机废气,常用做吸附、燃烧等方法净化高浓度废气的前处理,以减轻这些方法的负荷。冷凝法的设备简单,操作方便,并可回收到纯度较高的产物,因此也成为气态污染物治理的主要方法之一。

以 SO_2 和 NO_x 的净化技术为例。目前我国工业上脱硫方法主要为湿法,即用液体吸收剂洗涤烟气,吸收所含的 SO_2;其次为干法,用吸附剂或催化剂脱除废气中的 SO_2。

1) 氨液吸收法

氨液吸收法是用氨水($NH_3 \cdot H_2O$)来吸收烟气中的 SO_2,其中间产物为亚硫酸铵[$(NH_4)_2SO_3$]和亚硫酸氢铵[NH_4HSO_3]。

$$2NH_3 \cdot H_2O + SO_2 \longrightarrow (NH_4)_2SO_3 + H_2O$$

$$(NH_4)_2SO_3 + SO_2 + H_2O \longrightarrow 2NH_4HSO_3$$

采用不同方法处理中间产物可回收不同的副产品。如在中间产物(吸收液)中加入 $NH_3 \cdot H_2O$,可使 NH_4HSO_3 转化为 $(NH_4)_2SO_3$,然后经空气氧化、浓缩、结晶等过程即可回收硫酸铵[$(NH_4)_2SO_4$]。如再添加石灰或石灰石乳浊液,经反应后得到石膏。反应生成的 NH_3 被水吸收重新返回作为吸收剂。如将 $(NH_4)_2SO_3$ 溶液加热分解,再以 H_2S 还原,即可得到单体硫。

氨法工艺成熟,流程设备简单,操作方便,副产品很有用,是一种较好的方法,适用于处理硫酸生产的尾气。但由于氨易挥发,吸收剂消耗量大,在缺乏氨源的地方不宜采用。

2) 石灰-石膏法(又称钙法)

采用石灰石、生石灰(CaO)或消石灰[$Ca(OH)_2$]的乳浊液来吸收 SO_2,并得到副产品石膏。通过控制吸收液的 pH,可得到副产品半水亚硫酸钙,是一种用途很广的钙塑材料。此法的优点在于原料易得、价格低廉,回收的副产品用途大,它是目前国内外所采用的主要方法之一。存在的主要问题是吸收系统易结垢堵塞,同时石灰乳循环量大,设备体积庞大,操作费时。

3) 双碱法(又称钠碱法)

先用氢氧化钠、碳酸钠或亚硫酸钠(第一碱)吸收 SO_2,生成的溶液再用石灰或石灰石(第二碱)再生,可生成石膏。因为该法具有对 SO_2 吸收速度快、管道和设备不易堵塞等优点,所以应用比较广泛。

双碱法主要化学反应如下。

第一碱吸收:

$$2NaOH + SO_2 \longrightarrow Na_2SO_3 + H_2O$$

$$Na_2CO_3 + SO_2 \longrightarrow Na_2SO_3 + CO_2$$

$$Na_2CO_3 + 2SO_2 + H_2O \longrightarrow 2NaHSO_3 + CO_2$$

第二碱用石灰再生：

$$Ca(OH)_2 + 2NaHSO_3 \longrightarrow CaSO_3 + Na_2SO_3 \cdot \frac{1}{2}H_2O + \frac{3}{2}H_2O$$

$$Ca(OH)_2 + Na_2SO_3 \cdot \frac{1}{2}H_2O \longrightarrow 2NaOH + CaSO_3 \cdot \frac{1}{2}H_2O(s)$$

若加石灰石：

$$CaCO_3 + 2NaHSO_3 \longrightarrow Na_2SO_3 + CaSO_3 \cdot \frac{1}{2}H_2O(s) + \frac{1}{2}H_2O + CO_2$$

除了回收固态的半水亚硫酸钙，还可将含有 Na_2SO_3 的吸收液直接送至造纸厂代替烧碱煮纸浆，这是一种综合利用的措施。也可以把含有 Na_2SO_3 的吸收液经过浓缩、结晶和脱水后回收 Na_2SO_3 晶体。

还可做进一步的后处理——氧化处理，生成芒硝 Na_2SO_4。

$$2Na_2SO_3 + O_2 \longrightarrow 2Na_2SO_4$$

脱除硫酸盐，生成石膏。

$$Na_2SO_4 + Ca(OH)_2 + 2H_2O \longrightarrow 2NaOH + CaSO_4 \cdot 2H_2O(s)$$

$$Na_2SO_4 + CaSO_3 \cdot \frac{1}{2}H_2O(s) + H_2SO_4 + H_2O \longrightarrow 2Na_2HSO_3 + 2CaSO_4 \cdot 2H_2O(s)$$

回收硫：将吸收液中的 $NaHSO_3$ 加热分解后可获得高浓度的 SO_2，如再经接触氧化后即可制得硫酸，也可用 H_2S 还原制成单体硫。

4）催化氧化法

催化氧化法处理硫酸尾气技术成熟，已成为制酸工艺的一部分，同时在锅炉烟气脱硫中也得到实际应用。此法所用的催化剂是以 SiO_2 为载体的五氧化二钒（V_2O_5）。处理时，将烟气除尘后进入催化转换器，在催化剂作用下，SO_2 被氧化为 SO_3，转化效果可达 80%～90%。然后烟气经过省煤器、空气预热器放热，保证出口烟气温度达 230℃左右而防止酸露腐蚀空气预热器。烟气进入吸收塔后，用稀硫酸洗涤吸收 SO_3，等到气体冷却到 104℃ 时便获得浓度为 80% 的硫酸。

烟气排放中的氮氧化物主要是 NO。净化的方法也分为干法和湿法两类。干法有选择性催化还原法（selective catalytic reduction，SCR）、非选择性催化还原法（NSCR）、分子筛或活性炭吸附法等，湿法有氧化吸收法、吸收还原法以及分别采用水、酸、碱液吸收法等。

(1) 选择性催化还原法。选择性催化还原法是以铂或铜、铬、铁、矾、镍等的氧化物（以铝矾土为载体）为催化剂，以氨、硫化氢、氰-氮及一氧化碳为还原剂，选择最适当的温度范围（一般为 250～450℃，视所选用的催化剂和还原剂而定），使还原剂只是选择性地与废气中的 NO_x 发生反应不与废气中 O_2 发生反应。

如氨催化还原法，是以氨为还原剂，铂为催化剂，反应温度控制在 150～250℃。主要反应为

$$6NO + 4NH_3 \xrightarrow{Pt,150\sim250℃} 5N_2 + 6H_2O$$

$$6N_2 + 8NH_3 \rightleftharpoons 7N_2 + 12H_2O$$

用此法还可同时除去烟气中的 SO_2。

（2）非选择性催化还原法。非选择性催化还原法利用铂（或钴、镍、铜、铬、锰等金属的氧化物）为催化剂，以氢或甲烷等还原性气体作还原剂，将烟气中的 NO_x 还原成 N_2，在此反应中，不仅把烟气中的 NO_x 还原成 N_2，而且还原剂还与烟气中过剩的氧起作用，故称做非选择性催化还原法。

由于该法中氧也参与了反应，故放热量大，应设有余热回收装置，同时在反应中使还原剂过量并严格控制废气中的氧含量。选取的温度范围为 400～500℃。

（3）吸收法。吸收法是利用某些溶液作为吸收剂，对 NO_x 进行吸收。根据吸收剂的不同分为碱吸收法、硫酸吸收法及氢氧化镁吸收法等。

碱吸收法常采用的碱液为 $NaOH$、Na_2CO_3、$NH_3 \cdot H_2O$ 等，吸收设备简单，操作容易，投资少。但吸收效率较低。特别对 NO 的吸收效果差，只能消除 NO_2 所形成的黄烟。若采用"漂白"的稀硝酸来吸收硝酸尾气中的 NO_x，可以净化排气，回收的 NO_x 用于制硝酸，一般用于硝酸生产过程中，应用范围有限。

（4）吸附法。吸附法采用的吸附剂为活性炭与沸石分子筛。

活性炭对低浓度 NO_x 具有很高的吸附能力，经解吸后回收浓度高的 NO_x。温度高时活性炭有燃烧的可能，给吸附和再生造成困难，限制了该法的使用。

丝光沸石分子筛是一种极性很强的吸附剂。对被吸附的硝酸和 NO_x 可用水蒸气置换法将其脱附下来。脱附后的吸附剂经干燥冷却后，可重新用于吸附操作。分子筛吸附法适于净化硝酸尾气，可将浓度为 1 500～3 000$\mu L/L$ 的 NO_x 降低至 50$\mu L/L$ 以下，回收的 NO_x 用于硝酸的生产，是一种很有前途的方法。主要缺点是吸附剂吸附容量小，需频繁再生，因此用途也不广。

4.3.3 汽车排气净化技术

汽车尾气排放已经成为我国城市大气环境污染的主要污染源之一，必须采取有效措施，减少汽车尾气的排放，并对尾气进行净化处理。汽车尾气净化，主要有以下三种途径。

1. 前处理净化技术

前处理净化技术主要是燃油处理技术，在混合气进入汽缸前，通过改善汽油品

质,在汽油内加入添加剂,或使用清洁能源(液化石油气、压缩天然气以及醇类燃料)等,使发动机燃烧更充分,以减少污染物排放。

在世界大部分国家汽油实现无铅化之后,生产低硫及超低硫汽油进而实现汽油无硫化正逐渐为人们所关注。目前,欧、美等国家和地区汽油标准的硫质量分数已由原来的 $200\mu g/g$ 降至 $50\mu g/g$,甚至提出了硫质量分数为 $5\sim10\mu g/g$ 的"无硫汽油"的建议。我国车用汽油国家标准从 2005 年起执行汽油硫质量分数不大于 $500\mu g/g$ 的规定,与国外的现行标准相比尚有一定的差距。

另外,世界各国都在对汽油中影响排放的成分开展研究,努力通过提高汽油品质来减少污染物排放。汽油中掺入 15% 以下的甲醇燃料或者采用含 10% 水分的水——汽油燃料,都能在一定程度上减少或者消除 CO、NO_x 和 HC 的排放。选用恰当的润滑添加剂也能达到减少污染物排放的效果。例如,在机油中添加一定量(比例为 3%~5%)的石墨、二硫化钼、聚四氟乙烯粉末等固体添加剂,可节约发动机燃油 5% 左右,同时可使汽车发动机汽缸密封性能大大改善,汽缸压力增加,燃烧完全,使尾气排放中 CO 和 HC 含量下降。

2. 机内净化技术

机内净化技术主要是指通过改进发动机本身的设计,优化发动机燃烧过程来降低污染物排放。主要措施有燃烧系统优化、闭环电子控制技术、汽油机直喷技术、可变进排气系统和废气再循环控制系统等。这些措施大多需要发动机精确的电控系统来实现。

1)燃烧系统优化

燃烧系统优化技术包括改善汽缸内气流运动、优化燃烧室形状等。提高汽缸内混合气的湍流程度,有助于混合气快速和完全燃烧。燃烧室形状优化原则是尽可能紧凑,面容比要小;火花塞装在燃烧室中央位置,以缩短火焰的传播距离。紧凑的燃烧室可使燃烧时间缩短,提高热效率,降低 CO 和 HC 的排放。

2)闭环电子控制技术

闭环电子控制技术是通过电子控制系统精确控制空(气)燃(料)比和点火,是目前汽油发动机排放控制的主流技术。稀薄燃烧条件下发动机燃烧效率高,生成的 HC 和 CO 浓度低;富燃时燃烧不完全,生成的 HC 和 CO 较多。NO_x 的产生量在理论空燃比附近最高,这是因为燃烧温度较高。电子控制燃油系统可以精确控制空燃比,从而使污染物的生成总量达到理想目标。

3)汽油机直喷技术

汽油机直喷技术是将汽油直接喷到燃烧室内与空气混合、燃烧。汽油机直喷技术和稀薄燃烧技术是相结合的,直喷技术使均匀燃烧和分层燃烧成为现实,可以极大地提高混合气的混合程度,更精确地控制燃烧过程的空燃比,从而达到完全燃烧,有效降低未燃 HC 的排放。汽油机直喷技术可增大发动机的压缩比,提高发动机的热效率,节能 30% 以上。

4) 可变进排气系统

采用多气门技术,减少进气阻力,提高充量系数。采用气门连续可变正时控制和升程控制技术实现发动机随转速和工况的变化达到最佳的充气效率。这是使尾气排放达到欧Ⅳ排放限值的重要技术。

5) 废气再循环控制系统

废气再循环技术是一项广泛应用的技术,用来降低 NO_x。主要是通过使一部分废气流回进气管来降低最高燃烧温度,抑制 NO_x 的生成。但再循环率过大会使燃烧恶化,燃油消耗率增大,HC 排放上升。电子控制废气再循环系统可实现非线性控制,控制范围和自由度大,更符合净化的实际需要。

3. 机外净化技术

机外净化技术也称汽车尾气排放后处理技术,是指在发动机的排气系统中进一步削减污染物排放的技术。常见的排气后处理装置有氧化型催化转化器、还原型催化转化器、三效催化转化器等。目前应用最广泛的是三元催化转化器(图 4-10)。

图 4-10 三元催化转化器结构示意图

三元催化转化器主要由外壳、入口和出口锥段、弹性夹紧材料、催化剂等几部分组成,其中催化剂作为三元催化转化器的技术核心,包括载体和涂层两部分。壳体一般由不锈钢材料制成,为了保证催化剂的反应温度,壳体多做成双层结构,壳体外表面还装有隔热罩。弹性夹紧层一般是膨胀垫片或钢丝网垫,起密封、保温和固定载体的作用,同时可以防止壳体受热变形造成对载体的伤害。载体基本材料多数为陶瓷,也有少数采用金属材料。载体使用的目的是提供承载催化剂涂层的惰性物理结构。为了在较小的体积内有较大的催化表面,载体表面多制成蜂窝状。在载体表面涂敷有一层极松散的活性层,它以金属氧化物 $\gamma\text{-}Al_2O_3$ 为主。由于表面十分粗糙,大大增加了三元催化转化器的活性表面。在活性层外部涂敷有含有铂(Pt)、钯(Pd)、铑(Rh)三种贵金属的催化剂。

在催化剂的作用下,三元催化转化器能将发动机产生的 3 种主要污染物 CO、HC 和 NO_x 转化为 CO_2、H_2O 和 N_2,其主要发生的化学反应如下:

$$2CO + O_2 \longrightarrow 2CO_2$$

$$CO + H_2O \longrightarrow CO_2 + H_2$$

$$C_mH_n + \left(m + \frac{n}{4}\right)O_2 \longrightarrow mCO_2 + \frac{n}{2}H_2O$$

$$2CO + 2NO \longrightarrow 2CO_2 + N_2$$

$$2NO_2 \longrightarrow N_2 + 2O_2$$

$$2NO + 2H_2 \longrightarrow 2H_2O + N_2$$

$$2H_2 + O_2 \longrightarrow 2H_2O$$

由于汽油中的铅能使催化剂永久中毒,所以应用三元催化转化器的前提条件是必须使用无铅汽油。随着无铅汽油在世界范围内的推广,三元催化转化器得到了广泛应用。

复习与思考

4-1 什么是大气污染?形成大气污染的条件是什么?

4-2 什么是大气污染源?人为大气污染源是如何分类的?

4-3 什么是大气污染物?它们是如何分类的?

4-4 举例说明大气污染物有哪些危害。

4-5 什么是二次污染物?它们是如何产生的?

4-6 如何从源头控制大气污染物的产生量?

4-7 试述四种常用除尘器的除尘机制。

4-8 试述气体污染物净化的主要方法。

4-9 SO_2 的净化技术有哪些?

4-10 NO_x 的净化技术有哪些?

4-11 汽车排气污染物与一般气态污染物的治理有何异同?

Chapter 5

第5章 水体污染及其防治

5.1 水体污染概述

5.1.1 水体污染的定义和水体污染源

地球素有"水的星球"之称,正是由于水的存在,地球上才有生命。水是人类赖以生存和发展必不可少的物质。地球上任何一个地区,只要有人类的日常生活和生产活动存在,就需要从各种天然水体中取用大量的水,并经过或简单或复杂的工艺处理后供生活和生产使用。这些纯净的水在经过使用以后,改变了其原来的物理性质或化学成分,甚至丧失了某种使用价值,成为含有不同种类杂质的废水。废水中的污染物种类繁多,因原水使用方式的不同,或主要含有有机污染物,或主要含有无机污染物,抑或含有病原微生物等,更可能多种污染物并存。这些废水如果未经任何处理直接排放到水环境中,就不可避免地造成水环境不同性质或不同程度的污染,从而危害人类身心健康,妨碍工农业生产,制约人类社会和经济的可持续发展。因此,人类必须寻求各种办法来处理废水和回用污水,以解决水资源短缺和水环境污染加剧问题。

1. 水体污染的定义

水体一般是指河流、湖泊、沼泽、水库、地下水、海洋的总称;在环境科学领域中则把水体当做包括水中的悬浮物、溶解物质、底泥和水生生物等完整的生态系统或完整的综合自然体来看。

水体按类型可划分为海洋水体和陆地水体,其中陆地水体又包括地表水体(如河流、湖泊等)和地下水体;按区域划分是指按某一具体的被水覆盖的地段而言的,如长江、黄河、珠江。

在研究环境污染时,区分"水"与"水体"的概念十分重要。例如重金属污染物易于从水中转移到底泥中,水中重金属的含量一般都不高,若只着眼于水,似乎未受到污染,但从水体看,可能受到较严重的污染,因此,研究水体污染主要研究水污染,同时也研究底质(底泥)和水生生物体污染。

所谓水体污染是指排入水体的污染物,使水体的感观、性状(如色度、味、浑浊度等)、物理化学性质(如温度、电导率、氧化还原电位、放射性等)、化学成分(有机物和无机物)、水中的生物组成(种群、数量)以及底质等发生变化,从而影响水的有效利用,危害人体健康或者破坏生态环境,造成水质恶化的现象。

2. 水体污染源

向水体排放或释放污染物的来源或场所,称为"水体污染源"。通常是指向水体排入污染物或对水体产生有害影响的场所、设备和装置。水体污染源可分为自然污染源和人为污染源两大类:自然污染源是指自然界自发向环境排放有害物质、造成有害影响的场所;人为污染源则是指人类社会经济活动所形成的污染源。

随着人类活动范围和强度的不断扩大与增强,人类生产、生活活动已成为水体污染的主要来源。人为污染源又可分为点污染源和面污染源。

1) 点污染源

点污染源的排污形式为集中在一点或一个可当做一点的小范围,最主要的点污染源有工业废水和生活污水。

工业废水是水体最重要的一个大点源。随着工业的迅速发展,工业废水的排放量大,污染范围广,排放方式复杂,污染物种类繁多,成分复杂,在水中不易净化,处理也比较困难。表 5-1 给出了一些工业废水中所含的主要污染物及废水特点。

城市生活污水是另一个大点源,主要来自家庭、商业、学校、旅游、服务行业及其他城市公用设施,包括粪便水、洗浴水、洗涤水和冲洗水等。生活污水中物质组成不同于工业废水,99.9%以上为水,固体物质小于 0.1%,污染物质主要是悬浮态或溶解态的有机物(如纤维素、淀粉、脂肪、蛋白质及合成洗涤剂等)、氮、磷营养物质,无机盐类,泥沙等,其中的有机物质在厌氧细菌的作用下,易生成恶臭物质,如 H_2S、硫醇等。此外,生活污水中还含有多种致病菌、病毒和寄生虫卵等。

2) 面污染源

面污染源的污染物排放一般分散在一个较大的区域范围,多为人类在地表上活动所产生的水体污染源。面污染源分布广泛,物质构成与污染途径十分复杂,如地表水径流、村中分散排放的生活污水及乡镇工业废水、含有农药化肥的农田排水、畜禽养殖废水以及水土流失等。目前,非点污染源对水体的污染随着点污染源控制力度的加大,已逐渐成为水体水质恶化的主要原因。

表 5-1　一些工业废水中的主要污染物及废水特点

工业部门	废水中主要污染物	废水特点
化学工业	各种盐类、Hg、As、Cd、氰化物、苯类、酚类、醛类、醇类、油类、多环芳香烃化合物等	有机物含量高,pH 变化大,含盐量高,成分复杂,难生物降解,毒性强
石油化学工业	油类、有机物、硫化物	有机物含量高,成分复杂,水量大,毒性较强
冶金工业	酸,重金属 Cu、Pb、Zn、Hg、Cd、As 等	有机物含量高,酸性强,水量大,有放射性,有毒性
纺织印染工业	染料、酸、碱、硫化物、各种纤维素悬浮物	带色,pH 变化大,有毒性
制革工业	铬、硫化物、盐、硫酸、有机物	有机物含量高,含盐量高,水量大,有恶臭
造纸工业	碱、木质素、酸、悬浮物等	碱性强,有机物含量高,水量大,有恶臭
动力工业	冷却水的热污染、悬浮物、放射性物质	高温,酸性,悬浮物多,水量大,有放射性
食品加工工业	有机物、细菌、病毒	有机物含量高,致病菌多,水量大,有恶臭

5.1.2　水体中的主要污染物及其危害

1. 悬浮物

悬浮物是指悬浮在水中的细小固体或胶体物质,主要来自水力冲灰、矿石处理、建筑、冶金、化肥、化工、纸浆和造纸、食品加工等工业废水和生活污水。

悬浮物除了使水体浑浊,从而影响水生植物的光合作用外,悬浮物的沉积还会窒息水底栖息生物,淤塞河流或湖库。此外,悬浮物中的无机和有机胶体物质较容易吸附营养物、有机毒物、重金属、农药等,形成危害更大的复合污染物。

2. 耗氧有机物

生活污水和食品、造纸、制革、印染、石化等工业废水中含有碳水化合物、蛋白质、脂肪和木质素等有机物质,这些物质以悬浮态或溶解态存在于污废水中,排入水体后能在微生物作用下最终分解为简单的无机物,这些有机物在分解过程中需要消耗大量的氧气,使水中溶解氧降低,因而被称为耗氧有机物。

在标准状况下,水中溶解氧约 9mg/L,当溶解氧降至 4mg/L 以下时,将严重影响鱼类和水生生物的生存；当溶解氧降低到 1mg/L 时,大部分鱼类会窒息死亡；当溶解氧降至零时,水中厌氧微生物占据优势,有机物将进行厌氧分解,产生甲烷、硫化氢、氨和硫醇等难闻、有毒气体,造成水体发黑发臭,影响城市供水及工农业生产用水和景观用水。耗氧有机物是当前全球最普遍的一种水污染物,清洁水体中耗氧有机物的含量应低于 3mg/L,耗氧有机物超过 10mg/L 则表明水体已受到严重污染。由于耗氧有机物成分复杂、种类繁多,一般常用综合指标如生化需氧量(BOD)、化学需氧量(COD)等表示。

3. 植物营养物

所谓植物营养物主要是指氮、磷及其化合物。从农作物生长的角度看,适量的氮、磷为植物生长所必需,但过多的营养物质进入天然水体,将使水体质量恶化,影响渔业的发展和危害人体健康。

过量的植物营养物质主要来自三个途径。

(1) 来自化肥,也是主要方面。施入农田的化肥只有一部分为农作物所吸收,以氮肥为例,在一般情况下,未被植物利用的氮肥超过 50%,有的甚至超过 80%。这么多的未被植物利用的氮化合物绝大部分被农田排水和地表径流携带至地下水与地表水中。

(2) 来自生活污水的粪便(氮的主要来源)和含磷洗涤剂。由于近年来大量使用含磷洗涤剂,生活污水中含磷量显著增加。如美国生活污水中 50%～70% 的磷来自洗涤剂。

(3) 由于雨、雪对大气的淋洗和对磷灰石、硝石、鸟粪层的冲刷,使一定量的植物营养物质汇入水体。

过量的植物营养物质排入水体,刺激水中藻类及其他浮游生物大量繁殖,导致水中溶解氧下降,水质恶化,鱼类和其他水生生物大量死亡,称为水体的富营养化。当水体出现富营养化时,大量繁殖的浮游生物往往使水面呈现红色、棕色、蓝色等颜色,这种现象发生在海域时称为"赤潮",发生在江河湖泊则叫做"水华"。水体富营养化一般都发生在池塘、湖泊、水库、河口、河湾和内海等水流缓慢、营养物容易聚积的封闭或半封闭水域。

藻类死亡后,沉入水底,在厌氧条件下腐烂、分解。又将氮、磷等营养物重新释放进入水体,再供给藻类利用。这样周而复始,形成了氮、磷等植物营养物质在水体内部的物质循环,使植物营养物质长期保存在水体中。所以缓流水体一旦出现富营养化,即使切断外界营养物质的来源,水体还是很难恢复,这是水体富营养化的重要特征。

4. 重金属

作为水污染物的重金属,主要是指汞、镉、铅、铬以及类金属砷等生物毒性显著的元素。

重金属以汞毒性最大,镉次之,铅、铬、砷也有相当毒害,有人称为"五毒"。采矿和冶炼是向环境水体中释放重金属的最主要污染源。

重金属污染物最主要的特性是:在水体中不能被微生物降解,而只能发生各种形态之间的相互转化,以及分散和富集的过程。

从毒性和对生物体、人体的危害方面看,重金属的污染有几个特点。

(1) 在天然水体中只要有微量浓度即可产生毒性效应,如重金属汞、镉产生毒性的浓度范围在 $0.001\sim0.01\text{mg/L}$。

(2) 通过食物链发生生物放大、富集,在人体内不断积蓄造成慢性中毒。如日本的"骨痛病"事件就是由镉积累过多所引起的,其危害症状为关节痛、神经痛和全身骨痛,最后骨骼软化,饮食不进,在衰弱疼痛中死去。此病潜伏期很长,可达 $10\sim30$ 年。

(3) 水体中的某些重金属可在微生物的作用下转化为毒性更强的金属化合物,如汞的甲基化(无机汞在水环境或鱼体内由微生物的作用转化为毒性更强的有机汞-甲基汞)。著名的日本水俣病就是由甲基汞所造成的,主要是破坏人的神经系统,其危害症状为口齿不清,步态不稳,面部痴呆,耳聋眼瞎,全身麻木,最后神经失常。

5. 难降解有机物

难降解有机物是指那些难以被自然降解的有机物,它们大多为人工合成化学品,例如有机氯化合物、有机芳香胺类化合物、有机重金属化合物以及多环有机物等。它们的特点是能在水中长期稳定地存留,并在食物链中进行生物积累,其中一部分化合物即使在十分低的含量下仍具有致癌、致畸、致突变作用,对人类的健康产生远期影响。

6. 石油类

水体中石油类污染物质主要来源于船舶排水、工业废水、海上石油开采及大气石油烃沉降。水体中油污染的危害是多方面的:含有石油类的废水排入水体后形成油膜,阻止大气对水的复氧,并妨碍水生植物的光合作用;石油类经微生物降解需要消耗氧气,造成水体缺氧;石油类粘附在鱼鳃及藻类、浮游生物上,可致其死亡;石油类还可抑制水鸟产卵和孵化。此外,石油类的组成成分中含有多种有毒物质,食用受石油类污染的鱼类等水产品,会危及人体健康。

7. 酚类和氰化物

酚是一类含苯环化合物,可分单元酚和多元酚;也可按其性质分为挥发性酚和非挥发性酚。水中酚类主要来源是炼焦、钢铁、有机合成、化工、煤气、制药、造纸、印染以及防腐剂制造等工业排出的废水。

酚虽然易被分解,但水体中酚负荷超量时亦会造成水体污染。水体低浓度酚影响鱼类生殖回游,仅 0.1~0.2mg/L 时,鱼肉就有异味,降低食用价值;浓度高时可使鱼类大量死亡,甚至绝迹。人类长期饮用被酚污染的水源,可引起头昏、出疹、瘙痒、贫血及各种神经系统症状,甚至中毒。

氰化物分两类:一类为无机氰,如氢氰酸及其盐类如氰化钠、氰化钾等;另一类为有机氰或腈,如丙烯腈、乙腈等。氰化物在工业中应用广泛,但由于它剧毒,因而其污染问题引起人们充分的重视。

氰化物对鱼类及其他水生生物的危害较大,水中氰化物含量折合成氰离子 $[CN^-]$,浓度达 0.04~0.1mg/L 时,就能使鱼类致死。对浮游生物和甲壳类生物的氰离子最大容许浓度为 0.01mg/L。

8. 酸碱及一般无机盐类

酸性废水主要来自矿山排水、冶金、金属加工酸洗废水和酸雨等。碱性废水主要来自碱法造纸、人造纤维、制碱、制革等废水。酸、碱废水彼此中和,可产生各种盐类,它们分别与地表物质反应也能生成一般无机盐类,所以酸和碱的污染,也伴随着无机盐类污染。

酸、碱废水破坏水体的自然缓冲作用,消灭或抑制细菌及微生物的生长,妨碍水体的自净功能,腐蚀管道和船舶、桥梁及其他水上建筑。酸碱污染不仅能改变水体的 pH,而且可大大增加水中的一般无机盐类和水的硬度,对工业、农业、渔业和生活用水都会产生不良的影响。

9. 病原体

病原体主要来自生活污水和医院废水,制革、屠宰、洗毛等工业废水,以及牧畜污水。病原体有病毒、病菌、寄生虫三类,可引起霍乱、伤寒、胃炎、肠炎、痢疾及其他多种病毒传染疾病和寄生虫病。1848 年、1854 年英国两次霍乱流行,各死亡万余人,1892 年德国汉堡霍乱流行,死亡 7 500 余人,都是由水中病原体引起的。

10. 热污染

由工矿企业排放高温废水引起水体的温度升高,称为热污染。水温升高使水中溶解氧减少,同时加快了水中化学反应和生化反应的速度,改变了水生生态系统的生存条件,破坏生态系统平衡。

11. 放射性物质

放射性物质主要来自核工业部门和使用放射性物质的民用部门。放射性物质污染地表水和地下水,影响饮水水质,并且通过食物链对人体产生内照射,可出现头痛、头晕、食欲下降等症状,继而出现白细胞和血小板减少,超剂量的长期作用可导致肿瘤、白血病和遗传障碍等。

5.2 源头控制

污染减排是调整经济结构、转变发展方式、改善环境质量、解决区域性环境问题的重要手段。因此,调整经济结构和增长方式,淘汰落后产能,加强水体污染物减排力度,从源头上控制污染物的产生和排放,是改善水环境质量的重要手段。

5.2.1 清洁生产

实施清洁生产的途径很多,其中包括:不断改进设计;使用清洁的能源和原料;采用先进的工艺技术与设备;综合利用;从源头削减污染,提高资源利用效率;减少或者避免生产、服务和产品使用过程中污染物的产生和排放,必要的末端治理及加强管理等。在水环境规划中,拟采取的详细的清洁生产措施要根据具体的规划对象来确定,例如,改革生产用水工艺,降低耗水定额,提高循环用水率,对用水大户要采用节水型工艺设备,形成节水型工艺体系,利用工业废水和生活污水代替新鲜水,大力发展二次水回用技术,缓解用水矛盾。严禁规划和建设高耗水、重污染项目。加强重点企业的清洁生产审核及评估验收,把清洁生产审核作为环保审批、环保验收、核算污染物减排量的重要因素,提升清洁生产水平。化工、冶金、造纸、酿造、石油、印染等行业以及有严重污染隐患的企业应实行严格的清洁生产审核。

5.2.2 节水

节约用水,减少新鲜水耗量,提高水的重复利用率是源头控制的重要手段之一。

（1）工业节水。城市是工业的主要集中地，在我国城市用水量中工业用水量占60%～65%。工业用水量大、供水比较集中，节水潜力相对较大且易于采取节水措施。因此，工业用水是城市节约用水的重点。我国工业用水效率的总体水平还较低，目前，我国万元工业增加值取水量是发达国家的3.5～7倍。企业之间单位产品取水量相差甚殊，一般相差几倍，有的达十几倍，个别的甚至超过40倍。减少工业用水量不仅意味着可以减少排污量，而且还可以减少工业用新鲜水量。因此，发展节水型工业不仅可以节约水资源，缓解水资源短缺和经济发展的矛盾，同时对于减少水污染和保护水环境也具有十分重要的意义。一般而言，工业节水可分为技术性和管理性两类。其中技术性措施包括：一是建立和完善循环用水系统，其目的是提高工业用水重复率。用水重复率越高，取用水量和耗水量也越少，工业污水产生量也相应降低，从而可大大减少水环境的污染，减缓水资源供需紧张的压力。二是改革生产工艺和用水工艺，其中主要技术包括：采用省水新工艺或采用无污染或少污染技术等。

陈庆久等学者提出工业节水的两个评估指标：工业取水量和工业节水指数。

工业取水量是一个地区或城市的各工业行业结构系数与参考万元产值取水量的乘积的代数和。该指标是基于某个工业行业参考万元产值取水量而定的一个万元产值取水量，该万元产值取水量的大小取决于被评价地区或城市的工业结构。

工业节水指数是用于比较一组城市相互之间工业节水水平的相对指标，定义为某城市的工业取水量与所比较城市组平均的工业取水量之比值。工业节水指数反映了评价对象的工业结构与平均工业结构对工业用水的影响程度的差距。当工业节水指数大于1时，表示该城市工业结构节水水平低于对比标准；当工业结构节水指数小于1时，表示该城市工业结构节水水平高于对比标准。

（2）农业节水。农业是水资源消耗大户，农业也是面源污染的大户。农业节水不仅有利于农业生产的发展，也有利于水环境保护。农业节水的措施很多，可以归纳为两个方面：改变种植结构和改进灌溉方式和灌溉技术。据统计，1hm² 水稻田的灌溉用水量是 10 000m³/a 左右，1hm² 小麦灌溉用水量大约是 5 000m³/a，种植玉米的灌溉用水量是水稻的1/4～1/3。很显然，在水资源紧缺地区调整农作物种植结构是节水的有效措施。

灌溉技术随着农业的现代化不断发展变化。传统的漫灌、沟灌、畦灌逐渐发展为管灌、滴灌、喷灌、微喷等。其中管灌可节水20%～30%，喷灌可节水50%，微灌可节水60%～70%，滴灌和渗灌可节水80%以上，而且有利于提高农业机械化。除去灌溉条件的改进与革新，在灌溉技术上也有许多进步，例如推广水稻种植的"湿润灌溉"制度和"薄露灌溉"技术，可以做到节水、节能、增产。

5.3 水体污染源控制工程技术

5.3.1 污水处理方法

1. 物理处理法

物理处理法的基本原理是利用物理作用使悬浮状态的污染物与废水分离。在处理过程中污染物质不发生变化，即使废水得到一定程度的澄清，又可回收分离下来的物质加以利用。该法最大的优点是简单、易行、效果良好，并且又十分经济。常用的有过滤法、沉淀法、气浮法等。

1) 过滤法

（1）格栅与筛网。在排水过程中，废水通过下水道流入水处理厂，首先经过斜置在渠道内的一组金属制的呈纵向平行的框条（格栅）、穿孔板或过滤网（筛网），这是废水处理流程的第一道设施，用以截阻水中粗大的悬浮物和漂浮物。此步属废水的预处理，其目的在于回收有用物质；初步澄清废水以利于以后的处理，减轻沉淀池或其他处理设备的负荷；保护水泵和其他处理设备免受到颗粒物堵塞而发生故障。

格栅构造如图 5-1 所示。栅条截面多为 10mm×40mm，栅条空隙为 15～76mm（15～35mm 的空隙称细隙，36～76mm 的空隙称粗隙）。清渣方法有人工和机械两种。栅渣应及时清理和处理。

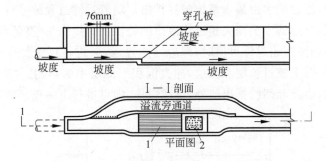

图 5-1 人工清除栅渣的固定式格栅及布设位置
1—格栅；2—操作平台

筛网主要用于截留粒度在数毫米到数十毫米的细碎悬浮态杂物，如纤维、纸浆、藻类等，通常用金属丝、化纤编织而成，或用穿孔钢板，孔径一般小于 5mm，最小可为 0.2mm。筛网过滤装置有转鼓式、旋转式、转盘式、固定式振动斜筛等。不论何种结构，既要能截留污物，又要便于卸料及清理筛面。

(2) 粒状介质过滤。废水通过粒状滤料(如石英砂)床层时,其中细小的悬浮物和胶体就被截留在滤料的表面和内部空隙中。这种通过粒状介质层分离不溶性污染物的方法称为粒状介质过滤(又称砂滤、滤料过滤)。其过滤机理为:

① 阻力截留。当废水自上而下流过粒状滤料层时,粒径较大悬浮颗粒首先被截留在表层滤料的空隙中,从而使此层滤料空隙越来越小,逐渐形成一层主要由被截留的固体颗粒构成的滤膜,并由它起主要的过滤作用,这种作用属于阻力截留或筛滤作用。

② 重力沉降。废水通过滤料层时,众多的滤料表面提供了巨大的沉降面积。据估计,$1m^3$ 粒径为 $0.5mm$ 的滤料中就有 $400m^2$ 不受水力冲刷影响而可供悬浮物沉降的有效面积,形成无数的小"沉淀池",悬浮物极易在此沉降下来。

③ 接触絮凝。由于滤料具有巨大的表面积,它与悬浮物之间有明显的物理吸附作用。此外,砂粒在水中常常带有表面负电荷,能吸附带正电荷的铁、铝等胶体,从而在滤料表面形成带有正电荷的薄膜,并进而吸附带负电荷的粘土和多种有机物等胶体,在砂粒上发生接触絮凝。

在实际过滤过程中,上述三种机理往往同时起作用,只是依条件不同有主次之分而已。

(3) 过滤工艺过程。过滤工艺包括过滤和反洗两个阶段。过滤即截留污物;反洗即把污染物从滤料层中洗去,使之恢复过滤功能。

图 5-2 给出重力式快滤池的构造和工作过程。过滤时,废水由进水管经闸门进入池内,并通过滤料层和垫层流到池底,水中的悬浮物和胶体被截留于滤料表面和内层空隙中,滤过的水由集水系统闸门排出。随着过滤过程的进行,污物在滤料层中不断积累,当过滤水头损失超过滤池所能提供的资用水头(高低水位之差),或出水中的污染物浓度超过许可值时,即应终止过滤,并进行反洗。反洗时,反洗水进入配水系统,向上流过垫层和滤层,冲去沉积于滤层中的污物,并夹带着污物进入洗砂排水槽,由此经闸门排出池外,反洗完毕,即可进行下一循环的过滤。

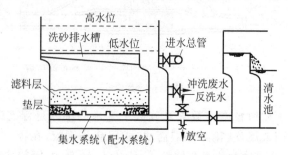

图 5-2 重力式快滤池的构造和工作过程示意图

2) 沉淀法

沉淀法是利用废水中的悬浮颗粒和水的相对密度不同的原理,借助重力沉降作用将悬浮颗粒从水中分离出来的水处理方法,应用十分广泛。

(1) 沉淀的基本类型。根据水中悬浮颗粒的浓度及絮凝特性(即彼此粘结、团聚的能力),沉淀可分为以下四种。

① 分离沉降。分离沉降又叫自由沉降。颗粒之间互不聚合,单独进行沉降。在沉淀过程中,颗粒呈离散状态,只受到本身在水中的重力(包括本身重力和水的浮力)和水流阻力的作用,其形状、尺寸、质量均不改变,下降速度也不改变。如含量少的泥沙在水中的沉淀。

② 混凝沉降。混凝沉降(或称做絮凝沉降)是指在混凝剂的作用下,使废水中的胶体和细微悬浮物凝聚为具有可分离性的絮凝体,然后采用重力沉降予以分离去除。常用的无机凝聚剂有硫酸铝、硫酸亚铁、三氯化铁及聚合铝;常用的有机凝聚剂有聚丙烯酰胺等,还可采用助凝剂如水玻璃、石灰等。

混凝沉降的特点是在沉降过程中,颗粒接触碰撞而互相聚集形成较大絮体,因此颗粒的尺寸和质量均会随深度的增加而增大,其沉速也随深度而增加。

③ 区域沉降。当废水中悬浮物含量较高时,颗粒间的距离较小,其间的聚合力能使其集合成为一个整体,并一同下沉,而颗粒相互间的位置不发生变动,因此澄清水和浑水间有一明显的分界面,逐渐向下移动,此类沉降称为区域沉降(又称拥挤沉降、成层沉降)。如高浊度水的沉淀池及二次沉淀池中的沉降多属此类。

④ 压缩沉降。当悬浮液中的悬浮固体浓度很高时,颗粒互相接触、挤压,在上层颗粒的重力作用下,下层颗粒间隙中的水被挤出,颗粒群体被压缩。压缩沉降发生在沉淀池底部的污泥斗或污泥浓缩池中,进行得很缓慢。

(2) 沉淀池简介。沉淀的主要设备是沉淀池。对沉淀池的要求是能最大限度地除去水中的悬浮物,以减轻其他净化设备的负担或对后续处理起一定的保护作用。沉降池的工作原理是让欲沉淀处理的水在池中缓慢地流动,使悬浮物在重力作用下沉降。

按水中固体颗粒的性质可分为自然沉淀法和絮凝沉淀法。絮凝沉淀法因涉及向水中投放化学药剂,将它放在化学处理法中的混凝法中介绍。

在自然沉淀法中根据水流方向常分为下列四种沉淀池。

① 平流式沉淀池。废水从池一端流入,按水平方向在池内流动,水中悬浮物逐渐沉向池底,澄清水从另一端溢出。池呈长方形,在进口处的底部设污泥斗,池底污泥在刮泥机的缓慢推动下被刮入污泥斗内,典型装置如图5-3所示。

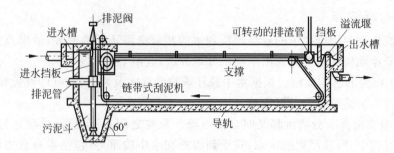

图 5-3 设有链带式刮泥机的平流式沉淀池

② 辐流式沉淀池。如图 5-4 所示,池子多为圆形,直径较大,一般在 30m 以上,适用于大型水处理厂。原水经进水管进入中心筒后,通过筒壁上的孔口和外围的环形穿孔挡板,沿径向呈辐射状流向沉淀池周边。由于过水断面不断增大,流速逐渐减小,颗粒沉降下来,澄清水从池周围溢出,汇入集水槽排出。沉于池底的泥渣由安装于桁架底部的刮板刮入泥斗,再借静压或污泥泵排出。

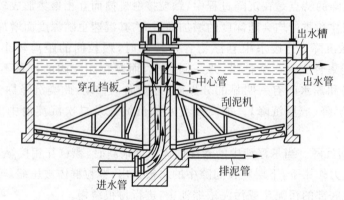

图 5-4 辐流式沉淀池

③ 竖流式沉淀池。竖流式沉淀池也多为圆形,如图 5-5 所示。水由中心管的下口流入池中,通过反射板的阻拦向四周分布于整个水平断面上,缓缓向上流动。沉速超过上升流速的颗粒则向下沉降到污泥斗,澄清后的水由池四周的堰口溢出池外。竖流式沉淀池也可做成方形,相邻池子可合并池壁以使布置紧凑。

④ 斜板、斜管沉淀池。斜板、斜管沉淀池是根据浅池原理(也称为浅层沉降原理)设计的新型沉淀池。

浅池原理可用图 5-6 所示的缩小沉淀区对沉淀过程的关系来说明。如将水深为 H 的沉淀池分割为 n 个水深为 H/n 的沉降单元,此时颗粒的沉降深度由 H 减少到 H/n,也就是说,当沉淀区长度为原沉淀区长度 L 的 $1/n$ 时,就可以处理与原来的沉淀池相同的水量,并达到完全相同的处理效果。

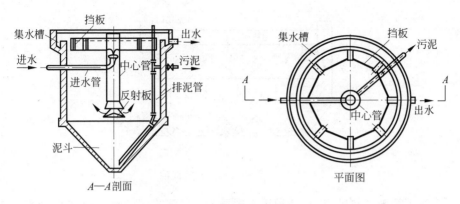

图 5-5　圆形竖流式沉淀池

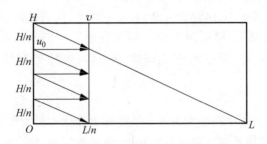

图 5-6　浅层沉降示意图

在理想沉淀池中对悬浮颗粒自由沉降的理论分析可推得以下两个关系式：

$$u_0 = Q/A \tag{5-1}$$
$$t = H/u_0 \tag{5-2}$$

式(5-1)说明当废水流量 Q 一定时，沉淀池面积 A 增大，使悬浮物流速 u_0 变小，可以有更多的悬浮物沉降下来。式(5-2)说明水深 H 降低，若 u_0 不变，则沉淀时间 t 可以缩短，即沉降效率得到提高。根据此结论设计了斜板斜管沉淀池。斜板增加沉淀面积，不仅缩短了沉淀时间，而且占地少，可大大提高沉淀池的处理能力。此外，沉淀池的分割还能大大改善沉淀过程的水力条件。水流在板间或在管内流动具有较大的湿润周边、较小的水力半径，所以雷诺数较低，可使颗粒在稳定的层流状态下沉降，对沉淀极为有利，因此在给水工程中得到比较广泛的应用。

一般的斜板沉淀池结构见图 5-7。斜板（或斜管）相互平行地重叠在一起，间距不小于 50mm，倾斜角为 50°～60°，水流从平行板（管）的一端流到另一端，使每两块板间（或每根管子）都相当于一个很浅的小沉淀池。

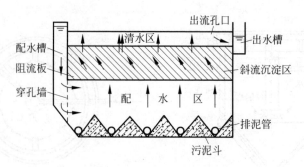

图 5-7 斜板(或斜管)沉淀池

上述沉淀池各具特点,可适用于不同场合。平流式沉淀池结构简单,沉淀效果较好,但占地面积大,排泥存在问题较多,目前在大、中、小型水处理厂中均有采用。竖流式沉淀池占地面积小,排泥较方便,且便于管理,然而池深过大,施工困难,使池的直径受到了限制,一般适用于中小型水处理厂。辐流式沉淀池有定型的排泥机械,运行效果较好,最适宜于大型水处理厂,但施工质量和管理水平要求较高。

3) 气浮法

气浮法就是在废水中产生大量微小气泡作为载体去粘附废水中细微的疏水性悬浮固体和乳化油,使其随气泡浮升到水面,形成泡沫层,然后用机械方法撇除,从而使得污染物从废水中分离出来。

疏水性的物质易气浮,而亲水性的物质不易气浮。因此需投加浮选剂改变污染物的表面特性,使某些亲水性物质转变为疏水性物质,然后气浮除去,这种方法称为"浮选"。

气浮时要求气泡的分散度高,量多,有利于提高气浮的效果。泡沫层的稳定性要适当,既便于浮渣稳定在水面上,又不影响浮渣的运送和脱水。常用的产生气泡的方法有两种。

(1) 机械法:使空气通过微孔管、微孔板、带孔转盘等生成微小气泡。

(2) 压力溶气法:将空气在一定的压力下溶于水中,并达到饱和状态,然后突然减压,过饱和的空气便以微小气泡的形式从水中逸出。目前污水处理中的气浮工艺多采用压力溶气法。

气浮法的主要优点有:设备运行能力优于沉淀池,一般只需 15~20min 即可完成固液分离,因此它占地省,效率较高;气浮法所产生的污泥较干燥,不宜腐化,且系表面刮取,操作较便利;整个工作是向水中通入空气,增加了水中的溶解氧量,对除去水中有机物、藻类、表面活性剂及臭味等有明显效果,其出水水质为后续处理及利用提供了有利条件。

气浮法的主要缺点是：耗电量较大；设备维修及管理工作量增加，运转部分常有堵塞的可能；浮渣露出水面，易受风、雨等气候影响。

2. 生物处理法

生物处理法是利用自然环境中的微生物的生物化学作用来氧化分解废水中的有机物和某些无机毒物（如氰化物、硫化物），并将其转化为稳定无害的无机物的一种废水处理方法，具有投资少、效果好、运行费用低等优点，在城市废水和工业废水的处理中得到了最为广泛的应用。

现代的生物处理法根据微生物在生化反应中是否需要氧气分为好氧生物处理和厌氧生物处理两类。

1) 好氧生物处理

主要依赖好氧菌和兼性菌的生化作用来完成废水处理的工艺称为好氧生物处理法。该法需要有氧的供应，主要有活性污泥法和生物膜法两种。

好氧菌的生化过程示于图 5-8 中。好氧菌在有足够溶解氧的供给下吸收废水中的有机物，通过代谢活动，约有 1/3 的有机物被分解转化或氧化为 CO_2、NH_3、亚硝酸盐、硝酸盐、磷酸盐、硫酸盐等代谢产物，同时释放出能量作为好氧菌自身生命活动的能源。此过程称为异化分解。另 2/3 的有机物则作为好氧菌生长繁殖所需要的构造物质，合成为新的原生质（细胞质），称为同化合成过程。新的原生质就是废水处理过程中的活性污泥或生物膜的增长部分，通常称为剩余活性污泥，又称生物污泥。生物污泥经固-液分离后还需做进一步的处理和处置（见 5.3.2 小节）。当废水中的营养物（主要是有机物）缺乏时，好氧菌则靠氧化体内的原生质来提供生命活动的能源（称内源代谢或内源呼吸），这将会造成微生物数量的减少。

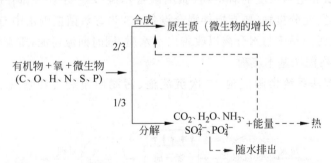

图 5-8 好氧生物处理的生化过程

用好氧菌处理废水不产生带臭味的物质，所需时间短，大多数有机物均能处理。在废水中有机物浓度不高（BOD_5 含量在 100～750mg/L），供氧速率能满足生物氧化的需要时，常采用好氧生物处理法。活性污泥法、生物膜法等都属于此类处理方法。

（1）活性污泥法。活性污泥法是处理城市废水常用的方法。它能从废水中去除溶解的和胶体的可生物降解的有机物以及能被活性污泥吸附的悬浮固体和其他一些物质，无机盐类（磷和氮的化合物）也能部分地被去除。

① 概述

向富含有机污染物并有细菌的沸水中不断地通入空气（曝气），一定时间后就会出现悬浮态絮花状的泥粒，这实际上是由好氧菌（及兼性菌）、好氧菌所吸附的有机物和好氧菌代谢活动的产物所组成的聚集体，具有很强的分解有机物的能力，称为"活性污泥"。活性污泥易于沉淀分离，使废水得到澄清。这种以活性污泥为主体的生物处理法称为"活性污泥法"。

活性污泥法对废水的净化作用是通过两个步骤完成的。

第一步为吸附阶段。因活性污泥具有很大的表面积，好氧菌分泌的多糖类粘液具有很强的吸附作用，与废水接触后，在很短的时间内（10～30min）便会有大量有机物被污泥所吸附，使废水中的 BOD_5 和 COD 出现较明显的降低（可去除 85%～90%）。在这一阶段也进行吸收和氧化的作用。

第二步为氧化阶段。好氧菌对已吸附和吸收的有机物质进行分解代谢，使一部分有机物转变为稳定的无机物，另一部分合成为新的细胞质，使废水得到净化；同时通过氧化分解使达到吸附饱和后的污泥重新呈现活性，恢复它的吸附和分解代谢能力。此阶段进行得十分缓慢。实际上在曝气池的大部分容积内都在进行着有机物的氧化和微生物原生质的合成。

要想达到良好的好氧生物处理效果，需满足以下三点要求：①向好氧菌提供充足的溶解氧和适当浓度的有机物（做细菌营养料）；②好氧菌和有机物（即需要除去的废物）需充分接触，要有搅拌混合设备；③当好氧菌把废水中有机物吸附分解之后，活性污泥易于与水分离以改善出水水质，同时回流污泥，重新使用。

② 活性污泥法基本流程

活性污泥法系统由曝气池、二次沉淀池、污泥回流装置和曝气系统组成，见图 5-9。

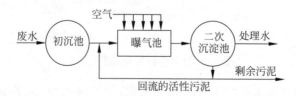

图 5-9　活性污泥法流程示意图

待处理的废水,经沉淀等预处理后与回流的活性污泥同时进入曝气池,成为混合液。由于不断曝气,活性污泥和废水充分混合接触,并有足够的溶解氧,保证了活性污泥中的好氧菌对有机物的分解。然后混合液流至二次沉淀池,污泥沉降与澄清水分离,上清液从二次沉淀池不断地排出,沉淀下来的污泥,一部分回流到曝气池以维持处理系统中一定的细菌数量,另一部分(即剩余污泥,主要是由好氧菌不断繁殖增长及分解有机物的同时产生的)则从系统中排除,由于其中含有大量活的好氧菌,排入环境前应进行消化处理以防止污染环境。

该系统开始运行时,应先在曝气池内引满污水进行曝气,培养活性污泥。在产生活性污泥后,就可以连续运行。开始时,曝气池中应积累一定数量的活性污泥,当能满足废水处理的需要后,方能将剩余污泥排除。

③ 曝气池装置

a. 鼓风曝气式曝气池。曝气池常采用长方形的池子。采用定型的鼓风机供给足够的压缩空气,并使它通过布设在池侧的散气设备进入池内与水流接触,使水流充分供氧,并保持活性污泥呈悬浮状态。根据横断面上水流情况,又可分为平面和旋转推流式两种。

b. 机械曝气式曝气池。机械曝气式曝气池又称曝气沉淀池,是曝气池和沉淀池合建的形式,如图 5-10 所示。它利用曝气器内叶轮的转动剧烈翻动水面使空气中的氧溶入水中,同时造成水位差使回流污泥循环。

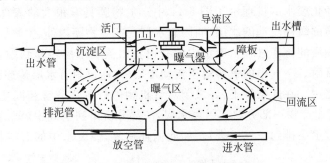

图 5-10 机械曝气法装置简图

叶轮常常安装在池中央水表面。池子多呈圆形和方形,由曝气区、导流区、沉淀区和回流区四部分组成。废水入口在中心,出口在四周。在曝气区内废水与回流污泥和混合液得到充分的混合,然后经导流区流入沉淀区。澄清后的废水经出流堰排出,沉淀下来的污泥则沿回流区底部的回流缝流回曝气区。它布置紧凑,流程缩短,有利于新鲜污泥及时地得到回流,并省去一套回流污泥的设备。由于新进入的废水和回流污泥同池内原有的混合液可快速混合,池内各点的水质比较均匀,好氧菌和进水的接触保证相对稳定,能承受一定程度的冲击负荷。

该法的主要缺点是,由于曝气池和沉淀池合建于一个构筑物,难以分别控制和调节,连续的进出水有可能发生短流现象(即废水未经处理直接流向出口处),据分析,出水中约有0.7%的进水短流,使其出水水质难以保证,国外已趋淘汰。

另外,还有借压力水通过水射器吸取空气以充氧混合的新型曝气系统,国内尚在试验阶段。

(2) 生物膜法。当废水长期流过固体滤料表面时,微生物在介质"滤料"表面上生长繁育,形成粘液性的膜状生物性污泥,称为"生物膜"。利用生物膜上的大量微生物吸附和降解水中有机污染物的水处理方法称为"生物膜法"。它与活性污泥法的不同之处在于微生物是固着生长于介质滤料表面,故又称为"固着生长法",活性污泥法则又称为"悬浮生长法"。

生物膜法分为以下三种。

a. 润壁型生物膜法。废水和空气沿固定的或转动的接触介质表面的生物膜流过,如生物滤池和生物转盘等。

b. 浸没型生物膜法。接触滤料固定在曝气池内,完全浸没在水中,采用鼓风曝气,如接触氧化法。

c. 流动床型生物膜法。使附着有生物膜的活性炭、砂等小粒径接触介质悬浮流动于曝气池内。

① 基本原理

生物膜净化废水的机理示于图5-11中。生物膜具有很大的表面积。在膜外附着一层薄薄的缓慢流动的水层,叫附着水层。在生物膜内外、生物膜与水层之间进行着多种物质的传递过程。废水中的有机物由流动水层转移到附着水层,进而被生物膜所吸附。空气中的氧溶解于流动水层中,通过附着水层传递给生物膜,供微生物呼吸之用。在此条件下,好氧菌对有机物进行氧化分解和同化合成产生的CO_2和其他代谢产物一部分溶入附着水层,一部分析出到空气中(即沿着相反方向从生物膜经过水层排到空气中去)。如此循环往复,使废水中的有机物不断减少,

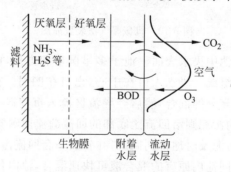

图5-11 生物膜对废水的净化作用

从而净化废水。

当生物膜较厚,废水中有机物浓度较大时,空气中的氧很快地被表层的生物膜消耗,靠近滤料的一层生物膜就会得不到充足的氧而使厌氧菌发展起来,并且产生有机酸、甲烷(CH_4)、氨(NH_3)及硫化氢(H_2S)等厌气分解产物。它们中有的很不稳定,有的带有臭味,将大大影响出水的水质。

生物膜厚度一般以 0.5~1.5mm 为佳。当生物膜超过一定厚度后吸附的有机物在传递到生物膜内层的微生物之前就已被代谢掉。此时内层微生物得不到充分的营养而进入内源代谢,失去其粘附在滤料上的性能而脱落下来,随水流出滤池,滤料表面再重新长出新的生物膜。因此在废水处理过程中,生物膜经历着不断生长、不断剥落和不断更新的演变过程。

② 生物膜法净化设备

a. 生物滤池。生物滤池由滤床、布水设备和排水系统三部分组成,在平面上一般呈方形、矩形或圆形。可分为普通生物滤池、高负荷生物滤池和塔式生物滤池三种形式。

普通生物滤池又称低负荷生物滤池或滴滤池,构造如图 5-12 所示。废水通过回转式布水器均匀地分布在滤池表面上,滤池中装满了滤料,废水沿着滤料表面从上到下流动,到池底进入集中沟和排水渠,流出池外并在沉淀池里进行泥水分离。滤料一般采用碎石、卵石或炉渣等颗粒滤料。滤料的工作厚度通常为 1.3~1.8m,粒径为 2.5~4cm;承托厚度为 0.2m,垫料粒径为 70~100mm。对于生活污水,普通生物滤池的有机物负荷率较低,仅为 0.1~0.3kg/(m^3·d)(以 BOD_5 计,即单位时间供给单位体积滤料的 BOD 量)。处理效率可达 85%~95%。

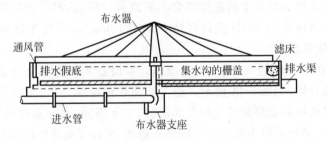

图 5-12 回转式生物滤池的一般构造

高负荷生物滤池所用滤料的直径一般为 40~100mm,滤料层较厚,可达 2~4m,采用树脂和塑料制成的滤料时还可增大滤料层高度,同时采用自然通风。高负荷生物滤池的有机物负荷率为 0.8~1.2kg/(m^3·d)(以 BOD_5 计)。

滤池高度大于 20m 的为塔式生物滤池,也属于高负荷生物滤池,其有机物负荷率可高达 2~3kg/(m^3·d)(以 BOD_5 计)。由于负荷率高,废水在塔内停留时间很短,仅需几分钟,因而 BOD_5 去除率较低,为 60%～85%。一般采用机械通风供氧。

b. 生物转盘。生物转盘的工作原理和生物滤池基本相同,主要的区别是它以一系列绕水平轴转动的盘片(直径一般为 2～3m)代替固定的滤料,如图 5-13 所示。盘片半浸没在水中。当转动时,盘面依次通过水和空气,吸取水中的有机物并溶入空气中的氧。生物转盘投入运行经 1～2 周,在盘片表面即会形成 0.5～2mm 厚的生物膜。

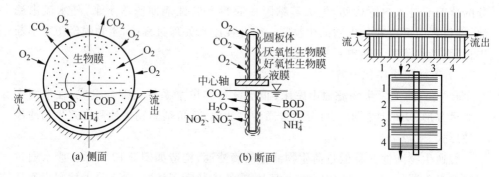

图 5-13 生物转盘工作情况示意图

运行时,废水在池中缓慢流动,盘片在水平轴带动下缓慢转动(0.8～3r/min)。当盘片某部分进入废水时,生物膜吸附废水中的有机物,使好氧菌获得丰富的营养;当转出水面时,生物膜又从大气中直接吸收所需的氧气。转盘转动还带进空气,使得槽内废水中溶解氧均匀分布。如此反复循环,使水中的有机物在好氧菌的作用下氧化分解。盘片上的生物膜会不断地自行脱落,被转盘后设置的二次沉淀池除去。一般废水的 BOD 负荷保持在低于 15mg/L,可使生物膜维持正常厚度,很少形成厌氧层。

c. 生物接触氧化法——曝气生物滤池。本设备实际上是生物滤池和活性污泥曝气池的综合体,如图 5-14 所示。池内挂满各种挂膜介质,全部滤料浸没在废水中。目前多使用的是蜂窝式或列管式填料,上下贯通,水力条件良好,养量和有机物供应充分,同时填料表面全为生物膜所布满,保持了高浓度的生物量。在滤料支撑下部设置曝气管,用压缩空气鼓泡充氧。废水中的有机物被吸附于滤料表面的生物膜上,被好氧菌分解氧化。

近年来,国内外都在进行纤维状挂膜填料的研究。纤维状填料用尼龙、维纶、腈纶、涤纶等化纤编结成束,以料框组装放入池内,清洗检修时逐框取出,无须停工。

曝气生物滤池的优点有:易于管理;抗负荷能力强,抗水温变动冲击力强;剩余污泥少;可脱氮和除磷。但也具有填料易于堵塞,布气和布水不易均匀等缺点。

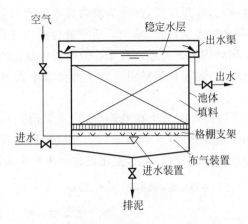

图 5-14　曝气生物滤池构造示意图

d. 生物流化床——悬浮载体流化床。此方法的实质是以粒径为 1mm 左右的活性炭、砂、无烟煤及其他粒子作为好氧菌的载体,充填于容器内,通过脉冲进水措施使载体流态化。由于载体粒径很小,单位容积内具有很大的表面积,能保持高浓度的好氧菌数,效率比普通活性污泥法高 10~20 倍,占地小,净化效率高。如图 5-15 所示的是目前研究较多的三相生物流化床。气液固三相直接在流化床体内进行生化反应,同时载体表面的生物膜依靠气体的搅动作用相互摩擦而脱落。

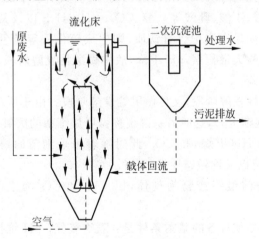

图 5-15　三相生物流化床

2) 厌氧生物处理

厌氧生物处理法主要是依赖厌氧菌和兼性菌的生化作用来完成处理过程的。该法要保证无氧环境,包括各种厌氧消化法。

好氧生物处理效率高,应用广泛,已成为城市废水处理的主要方法。但好氧生物处理的能耗较高,剩余污泥量较高,特别不适宜处理高浓度有机废水和污泥。厌氧生物处理与好氧生物处理的显著差别在于:①不需供氧;②最终产物为热值很高的甲烷气体,可用做清洁能源;③特别适宜于城市废水处理厂的污泥和高浓度有机工业废水。

(1) 厌氧菌的生化过程。厌氧生物处理(或称厌氧消化)是在无氧条件下,通过厌氧菌和兼性菌的代谢作用,对有机物进行生化降解的处理方法。用做生物处理的厌氧菌需有数种菌种接替完成,整个生化过程分为两个阶段(图5-16)。

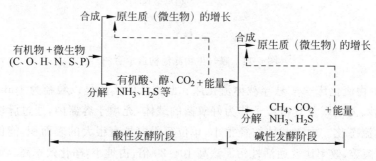

图 5-16 厌氧处理的生化过程

第一阶段是酸性发酵阶段。在分解初期,厌氧菌活动中的分解产物为有机酸(如甲酸、乙酸、丙酸、丁酸、乳酸等)、醇、CO_2、NH_3、H_2S 以及其他一些硫化物,这时废水发出臭气。如果废水中含有铁质,则生成硫化铁等黑色物质,使废水呈黑色。此阶段内有机酸大量积累,pH 下降,故称做酸性发酵阶段。参与此阶段作用的细菌称为产酸细菌。

第二阶段是碱性发酵阶段,又称做甲烷发酵阶段。由于所产生的 NH_3 的中和作用,废水的 pH 逐渐上升,这时另一群统称做甲烷细菌的厌氧菌开始分解有机酸和醇,产物主要为 CH_4(甲烷)和 CO_2,此时随着甲烷细菌的繁殖,有机酸迅速分解,pH 迅速上升,所以又称做碱性发酵阶段。

厌氧生物处理的最终产物为气体,以 CH_4 和 CO_2 为主,另有少量的 H_2S 和 H_2。

厌氧生物处理必须具备的基本条件是:隔绝氧气;pH 维持在 6.8~7.8;温度应保持在适宜于甲烷菌活动的范围(中温菌为 30~35℃;高温菌为 50~55℃);要供给细菌所需要的 N、P 等营养物质;并要注意在有机污染物中的有毒物质的浓度不得超过细菌的忍受极限。

厌氧处理常用于有机污泥的处理。近年来在高浓度有机废水(BOD_5>5 000~10 000mg/L)的处理中也得到发展,如屠宰场废水、乙醇工业废水、洗涤羊毛油脂废水等。一般先用厌氧法处理,然后根据需要进行好氧生物处理或深度处理。

(2)常用的厌氧处理设备。常用的厌氧处理设备有污泥消化池(化粪池)、厌氧生物滤池、升流式厌氧污泥池等。

图 5-17 给出用于稳定污泥的带有固定盖的厌氧消化池。池内有进泥管、排泥管,还有用于加热污泥的蒸汽管和搅拌污泥用的水射器。投料与池内污泥充分混合,进行厌氧消化处理。产生的沼气聚集于池的顶部,从集气管排走,送往用户。

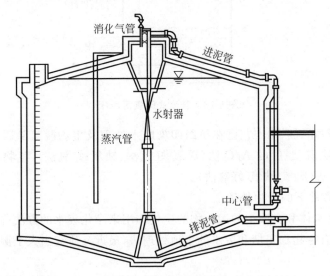

图 5-17　固定盖式消化池构造图

图 5-18 给出一种新型的厌氧生物反应器——升流式厌氧污泥床(UASB)。该污泥床的主要组成部分有底部布水系统、污泥床、污泥悬浮层和顶部三相分离器。废水自下而上通过反应器。在底部的高浓度(悬浮固体物可达 60~80g/L)、高活性的污泥床内,大部分有机物转化为 CH_4 和 CO_2。由于气态产物(消化气)的搅动和气泡粘附污泥,在污泥床之上形成一个污泥悬浮层。在上部的三相分离器中完成气液固的分离,消化气从上部导出,污泥滑落到污泥悬浮层,出水由澄清区流出。由于反应器内保留有大量的厌氧污泥,使反应器的负荷能力很大,特别适合处理一般的高浓度有机废水,是一种有发展前途的厌氧处理设备。

某些新技术和新材料的开发运用,会产生含有很多复杂有机物的废水。这些有机物对好氧生物处理来讲属于不能生物降解或难以降解的。但对厌氧生物处理来讲,则可以被厌氧菌分解为较小分子的有机物。这些较小分子有机物还可以由好氧菌进一步降解,以达到更好的处理效果。这就是近年来颇受重视的厌氧-好氧联用工艺。

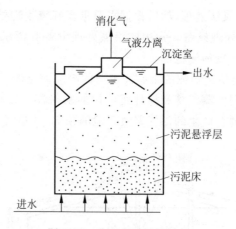

图 5-18 升流式厌氧污泥床

目前厌氧-好氧联用工艺已在纺织印染废水处理及生物脱氮除磷处理中得到应用,如生物除磷、脱氮的 A/O 法(厌氧-好氧法、缺氧-好氧法),生物同时脱氮除磷的 A/A/O 法(厌氧-缺氧-好氧法)。

3) 自然条件下的生物处理

利用天然水体和土壤中的微生物的生化作用来净化废水的方法称为自然生物处理,常用的有生物稳定塘和废水的土地处理法,最近又研究出人工湿地生态处理的新技术。

废水的自然生物处理系统的效率虽低,但所需的基建费用和运行费用低,又可将废水的处理和利用联合起来兼收环境效益和经济效益,因此在有条件的地方应考虑采用。

(1) 生物稳定塘。生物稳定塘(简称生物塘)是利用天然水中存在的微生物和藻类,对有机废水进行好氧、厌氧生物处理的天然或人工池塘。

生物塘内的生态系统较人工生物处理系统复杂,包括了菌类、藻类、浮游生物、水生植物、底栖动物以及鱼、虾、水禽等高级动物,形成了相互依赖的食物链。废水在塘里停留时间很长,有机物通过水中生长的微生物的代谢活动而得到稳定的分解。净化后的废水可用于灌溉农田。

根据塘内微生物的种类和供氧情况,可分为以下四种类型。

① 好氧塘。好氧塘一般水深 0.5m,阳光能透入底部。通过两类微生物的新陈代谢作用将有机物去除;好氧菌消耗溶解氧,分解有机物并产生 CO_2,藻类的光合作用消耗 CO_2 产生氧气。这两者组成了相辅相成的良性循环(图 5-19)。

② 兼性塘。兼性塘一般水深 1.0~2.0m,上部溶解氧比较充足,呈好氧状态;下部溶解氧不足,由兼性菌起净化作用;沉淀污泥在塘底进行厌氧发酵(图 5-20)。

第5章 水体污染及其防治

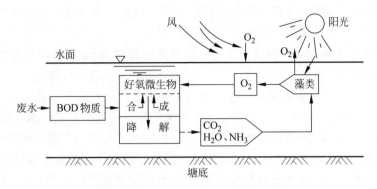

图 5-19　好氧塘工作原理示意图

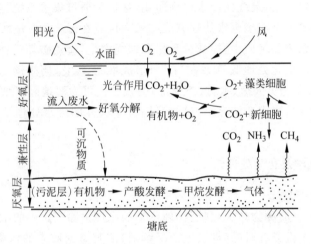

图 5-20　兼性塘工作原理示意图

③ 厌氧塘。厌氧塘的水深一般大于 2.5m，BOD 物质负荷很高，整个塘水呈厌氧状态，净化速度很慢，废水停留时间长。底部一般有 0.5～1m 的污泥层。为防止臭气逸出，常采用浮渣层，或人工覆盖措施。这种塘一般都充作氧化塘的预处理塘。

④ 曝气塘。曝气塘的水深在 3.0～4.5m，其特征是在塘水表面安装浮筒式曝气器，全部塘水都保持好氧状态，BOD 负荷较高，废水停留时间较短。

（2）废水土地处理法。废水土地处理在人工调控下利用土壤-微生物-植物组成的生态系统使废水中的污染物得到净化的处理系统。它既利用土壤中的大量微生物分解废水中的有机污染物，也充分利用土壤的物理特性（表层土的过滤截留和土壤团粒结构的吸附储存）、物理化学特性（与土壤胶粒的离子交换、络合吸附）和化学特性（与土壤中的钙、铝、铁等离子形成难溶的盐类，如磷酸盐等）净化各种污染物,同时也利用废水及其中的营养物质灌溉土壤供作物吸收。因此土地处理是使废水资源化、无害化和稳定化的处理利用系统。

应用废水土地处理法时必须注意:加强水质管理,防止废水中的某些成分危害农作物和土壤,传染疾病和污染地下水等,并要防止土壤盐碱化。

(3) 人工湿地生态处理法。废水的人工湿地生态处理法是一种新型的废水生态处理技术,可配合城市绿化工程中人工湿地的建设建造潜流式废水处理站。

在人工湿地床(床四周设有防渗膜)内有不同介质配比的土壤层和经筛选栽种的湿地植物,从而构成一个人工生态系统。当经过初步处理的废水(经格栅和絮凝沉淀处理)通过配水系统进入人工湿地时,附着在湿地植物根系和土壤层中的微生物就对废水中的营养物质和污染物质进行有效的吸收和分解。同时土壤层本身也能起到过滤吸附作用,最终使废水得到净化,达标后通过集水系统排放。

这种潜流式人工湿地废水处理方式的最大优点在于:废水是通过配水系统直接送至人工湿地床的基质中,能减少臭味和蚊蝇滋生,避免破坏整体景观;运行费用比常规的二级生化处理低50%左右;可形成堆肥、绿化、野生动物栖息等综合效益;湿地植物(常选美人蕉、水竹、芦苇等)的观赏性可为湿地园区增添新景观。这正是"鸟语花香中,废水变清流"。目前我国首座这样的废水处理站已在上海崇明建成。

3. 物理化学及化学处理法

1) 物理化学法

物理化学法(简称物化法)利用物理化学的原理去除废水中的杂质。它主要用来分离废水中无机或有机的(难以生物降解的)溶解态或胶态的污染物质,回收有用组分,并使废水得到深度净化。因此适用于处理杂质浓度很高的废水(用做回收利用的方法),或是浓度很低的废水(用做废水深度处理)。常用的方法有吸附法、离子交换法、膜析法(包括渗析法、电渗析法、反渗透法、超过滤法等)和萃取法。

物化法的局限性是必须先进行废水预处理,同时浓缩的残渣要经过后处理以避免二次污染。

(1) 吸附法。吸附法处理废水是利用一种多孔性固体材料(吸附剂)的表面来吸附水中的溶解污染物、有机污染物等(称为溶质或吸附质),以回收或去除它们,使废水得以净化。

① 吸附剂种类

在废水处理中常用的吸附剂有活性炭、磺化煤、木炭、焦炭、硅藻土、木屑和吸附树脂等。以活性炭和吸附树脂最为普遍。一般吸附剂均呈松散多孔结构,具有巨大的比表面积。其吸附力可分为分子引力(范德华力)、化学键力和静电引力三种。水处理中大多数吸附剂是上述三种吸附力共同作用的结果。

由于吸附剂价格较贵,而且吸附法对进水的预处理要求高,因此多用于给水处理中。

② 吸附操作方式

吸附法处理装置有固定床、移动床和流化床三种。以如图 5-21 所示的活性炭吸附柱为例。废水从吸附柱底部进入,处理后的水由吸附柱的上部排出。在操作过程中,定期将饱和的活性炭从柱底排出,送再生装置进行再生;同时将等量的活性炭从柱顶储炭斗加至吸附柱内。

吸附剂吸附饱和后必须经过再生,把吸附质从吸附剂的细孔中除去,恢复其吸附能力。再生的方法有加热再生法、蒸汽吹脱法、化学氧化再生法(湿式氧化、电解氧化和臭氧氧化等)、溶剂再生法和生物再生法等。

(2) 离子交换法。借助固体离子交换剂与溶液中离子的置换反应,除去水中有害离子的处理方法叫做离子交换法。

① 作用原理

离子交换是一种特殊的吸附过程,是可逆性化学吸附,其反应可表达为

$$RH + M^+ \rightleftharpoons RM + H^+$$

式中:RH 为离子交换剂;M^+ 为交换离子;RM 为与 M^+ 交换后的离子交换剂,称做饱和交换剂。

离子交换剂有无机和有机两大类。无机离子交换剂有天然沸石和合成沸石(铝代硅酸盐)

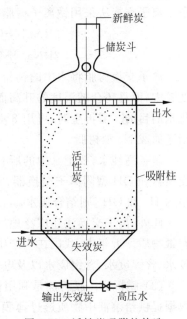

图 5-21 活性炭吸附柱构造

等。有机离子交换树脂的种类很多,可分为强酸阳离子交换树脂(只能进行阳离子交换)、弱酸阳离子交换树脂、强碱阴离子交换树脂(只能进行阴离子交换)、弱碱阴离子交换树脂、螯合树脂(专用于吸附水中微量金属的树脂)和有机物吸附树脂等。

树脂是人工合成的具有空间网状结构的不溶解聚合物,在制造过程中引入不同的交换基团便成了离子交换树脂。当树脂放入水中就会像海绵一样膨胀,网状结构中的活动离子像电解质一样离解在树脂内部的水相中。废水中的某离子(称为交换离子)在离子浓度差作用下,从外水相扩散到树脂体内。由于交换离子与树脂体内的固定离子的亲和力较大,可替代原有的同性活动离子并将其置换下来扩散到水相。

② 树脂再生与清洗

树脂的交换容量耗尽到交换床出流的离子浓度超过规定值,称为"穿透"。此时必须将树脂再生。再生是交换反应的逆过程。再生前先对交换床进行反冲洗以去除固定沉积物。然后树脂与再生剂作用(阳树脂采用盐溶液 NaCl 或酸溶液 HCl、H_2SO_4,阴树脂一般用碱溶液 NaOH、NH_4OH)将吸附的离子置换出来,使树脂恢复交换能力。经过再生后的树脂用水清洗,去除残留在树脂内的再生剂。

③ 离子交换法在水处理中的应用

离子交换法多用于工业给水处理中的软化和除盐,主要去除废水中的金属离子。离子交换法采用钠离子树脂交换,交换反应为

$$2RNa^+ + Ca^{2+} \longrightarrow R_2Ca^{2+} + 2Na^+$$
$$2RNa^+ + Mg^{2+} \longrightarrow R_2Mg^{2+} + 2Na^+$$

离子交换树脂将水中的钙盐、镁盐转换为钠盐。由于各种钠盐在水中的溶解度较大,而且还会随温度的升高而增加,所以就不会出现结垢现象,从而可达到软化水的目的。需再生时,可用 8%～10%的食盐溶液流过失效的树脂,使 Ca 型树脂还原成 Na 型树脂。

制备高纯水,要把水中的所有盐类全部除尽。因此需要使水通过 H 型阳离子交换器和 OH 型阴离子交换器,分别除去水中的各种阳离子和阴离子,交换到水中的 H^+ 和 OH^- 则结合成水。

此外,离子交换法还广泛地用于废水处理、回收工业废水中的有用物质、净化有毒物质。近年来,我国在生产中采用离子交换法处理含铬废水、含汞废水、含锌废水、含镍废水、含铜废水以及电镀含氰废水等。

(3) 膜析法。膜析法是利用薄膜来分离水溶液中的某些物质的方法的统称。根据提供给溶液中物质透过薄膜所需要的动力,膜析法可有以下几种:扩散渗析法(依靠分子的自然扩散,简称渗析法)、反渗透法、超过滤法(以压力为动力)和电渗析法(利用电力)。

① 扩散渗析法

扩散渗析法是利用具有特殊性质的交换膜(如阴离子交换膜只允许阴离子通过)来分离收集废水中的某些离子的处理方法。图 5-22 给出钢铁厂处理酸洗废水的扩散渗析槽示意图。槽内装设一系列间隔很近的阴离子交换膜,把整个槽子分割成两组互为邻的小室。一组小室流入废水,另一组小室流入清水,流向是相反的。由于阴离子交换膜的阻挡作用,废水中只有硫酸根离子较多地透过薄膜进入清水小室。这样就在一定程度上分离了酸洗废水中的硫酸和硫酸亚铁。

② 反渗透法

如果将纯水和某种溶液用半透膜隔开,水分子就会自动地透过半透膜到溶液

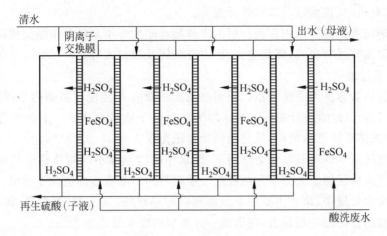

图 5-22　扩散渗析法示意图

一侧去,这种现象叫"渗透",如图 5-23(a)所示。在渗透进行过程中,纯水一侧的液面不断下降,溶液一侧的液面不断上升。当液面不再变化时,渗透便达到了平衡状态。此时两侧液面之差称为该种溶液的"渗透压"。任何溶液都有相应的渗透压,它是区别溶液和纯水性质的一种标志。

如果在浓溶液一侧施加大于渗透压的压力,则溶液中的水就会透过半透膜流向纯水一侧,溶质被截留在溶液一侧,这种过程称为"反渗透"(图 5-23(b))。所以在废水处理中,在废水一侧施加大于渗透压的压力(一般压力为 2.5～5MPa),可使废水中的水分子反向透过半透膜并进入稀溶液一侧,污染物被浓缩排出。这种处理方法称为反渗透法。

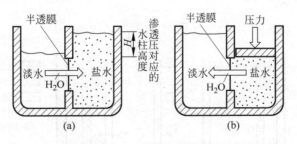

图 5-23　渗透与反渗透

在给水处理中,反渗透法主要是用于苦咸水和海水的淡化,采用的压力约为 10MPa。在世界淡水供应危机重重的今天,反渗透法结合蒸馏法的海水淡化技术前景广阔。它的又一重要用途是与离子交换系统连用,作为离子交换的预处理以制备去离子的超纯水。在废水处理中,反渗透法主要用于去除与回收重金属离子,去除盐、有机物、色度以及放射性元素。

目前在水处理领域内广泛应用的半透膜有醋酸纤维素膜和聚酰胺膜两种。常用的反渗透装置有管式、螺旋卷式、中空纤维式及板框式等。

③ 超过滤法

超过滤法与反渗透法相似。但超过滤膜的微孔孔径比反渗透的半透膜大,为 $0.005 \sim 1 \mu m$。超滤所分离的溶质一般为相对分子质量在 500 以上的大分子和胶体,这种液体的渗透压较小,故超滤的操作压力仅为 $0.1 \sim 0.7 MPa$。

超滤的基本原理是在压力作用下,废水中的溶剂和小的溶质粒子从高压侧渗透过膜进入低压侧。大分子和微粒组分被膜阻挡。废液逐渐被浓缩排出。

在废水处理中,超滤主要用于分离有机的溶解物,如淀粉、蛋白质、树胶、油漆等。它与活性污泥法相结合,将形成一种新型的废水处理工艺。

④ 电渗析法

电渗析法是在直流电场的作用下,利用阴阳离子交换膜对溶液中阴阳离子的选择透过性(即阳膜只允许阳离子通过,阴膜只允许阴离子通过),使得溶液中的电解质与水分离,以达到脱盐目的的一种水处理方法。

电渗析槽的基本组成示于图 5-24 中,槽内有一组交替排列的阴阳离子交换膜,两端加上直流电场,这样各水室中的离子在电场作用下定向迁移。例如,中间一室的阳离子受左侧阴极作用向左迁移,但碰到了阴膜,无法通过;同理,阴离子向阳极方向迁移时碰到阳膜,也无法通过。相反,两侧相邻水室中的离子均可迁入该室,使得中间水室成为浓室,两侧相邻的水室成为淡室。进入各水室的废水,经电渗析作用后,完成了离子分离过程,从淡室引出的水成为无离子的净化水,从浓室排出的水则是浓缩液。

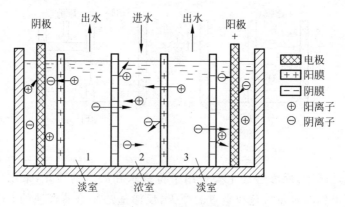

图 5-24　电渗析槽简图

电渗析法在水处理中有广泛的应用：

a. 代替离子交换法，或采用电渗析-离子交换联合工艺制备去离子水，以减少或消除需要再生交换树脂所造成的酸、碱、盐等对环境的污染；

b. 用于某些工业废水经处理后除盐供回用需要；

c. 处理电镀等工业废水，达到闭路循环的要求；

d. 分离或浓缩回收造纸等工业废水中的某些有用成分；等等。

(4) 萃取法。利用物质在不同溶液中溶解度的不同，选用适当的溶剂来分离混合物的方法称为萃取法。使用的溶剂叫萃取剂，提取的物质叫萃取物。在废水处理上，利用废水中的杂质在水中和有机萃取剂中溶解度的不同，可以采用萃取的方法，将杂质提取出来。

用萃取法处理废水时，经过三个步骤：①混合传质，把萃取剂加入废水并充分混合接触，有害物质作为萃取物从废水中转移到萃取剂中；②分离，萃取剂和废水分离；③回收，把萃取物从萃取剂中分离出来，使有害物质成为有用的副产品。一种成熟的萃取技术中，萃取剂必须能回用于萃取过程。

图 5-25 给出某煤气厂用萃取法处理含酚废水的工艺流程。废水含酚量为 3 000g/L，萃取剂为该厂产品重苯，萃取设备为脉冲筛板塔。废水经焦炭过滤除去焦油，冷却至 40℃ 送入萃取塔，从顶部淋下。重苯自底部进入，与废水逆向接触，废水中的酚即转入重苯中。饱含酚的重苯经过碱洗塔（塔内装有 20% 浓度的 NaOH 溶液）得到再生，然后循环使用。从碱洗塔放出的酚钠溶液可作为回收酚的原料。经萃取后，废水中含酚浓度降至 100mg/L，再与厂内其他废水混合后进行生物处理。

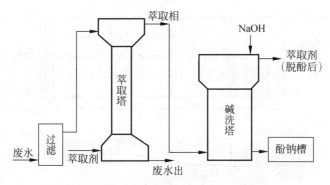

图 5-25 某煤气厂的萃取脱酚工艺流程图

2) 化学法

化学法是利用化学反应的作用来去除水中的杂质。主要处理对象是废水中无机的或有机的（难以生物降解的）溶解态或胶态污染物质。它既可使污染物与水分离,回收某些有用物质,也能改变污染物的性质,如降低废水的酸碱度、去除有毒金属离子、氧化某些有毒有害的物质等,因此可达到比物理法更高的净化程度。常用的方法有混凝法、中和法、化学沉淀法和氧化还原法。

化学法处理的局限性是:①由于化学法处理废水时常需采用化学药剂(或材料),运行费用一般较高,操作与管理的要求也较严格。②化学法还需与物理法配合使用。在化学处理之前,往往需要沉淀和过滤等手段作为前处理;在某些场合下又需采用沉淀和过滤等物理手段作为化学处理的后处理。

(1) 混凝法。对于粒径分别为 1~100nm 和 100~10 000nm 的胶体粒子和细微悬浮物,由于布朗运动、水合作用,尤其是微粒间的静电斥力等原因,能在水中长期保持悬浮状态,所以处理时须向废水中投加化学药剂,使得废水中呈稳定分散状态的胶体和悬浮颗粒聚集为具有沉降性能的絮体,这叫做混凝,然后通过沉淀去除。这样的处理方法为混凝法。

混凝包括凝聚和絮凝两个过程。凝聚指胶体脱稳并聚集为微小絮粒的过程;絮凝是指微絮粒通过吸附、卷带和桥连而形成更大的絮体的过程。混凝处理工艺包括混合(药剂制备与投加)、反应(凝聚、絮凝)和絮凝体分离(沉淀)三个阶段。絮凝沉淀池一般有两种形式。

① 分开式

由混合池(使废水和凝聚剂快速混合)、絮凝物形成池和沉淀池三部分组成,如图 5-26 所示。废水和药物在混合池中快速搅拌 1~5min,在絮凝物形成池中滞留 20~40min,用絮凝器慢慢搅拌,然后在沉淀池中滞留 3~5h。在沉淀池中设有自动排泥装置。

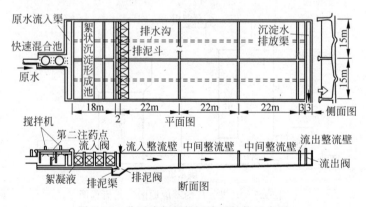

图 5-26 分开式絮凝物沉淀池结构示意图

② 综合式

有各种类型的澄清池。澄清池就是将微絮体的絮凝过程和絮体与水分离过程综合于一个构筑物中完成。在澄清池中有高浓度的活性泥渣,废水在池中与池渣接触时,其中脱稳杂质便被泥渣截留下来,使水获得澄清。图 5-27 是机械搅拌加速澄清池,它可分为混合室、第一反应区、第二反应区、回流区、分离室和泥渣浓缩区几部分,可同时完成混凝处理的三个阶段,是混凝处理的常用设备。

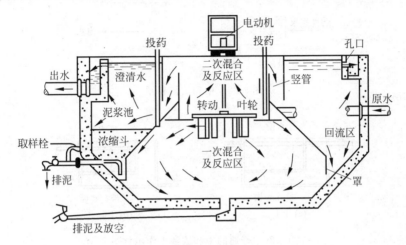

图 5-27 机械搅拌加速澄清池

常用的混凝剂有硫酸铝、聚合氯化铝等铝盐,硫酸亚铁、三氯化铁等铁盐,以及有机合成高分子絮凝剂等。

混凝法在废水处理中可以用于预处理、中间处理和深度处理的各个阶段。它除了除浊、除色之外,对高分子化合物、动植物纤维物质、部分有机物质、油类物质、微生物、某些表面活性物质、农药、汞、镉、铅等重金属都有一定的清除作用,应用十分广泛。其优点是设备费用低,处理效果好,管理简单;缺点是要不断向废水中投加混凝剂,运行费用较高。

(2) 中和法。中和法处理是利用酸碱相互作用生产盐和水的化学原理将废水从酸性或碱性调整到中性附近的处理方法。

① 酸性废水的中和处理

酸性废水的中和处理法有四种,其中最常用的是投药中和法和过滤中和法。

a. 投药中和法。最常用的是投加碱性药剂石灰,价廉,原料易得,易制成乳液投加。但投加石灰乳的劳动条件差,污泥较多且脱水困难,仅在酸性废水中含有金属盐类时采用。另外还可采用苛性钠、碳酸钠和氨水为碱性药剂,具有组成均匀、易于储存和投加、反应迅速、易溶于水且溶解度高等优点,但价格高。中和法流程示于图 5-28。

b. 过滤中和法。中和滤池结构如图 5-29 所示,用耐酸材料制成,内装碱性滤料。主要碱性滤料有石灰石、大理石和白云石。酸性废水由上而下或由下而上流经滤料层得以中和处理。

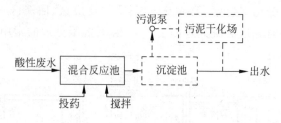

图 5-28 中和法流程图

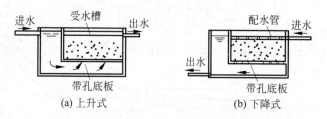

图 5-29 普通的中和滤池工作示意图

中和硝酸、盐酸时，由于所得钙盐有较大溶解度，上述三种碱性滤料均可采用。

中和硫酸时，由于生成的 $CaSO_4$ 溶解度小，会覆盖在石灰石滤料表面，阻止中和反应继续进行，使滤床失效，可以改用白云石（$CaCO_3 \cdot MgCO_3$），生成物中一部分为 $MgSO_4$，溶解度大，不易结壳。大白云石来源少，成本高，反应速率低。

过滤中和法操作管理简单（控制 H_2SO_4 除外），出水 pH 稳定，沉渣量少，只有废水体积的 0.1% 左右。

其余两种方法是利用碱性废水及废渣的中和处理法和利用天然水体中碱度的中和法，这些都必须通过调研后方可采用。

② 碱性废水的中和处理

碱性废水常采用废酸、酸性废水、烟道气（含有 SO_2 及酸性废气）进行中和处理，其工艺过程比较简单，主要是混合或接触反应。

(3) 氧化还原法

① 氧化法

向废水中投加氧化剂氧化废水中的有毒有害物质，使其转变为无毒无害或毒性小的新物质的方法称为氧化法。此法几乎可以处理各种工业废水，如含氰、酚、醛、硫化物的废水，以及脱色、除臭、除铁，特别适用于处理废水中难以生物降解的有机物。

a. 氯化处理法。在给水处理和废水处理中广泛地采用氯化处理法。气态或液态的氯加入水后，发上下列歧化反应：

$$Cl_2 + H_2O \rightleftharpoons HClO + HCl$$

$$HClO \rightleftharpoons H^+ + ClO^-$$

次氯酸(HClO)是强氧化剂,可氧化废水中许多污染物,常用于消毒,降低 BOD,消除异味和脱色,氧化某些有害物质如氰化物、硫化物、酚等。

常用的氯化处理药剂有液氯、漂白粉、次氯酸钠和二氧化氯等。

例如,含氰污水的处理。在碱性条件下(pH 为 8.5~11),液态氯可将氰化物氧化成氰酸盐:

$$CN^- + 2OH^- + Cl_2 \rightleftharpoons CNO^- + 2Cl^- + H_2O$$

氰酸盐的毒性仅为氰化物的 1/1 000。若投加过量氧化剂,可进一步将氰酸盐氧化为 CO_2 和 N_2:

$$2CNO^- + 4OH^- + 3Cl_2 \rightleftharpoons 2CO_2\uparrow + N_2\uparrow + 6Cl^- + 2H_2O$$

反应要在碱性条件下进行,因为遇到酸后,氰化物会放出剧毒 HCN 气体。

b. 臭氧氧化法。臭氧(O_3)是一种强氧化剂,呈淡紫色,具有特殊气味,不稳定,在常温下即可逐渐自行分解为氧(O_2)。

由于臭氧是不稳定的,因此通常在现场制备。制备臭氧的方法有电解法、化学法、高能射线辐射法和无声放电法等。

在理想的反应条件下,臭氧可把水溶液中大多数单质和化合物氧化到它们的最高氧化态,对水中有机物有强烈的氧化降解作用,还有强烈的消毒杀菌作用。因此臭氧在水处理中可用于除臭、脱色、杀菌、除铁、除锰、除氰化物、除有机物等。

臭氧氧化的主要优点是对除臭、脱色、杀菌、去除有机物和无机物都有显著效果;废水经臭氧处理后剩余在水中的臭氧易分解,不产生二次污染,且能增加水中的溶解氧;同时,制备臭氧用的电和空气不必储存和运输;整个处理过程的操作管理方便。

臭氧氧化法的主要问题是臭氧发生器耗电量大,并且在臭氧氧化气中臭氧浓度不高,仅为 3% 左右。

其他的氧化法还有空气氧化法及高锰酸钾($KMnO_4$)氧化等。

② 还原法

在废水处理中采用还原剂改变有毒有害污染物的价态,使其转变为无害或毒性小的新物质的方法称为还原法。常用的还原剂有铁粉(屑)、锌粉(屑)、硫酸亚铁、亚硫酸氢钠以及电解时的阴极等。

还原法常用于含铬、含汞废水的还原处理。

含六价铬废水的还原处理有亚硫酸氢钠法、硫酸亚铁石灰法、铁屑法等。以亚硫酸氢钠法为例,在酸性条件下(pH<4),向废水中投加 $NaHSO_3$,可将废水中的六价铬还原为毒性较小的三价铬:

$$2HCr_2O_7 + 6NaHSO_2 + 3H_2SO_4 \longrightarrow 2Cr_2(SO_4)_3 + 3Na_2SO_4 + 8H_2O$$

然后投加石灰 $Ca(OH)_2$ 或氢氧化钠($NaOH$),生成氢氧化铬沉淀析出:

$$Cr_2(SO_4)_3 + 3Ca(OH)_2 \longrightarrow 2Cr(OH)_3 \downarrow + 3CaSO_4$$

或

$$Cr_2(SO_4)_3 + 6NaOH \longrightarrow 2Cr(OH)_3 \downarrow + 3Na_2SO_4$$

处理含汞废水时,常用的还原剂有比汞活泼的金属(铁屑、锌粒、铝屑、铜屑等)及硼氢化钠等。金属还原汞时,将含汞废水通过金属屑滤床,废水中的汞离子被还原为金属汞而析出,金属本身被氧化为离子而进入水中。置换反应速率与固液有效接触面积、温度、pH 有关。还原出的汞粒(粒径为 $10\mu m$)经分离或加热回收。

(4) 化学沉淀法。化学沉淀法是指向废水中投加某些化学药剂,使其与废水中的溶解性污染物发生互换反应,形成难溶于水盐类(沉淀物)从水中沉淀出来,从而除去水中的污染物。

化学沉淀法多用于在水处理中去除钙、镁离子以及废水中的重金属离子,如汞、镉、铅、锌等。

水中 Ca^{2+}、Mg^{2+} 含量的总和称总硬度,它可分为碳酸盐硬度和非碳酸盐硬度。可投加石灰使水中的 Ca^{2+} 和 Mg^{2+} 形成 $CaCO_3$ 和 $Mg(OH)_2$ 沉淀而降低碳酸盐硬度。如需同时去除非碳酸盐硬度,可采用石灰-苏打软化法,使 Ca^{2+} 和 Mg^{2+} 生成 $CaCO_3$ 和 $Mg(OH)_2$ 沉淀除去。因此,当原水硬度或碱度较高时,可先用化学沉淀法作为离子交换软化的前处理,以节省离子交换的运行费用。

去除废水中的重金属离子时,一般用投加碳酸盐的方法,生成的金属离子碳酸盐的溶度积很小,便于回收。如利用碳酸钠处理含锌废水:

$$ZnSO_4 + Na_2CO_3 \longrightarrow ZnCO_3 \downarrow + Na_2SO_4$$

此法优点是经济简便,药剂来源广,因此在处理重金属废水时应用最广。存在的问题是:劳动卫生条件差,管道易结垢堵塞与腐蚀;沉淀体积大,脱水困难,至今国内外还没有一个经济有效的处理方法。

5.3.2 污泥处理

废水处理过程会产生大量的固体杂质、悬浮物质和胶体物质,其中含有大量的污染物,必须进行妥善处理以防止再次污染环境。这些生成物根据它们的组成可分为两类。

(1) 沉渣。沉渣以无机物为主。颗粒尺寸及相对密度均较大,流动性较差,含水率低,易于脱水分离,化学稳定性高,不会腐化发臭。许多工业废水的沉渣含有贵重化工原料,可回收加以利用。

(2) 污泥。污泥以有机物为主。污泥集中了废水中的大部分污染物,不仅含有有毒物质,如病原微生物、寄生虫卵及重金属离子等,也可能含有可利用的物质,如植物营养素、N、P、K、有机物等。这些污泥若不加妥善处理,会造成二次污染。对它们的处理应予足够的重视。

1. 污泥的性质

污泥的特点是颗粒较细,相对密度接近于1,呈胶体结构。

从初次沉淀池排出的污泥称生污泥或新鲜污泥,含水率在95%左右。从二次沉淀池或生物处理构筑物中排出者,主要由细菌胶团等微生物组成,呈凝胶态,称为活性污泥,含水率在96%~99%。以上两类污泥不易脱水,化学稳定性差,容易腐化发臭。

自消化池和双层沉淀池排出者称消化污泥或熟污泥。此类污泥是由生污泥或活性污泥经厌氧分解后生成,含水率约为95%,性能稳定,不易腐臭。

2. 污泥的处理

处理污泥的常用方法有浓缩、消化、脱水、干燥和焚烧等。应针对污泥性质综合考虑后采用适当的处理工艺。一般污泥处理费用占废水处理厂全部运行费用的20%~30%,所以对污泥的处理必须予以充分重视。

污泥处理的一般流程如图 5-30 所示。

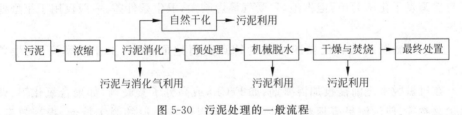

图 5-30 污泥处理的一般流程

1) 污泥的浓缩

污泥浓缩的目的是使污泥初步脱水,降低其含水率,缩小体积,为后续处理建立有利条件。

在污泥固体颗粒的外表常包有一层厚的水合膜,在颗粒之间则存在间隙水和自由水。这些水分,可以通过简单的重力沉降或机械方法分离出去。

最主要的浓缩法是重力沉降法,让污泥在浓缩池中通过重力沉降作用达到与水分离。沉淀于池底的颗粒物由刮泥板刮集经排泥口由泵输送到消化池或干化场。重力浓缩法可使含固体物质0.3%~2.5%的稀污泥浓缩至含固体3%~6%,体积缩小2~5倍。在池内停留时间为6~8h。此法简便、费用低,但占地面积大,效率较低。

用机械分离法可采用离心机、振动筛对污泥进行浓缩。后者借助振动力破坏污泥固体外围的水合膜,释出结合水。这两种方法可减少浓缩时间,提高浓缩效率。

2) 污泥的消化

污泥的消化处理是在人工控制下通过微生物的代谢作用使污泥中的有机物趋于稳定。消化的方法可分为厌氧和好氧两种。最常用的方法是厌氧消化法。经过厌氧消化,40%～50%的有机物得到了分解、稳定,大部分病原微生物和寄生虫卵被杀死,产生的沼气还可用做燃料和能源。

3) 污泥的脱水和干化

经过浓缩的污泥,为了便于输送、堆积、利用或做进一步的处理,还需要脱水降低其含水率。污泥的脱水有自然蒸发法和机械脱水法两种。一般将机械脱水法称为污泥脱水,自然蒸发法称为污泥干化。

(1) 自然蒸发法。在晒泥场(又称污泥干化场)上,将污泥铺成薄层。污泥所含水分一部分向空中散逸,一部分穿经其下的砂层、卵石层渗入土壤,并沿埋在地层下的排水管汇集输往处理单元。这种方法可使污泥的含水量由原来的96%～98.5%降至65%～80%。这时的污泥已无流动性,其状似湿土,适合于农田做肥料。在干旱少雨地区尤其适宜。

污泥的干化周期视污泥性质、地区气候与季节情况,一般为十天至数十天。由于自然蒸发干化法简单,但占地多;受气候影响大,卫生条件差,一般仅用于小型处理场。

(2) 机械脱水法。机械脱水法的特点是占地面积小,工作效率高,卫生条件好。

在机械脱水之前需投加混凝剂,如$FeCl_3$,或高分子絮凝剂,如聚合氧化铝、聚丙烯酰胺等,使污泥呈凝聚状,减少其亲水性以改善污泥的脱水特性,提高效率。另外,冻结-融化法也是污泥调节的措施之一,利用该法能破坏污泥的亲水胶体结构,并大幅提高脱水率。

机械脱水设备的类型很多,常用的有真空过滤机、离心机、板框压滤机和带式压滤机等。

4) 污泥的干燥与焚烧

(1) 污泥的干燥。污泥经脱水干化后,其含水率在65%～85%,体积还比较大,仍有继续腐化的可能。如需进一步脱水,可采用加热干燥法,在300～400℃的高温下将含水率降至10%～15%。这样既缩减了体积,便于包装运输,又不破坏肥分,还杀灭了病原菌和寄生虫卵,有利于卫生。

用于污泥干燥的设备有回转炉和快速干燥器等。

(2) 污泥的焚烧。污泥焚烧可将污泥中的水分全部除去,有机成分完全无机化,最后残留物减至最小。此法的成本较高,只有在别无他法可施时方予考虑。此外还有一种湿法燃烧法,是在高温高压下,用空气将湿污泥中的有机物氧化,无须进行脱水干化。

3. 污泥的利用

污泥中含有许多有用物质,如能加以充分利用则能化害为利,这是从积极方面解决污泥的出路问题。污泥的利用主要有以下几个方面。

(1) 用做农肥。污泥经过浓缩消化后可直接用做农肥,有显著肥效,但其中重金属离子等有害物质的含量应在允许范围内。

(2) 制取沼气。污泥经过厌氧发酵产生沼气,可作能源使用,也可提取四氯化碳或用做其他化工原料。

(3) 制造建筑材料。某些工业废水中的污泥和沉渣的一些成分可用做建筑材料,如污泥焚烧后掺加粘土和硅砂制砖,或在活性污泥中加进木屑、玻璃纤维后压制板材;以无机物为主要成分的沉渣可用于铺路和填坑。

5.3.3　污水处理系统

1. 废水的三级处理系统

根据不同的处理程度,废水处理可分为一级处理、二级处理和三级处理(三级处理又称高级处理、深度处理)等不同的处理阶段。

一级处理主要解决悬浮固体污染物的分离问题,多采用物理法,如格栅、沉淀池、沉沙池等。截留于沉淀池的污泥可进行污泥消化或其他处理。条件许可时,一级出水可排放于水体或用于农田灌溉。但一般来说,一级处理的处理程度低,达不到规定的排放要求,尚需进行二级处理。

二级处理主要解决可分解或氧化的呈胶状或溶解状的有机污染物的去除问题,多采用较为经济的生物化学处理法,它往往是废水处理的主体部分。采用的典型设备有生物曝气池(或生物滤池)和二次沉淀池,产生的污泥经浓缩后进行厌氧消化或其他处理。经二级处理之后,一般均可达到排放标准。但可能会残留有微生物以及不能降解的有机物和氮、磷等无机盐类,数量不多,对水体危害不大,出水可直接排放或用于灌溉。

三级处理主要用于处理难以分解的有机物、营养物质(N 和 P)及其他溶解物质,使处理后的水质达到工业用水和生活用水的标准。因此三级处理方法多属于化学和物理化学法,如混凝、吸附、膜分离、消毒等法,处理效果好,但处理费用较高。随着对环境保护工作的重视和"三废"排放标准的提高,三级处理在废水处理中所占的比例也正在逐渐增加,新技术的使用和研究也越来越多。

废水处理总体方案的选择是个很复杂的问题。主要考虑的因素有废水特性、对出水水质的要求、周围有关的环境因素(如企业的现状和发展,现有的下水流道情况,当地的水文、地质、气象情况,农渔业情况,技术设备水平及动力供应状况等)和处理费用与经济效益的分析。一般的处理程序为:澄清→毒物处理→回用或排放。

2. 城市污水处理系统

城市废水处理工艺流程的选择主要依据是废水所要达到的处理程度,而处理程度应结合废水的出路和水体的自净能力来考虑。出路不同,要求的处理程度或所需去除的污染物质也因之而异。

1) 城市污水出路及处理要求

城市污水出路及处理要求如下。

(1) 排放至天然水体。要考虑既能较充分地利用水体的自净能力,又要防止水体遭受污染、破坏水体的正常使用价值。

(2) 农田灌溉。对于生活废水,如无条件进行二级处理,至少需经过沉淀处理,去除大部分悬浮物及虫卵后用于灌溉;对于工业废水或工业废水占较大比例的城市废水,用于灌溉农田时应持慎重态度,必须对废水水质进行严格控制,采用妥善的灌溉制度和方法,一般宜经过二级处理和无害化处理后才能用于灌溉。

(3) 回用于工业生产。应根据不同用途对水质的不同要求,对废水进行不同程度的处理。

(4) 中水回用。城市废污水经过处理(一般需经过二级处理)后的再生水即"中水",可用于浇灌绿地、冲厕、洗车、冲洗道路等。

2) 城市废水的三级处理系统

城市废水根据出路的不同,可分为一级处理、二级处理和三级处理等不同的处理阶段。

图 5-31 为城市废水的三级处理系统。污水进厂后,首先通过格栅除去大颗粒的漂浮或悬浮物质,防止损坏水系或堵塞管道。有时也可专门配有磨碎机,将较大的一些杂物碾成较小的颗粒,使其可以随污水一起流动,在随后的工艺中除去。

流水经过格栅后进入沉砂池,将大粒粗砂、细碎石块、碎屑等颗粒都分离沉淀

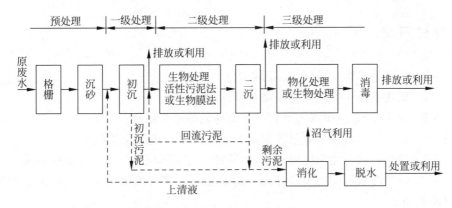

图 5-31 城市废水的三级处理系统

而从废水中去除。随后污水进入初沉池,在较慢的流速条件下,使大多数悬浮固体借重力沉淀至沉淀池底部,并借助于连续刮泥装置将污泥收集并排出沉淀池。初沉池的水力停留时间一般为 90~150min,可去除废水中 50%~65% 的悬浮固体和 25%~40% 的有机物(BOD_5)。如果是一级处理厂,污水在出水口进行氯化消毒杀死病原菌后再排入天然水体。

曝气池是二级处理的主要构筑物,污水在这里利用活性污泥在充分搅拌和不断鼓入空气的条件下,使大部分可生物降解的有机物被细菌氧化分解,转化为 CO_2、H_2O、NO_3^- 等一些稳定的无机物。曝气所需时间随废水的类型和所需的有机物去除率而定,一般为 6~8h。此后,污水进入二沉池,进行泥水分离并澄清出水,其中将部分沉淀污泥回流至曝气池以保证曝气池中一定的污泥数量。根据季节的变化和受纳水体的环境质量及使用功能要求,对二沉池出水加氯消毒,然后排入天然水体。

初沉池收集的污泥(称为初沉污泥)和二沉池排出的剩余污泥,进入污泥浓缩池进行浓缩处理以减小污泥的体积便于其后续处理。经浓缩后的污泥在消化池中进行厌氧分解,使污泥中所含的有机体(包括残留的有机物和大量的微生物体)在无氧条件下进行厌氧发酵分解,产生沼气(以甲烷和 CO_2 为主),余留的固体残渣已非常稳定,经过脱水干燥处理后进行最终处置(或作农业肥料或填埋等)。污泥消化池中排出的尾气含甲烷 65%~70%,可用做燃料。

污水的三级处理的目的是在二级处理的基础上作进一步的深度处理以去除废水中的植物营养物质(N、P),从而控制或防治受纳水体富营养化问题,或使处理出水回用以达到节约水资源的目的。所采用的技术通常为上述的化学和物理化学法及生物处理方法,如混凝、吸附、膜分离法、氯消毒、生物法除磷、脱氮等。但所需处理费用较高,必须因地制宜,视具体情况而定。

复习与思考

5-1 什么是水体污染和水体污染源？

5-2 试述水体中的主要污染物及其危害。

5-3 源头控制，减少水污染物排放负荷的措施有哪些？

5-4 试述三种沉淀分离悬浮固体方法的沉降原理和适用范围。

5-5 物化处理与化学处理相比，在原理上有何不同？处理对象有何不同？

5-6 哪些废水可采用生物处理？简述生物处理法的机理及生物处理法对废水水质的要求。

5-7 活性污泥法的基本概念和基本流程是什么？

5-8 比较离子交换法、反渗透法与电渗析法三者的原理和特点。

5-9 化学处理所产生的污泥与生物处理相比，在数量（质量和体积）、最终处理上有什么不同？

5-10 如何合理选择废水处理的总体方案？请设计一种含酚废水的三级处理工艺流程图。

5-11 试述城市污水处理系统的典型流程。

第6章 固体废物污染及其防治

6.1 固体废物概述

随着工业社会的到来,工业化和城市化进程加快,资源消耗量不断增加,人口向城市不断集中,工业固体废物和城市生活垃圾也急剧地增加。许多城市垃圾围城,不仅影响居民的生活环境,也阻碍了城市的发展。一些工业固体废物未经处理直接排放,也严重污染了周围的环境。固体废物的污染,特别是危险废物的污染,已成为全球性的环境问题。因此,面临资源危机和环境不断恶化的巨大压力,开展固体废物综合开发利用研究,变废物为资源,防治固体废物污染,搞好固体废物污染防治规划,对于减轻固体废物对周围环境和人体健康的影响和危害有着非常重要的作用。

6.1.1 固体废物的分类、来源及特性

固体废物又称固体废弃物,是指人类在生产建设、日常生活和其他活动中产生,在一定时间和地点无法利用而被丢弃的污染环境的固体、半固体物质。"废弃物"只是相对而言的概念,在某种条件下为废物的,在另一条件下却可能成为宝贵的原料或另一种产品。所以废物又有"放在错误地点的原料"之称。

1. 固体废物的分类及其来源

固体废物按其组成可分为有机废物和无机废物;按其形态可分为固态、半固态和液态废物;按污染特性可分为有害废物和一般废物。2004年颁布的《中华人民共和国固体废物污染环境防治法》中,将固体废物分为城市生活垃圾、工业固体废物和危险废物。

城市生活垃圾是指在城市居民日常生活中或为日常生活提供服务的活动中产生的固体废物,如厨余物、废纸、废塑料、废织物、废金属、废玻璃、陶瓷碎片、粪便、废旧电器等。城市居民家庭、城市商业、餐饮业、旅馆业、旅游业、服务业、市政环

卫、交通运输业、文书卫生业和行政事业单位、工业企业单位以及水处理污泥等都是城市固体废物的来源。城市固体废物成分复杂多变，有机物含量高，主要成分为碳，其次是氧、氢、氮、硫。

工业固体废物是指在工业生产过程中产生的固体废物。按行业分有如下几类。①矿业固体废物：产生于采、选矿过程，如废石、尾矿等。②冶金工业固体废物：产生于金属冶炼过程，如高炉渣等。③能源工业固体废物：产生于燃煤发电过程，如煤矸石、炉渣等。④石油化工工业固体废物：产生于石油加工和化工生产过程，如油泥、油渣等。⑤轻工业固体废物：产生于轻工生产过程，如废纸、废塑料、废布头等。⑥其他工业固体废物：产生于机械加工过程，如金属碎屑、电镀污泥等。工业固体废物含固态和半固态物质。随着行业、产品、工艺、材料不同，污染物产量和成分差异很大。

危险废物是这种固体废物：由于不适当的处理、储存、运输、处置或管理，它能引起各种疾病甚至死亡，或对人体健康造成显著威胁。危险废物通常具有急性毒性、易燃性、反应性、腐蚀性、浸出毒性、放射性和疾病传播性。危险废物来源于工、农、商、医各部门乃至家庭生活。工业企业是危险固体废物的主要来源之一，集中于化学原料及化学品制造业、采掘业、黑色和有色金属冶炼及其压延加工业、石油工业及炼焦业、造纸及其制品业等工业部门，其中一半危险废物来自化学工业。医疗垃圾带有致病病原体，也是危险废物的来源之一。此外，城市生活垃圾中的废电池、废日光灯管和某些日化用品也属于危险废物。

2. 固体废物的特性

1) 资源和废物的相对性

固体废物是在一定时间和地点被丢弃的物质，是放错地方的资源，因此固体废物的"废"具有明显的时间和空间特征。从时间看，固体废物仅仅是受目前的科技水平和经济条件限制，暂时无法利用，而随着时间的推移、科技水平的提高、经济的发展以及资源与人类需求矛盾的日益凸显，今日的废物必然会成为明日的资源。从空间角度看，废物仅仅是相对于某一过程或某一方面没有价值，并非所有过程和所有方面都无价值，某一过程的废物可能成为另一过程的原料，例如煤矸石发电、高炉渣生产水泥、电镀污泥回收贵金属等。"资源"和"废物"的相对性是固体废物最主要的特征。

2) 成分的多样性和复杂性

固体废物成分复杂、种类繁多、大小各异，既有有机物也有无机物，既有非金属也有金属，既有有味的也有无味的，既有无毒物又有有毒物，既有单质又有合金，既有单一物质又有聚合物，既有边角料又有设备配件。

3) 富集终态和污染源头的双重作用

固体废物往往是许多污染成分的终极状态。例如,一些有害气体或飘尘,通过治理最终富集成为固体废物;一些有害溶质和悬浮物,通过治理最终被分离出来成为污泥或残渣;一些含重金属的可燃固体废物,通过焚烧处理,有害金属浓集于灰烬中。但是,这些"终态"物质中的有害成分,在长期的自然因素作用下,又会转入大气、水体和土壤,故又成为大气、水体和土壤环境的污染"源头"。

4) 危害具有潜在性、长期性和灾难性

固体废物对环境的污染不同于废水、废气和噪声。固体废物呆滞性大、扩散性小,它对环境的影响主要是通过水、气和土壤进行的。其中污染成分的迁移转化,如浸出液在土壤中的迁移,是一个比较缓慢的过程,其危害可能在数年以至数十年后才能发现。从某种意义上讲,固体废物,特别是危险废物对环境造成的危害可能要比水、气造成的危害严重得多。

6.1.2 固体废物的环境问题

1. 产生量与日俱增

伴随工业化和城市化进程的加快,经济不断增长,生产规模不断扩大,人们的需求不断提高,固体废物产生量也在不断增加,资源的消耗和浪费越来越严重。

目前,我国每年产生的生活垃圾已达1.3亿t,全世界每年产生4.9亿t,我国占全世界垃圾总量的27%。而且我国城市生活垃圾每年增长率为8%~12%,超过了欧美6%~10%的增长速度。我国生活垃圾的60%集中在全国52个人口超过50万的重点城市,省级城市、地级市、县级市和建制镇生活垃圾增长速度较快,全国约有2/3的城镇处在垃圾的包围之中。据预测,2020年全国城市垃圾产生量将比2005年翻一番。快速增长的城市垃圾加重了城市环境污染,如何妥善解决城市垃圾,已是我国面临的一个重要的城市管理问题和环境问题。

20世纪80年代以来,我国工业固体废物产生量增长速度相当迅速。1981年全国工业固体废物产生量为3.77亿t,到1995年增至6.45亿t。据2006年《中国环境状况公告》统计,我国工业固体废物产生量为15.20亿t,比2005年增加13.1%。

我国工业固体废物的组成大致如下:尾矿29%,粉煤灰19%,煤矸石17%,炉渣12%,冶金废渣11%,危险废物1.5%,放射性废渣0.3%,其他废弃物10%。

近年来,危险废物的产生量也呈现出上升的趋势。2002年,我国工业危险废物产生量约为1 000万t,2003年达1 171万t,比2002年增加17%;医疗卫生机构和其他行业还产生放射性废物11.53万t;社会生活中还产生了大量含镉、汞、铅、镍等重金属的废电池和废日光灯管等危险废物。危险废物名录中的47类废物在我国均有产生,其中碱溶液或固态碱等5种废物的产生量已占到危险废物总产生量的57.75%。

2. 占用大量土地资源

固体废物的露天堆放和填埋处置,需占用大量宝贵的土地资源。固体废物产生越多,累积的堆积量越大,填埋处理的比例越高,所需的面积也越大。如此一来,势必使可耕地面积短缺的矛盾加剧。我国许多城市在城郊设置的垃圾堆放场,侵占了大量的农田。

3. 固体废物对环境的危害

1) 对大气环境的影响

固体废物中的细微颗粒等可随风飞扬,从而对大气环境造成污染。研究表明:当发生4级以上的风力时,在粉煤灰或尾矿堆表层的直径为1cm以上的粉末将出现剥离,其飘扬的高度可达20~50m,并使平均视程降低30%~70%;而且堆积的废物中某些物质的分解和化学反应,可以不同程度地产生废气或恶臭,造成地区性空气污染。例如煤矸石自燃会散发出大量的SO_2、CO_2、NH_3等气体,造成局部地区空气的严重污染。

2) 对水环境的影响

在世界范围内,有不少国家直接将固体废物倾倒于河流、湖泊或海洋,甚至将后者当成处置固体废物的场所之一。应当指出,这是有违国际公约,理应严加管制的。固体废物可随天然降水或地表径流进入河流、湖泊,或随风飘落入河流、湖泊,污染地面水,并随渗滤液渗透到土壤中,进入地下水,使地下水污染;废渣直接排入河流、湖泊或海洋,能造成更大的水体污染。

即使无害的固体废物排入河流、湖泊,也会造成河床淤塞,水面减小,甚至导致水利工程设施的效益减少或废弃。我国沿河流、湖泊、海岸建立的许多企业,每年向附近水域排放大量灰渣。仅燃煤电厂每年向长江、黄河等水系排放灰渣达500万t以上,有的电厂的排污口外的灰滩已延伸到航道中心,灰渣在河道中大量淤积,从长远看,对其下游的大型水利工程是一种潜在的威胁。

美国的Love Canal事件是典型的固体废物污染地下水事件。1930—1935年,美国胡克化学工业公司在纽约州尼亚加拉瀑布附近的Love Canal废河谷填埋了2 800多吨桶装危险废物,1953年填平覆土,在上面兴建了学校和住宅。1978年大雨和融化的雪水造成危险废物外溢,而后就陆续发现该地区井水变臭,婴儿畸形,居民身患怪异疾病。1978年,美国总统颁布法令,封闭了住宅,封闭了学校,710多户居民迁出避难,并拨出2 700万美元进行补救治理。

生活垃圾未经无害化处理任意堆放,也已造成许多城市地下水污染。2006年,黑龙江省哈尔滨市韩家洼子垃圾填埋场的地下水浓度、色度和锰、铁、酚、汞含量及细菌总数、大肠杆菌数等都大大超标,锰含量超标 3 倍多,Hg 超标 20 多倍,细菌总数超标超过 4.3 倍,大肠杆菌超标 11 倍以上。

3) 对土壤环境的影响

固体废物及其渗滤液中所含的有害物质会改变土壤性质和土壤结构,并对土壤微生物的活动产生影响,或杀害土壤中的微生物,破坏土壤的腐解能力。这些有害成分的存在,不仅有碍植物根系的发育与生长,而且还会在植物有机体内蓄积,通过食物链危及人体健康。

4) 影响安全和环境卫生及景观

城市垃圾无序堆放时,会因厌氧分解产生大量甲烷气体。有关专家指出,$1m^3$ 的垃圾可以产生 $50m^3$ 的沼气,当沼气含量为 5%～15%时,就会发生爆炸,危及周围居民的安全。1994 年 8 月,湖南岳阳 2 个 2 万 m^3 的垃圾堆发生爆炸,将 1.5 万 t 的垃圾抛向高空,摧毁了 40m 外的一座泵房和两旁的污水大坝。这类严重的事件在许多地方都曾有发生。城市的生活垃圾、粪便等由于清运不及时,会产生堆存现象,使蚊蝇滋生,对人们居住环境的卫生状况造成严重影响,对人们的健康也构成潜在的威胁。垃圾堆存在城市的一些死角,对市容和景观会产生"视觉污染",给人们的视觉带来不良刺激。这不仅直接破坏了城市、风景点等的整体美感,而且损害了国家和国民的形象。

经济的迅速发展,特别是众多的新化学产品的不断投入市场,无疑还会给环境带来更加严重的负担,也将给固体废物污染控制提出更多的课题。

6.2 固体废物的管理原则

对固体废物污染的管理,关键在于解决好废物的产生、处理、处置和综合利用问题。首先,需要从污染源头开始,改进或采用更新的清洁生产工艺,尽量少排或不排废物。这是控制固体废物污染的根本措施。其次是对固体废物开展综合利用,使其资源化。最后是对固体废物进行处理与处置,使其无害化。

2004 年 12 月 29 日,《中华人民共和国固体废物污染环境防治法》在第 10 届全国人大常委会第 13 次会议上修订通过,于 2005 年 4 月 1 日正式实施。该修订法律的颁布与实施为固体废物的管理体系的建立与完善奠定了法律基础。该法首先确立了固体废物污染防治的"三化"原则,即"减量化、资源化、无害化"原则,明确了对固体废物进行全过程管理的原则(图 6-1),以及有害废物重点控制的原则。

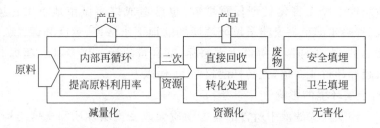

图 6-1　固体废物的全过程管理模式示意图

减量化就是从源头开始控制,主要是采用"绿色技术"和"清洁生产工艺",合理地开发利用资源,最大限度地减少固体废物的产生和排放。这要求改变传统粗放式经济发展模式,充分利用原材料、能源等各种资源。减量化不仅是减少固体废物的数量和体积,还包括尽可能地减少其种类,降低危险废物有害成分的浓度,减轻或消除其危险特性等。

资源化是指采取管理措施和工艺改革方案,从固体废物中回收有用的物质和能源,创造经济价值的广泛技术方法。固体废物资源化是固体废物的主要归宿。资源化概念包括以下三个方面:①物质回收,即处理废物并从中回收指定的二次物质,如纸张、玻璃、金属等;②物质转换,即利用废物制取新形态的物质,如利用炉渣生产水泥和建筑材料,利用有机垃圾生产堆肥等;③能量转换,即从废物中回收能量,作为热能和电能,如通过有机废物的焚烧处理回收热量,通过热解技术回收燃料,利用堆肥化生产沼气等。

无害化是指对产生的、且暂时不能综合利用的固体废物,经过物理、化学或生物的方法,进行对环境无害或低危害的安全处理、处置,达到废物的消毒、解毒或稳定化。无害化的基本任务是将固体废物通过工程处理,达到不污染生态环境和不危害人体健康的目的。

固体废物管理的"三化"原则是以减量化为前提,以无害化为核心,以资源化为归宿。

《固体废物法》还确立了对固体废物进行全过程管理的原则。所谓全过程管理是指对固体废物的产生、收集、运输、利用、储存、处理与处置的全过程,对过程的各个环节都实行控制管理和采取污染防治措施。《固体废物法》之所以确立这一原则是因为固体废物从其产生到最终处置的全过程中的每个环节都有产生污染危害的可能,如固体废物在焚烧过程中可能对空气造成污染,在填埋处理过程中要产生渗滤液,可能对地下水产生污染等,因此有必要对整个过程及其每一环节都实施全方位的监督与控制。

《固体废物法》对危险废物提出了重点控制的原则。由于危险废物的种类繁多、性质复杂,危害特性和方式各有不同,故应根据不同的危险特性与危害程度,采取区别对待、分类管理的原则,对危害性质特别严重的危险废物要实施严格控制和重点管理。对危险固体废物进行全方位控制与全过程管理。全方位控制包括对其进行鉴别、分析、监测、实验等环节;全过程管理则包括对固体废物的接受、检查、残渣监督、处理操作和最终处置各环节。

为执行《固体废物法》,对危险废物的管理应做到如下几个方面。

(1) 建立危险废物申报登记管理体系。产生危险废物单位,必须向环境保护行政主管部门申报危险废物的种类、产生量、流向、储存、处置等有关资料,并制定危险废物管理计划。管理计划中应包括减少危险废物产生量和危害性的措施以及危险废物储存、利用、处置措施。

(2) 实施危险废物经营许可证制度。从事收集、储存、处置危险废物经营活动的单位,必须向县级以上人民政府环境保护行政主管部门申请领取许可证;从事利用危险废物的经营单位,须向省级以上人民政府环境保护主管部门申请领取经营许可证。许可证制度有助于提高危险废物管理和技术水平,保证危险废物的严格控制,防止危险废物污染环境事故的发生。

(3) 实施危险废物转移联单制度。转移危险废物,必须填写危险废物转移联单,并须征得移出地和接受地双方相关环境保护主管部门批准,才能够按有关规定转移危险废物,并追踪和掌握危险废物的流向,保证危险废物的运输安全,防止危险废物的非法转移和非法处置,保证危险废物的安全监控,防止危险废物污染事故的发生。

(4) 加强源头控制。产生危险废物的单位,应从源头加强控制,采用清洁生产工艺,尽量减少危险废物的产生量。

(5) 危险废物的资源化利用与安全处置

① 在企业内部开发循环利用危险废物的技术工艺,能综合利用的危险废物要在企业内部就地消化。

② 建立区域危险废物交换中心促进危险废物的循环利用,提高危险废物的循环利用率,尽量减少危险废物的安全处理、处置量。

③ 建设危险废物综合利用设施,提高可回收利用的危险废物资源化程度。

④ 按区域联合建设原则,建设危险废物焚烧设施和安全填埋场,对不能资源化的危险废物进行无害化安全处置。

在国家环境保护"十二五"规划中明确提出,以减量化、资源化、无害化为原则,减量化优先,把防治固体废物污染作为维护人民健康、保障环境安全和发展循环经济,建设资源节约型、环境友好型社会的重点工作。并重点实施以下控制与利用工程。

(1) 实施危险废物和医疗废物处置工程。加快实施危险废物和医疗废物处置设施建设规划,完善危险废物集中处理收费标准和办法,建立危险废物和医疗废物收集、运输、处置的全过程环境监督管理体系,基本实现危险废物和医疗废物的安全处置。

(2) 实施生活垃圾无害化处置工程。实施生活垃圾无害化处置设施建设规划,城市生活垃圾无害化处理率不低于80%。推行垃圾分类回收、密闭运输、集中处理体系,强化垃圾处置设施的环境监管。高度重视垃圾渗滤液的处理,逐步对现有的简易垃圾处理场进行污染治理和生态恢复,消除污染隐患。

(3) 推进固体废物综合利用。重点推进共伴生矿产资源、粉煤灰、煤矸石、工业副产石膏、冶金和化工废渣、尾矿、建筑垃圾等大宗工业固体废物以及秸秆、畜禽养殖粪便、废弃木料的综合利用。到"十二五"末,工业固体废物综合利用率要达到72%。建立生产者责任延伸制度,完善再生资源回收利用体系,实现废旧电子电器的规模化、无害化综合利用。对进口废物加工利用企业严格监管,防止产生二次污染,严厉打击废物非法进出口。

6.3 固体废物污染综合防治对策

6.3.1 固体废物减量化对策与措施

1. 城市固体废物

控制城市固体废物产生量增长的对策和具体措施如下。

(1) 逐步改变燃料结构。我国城市垃圾中,有40%~50%是煤灰。如果改变居民的燃料结构,较大幅度提高民用燃气的使用比例,则可大幅度降低垃圾中的煤灰含量,减少生活垃圾总量。

(2) 净菜进城,减少垃圾产生量。目前我国的蔬菜基本未进行简单处理即进入居民家中,其中有大量泥沙及不能食用的附着物。据估计,蔬菜中丢弃的垃圾平均占蔬菜重量的40%左右,且体积庞大。如果在一级批发市场和产地对蔬菜进行简单处理,净菜进城,即可大大减少城市垃圾中的有机废物量,并有利于利用蔬菜下脚料沤成有机肥料。

(3) 避免过度包装和减少一次性商品的使用。城市垃圾中一次性商品废物和包装废物日益增多,既增加了垃圾产生量,又造成资源浪费。为了减少包装废物产生量,促进其回收利用,世界上许多国家颁布包装法规或者条例,强调包装废物的产生者有义务回收包装废物,而包装废物的生产者、进口者和销售者必须"对产品的整个生命周期负责",承担包装废物的分类回收、再生利用和无害化处理处置的义务,负担其中发生的费用。促使包装制品的生产者和进口者以及销售者在产品的设计、制造环节少用材料,减少废物产生量,少使用塑料包装物,多使用易于回收利用和无害化处理处置的材料。

(4) 加强产品的生态设计。产品的生态设计(又称产品的绿色设计)是清洁生产的主要途径之一,即在产品设计中纳入环境准则,并置于优先考虑的地位。环境准则包括降低物料消耗,降低能耗,减少健康安全风险,产品可被生物降解。为满足上述环境准则,可通过如下方法实现。

① 采用"小而精"的设计思想:采用轻质材料,去除多余功能。这样的产品不仅可以减少资源消耗,而且可以减少产品报废后的垃圾量。

② 提倡"简而美"的设计原则:减少所用原材料的种类,采用单一的材料。这样产品废弃后作为垃圾分类时简便易行。

(5) 推行垃圾分类收集。城市垃圾收集方式分为混合收集和分类收集两大类。混合收集通常指对不同产生源的垃圾不作任何处理或管理的简单收集方式。无论从生态环境和资源利用的角度看,还是从技术经济角度看,混合收集都是不可取的。按垃圾的组分进行垃圾分类收集,不仅有利于废品回收与资源利用,还可大幅度减少垃圾处理量。分类收集过程中通常可把垃圾分为易腐物、可回收物、不可回收物几大类。其中可回收物又可按纸、塑料、玻璃、金属等几类分别回收。日本从20世纪70年代中期开始,就已将垃圾分为可燃、不可燃和大件三大类,成功地进行了分类收集和处理,现在则有很多城市将垃圾分为七类进行收集。美国、德国、加拿大、意大利、丹麦、芬兰、瑞士、法国、挪威等国都大规模开展了垃圾分类收集活动,取得了明显的成效。例如,荷兰实行垃圾分类收集后,清运的垃圾量减少了35%。

(6) 搞好产品回收、利用的再循环。报废的产品包括大批量的日常消费品,以及耐用消费品如小汽车、电视机、冰箱、洗衣机、空调、地毯等。随着计算机技术的飞速发展,计算机更新换代的速度异常之快,废弃的计算机设备数目惊人,目前我国每年至少淘汰500万台计算机。对这些废品进行再利用是减少城市固体废物产生量的重要途径。

2. 工业固体废物

我国工业规模大、工艺落后,因而固体废物产生量过大。提高我国工业生产水平和管理水平,全面推行无废、少废工艺和清洁生产,减少废物产生量是固体废物污染控制的最有效途径之一。这包括:

(1) 淘汰落后生产工艺。1996年8月,国务院发布的《国务院关于环境保护若干问题的决定》(国发[1996]31号)中明确规定取缔、关闭或停产15种污染严重的企业(简称15小)。这对保护环境,削减固体废物的排放,特别是削减有毒有害废物的产生意义重大。这"15小"均不同程度地产生大量有害废物,对环境造成很大危害。根据推算,1996年全国有害废物产生量2600万t,如果全部取缔、关停15小,全国每年可以减少有害废物产生量约75.4万t。

(2) 推广清洁生产工艺。推广和实施清洁生产工艺对削减有害废物的产生量有重要意义。利用清洁"绿色"的生产方式代替污染严重的生产方式和工艺,既可节约资源,又可少排或不排废物,减轻环境污染。

例如,传统的苯胺生产工艺采用铁粉还原法,其生产过程产生大量含硝基苯、苯胺的铁泥和废水,造成环境污染和巨大的资源浪费。南京化工厂开发了流化床气相加氢、制苯胺工艺,便不再产生铁泥废渣,固体废物产生量由原来每吨产品2 500kg减少到每吨产品5kg,还大大降低了能耗。

工业生产中的原料品位低、质量差,也是造成工业固体废物大量产生的主要原因。只有采用精料工艺,才能减少废物的排放量和所含污染物质成分。例如,一些选矿技术落后,缺乏烧结能力的中小型炼铁厂,渣铁比相当高。如果在选矿过程中提高矿石品位,便可少加造渣熔剂和焦炭,并大大降低高炉渣的产生量。一些工业先进国家采用精料炼铁,高炉渣产生量可减少一半以上。

(3) 发展物质循环利用工艺。在企业生产过程中,发展物质循环利用工艺,使第一种产品的废物成为第二种产品的原料,并以第二种产品的废物再生产第三种产品,如此循环和回收利用,最后只剩下少量废物进入环境,以取得经济的、环境的和社会的综合效益。

6.3.2 固体废物资源化与综合利用

1. 固体废物的资源化途径

固体废物资源化包括以下3种途径。

(1) 物质回收。例如,从废弃物中回收纸张、玻璃、金属等物质。

(2) 物质转换,即利用废弃物制取新形态的物质。例如,利用废玻璃和废橡胶生产铺路材料,利用炉渣生产水泥和其他建筑材料,利用有机垃圾生产堆肥等。

(3) 能量转换,即从废物处理过程中回收能量,包括热能或电能。例如,通过有机废物的焚烧处理回收热量,进一步发电;利用垃圾厌氧消化产生沼气,作为能源向居民和企业供热或发电。

2. 废物资源化技术

1) 物理处理技术

物理处理是通过浓缩或相变化改变固体废物的结构,使之成为便于运输、储存、利用或处置的形态。物理处理方法包括压实、破碎、分选、增稠、吸附、萃取等。物理处理也往往作为回收固体废物中有价值物质的重要手段。

(1) 破碎：破碎的目的是把固体废物破碎成小块或粉状小颗粒，以利于分选有用或有害的物质。固体废物的破碎方式有机械破碎和物理破碎两种。机械破碎是借助于各种破碎机械对固体废物进行破碎。物理破碎有低温冷冻破碎和超声波破碎。低温冷冻破碎的原理是利用一些固体废物在低温(-120~-60℃)条件下脆化的性质而达到破碎的目的，可用于废塑料及其制品、废橡胶及其制品、废电线(塑料或橡胶被覆)等的破碎。

(2) 筛分：筛分是利用筛子将粒度范围较宽的混合物料按粒度大小分成若干不同级别的过程。

(3) 粉磨：粉磨在固体废物处理和利用中占有重要的地位。粉磨一般有3个目的：第一，对物料进行最后一段粉碎，为下一步分选创造条件；第二，对各种废物原料进行粉磨，并把它们混合均匀；第三，制造废物粉末，增加物料比表面积，为缩短物料化学反应时间创造条件。

(4) 压缩：对固体废物压缩处理的目的一是减少其容积，便于装卸和运输；二是制取高密度惰性块料，便于储存、填埋或作为建筑材料。

(5) 分选：常用的固体废物分选方法有重力分选(简称重选)；浮选；磁力分选(简称磁选)；电场分选；拣选；摩擦和弹道分选。

2) 化学处理技术

采用化学方法使固体废物发生化学转换从而回收物质和能源，是固体废物资源化处理的有效技术。煅烧、焙烧、烧结、溶剂浸出、热分解、焚烧等都属于化学处理技术。

(1) 煅烧：煅烧是在适宜的高温条件下，脱除物质中二氧化碳和结合水的过程。煅烧过程中发生脱水、分解和化合等物理化学变化。例如，碳酸钙渣经煅烧可再生石灰。

(2) 焙烧：焙烧是在适宜条件下将物料加热到一定的温度(低于其熔点)，使其发生物理化学变化的过程，根据焙烧过程中的主要化学反应和焙烧后的物理状态，可分为烧结焙烧、磁化焙烧、氧化焙烧、中温氯化焙烧、高温氯化焙烧等。

(3) 烧结：烧结是将粉末或粒状物质加热到低于主成分熔点的某一温度，使颗粒粘结成块或球团，提高致密度和机械强度的过程。为了更好地烧结，一般需在物料中配入一定量的熔剂，例如石灰石、纯碱等。

(4) 溶剂浸出：使固体物料中的一种或几种有用金属溶解于液体溶剂中，以便从溶液中提取有用金属，这种化学过程称为溶剂浸出法。按浸出剂的不同，浸出方法可分为水浸、酸浸、碱浸、盐浸和氰化浸等。溶剂浸出法在固体废物回收利用有用元素中应用很广泛,如用盐酸浸出固体废物中的铬、铜、镍、锰等金属,从煤矸石中浸出结晶三氯化铝、二氧化钛等。

(5) 热分解(或热裂解):热分解是利用热能切断大分子量的有机物,使之转变为含碳量更少的低分子量物质的工艺过程。应用热分解处理有机固体废物是热分解技术的新领域。通过热分解可在一定温度条件下,从有机废物中直接回收燃料油、气等。适于采用热分解的有机废物有废塑料(含氯者除外)、废橡胶、废轮胎、废油及油泥、废有机污泥等。

(6) 焚烧:有关内容见本节"焚烧处理"。

3) 生物处理技术

生物处理法可分为好氧生物处理法和厌氧生物处理法。好氧生物处理法是在水中有充分溶解氧存在的情况下,利用好氧微生物的活动,将固体废物中的有机物分解为二氧化碳、水、氨和硝酸盐。厌氧生物处理法是在缺氧的情况下,利用厌氧微生物的活动,将固体废物中的有机物分解为甲烷、二氧化碳、硫化氢、氨和水。生物处理法具有效率高、运行费用低等优点。固体废物处理及资源化中常用的生物处理技术有以下几种。

(1) 沼气发酵:沼气发酵是有机物质在隔绝空气和保持一定的水分、温度、酸和碱度等条件下,利用微生物分解有机物的过程。经过微生物的分解作用可产生沼气。沼气是一种混合气体,主要成分是甲烷和二氧化碳。其中甲烷占 60%~70%,二氧化碳占 30%~40%,还有少量氢、一氧化碳、硫化氢、氧和氮等气体。城市有机垃圾、污水处理厂的污泥、农村的人畜粪便、作物秸秆等皆可作为产生沼气的原料。为了使沼气发酵持续进行,必须提供和保持沼气发酵中各种微生物所需的条件。沼气发酵一般在隔绝氧的密闭沼气池内进行。

(2) 堆肥:堆肥是将人畜粪便、垃圾、青草、农作物的秸秆等堆积起来,利用微生物的作用,将堆料中的有机物分解,产生高热,以达到杀灭寄生虫卵和病原菌的目的。堆肥分为普通堆肥和高温堆肥,前者主要是厌氧分解过程,后者则主要是好氧分解过程。堆肥的全程一般需一个月。为了加速堆肥和确保处理效果,必须控制以下几个因素:第一,堆内必须有足够的微生物;第二,必须有足够的有机物,使微生物得以繁殖;第三,保持堆内适当的水分和酸、碱度;第四,适当通风,供给氧气;第五,用草泥封盖堆肥,以保温和防蝇。

(3) 细菌冶金:细菌冶金是利用某些微生物的生物催化作用,使矿石或固体废物中的金属溶解出来,从溶液中提取所需要的金属的方法。它与普通的"采矿-选矿-火法冶炼"比较,具有如下几个特点:设备简单,操作方便;特别适宜处理废矿、尾矿和炉渣;可综合浸出,分别回收多种金属。

6.3.3 固体废物的无害化处理处置

1. 焚烧处理

焚烧法是一种高温热处理技术,即以一定的过剩空气量与被处理的废物在焚烧炉内进行氧化燃烧反应,废物中的危险毒物在高温下氧化、热解而被破坏。这种处理方式可使废物完全氧化成无毒害物质。焚烧技术是一种可同时实现废物无害化、减量化、资源化的处理技术。

1) 可焚烧处理废物类型

焚烧法可处理城市垃圾、一般工业废物和危险废物,但当处理可燃有机物组分很少的废物时,需补加大量的燃料。

一般来说,发热量小于 3 300kJ/kg 的垃圾属低发热量垃圾,不适宜焚烧处理;发热量介于 3 300~5 000kJ/kg 的垃圾为中发热量垃圾,适宜焚烧处理;发热量大于 5 000kJ/kg 的垃圾属高发热量垃圾,适宜焚烧处理并回收其热能。

2) 废物焚烧炉

固体废物焚烧炉种类繁多。通常根据所处理废物对环境和人体健康的危害大小,以及所要求的处理程度,将焚烧炉分为城市垃圾焚烧炉、一般工业废物焚烧炉和危险废物焚烧炉 3 种类型。但从其机械结构和燃烧方式上,固体废物焚烧炉主要有炉排型焚烧炉、炉床型焚烧炉和沸腾流化床焚烧炉 3 种类型。

3) 焚烧处理技术指标

废物在焚烧过程中会产生一系列新污染物,有可能造成二次污染。对焚烧设施排放的大气污染物控制项目大致包括 4 个方面。

(1) 有害气体:包括 SO_2、HCl、HF、CO 和 NO_x;

(2) 烟尘:常将颗粒物、黑度、总碳量作为控制指标;

(3) 重金属元素单质或其化合物:如 Hg、Cd、Pb、Ni、Cr、As 等;

(4) 有机污染物:如二噁英,包括多氯代二苯并-对-二噁英(PCDDs)和多氯代二苯并呋喃(PCDFs)。

以美国法律为例,危险废物焚烧的法定处理效果标准为:①废物中所含的主要有机有害成分的去除率为 99.99% 以上;②排气中粉尘含量不得超过 180mg/m³(以标准状态下干燥排气为基准,同时排气流量必须调整至 50% 过剩空气百分比条件下);③氯化氢去除率达 99% 或排放量低于 1.8kg/h,以两者中数值较高者为基准;④多氯联苯的去除率为 99.999 9%,同时燃烧效率超过 99.9%。

2. 固体废物的处置技术

固体废物经过减量化和资源化处理后,剩余下来的、无再利用价值的残渣,往往富集了大量不同种类的污染物质,对生态环境和人体健康具有即时和长期的影响,必须妥善加以处置。安全、可靠地处置这些固体废物残渣,是固体废物全过程管理中最重要的环节。

1) 固体废物处置原则

虽然与废水和废气相比,固体废物中的污染物质具有一定的惰性,但是在长期的陆地处置过程中,由于本身固有的特性和外界条件的变化,必然会因在固体废物中发生的一系列相互关联的物理、化学和生物反应,导致对环境的污染。

固体废物的最终安全处置原则大体上可归纳为:

(1) 区别对待、分类处置、严格管制危险废物。固体物质种类繁多,其危害环境的方式、处置要求及所要求的安全处置年限均各有不同。因此,应根据不同废物的危害程度与特性,区别对待、分类管理,对具有特别严重危害的危险废物采取更为严格的特殊控制。这样,既能有效地控制主要污染危害,又能降低处置费用。

(2) 最大限度地将危险废物与生物圈相隔离。固体废物,特别是危险废物最终处置的基本原则是合理地、最大限度地使其与自然和人类环境隔离,减少有毒有害物质进入环境的速率和总量,将其在长期处置过程中对环境的影响减至最小程度。

(3) 集中处置。对危险废物实行集中处置,不仅可以节约人力、物力、财力,利于监督管理,也是有效控制乃至消除危险废物污染危害的重要形式和主要的技术手段。

2) 固体废物陆地处置的基本方法

固体废物海洋处置现已被国际公约禁止,陆地处置至今是世界各国常用的一种废物处置方法。陆地处置方法可分为土地耕作、永久储存(储留地储存)和土地填埋 3 种类型,其中应用最多的是土地填埋处置技术。

土地填埋处置是从传统的堆放和填地处置发展起来的一项最终处置技术,不是单纯的堆、填、埋,而是一种按照工程理论和工程标准,对固体废物进行有控管理的综合性科学工程方法。在填埋操作处置方式上,它已从堆、填、覆盖向包容、屏蔽隔离的工程储存方向发展。土地填埋处置,首先需要进行科学的选址,在设计规划的基础上对场地进行防护(如防渗)处理,然后按严格的操作程序进行填埋操作和封场,要制定全面的管理制度,定期对场地进行维护和监测。

土地填埋处置具有工艺简单、成本较低、适于处置多种类型固体废物的优点。目前,土地填埋处置已成为固体废物最终处置的一种主要方法。土地填埋处置的主要问题是渗滤液的收集控制问题。

(1) 土地填埋处置的分类:土地填埋处置的种类很多,采用的名称也不尽相同。按填埋场地形特征可分为山间填埋、峡谷填埋、平地填埋、废矿坑填埋;按填埋场地水文气象条件可分为干式填埋、湿式填埋和干、湿式混合填埋;按填埋场的状态可分为厌氧性填埋、好氧性填埋、准好氧性填埋和保管型填埋；按固体废物污染防治法规，可分为一般固体废物填埋和工业固体废物填埋。在日本，工业固体废物填埋又分为遮断型、管理型和安定型3种。

（2）填埋场的基本构造：填埋场构造与地形地貌、水文地质条件、填埋废物类别有关。按填埋废物类别和填埋场污染防治设计原理，填埋场构造有衰减型填埋场和封闭型填埋场之分。通常，用于处置城市垃圾的卫生填埋场属衰减型填埋场或半封闭型填埋场，而处置危险废物的安全填埋场属全封闭型填埋场。

① 自然衰减型填埋场。自然衰减型土地填埋场的基本设计思路，是允许部分渗滤液由填埋场基部渗透，利用下伏包气带土层和含水层的自净功能来降低渗滤液中污染物的浓度，使其达到能接受的水平。图6-2展示了一个理想的自然衰减型土地填埋场的地质横截面：填埋底部的包气带为粘土层，粘土层之下是含砂潜水层，而在含砂潜水层下为岩层。包气带土层和含砂潜水层应较厚。

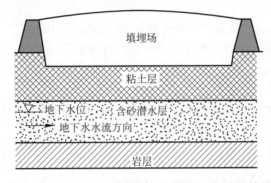

图6-2 理想的自然衰减型土地填埋场土层分层结构

② 全封闭型填埋场。全封闭型填埋场的设计是将废物和渗滤液与环境隔绝开，将废物安全保存相当一段时间（数十年甚至上百年）。这类填埋场通常利用地层结构的低渗透性或工程密封系统来减少渗滤液产生量和通过底部的渗透泄漏渗入蓄水层的渗滤液量，将对地下水的污染减少到最低限度，并对所收集的渗滤液进行妥善处理处置，认真执行封场及善后管理，从而达到使处置的废物与环境隔绝的目的。图6-3为全封闭型填埋场剖面图。

③ 半封闭型填埋场。这种类型的填埋场实际上介于自然衰减型填埋场和全封闭型填埋场之间。半封闭型填埋场的顶部密封系统一般要求不高，而底部一般设置单密封系统，并在密封衬层上设置渗滤液收集系统。大气降水仍会部分进入填埋场，而渗滤液也可能会部分泄漏进入下包气带和地下含水层，特别是只采用粘土衬层时更是如此。但是，由于大部分渗滤液可被收集排出，通过填埋场底部渗入下包气带和地下含水层的渗滤液量显著减少。

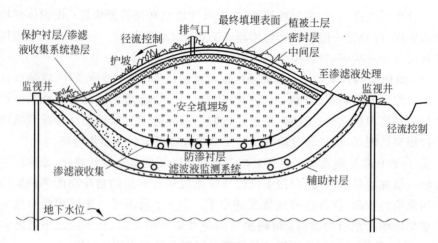

图 6-3　全封闭型安全填埋场剖面图

填埋场封闭后的管理工作十分必要,主要包括以下几项:

① 维护最终覆盖层的完整性和有效性。进行必要的维修,以消除沉降和凹陷以及其他因素的影响。

② 维护和监测检漏系统。

③ 继续运行渗滤液收集和去除系统,直到渗滤液检不出为止。

④ 维护和检测地下水监测系统。

⑤ 维护任何测量基准。

6.3.4　城市生活垃圾处理系统简介

目前国内外常采用的垃圾处理方式有焚烧法、卫生填埋法、堆肥法和分选法,其中以焚烧法和卫生填埋法应用最为普遍。由于城市垃圾成分复杂,并受经济发展水平、能源结构、自然条件及传统习惯的影响,生活垃圾成分相差很大,因此,对城市垃圾的处理一般随国情而不同,往往一个国家各个城市也采取不同的处理方式,很难统一,但最终都以减量化、资源化和无害化为处理标准。

1. 焚烧

焚烧法是一种对城市垃圾进行高温热化学处理的技术。将垃圾送入焚烧炉中,在 800～1 000℃ 高温条件下,垃圾中的可燃成分与空气中的氧进行剧烈的化学反应,放出热量,转化成高温燃烧气体和少量性质稳定的惰性残渣。通过焚烧可以使垃圾中可燃物氧化分解,达到减少体积、去除毒物、回收能量的目的。经焚烧处理后垃圾中的细菌和病毒能被彻底消灭,各种恶臭气体得到高温分解,烟气中的有害气体经处理达标排放。

垃圾焚烧后产生的热能可用于发电或供热。表 6-1 列出城市垃圾与几种典型燃料的热值与起燃温度。由表中数据可见，城市垃圾起燃温度较低，有适度热值，具备焚烧与热能回收的条件。可见，采用焚烧技术处理城市垃圾，回收热资源，具有明显的潜在优势。

表 6-1 城市垃圾与几种典型燃料的热值与起燃温度

燃　　料	热值/(kJ/kg)	起燃温度/℃
城市垃圾	9 300～18 600	260～370
煤炭	32 800	410
氢	142 000	575～590
甲烷	55 500	630～750
硫	1 300	240

图 6-4 是城市垃圾处理焚烧-发电系统流程图。首先垃圾进厂之前经过严格的分选，有毒有害垃圾、建筑垃圾、工业垃圾不能进入。符合规格的垃圾在卸料厅经过自动称量计量后卸入巨大的封闭式垃圾储存器内；然后用抓斗把垃圾投入进料斗中，落入履带，进入焚烧炉，在这里进行充分燃烧，产生的热能把锅炉内水转化为水蒸气，通过汽轮发电机组转化为电能输出。垃圾焚烧工厂必须配备消烟除尘装置以达到排放要求。

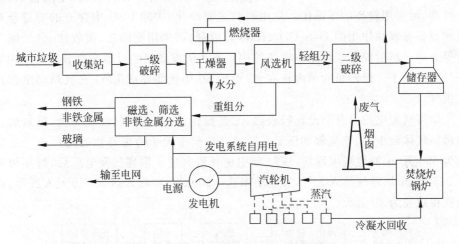

图 6-4 城市垃圾处理焚烧-发电系统流程图

作为循环经济的一种体现，垃圾发电不仅是先进的垃圾处置方式，也会产生巨大的经济效益。按预测的垃圾热值，每吨垃圾可发电 300kW·h 以上，这样 4t 垃圾的发电量相当于 1t 标准煤的发电量。如果我国能将垃圾充分有效地用于发电，每年将节省煤炭 5 000 万～6 000 万 t。在目前能源日渐紧缺的情况下，利用焚烧垃圾产生的热能作为热源，有着现实意义。

据统计，目前全球已有各种类型的垃圾处理工厂几千家，上海也建了两家大型的生活垃圾发电厂(江桥垃圾焚烧厂和浦东御桥生活垃圾发电厂)。

焚烧法减量化的效果最好，无害化程度高，且产生的热量可作能源回收利用，资源化效果好。该法占地少，处理能力可以调节，处理周期短，但建设投资大，处理成本高，处理效果受垃圾成分和热值的影响，是大中城市垃圾处理的发展方向。

2. 卫生填埋

卫生填埋有别于垃圾的自然堆放或简易填埋。卫生填埋是按卫生填埋工程技术标准处理城市垃圾的一种方法，其填埋过程为一层垃圾一层覆盖土交替填埋，并用压实机压实，填埋堆中预埋导气管导出垃圾分解时产生的有害气体(CH_4、CO_2、N_2、H_2S 等)。填埋场底部做成不透水层，防止渗滤液对地下水的污染，并在底部设垃圾渗滤液导出管将渗滤液导出进行集中处理。

填埋气(LFG)是一种宝贵的可再生的资源，现已成功地利用填埋气作车辆燃料及发电。

LFG 含 40%～60% 的甲烷，其热值与城市煤气的热值相近，每升 LFG 的能量相当于 0.24L 柴油，或 0.31L 汽油的能量，它不仅是清洁燃料，而且辛烷值高，着火点高，可采用较高的压缩比。使用时首先要净化，去除 LFG 中含有的有毒且对机械设备有腐蚀作用的 H_2S、CO_2、H_2O 等成分，可采用吸附法、吸收法、分子筛分离等方法。然后储存于钢瓶中以备使用。汽车的发动机经过适当改装便可使用填埋气为燃料了。巴西里约热内卢在 20 世纪 80 年代便建成 LFG 充气站向全市汽车供气。

填埋气发电技术目前已比较成熟，工艺操作便捷，填埋气燃烧完全，排放的二次污染气体较少，工艺流程如图 6-5 所示。杭州市天子岭废弃物处理厂有一个容量为 600 万 m³ 的垃圾填埋场，1994 年引进外资兴建了填埋气发电厂后，每年可减少 945 万 m³ 填埋气排入大气，发电功率达 1 800kW，年收入达 800 万元人民币，该场获得效益为 40 万元。

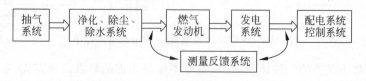

图 6-5 填埋气发电工艺流程

卫生填埋具有技术简单、处理量大、风险小、建设费用、运行成本相对较低的优点，但卫生填埋对场址条件要求较高，所需的覆盖土量较大。如果能够找到合适场址并解决覆盖土的来源问题，在目前的经济、技术条件下，卫生填埋法是最适用的方法。

3．堆肥

堆肥是在有控制的条件下，利用微生物对垃圾中的有机物进行生物降解，使之成为具有良好稳定性的腐殖土肥料的过程，因此它是一种垃圾资源化处理方法。堆肥有厌氧和好氧两种，前者堆肥时间长、堆温低、占地大、二次污染严重。现代堆肥工艺是指高温好氧堆肥，是在好氧条件下，用尽可能短的时间完成垃圾的发酵分解，并利用分解过程产生的热量使堆温升至 60～80℃，起到灭菌、灭寄生虫和苍蝇卵蛹的作用，从而达到无害化的目的。垃圾的堆肥化处理的优点在于能使垃圾转化为可利用的资源，既增加了垃圾处理的经济效益，又减少了垃圾最终填埋地，节约了土地资源。

堆肥法无害化、资源化效果好，出售肥料产品，有一定的经济效益。但该法需一定的技术和设备，建设投资和处理成本较高，堆肥产品的产量、质量和价格受垃圾成分的影响。产品的销路好坏是采用堆肥法的决定性因素。

复习与思考

6-1　什么是固体废物？它们是如何分类的？

6-2　固体废物有哪些基本特性？

6-3　固体废物的主要环境问题是什么？

6-4　简述固体废物污染防治的"三化"原则。为什么"减量化"原则处于优先地位？

6-5　试述固体废物减量化的对策与措施。

6-6　举例说明固体废物是如何进行资源化与综合利用的。

6-7　举例说明固体废物无害化最终处置的方法。

6-8　简述城市垃圾焚烧-发电系统的原理和工艺流程。

6-9　什么是生活垃圾卫生填埋？简述填埋气(LFG)发电工艺流程。

第7章 物理性污染及其防治

7.1 噪声污染及其防治

7.1.1 声音与噪声

声音是物体的振动以波的形式在弹性介质中进行传播的一种物理现象。我们平常所指的声音一般是通过空气传播作用于耳鼓而被感觉到的声音。人类生活在声音的环境中,并且借助声音进行信息的传递,交流思想感情。

尽管我们的生活环境中不能没有声音,但是也有一些声音是我们不需要的,如睡眠时的吵闹声。从广义上来讲,凡是人们不需要的,使人厌烦并干扰人的正常生活、工作和休息的声音统称为噪声。例如,音乐演播厅里,某个人正沉醉于优美的琴声中,周围的几个人却窃窃私语,对他而言这样的私语显然是噪声。噪声不仅取决于声音的物理性质,而且还与人的生活状态有关。即使听到同样的声音,有些人感到很喜欢,愿意听,有些人却感到厌恶。总之,确定一种声音是否噪声与人的主观感觉是很有关系的。

我国制定的《中华人民共和国环境噪声污染防治法》中把超过国家规定的环境噪声排放标准,并干扰他人正常生活、工作和学习的现象称为环境噪声污染。

7.1.2 噪声的主要特征及其来源

1. 噪声的主要特征

(1) 噪声是一种感觉性污染,在空气中传播时不会在周围环境里留下有毒有害的化学污染物质。对噪声的判断与个人所处的环境和主观愿望有关。

(2) 噪声源的分布广泛而分散,但是由于传播过程中会发生能量的衰减,因此噪声污染的影响范围是有限的。

(3) 噪声产生的污染没有后效作用。一旦噪声源停止发声,噪声便会消失,转化为空气分子无规则运动的热能。

（4）与其他污染相比，噪声的再利用问题很难解决。目前所能做到的是利用机械噪声进行故障诊断。如通过对各种运动机械产生的噪声水平及频谱进行测量和分析，评价机械机构完善程度和制造质量。

2．噪声源及其分类

声是由于物体振动而产生的，所以把振动的固体、液体和气体通称为声源。声能通过固体、液体和气体介质向外界传播，并且被感受目标所接收。人耳则是人体的声音感受器官，所以在声学中把声源、介质、接收器称为声的三要素。

产生噪声的声源很多，若按产生机理来划分，有机械噪声、空气动力性噪声和电磁性噪声三大类。

（1）机械噪声：各种机械设备及其部件在运转和能量传递过程中由于摩擦、冲击、振动等原因所产生的噪声。如齿轮变速箱、织布机、球磨机、粉碎机、车床等发出的噪声就是典型的机械噪声。

（2）空气动力性噪声：由气体流动过程中的相互作用，或气体和固体介质之间的相互作用而产生的噪声。常见的气流噪声有风机噪声、喷气发动机噪声、高压锅炉放气排气噪声和内燃机排气噪声等。

（3）电磁性噪声：由电磁场交替变化而引起某些机械部件或空间容积振动而产生的噪声。日常生活中，民用大小型变压器、镇流器、电源开关、电感、电机等均可能产生电磁性噪声。工业中变频器、大型电动机和变压器是主要的电磁噪声来源。

若按声源发生的场所来划分，有工业噪声、交通噪声、建筑施工噪声和社会生活噪声。

（1）工业噪声是指工厂在生产过程中由于机械振动、摩擦撞击及气流扰动产生的噪声。它不仅直接危害工人健康，而且干扰周围居民的生活。一般工厂车间内噪声级为75～105dB，少数车间或设备的噪声级高达110～120dB。

（2）交通噪声是指飞机、火车、汽车等交通运输工具在飞行和行驶中所产生的噪声。常见的交通噪声有道路交通噪声、航空噪声、铁路运输噪声、船舶噪声等。随着我国经济的迅速发展，各种交通设施及交通工具快速增长，交通噪声污染随之加剧。

（3）建筑施工噪声是指在建筑施工过程中产生的干扰周围生活环境的声音。建筑施工噪声是影响城市声环境质量的重要因素。它具有强度高、分布广、流动大、控制难等特点。如打桩机、混凝土搅拌机、推土机、运料机等噪声级为85～100dB，对周围环境造成严重的污染。

（4）社会生活噪声是指街道以及建筑物内部各种生活用品设备和人们日常活动所产生的噪声。包括商业、文娱、体育活动等场所的空调设备、音响系统等产生的噪声，舞厅、卡拉OK(KTV)噪声，家用电器噪声，装修噪声等。

7.1.3 噪声污染的危害

随着工业生产、交通运输、城市建筑的发展,以及人口密度的增加,家庭设施(音响、空调、电视机等)的增多,环境噪声日益严重,它已成为污染人类社会环境的一大公害。20世纪50年代后,噪声被公认为与污水、废气、固体废物并列的四大公害之一。据统计,1998年我国城市噪声诉讼案件已占全部环境污染诉讼案件的40%左右。

1. 对人体生理和心理的影响

噪声不仅会影响听力,而且还对人的心血管系统、神经系统、内分泌系统产生不利影响,所以有人称噪声为"致人死命的慢性毒药"。噪声给人带来生理上和心理上的危害主要有以下几方面。

1) 干扰休息和睡眠,影响交谈和思考,使工作效率降低

(1) 干扰休息和睡眠。休息和睡眠是人们消除疲劳、恢复体力和维持健康的必要条件。但噪声使人不得安宁,难以休息和入睡。当人辗转不能入睡时,便会心态紧张,呼吸急促,脉搏跳动加剧,大脑兴奋不止,第二天就会感到疲倦或四肢无力,从而影响工作和学习,久而久之,就会得神经衰弱症,表现为失眠、耳鸣、疲劳。人进入睡眠之后,即使是40~50dB较轻的噪声干扰,也会从熟睡状态变成半熟睡状态。人在熟睡状态时,大脑活动是缓慢而有规律的,能够得到充分的休息;而在半熟睡状态时,大脑仍处于紧张、活跃的阶段,这就会使人得不到充分的休息和体力的恢复。

(2) 影响交谈和思考,使工作效率降低。在噪声环境下,妨碍人们之间的交谈、沟通是常见的。因为人们的思考也是语言思维活动,其受噪声干扰的影响与交谈是一致的。实验研究表明噪声干扰交谈,其结果如表7-1所示。此外,研究发现,噪声超过85dB,会使人感到心烦意乱,人们会感觉到吵闹,因而无法专心地工作,结果会导致工作效率降低。

表7-1 噪声对交谈的影响

声压级/dB	主观反映	保证正常讲话距离/m	沟通质量
45	安静	10	很好
55	稍吵	3.5	好
65	吵	1.2	较困难
75	很吵	0.3	困难
85	太吵	0.1	不可能

2) 损伤听觉、视觉器官

我们都有这样的经验,从飞机里下来或从锻压车间出来,耳朵总是嗡嗡作响,甚至听不清对方说话的声音,过一会儿才会恢复。这种现象叫做听觉疲劳,是人体听觉器官对外界环境的一种保护性反应。如果人长时间遭受强烈噪声作用,听力就会减弱,进而导致听觉器官的器质性损伤,造成听力下降。

(1) 强的噪声可以引起耳部的不适,如耳鸣、耳痛、听力损伤。据测定,超过 115dB 的噪声还会造成耳聋。据临床医学统计,若在 80dB 以上的噪声环境中生活,造成耳聋者可达 50%。噪声性耳聋有两个特点,一是除了高强噪声外,一般噪声性耳聋都需要一个持续的累积过程,发病率与持续作业时间有关,这也是人们对噪声污染忽视的原因之一。二是噪声性耳聋是不能治愈的,因此,有人把噪声污染比喻成慢性毒药。耳聋发病率的统计结果如表 7-2 所示。从表 7-2 可以看出,工作在 80dB 噪声以下不致耳聋;80dB 以上,每增加 5dB,噪声性耳聋发病率增加 10%。

表 7-2　工作 40 年后噪声性耳聋发病率

声压级/dB	国际统计(ISO)/%	美国统计/%
80	0	0
85	10	8
90	21	18
95	29	28
100	41	40

医学专家研究认为,家庭噪声是造成儿童聋哑的病因之一。噪声对儿童身心健康危害更大。因儿童发育尚未成熟,各组织器官十分娇嫩和脆弱,不论是体内的胎儿还是刚出世的孩子,噪声均可损伤听觉器官,使听力减退或丧失。据统计,当今世界上有 7 000 多万耳聋者,其中相当部分是由噪声所致。

(2) 噪声对视力的损害。人们只知道噪声影响听力,其实噪声还影响视力。实验表明:当噪声强度达到 90dB 时,人的视觉细胞敏感性下降,识别弱光反应时间延长;噪声达到 95dB 时,有 40% 的人瞳孔放大,视觉模糊;而噪声达到 115dB 时,多数人的眼球对光亮度的适应都有不同程度的减弱。所以长时间处于噪声环境中的人很容易发生视疲劳、眼痛、眼花和视物流泪等眼损伤现象。同时,噪声还会使色觉、视野发生异常。调查发现噪声对红、蓝、白三色视野缩小 80%。

3) 对人体的生理影响

噪声是一种恶性刺激波,长期作用于人的中枢神经系统,可使大脑皮质的兴奋和抑制失调,条件反射异常,出现头晕、头痛、耳鸣、多梦、失眠、心慌、记忆力减退、注意力不集中等症状,严重者可产生精神错乱。这种症状,药物治疗疗效很差,但当脱离噪声环境时,症状就会明显好转。噪声可引起植物神经系统功能紊乱,表现在血压升高或降低、心率改变、心脏病加剧。噪声会使人唾液、胃液分泌减少,胃酸降低,胃蠕动减弱,食欲不振,引起胃溃疡。噪声对人的内分泌机能也会产生影响,如导致女性性机能紊乱、月经失调、流产率增加等。噪声对儿童的智力发育也有不利影响,据调查,3岁前儿童生活在75dB的噪声环境里,他们的心脑功能发育都会受到不同程度的损害,在噪声环境下生活的儿童,智力发育水平要比安静条件下的儿童低20%。噪声对人的心理影响主要是使人烦恼、激动、易怒,甚至失去理智。此外,噪声还对动物、建筑物有损害,在噪声下的植物也生长不好,有的甚至死亡。

(1) 损害心血管。噪声是心血管疾病的危险因子,噪声会加速心脏衰老,增加心肌梗死发病率。医学专家经人体和动物实验证明,长期接触噪声可使体内肾上腺分泌增加,从而使血压上升,在平均70dB的噪声中长期生活的人,其心肌梗死发病率增加30%左右,特别是夜间噪声会使发病率更高。调查发现,生活在高速公路旁的居民,心肌梗死率增加了30%左右。调查1 101名纺织女工,高血压发病率为7.2%,其中接触强度达100dB噪声者,高血压发病率达15.2%。

(2) 对女性生理机能的损害。专家们在哈尔滨、北京和长春等地区经过为期3年的系统调查,发现噪声不仅能使女工患噪声聋,且对女工的月经和生育均有不良影响,另外可导致孕妇流产、早产,甚至可致畸胎。国外曾对某个地区的孕妇普遍发生流产和早产作了调查,结果发现她们居住在一个飞机场的周围,祸首正是那飞起降落的飞机所产生的巨大噪声。

(3) 噪声还可以引起如神经系统功能紊乱、精神障碍、内分泌紊乱,导致事故率升高。高噪声的工作环境,可使人出现头晕、头痛、失眠、多梦、全身乏力、记忆力减退以及恐惧、易怒、自卑甚至精神错乱。在日本,曾有过因为受不了火车噪声的刺激而精神错乱,最后自杀的例子。

2. 对动植物及建筑物等设施的影响

噪声不但会给人体健康带来危害,而且还会给动、植物以及建筑物等设施产生一定的影响。

1) 噪声对动物的影响

有人给奶牛播放轻音乐后,牛奶的产量大大增加,而强烈的噪声使奶牛不再产奶。20世纪60年代初,美国一种新型飞机进行历时半年的试验飞行,结果使附近一个农场的10 000只鸡羽毛全部脱落,不再下蛋,有6 000只鸡体内出血,最后死亡。

2) 噪声对植物的影响

噪声能促进果蔬的衰老进程,使呼吸强度和内源乙烯释放量提高,并能激活各种氧化酶和水解酶的活性,使果胶水解,细胞破坏,导致细胞膜透性增加。85~95dB 的噪声剂量对果蔬的生理活动影响较为显著。

3) 噪声对建筑物的影响

如果建筑物附近有振动剧烈的振动筛、大型空气锤,或建设施工时的打桩和爆破等,则可以观察到桌上的物品有小跳动。在这种振动的反复冲击下,曾发生墙体裂痕、瓦片震落和玻璃震碎等危害建筑物的现象。

轰声是超声速飞行中的飞机产生的一种噪声。1970 年,德国韦斯特堡城及其附近曾因强烈的轰声而发生 378 起建筑物受损事件,大部分是玻璃损坏、石板瓦掀起、合页及门心板损坏等。另据美国对轰声受损的统计,在 3 000 起建筑受损事件中,抹灰开裂占 43%,窗损坏占 32%,墙开裂占 15%,还有瓦和镜子损坏等,均未提及主体受损。因此可以认为轰声对结构基本无显著影响,而对大面积的轻质结构则可能造成损害。

7.1.4 噪声污染综合防治

噪声污染的发生必须有 3 个要素:噪声源、噪声传音途径和接收者。只有这三个要素同时存在才构成噪声对环境的污染和对人的危害。因此,防治噪声污染必须从这三方面着手,既要对其分别进行研究,又要将它们作为一个系统综合考虑。优先次序是:噪声源控制、噪声传音途径控制和接收者保护。

1. 噪声控制的基本途径和措施

1) 噪声源的控制

控制噪声污染的最有效方法是从控制声源的发声着手。通过研制和选用低噪声设备、改进生产和加工工艺、提高机械设备的加工精度和装配质量,以及对振动机械采用阻尼隔振等措施,可减少发声体的数目或降低发声体的辐射声功率。这是控制噪声污染的根本途径。

(1) 应用新材料、改进机械设备的结构。改进机械设备的结构、应用新材料来降噪,效果和潜力是很大的。近些年,随着材料科技的发展,各种新型材料应运而生,用一些内摩擦较大、高阻尼合金、高强度塑料生产机器零部件已变成现实。例如,在汽车生产中就经常采用高强度塑料机件。化纤厂的拉捻机噪声很高,将现有齿轮改用尼龙齿轮,可降噪 20dB。对于风机,不同形式的叶片,产生的噪声也不一样,选择最佳叶片形状,可以降低风机噪声。例如,把风机叶片由直片式改成后弯形,可降噪 10dB。或者将叶片的长度减小,亦可降低噪声。

(2) 改革工艺和操作方法。改革工艺和操作方法,也是从声源上降低噪声的一种途径。例如,用低噪声的焊接代替高噪声的铆接;用无声的液压代替有梭织布机。在建筑施工中,柴油打桩机在 15m 外其噪声达到 100dB,而压力打桩机的噪声只有 50dB。在工厂里,把铆接改成焊接,把锻打改成液压加工,均能降噪 20~40dB。

(3) 提高零部件的加工精度和装配质量。零部件加工精度的提高,可使机件间摩擦尽量减少,从而使噪声降低。提高装配质量,减少偏心振动,以及提高机壳的刚度等,都能使机器设备的噪声减小。对于轴承,若将滚子加工精度提高一级,轴承噪声可降低 10dB。

2) 传播途径上的控制

在噪声源上治理噪声效果不理想时,需要在传播途径上采取措施。

(1) 合理规划布局。居民区、学校、办公机关、疗养院和医院这些要求低噪声的地点,应该与商业区、娱乐场所、工业区分开布置。在厂区内应合理地布置生产车间和办公室的位置,将噪声较大的车间集中起来,与办公室、实验室等需要安静的场所分开,噪声源尽量不露天放置。

(2) 利用绿化降低噪声。由于植物叶片、树枝具有吸收声能与降低声音振动的特点,成片的林带可在很大程度上减少噪声量。一般的宽林带(几十米)可降噪 10~20dB。在城市里可采用绿篱、乔灌木和草坪的混合绿化结构,宽度 5m 左右的平均降噪效果可达 5dB。试验表明,绿色植物减弱噪声的效果与林带宽度、高度、位置、配置方式及树木种类有密切关系。在城市中,林带宽度最好是 6~15m,郊区为 15~20m。多条窄林带的隔声效果比只有一条宽林带好。林带的高度大致为声源至声区距离的两倍。林带的位置应尽量靠近声源,这样降噪效果更好。一般林带边缘至声源的距离是 6~11m,林带应以乔木、灌木和草地相结合,形成一个连续、密集的障碍带。树种一般选择树冠矮的乔木,阔叶树的吸声效果比针叶树好,灌木丛的吸声效果更为显著。

(3) 采用声学控制技术。在上述措施均不能满足环境噪声要求时,可采用局部声学技术来降噪,如吸声技术、隔声技术、消声技术等。

3) 个人防护

因条件所限不能从噪声源和传播途径上控制噪声时,可采取个人防护的办法。个人防护是一种经济而有效的防噪措施。个人防护一是采用防护用具,如防声棉(蜡浸棉花)、耳塞、耳罩、帽盔等;二是采取轮班作业,缩短在强噪声环境中的暴露时间。

2. 噪声控制工程技术方法

吸声、隔声、消声等是噪声控制的主要工程技术方法,在对噪声传播的具体情况进行分析后综合应用这些措施,才能达到预期效果。

1) 吸声技术

室内噪声有两个来源。由声源通过空气传来的直达声及由室内各壁面(墙面、顶棚、地面以及其他设备)经多次反射而来的反射声,即混响声。由于混响声的叠加作用,能使声音强度提高 10 多分贝。在房间的内壁及空间装设吸声结构,当声波投射到这些结构表面后,部分声能被吸收,就能使反射声减少,总的声音强度也就降低。这种利用吸声材料和吸声结构来吸收反射声,降低室内噪声的技术,称为吸声技术。

(1) 多孔性吸声材料。具有连续气泡的多孔性材料的吸声效果较好,是应用最普遍的吸声材料。其吸声原理为:当声波入射到多孔材料表面时,可以进入细孔中去,引起孔隙内的空气和材料振动,空气的摩擦和粘滞作用使声能转变成热能,消耗一部分声能,从而使声波衰减。即使有一部分声能透过材料到达壁面,也会在反射时再次经过吸声材料,声能又一次被吸收。

多孔性吸声材料分纤维型、泡沫型和颗粒型三种类型。纤维型多孔吸声材料有玻璃纤维、矿渣棉、毛毡、甘蔗纤维、超细玻璃棉、植物纤维、木质纤维等。泡沫型吸声材料有聚氨基甲醋酸泡沫塑料、泡沫橡胶等。颗粒型吸声材料有膨胀珍珠岩和微孔吸声砖等。

(2) 吸声结构。多孔吸声材料对于高频声有较好的吸声能力,但对低频声的吸声能力较差。为了解决低频声的吸收问题,在实践中人们利用共振原理制成了一些吸声结构。常用的吸声结构有穿孔板共振吸声结构、薄板共振吸声结构和微穿孔板共振吸声结构。

① 穿孔板共振吸声结构。在薄板(钢板、铝板、胶合板、塑料板等)上打上小孔,在板后与刚性壁之间留一定深度的空腔就组成了穿孔板共振吸声结构,分为单孔共振吸声结构和多孔共振吸声结构。

单孔共振吸声结构如图 7-1 所示,它是由腔体和颈口组成的共振结构,腔体通过颈部与大气相通。腔体体积为 V,颈口颈长为 l_0,颈口直径为 d。

在声波作用下,孔颈中的空气柱像活塞一样作往复运动,由于摩擦作用,使部分声能转化为热能消耗,达到吸声作用。当入射声波的频率与共振器的固有频率一致时,会产生共振现象,声能将得到最大的吸收。单孔

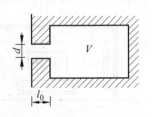

图 7-1 单孔共振吸声结构

共振吸声结构只对共振频率附近的声波有较好的吸收,因此吸声频带很窄。

多孔共振吸声结构可看做由多个单孔共振腔并联而成。多孔共振吸声结构对频率的选择性很强,吸声频带比较窄,主要用于吸收低、中频噪声的峰值。

② 薄板共振吸声结构。把不穿孔的薄板(金属板、胶合板、塑料板等)固定在框架上,板后留有一定厚度的空气层,就构成了薄板共振吸声结构(图7-2)。

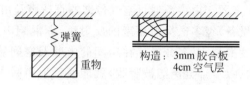

图 7-2 薄板共振吸声结构

薄板相当于质量块,板后的空气层相当于弹簧。当声波作用于薄板时,引起薄板的弯曲振动。由于薄板和固定支点之间的摩擦和薄板内部摩擦损耗,使振动的动能转化为热能损耗,使声能衰减。当入射声波的频率与薄板共振吸声结构的固有频率一致时,振动系统会发生共振,声能将获得最大的吸收。

薄板共振吸声结构对低频声音有良好的吸收性能。在薄板与龙骨交接处放置一些柔软材料或衬垫一些多孔材料,吸声效果将明显提高。将不同腔深的薄板组合使用,可以提高吸声频带。

③ 微穿孔板共振吸声结构。微穿孔板共振吸声结构是一种板厚及孔径均为1nm以下,穿孔率为1%~3%的金属穿孔板与板后空腔组成的吸声结构。为达到更宽频带的吸收,常做成双层或多层的组合结构。

微穿孔板共振吸声结构有较宽的吸声频带,不需使用多孔材料,适用于高温、潮湿和易腐蚀的场合,用于控制气流噪声。但缺点是制造工艺复杂,成本较高,容易堵塞。

2)隔声技术

隔声是噪声控制工程中常用的一种技术措施,它利用墙体、各种板材及构件作为屏蔽物或利用围护结构把噪声控制在一定范围之内,使噪声在空气中的传播受阻而不能顺利通过,从而达到降低噪声的目的。

常见的隔声结构包括隔声罩、隔声间、隔声屏及组合隔声墙(隔声门、窗)。

(1)隔声罩。将噪声较大的装置封闭起来,有效地阻隔噪声向周围环境辐射的罩形结构,称隔声罩(图7-3)。隔声罩常用于风机、空压机、柴油机、鼓风机等强噪声机械的

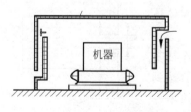

图 7-3 带进排风消声通道的隔声罩

降噪。活动密封型隔声罩降噪量为 15～30dB,固定密封型隔声罩降噪量为 30～40dB,局部开敞型隔声罩降噪量为 10～20dB 等结构。带有通风散热消声器的隔声罩降噪量为 15～25dB。

(2) 隔声间。由不同隔声构件组成的具有良好隔声性能的房间称为隔声间。可以将多个强声源置于上述小房间中,以保护周围环境,或者供操作人员进行生产控制、监督、观察、休息之用。

(3) 隔声屏。在声源与接收点之间设置障板,阻断声波的直接传播,以降低噪声,这样的结构称为声屏障或隔声屏(帘)。声屏障应用的原理如光照射一样,当声波遇到一个阻挡的障板时,会发生反射,并从屏障上端绕射,于是在障板另一面会形成一定范围的声影区,声影区的噪声相对小些,可以达到利用屏障降噪的目的。

高频噪声波长短,绕射能力差,因此隔声屏对高频噪声有较显著的隔声能力。合理设计声屏位置、高度、长度,可使噪声衰减 7～24dB。根据材质隔声屏可分为全金属隔声屏障、全玻璃钢隔声屏障、耐力板全透明隔声屏障、高强水泥隔声屏障、水泥木屑隔声屏障等。隔声屏目前主要应用在城市高架路、穿过城市的铁路、高速公路通过居民文教区段等。

3) 消声技术

许多机械设备的进、排气管道和通风管道都会产生强烈的空气动力性噪声,而消声器是防治这种噪声的主要装置,它既阻止声音向外传播,又允许气流通过,装在设备的气流通道上,可使该设备本身发出的噪声和管道中的空气动力性噪声降低。

消声器的类型有阻性消声器、抗性消声器、阻抗复合式消声器、微穿孔板消声器、小孔消声器等。

(1) 阻性消声器。把吸声材料固定在气流通过的管道周壁,或按一定方式在通道中排列起来,利用吸声材料的吸声作用,使沿通道传播的噪声不断被吸收而逐渐衰减,就构成了阻性消声器。

当声波进入消声器,便引起阻性消声器内多孔材料孔隙中的空气和纤维振动,由于摩擦阻力和粘滞阻力的作用,使一部分声能转化为热能而散失,通过消声器的声波减弱,起到消声作用。

阻性消声器对中高频范围的噪声具有较好的消声效果,适用于消除气体流速不大的风机、燃气轮机等进气噪声,不适用于对吸声材料有影响的环境。阻性消声器的消声量与消声器的形式、长度、通道截面积有关,同时与吸声材料的种类、密度和厚度等因素也有关。

图 7-4 为阻性消声器的结构。

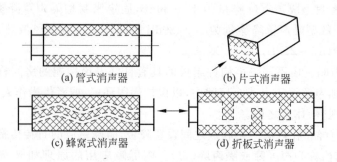

图 7-4 阻性消声器的结构

管式消声器是把吸声材料固定在管道内壁上形成的,有直管式和弯管式,通道为圆形或矩形。管式消声器加工简易,空气动力性好,适用于气体流量小的情况。片式消声器是由一排平行的消声片组成,每个通道相当于一个矩形消声器。通道宽度越小,消声量越大。片式消声器对中高频噪声消声效果好。蜂窝式消声器由许多平行管式消声器并联而成,对中高频噪声消声效果好,适用于控制大型鼓风机的气流噪声。折板式消声器把消声片做成弯折状,声波在消声器内往复多次反射,增加噪声与吸声材料的接触机会,使消声效果得到提高。但折板式消声器的阻力损失大,适用于压力和噪声较高的噪声设备。

(2) 抗性消声器。抗性消声器不使用吸声材料,而是在管道上接截面积突变的管段或旁接共振腔,使某些频率的声波在声阻抗突变的界面发生反射、干涉等现象,从而在消声器的外侧,达到了消声的目的。抗性消声器主要有扩张室式和共振腔式两种,适用于消除低、中频噪声。

(3) 阻抗复合式消声器。把阻性与抗性两种消声结构按照一定方式组合起来(阻抗结构的并联或串联结构)而构成的消声器即为阻抗复合式消声器(图 7-5)。总消声量可定性地认为是阻性和抗性在同一频带的消声值的叠加。一般阻抗复合消声器的抗性在前,阻性在后,即先消低频声,然后消高频声。阻抗复合式消声器可以在低、中、高的宽广频率范围内获得较好的消声效果。

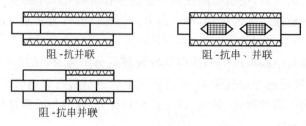

图 7-5 阻抗复合式消声器

(4) 微穿孔板消声器。微穿孔板消声器不采用任何多孔吸声材料,而是在薄金属板上钻许多微孔,由于微穿孔板的孔径很小,声阻很大,可以有效地消耗声能,起到吸声作用,因此可作为阻性消声器处理。通过选择微穿孔板上的不同穿孔率与板后的不同腔深,能够在较宽的频率范围内获得良好的吸声效果。

(5) 小孔消声器。小孔消声器是一根直径与排气管直径相等、末端封闭的管子,管壁上钻有很多小孔。当气流经过小孔时,喷气噪声的频谱就从低频移向高频范围(喷气噪声的峰值频率与喷口直径成反比),使频谱中的可听声成分显著降低,从而使干扰噪声减少。小孔消声器具有体积小、重量轻和消声能力大的特点,用来控制高压、高速排气放空噪声。

4) 降噪技术应用实例——汽车噪声控制

汽车噪声对环境的影响可以分成两个方面:一方面是对车内乘客和驾驶员的影响——车内噪声;另一方面是对车外环境的影响——交通噪声。

(1) 吸声技术应用。针对汽车最主要噪声源——发动机产生的噪声,最常用的降噪措施是采用多孔性吸声材料进行声学处理,对中高频噪声有很好的消除作用。这类材料种类很多,有玻璃棉、岩棉、矿棉等。形状有纤维状、颗粒状和泡沫塑料等。一般是以玻璃纤维和毛毡类为基体,用非织物进行表面处理,其后设成空气层结构,通过热压成型。通常安装在发动机罩内侧和前隔板的发动机侧。车内的吸声,则利用具有良好吸声性能的装饰材料,如地毯、车顶内衬、座椅面料、门内板等。

(2) 隔声技术应用。发动机罩是一种典型的隔声罩。汽车驾驶室和客车车厢都属于隔声室这类隔声装置。此外,在使用过程中要注意进、排气系统的紧固和接头的密封状况,以减小表面辐射噪声和漏气噪声。车内进行密封可以更好地隔断噪声的传入,降低车内噪声。特别需要关注车门、窗、地板、前隔板、行李箱等部位的密封。通常采用胶条密封,不但可以隔声降噪,而且还能防止雨水的浸入。采用双层胶条的结构形式密封效果更佳。

(3) 消声技术应用。降低发动机的进、排气噪声,最有效的方法是采用进、排气消声器。进气消声器与空气滤清器结合起来就成为最有效的消声器。

(4) 减振技术应用。对于金属薄板振动辐射的噪声,常采用阻尼降噪技术。在汽车的减振保护与控制中较广泛采用附加阻尼结构,如粘贴弹性阻尼材料、阻尼橡胶、阻尼塑料等。

5) 噪声控制方法展望

(1) 注重吸声、隔声材料及产品的研究和开发。要大力发展噪声控制技术,其中吸声材料是噪声控制中的基本材料。长期以来,人们大量使用纤维性吸声材料,有的材料因纤维被呼吸到肺中,对人体有害;有些场合(如食品、医药工业)则根本不能用;有的材料则不具备防火性能,或虽阻燃,但遇火会散发有害气体。因此,社会需要环保型、安全型的吸声材料,或者称之为无二次污染材料、非纤维吸声材料。

微孔板是理想的环保型、安全型吸声材料。应继续从理论、微孔板材料、结构、加工工艺及具体应用等多个方面进行分析研究。除此之外,还可以对在其他行业应用的一些材料加以改进,使其成为环保型、安全型吸声材料,如将不锈钢纤维、金属烧结毡网多孔材料开发为吸声材料等。

随着我国城市对人居环境的要求不断提高,各种各样的新型隔声、吸声材料将应用于高效隔声窗及通风隔声窗的产品开发。

(2) 提高消声器的性能。为保证使用集中式空调时不污染声环境,就必须安装消声器。因此,改进传统空调消声器的材料和结构,进一步提高其消声性能,是摆在噪声与振动控制行业面前的又一新任务。

(3) 高隔声性能轻质隔墙的研制。传统住宅的内墙是采用砖墙,隔声性能较好。近年来,由于砖墙的禁止使用,不得不用轻质隔墙代替,可是其隔声性能总不尽如人意。噪声与振动控制行业要从开发新材料、新型隔声结构入手,尽快解决这一问题。

(4) 利用绿化控制噪声。城市绿化不仅美化环境,净化空气,同时在一定条件下,对减少噪声污染也是一项不可忽视的措施。绿化带可以控制噪声在声源和接收者之间的空间自由传播,能增加噪声衰减量。绿化带吸声效果是由林带的宽度、种植结构、树木的组成等因素决定的。为提高降噪效果,绿化带需要密集栽植,高大乔木树冠下的空间植满浓密灌木。研究表明绿化带的存在,对降低人们对噪声的主观烦恼度,有一定的积极作用。

(5) 有源减噪技术前景广阔。有源减噪技术是利用电子线路和扩声设备产生与噪声的相位相反的声音——反声,来抵消原有的噪声而达到降噪目的的技术,也称为反声技术。有源降噪技术和利用吸声材料将声能转变为热能的降噪技术相比,其原理截然不同。可以针对各类噪声和振动的特殊条件和专门要求,提供新的有效控制方法,特别适于解决低频噪声和振动的控制难题。

有源降噪系统在理想的条件下能达到降噪效果,但环境噪声频率的成分很复杂且强度随时间起伏,往往在某些频段和位置上的噪声被抵消,而在另外一些频段和位置上却有所增加,难以达到理想的效果,这也将成为我国噪声与振动控制研究的一个前景十分广阔的方向。

7.2 电磁辐射污染及其防治

人类探索电磁辐射的利用始于 1831 年英国科学家法拉第发现电磁感应现象。如今,电磁辐射的利用已经深入到人类生产、生活的各个方面,无线电广播、电视、无线通信、卫星通信、无线电导航、雷达、手机、家庭电脑与因特网使你能得知地球各个角落发生的新闻要事,使人类的活动空间得以充分延伸,超越了国家乃至地球的界限;微波加热与干燥、短波与微波治疗、高压、超高压输电网、变电站、电热毯、微波炉使我们享受着生活的便捷。然而这一切却使地球上各式各样的电磁波充斥了人类生活的空间。不同波长和频率的电磁波无色无味、看不见、摸不着、穿透力强,令人防不胜防,它悄悄地侵蚀着我们的躯体,影响着我们的健康,引发了各种社会文明病。电磁污染已成为当今危害人类健康的致病源之一。

7.2.1 电磁辐射源及其危害

1. 电磁辐射源

电磁辐射源主要包括两大类,即天然电磁辐射源和人为电磁辐射源。

1) 天然电磁辐射源

天然电磁辐射源最常见的是雷电,除了可能对电器设备、飞机、建筑物等直接造成危害外,而且会在广大地区从几千赫到几百兆赫以上的极宽频率范围内产生严重电磁干扰。火山爆发、地震和太阳黑子活动引起的磁暴等都会产生电磁干扰。天然的电磁污染对短波通信的干扰特别严重。

2) 人为电磁辐射源

人为电磁辐射源产生于人工制造的若干系统、电子设备与电气装置,主要来自广播、电视、雷达、通信基站及电磁能在工业、科学、医疗和生活中的应用设备。人为电磁辐射源按频率不同又可分为工频场源和射频场源。工频杂波场源中,以大功率输电线路所产生的电磁污染为主,同时也包括若干种放电型场源。射频场源主要是由于无线电设备或射频设备工作中产生的电磁感应与电磁辐射。射频场源是目前电磁辐射污染环境的重要因素。人为电磁辐射污染源的分类如表 7-3 所示。

表 7-3 人为电磁辐射污染源分类

分 类		设 备 名 称	污染来源与部件
放电所致场源	电晕放电	电力线(送配电线)	由于高电压、大电流而引起静电感应、电磁感应、大地泄漏电流所造成
	辉光放电	放电管	白炽灯、高压水银灯及其他放电管
	弧光放电	开关、电气铁道、放电管	点火系统、发电机、整流装置
	火花放电	电气设备、发动机、冷藏车、汽车	整流器、发电机、放电管、点火系统

续表

分 类	设 备 名 称	污染来源与部件
工频感应场源	大功率输电线、电气设备、电气铁道	高电压、大电流的电力线场、电气设备
射频感应场源	无线电发射机、雷达	广播、电视的发射系统
	高频加热设备、热合机、微波干燥机	工业用射频利用设备的工作电路与振荡系统
	理疗机、治疗机	医学用射频利用设备的工作电路与振荡系统
家用电器	微波炉、计算机、电磁炉、电热毯	功率源为主
移动通信设备	手机、对讲机等	天线为主

2. 电磁辐射的危害

电磁辐射是电场和磁场周期性变化产生波动，电磁波以光速在空气中（或其他介质中）传播能量的物理现象。形象地比喻就像平日里把一块石头丢进了一个平静的水面，马上就会看到水面泛起层层波浪。波浪越扩越大，最后逐渐消失。电磁辐射污染，又称电子雾污染、电磁波污染，是指人类使用产生电磁辐射的器具而泄漏的电磁能量流传播到室内外空间中，其量超出环境本底值，其性质、频率、强度和持续时间等综合影响引起周围受辐射影响人群的不适感，使人群健康和生态环境受到损害的现象。

电磁辐射污染的危害主要表现在以下几个方面。

1）电磁辐射对人体健康产生的影响和危害

人类一直生活在一个存在着电磁辐射的环境之中，因此，在长期的进化过程中，人类已经能够和外部的电磁辐射环境在一定程度上相适应。但是，在超出人体的适应调节范围以后，就会对人体造成伤害。但人体的不同部分对辐射的敏感程度是不一样的，也就是说，在同样的辐射环境下，身体的不同部分受到的伤害是不一样的。电磁辐射可使人出现头昏脑涨、失眠多梦、记忆力减退等症状。电磁辐射对于人的心血管系统的危害主要表现为心悸、失眠、心动过缓、血压下降、白细胞减少、免疫力下降。这种影响一般认为主要是通过影响人的神经系统从而导致心血管系统的不良反应。高强度电磁辐射还可使人眼中的组织受到损伤，导致视力减退乃至完全丧失。大量试验研究表明：电磁辐射以多种方式影响生命细胞。Hardell L 等认为，极低频电磁场（ELF-EMF）与白血病（尤其是儿童白血病）、乳腺癌、皮肤恶性黑色素癌、神经系统肿瘤、急性淋巴性白血病等有关。此外，电磁辐射对人体内分泌系统、免疫系统、骨髓造血系统均有不同程度的影响。

当然,电磁辐射对人体的健康危害还与辐射源、周围环境及受体差异有关。其中辐射源主要涉及频率(波长)、电磁场强度、波形、与辐射源的距离、照射时间与累计频次等。波长对人体健康的影响如表 7-4 所示。

表 7-4 波长对人体健康的影响

频率/kHz	波长/cm	受影响的主要器官	主要的生物效应
<100	>300		穿透不受影响
150~1 200	200~15	体内各器官	过热时引起各器官损伤
1 000~3 000	30~10	眼睛晶状体和睾丸	组织加热显著,眼睛晶状体混浊
3 000~10 000	10~3	表皮和眼睛晶状体	伴有温热感的皮肤加热,白内障患病率增高
>10 000	<8	皮肤	表皮反射,部分吸收而发热

2)电磁辐射对机械设备的危害

电磁辐射对电气设备、飞机和建筑物等可能造成直接破坏。当飞机在空中飞行时,如果通信和导航系统受到电磁干扰,就会同基地失去联系,可能造成飞机事故;当舰船上使用的通信、导航或遇险呼救频率受到电磁干扰,就会影响航海安全;有的电磁波还会对有线电设施产生干扰而引起铁路信号的失误动作、交通指挥灯的失控、电子计算机的差错和自动化工厂操作的失灵,甚至还可能使民航系统的警报被拉响而发出警报;在纵横交错、蛛网密布的高压线网、电视发射台、转播台等附近的家庭,电视机会被严重干扰。

3)电磁辐射对安全的危害

电磁辐射会引燃引爆,特别是高场强作用下引起火花儿,导致可燃性油类、气体和武器弹药的燃烧与爆炸事故。

7.2.2 电磁辐射污染的防治

电磁辐射污染的防治方法主要包括控制源头的屏蔽技术、控制传播途径的吸收技术和保护受体的个人防护技术。

1. 屏蔽技术

为了防止电磁辐射对周围环境的影响,必须将电磁辐射的强度减少到容许的程度,屏蔽是最常用的有效技术。屏蔽分为两类:一类是将污染源屏蔽起来,叫做主动场屏蔽;另一类称被动场屏蔽,就是将指定的空间范围、设备或人屏蔽起来,使其不受周围电磁辐射的干扰。

目前,电磁屏蔽多采用金属板或金属网等导电性材料,做成封闭式的壳体将电磁辐射源罩起来。在电磁屏蔽过程中有三方面的作用：①屏蔽金属板的吸收作用，这是由于金属厚壁在电磁能的作用下产生涡流造成热损失，消耗了电磁能，起到了减弱电磁能辐射的作用。②由于电磁能从屏蔽金属表面反射而引起的反射损耗。这种反射作用是由于制造屏蔽所用金属材料与它们四周介质的波特性有差异造成的，差异越大，屏效越高。③电磁波在屏蔽金属内部会产生反射波，也会造成电磁能的损耗，称为屏蔽金属内部的反射损耗。

2. 接地技术

接地技术有射频接地和高频接地两类。射频接地是指能够将射频场源屏蔽体或屏蔽部件内由于感应生成的射频电流迅速导入大地，形成等电势分布，从而使屏蔽体本身不致成为射频辐射的二次场源。是实践中常用的一种方法。接地系统包括接地线、接地极。其结构如图 7-6 所示。

对射频接地系统要求如下：

（1）由于射频电流的趋肤效应和为了及时地将屏蔽体上所感应的电荷迅速导入大地，屏蔽体的接地系统表面积要足够大。

（2）接地线要尽可能地短，以保证接地系统具有相当低的阻抗。

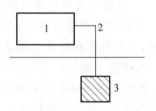

图 7-6 接地系统结构

1—射频设备；2—接地线；3—接地板

（3）接地线应避开 1/4 波长的奇数倍，以保证接地系统的高效能。

（4）接地极设计合理，导流面积相当，埋置深度妥当。

（5）无论接地物为何种方式，要求有足够厚度，以维持一定机械强度和耐腐蚀。

（6）为了有效导流，一般要求接地极立埋，即将 $2m^2$ 的铜板埋于地下土壤中，并将接地线良好地连接在接地铜板上。

高频接地是设备屏蔽体和大地之间，或者与大地上可以看做公共点的某些构件之间，采用低电阻导体连接起来，形成电流通路，使屏蔽系统与大地之间形成一个等电势分布。

屏蔽体直接接地的作用效果有随频率增高而降低的趋势。在频率增高时，接地回路的阻抗匹配与谐振问题愈加明显，可通过调整接地回路的电容量大小达到阻抗匹配的目的，从而保证高效屏蔽性能。

3. 线路滤波

线路滤波是通过滤波器截止线路上的杂波信号，保证有用信号正常传输的途

径。滤波器的安装准则为:

(1) 每根进入屏蔽室内电源线均必须装有滤波器。为最大限度地减少滤波器的接入数量,要求合理地设计电源线系统,使进入屏蔽室内的引入线为最少。

(2) 各种电源系统的滤波器应当分别进行屏蔽,屏蔽妥善接地。

(3) 为避免滤波器置于强电磁场中,原则上要求将滤波器的主要部分放于弱场的地方。

(4) 对于滤波器输入端与输出端形成的杂散耦合,应当采用将滤波器两端分别置于屏蔽室内外的办法进行防治。

(5) 电源线一般置于滤波器的两端,应装在金属导管中。

(6) 滤波器的屏蔽壳体应在最短距离内良好接地。

(7) 电源线必须垂直引入滤波器的输入端,以减少电源线上的干扰电压和屏蔽壳体的耦合。

(8) 一般情况下,可将电源线中的零线接到屏蔽室的接地芯柱上,将火线通过滤波器引入屏蔽室内。

4. 吸收防护

采用吸收电磁辐射能量的材料进行防护是降低电磁辐射的一项有效的措施。能吸收电磁辐射能量的材料种类很多,如铁粉、石墨、木材和水等,以及各种塑料、橡胶、胶木、陶瓷等。吸收防护就是利用吸收材料对电磁辐射能量有一定的吸收作用,从而使电磁波能量得到衰减,达到防护的目的。吸收防护主要用于微波频段,不同的材料对微波能量均有不同的微波吸收效果。

5. 区域控制及绿化

对工业集中城市,特别是电子工业集中城市或电气、电子设备密集使用地区,可以将电磁辐射源相对集中在某一区域,使其远离一般工作区或居民区,并对这样的区域设置安全隔离带,从而在较大的区域范围内控制电磁辐射的危害。

区域控制大体分为四类。

(1) 自然干净区:在这样的区域内要求基本上不设置任何电磁设备。

(2) 轻度污染区:只允许某些小功率设备存在。

(3) 广播辐射区:指电台、电视台附近区域,因其辐射较强,一般应设在郊区。

(4) 工业干扰区:属于不严格控制辐射强度的区域,对这样的区域要设置安全隔离带,厂房、住宅等不得建在隔离带内,隔离带内要采取绿化措施。由于绿色植物对电磁辐射具有较好的吸收作用,因此加强绿化是防治电磁污染的有效措施之一。

依据上述区域的划分标准,合理进行城市、工业等的布局,可以减少电磁辐射对环境的污染。

6. 个人防护

个人防护的对象是个体的微波作业人员,当工作需要操作人员必须进入微波辐射源的近场区作业时,或因某些原因不能对辐射源采取有效的屏蔽、吸收等措施时,必须采取个人防护措施,以保护作业人员安全。个人防护措施主要有穿防护服、戴防护头盔和防护眼镜等。这些个人防护装备同样也是应用了屏蔽、吸收等原理,用相应材料制成的。

7.3 放射性污染及其防治

自从1895年发现X射线和1898年居里夫妇发现镭元素后,原子能科学飞速发展。1942年12月,美国科学家首次实现了铀的链式核裂变反应,标志着人类"原子时代"的开端。此后,人们在不断发展核工业进行核试验的同时,对于放射性污染的研究也不断深入。在核工业迅速发展的同时也带来了放射性污染方面的问题。

7.3.1 放射性污染源

环境中的放射性具有天然和人工两个来源。

1. 天然放射性的来源

环境中天然放射性的主要来源有:宇宙射线和地球固有元素的放射性。人和生物在其漫长的进化过程中,经受并适应了来自天然存在的各种电离辐射,只要天然辐射剂量不超过这个本底,就不会对人类和生物体构成危害。

2. 人工放射性污染源

放射污染的人工污染源主要来自以下几个方面(图7-7)。

1) 核爆炸的沉淀物

在大气层进行核试验时,爆炸高温体放射性核素变为气态物质,伴随着爆炸时产生的大量赤热气体、蒸汽携带着弹壳碎片、地面物升上天空。在上升过程中,随着与空气的不断混合、温度的逐渐降低,气态物即凝聚成粒或附着在其他尘粒上,并随着蘑菇状烟云扩散,最后这些颗粒都要回落到地面。沉降下来的颗粒带有放射性,称为放射性沉淀物(或沉降灰)。这些放射性沉降物除落到爆炸区附近外,还

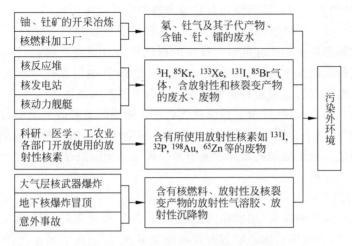

图 7-7　环境放射性污染物的主要来源

可随风扩散到广泛的地区,造成对地表、海洋、人体及动植物的污染。细小的放射性颗粒甚至可到达平流层并随大气环流流动,经很长时间(甚至几年)才能回落到对流层,造成全球性污染。即使是地下核试验,由于"冒顶"或其他事故,仍可造成如上的污染。另外,由于放射性核素都有半衰期,因此这些污染在其未完全衰变之前,污染作用不会消失。其中核试验时产生的危害较大的物质有 ^{90}锶、^{137}铯、^{131}碘。核试验造成的全球性污染比其他原因造成的污染重得多,因此是地球上放射性污染的主要来源。随着在大气层进行核试验的次数的减少,由此引起的放射性污染也将逐渐减少。

2) 核工业过程的排放物

核能应用于动力工业,构成了核工业的主体。核工业的废水、废气、废渣的排放是造成环境放射性污染的一个重要原因。核燃料的生产、使用及回收形成了核燃料的循环,在这个循环过程中的每一个环节都会排放种类、数量不同的放射性污染物,对环境造成程度不同的污染。

(1) 核燃料生产过程:包括铀矿的开采、冶炼、精制与加工过程。在这个过程中,排放的污染物主要有由开采过程中产生的含有氡及氡的子体及放射性粉尘的废气;含有铀、镭、氡等放射性物质的废水;在冶炼过程中产生的低水平放射性废液及含镭、钍等多种放射性物质的固体废物;在加工、精制过程中产生的含镭、铀等的废液及含有化学烟雾和铀粒的废气等。

(2) 核反应堆运行过程:反应堆包括生产性反应堆及核电站反应堆等。在这个过程中产生了大量裂变产物,一般情况下裂变产物是被封闭在燃料元件盒内。因此正常运转时,反应堆排放的废水中主要污染物是被中子活化后所生成的放射性物质,排放的废气中主要污染物是裂变产物及中子活化产物。

(3) 核燃料后处理过程：核燃料经使用后运到核燃料后处理厂,经化学处理后提取铀和钚循环使用。在此过程排出的废气中含有裂变产物,而排出的废水既有放射强度较低的废水,也有放射强度较高的废水,其中包含有半衰期长、毒性大的核素。因此燃料后处理过程是燃料循环中最重要的污染源。

对整个核工业来说,在放射性废物的处理设施不断完善的情况下,处理设施正常运行时,对环境不会造成严重污染。严重的污染往往是由事故造成的。如1986年苏联的切尔贝利核电站的爆炸泄漏事故。因此减少事故排放对减少环境的放射性污染将是十分重要的。

3) 医疗照射引起的放射性

随着现代医学的发展,辐射作为诊断、治疗的手段越来越广泛应用,且医用辐射设备增多,诊治范围扩大。辐射方式除外照射方式外,还发展了内照射方式,如诊治肺癌等疾病,就采用内照射方式,使射线集中照射病灶。但同时这也增加了操作人员和病人受到的辐照,因此医用射线已成为环境中的主要人工污染源。

4) 其他方面的污染源

如某些用于控制、分析、测试的设备使用了放射性物质,会对职业操作人员产生辐射危害；某些生活消费品中使用了放射性物质,如夜光表、彩色电视机,会对消费者造成放射性污染；某些建筑材料如含铀、镭含量高的花岗岩和钢渣砖等,它们的使用也会增加室内的放射性污染。

7.3.2　放射性对人类的危害

由于放射性射线具有很高的能量,对物质原子具有电子激发和电离效应,因此,核辐照会引起细胞内水分子的电离,改变细胞体系的物理化学性质,这一改变将引起生命高分子-蛋白质与核酸化学性质的改变；如果这一改变进一步积累,就会造成组织、器官甚至个体水平的病变,放射性污染的这种危害称为生物学效应。放射性的生物学效应包括有机体自身损害——躯体效应和遗传物质变化的遗传效应。

1. 躯体效应

人体受到射线过量照射所引起的疾病,称为放射性病,它可以分为急性和慢性两种。

急性放射性病是由大剂量的急性辐射所引起：只有由于意外放射性事故或核爆炸时才可能发生。例如,1945年,在日本长崎和广岛的原子弹爆炸中,就曾多次观察到,病者在原子弹爆炸后1h内就出现恶心、呕吐、精神萎靡、头晕、全身衰弱等症状。经过一个潜伏期后,再次出现上述症状,同时伴有出血、毛发脱落和血液成分严重改变等现象;严重的造成死亡。急性放射性病还有潜在的危险,会留下后遗症,而且有的患者会把生理病变遗传给子孙后代。另外,急性辐照也会具有晚期效应。通过对广岛长崎原子弹爆炸幸存者、接受辐射治疗的病人以及职业受照人群(如铀矿工人的肺癌发病率高)的详细调查和分析,证明辐射有诱发癌变的能力。受到放射照射到出现癌症通常有 5~30 年潜伏期。

慢性放射病是由于多次照射、长期积累的结果。全身的慢性放射病,通常与血液病相联系,如白血球减少、白血病等。局部的慢性放射病,例如当手部受到多次照射损伤时,指甲周围的皮肤会呈现红色,并且发亮,同时,指甲变脆、变形,手指皮肤光滑,失去指纹,手指无感觉,随后发生溃烂。

2. 遗传效应

辐射的遗传效应是由于生殖细胞受损伤,而生殖细胞是具有遗传性的细胞。染色体是生物遗传变异的物质基础,由蛋白质和 DNA 组成;DNA 有修复损伤和复制自己的能力,许多决定遗传信息的基因定位在 DNA 分子的不同区段上。电离辐射的作用使 DNA 分子损伤,如果是生殖细胞中 DNA 受到损伤,并把这种损伤传给子孙后代,后代身上就可能出现某种程度的遗传疾病。

7.3.3 放射性污染的控制

加强对放射性物质的管理是控制放射性污染的必要措施。

从技术控制手段来讲,放射性废物中的放射性物质,采用一般的物理、化学及生物的方法都不能将其消灭或破坏,只有通过放射性核素的自身衰变才能使放射性衰减到一定的水平,而许多放射性元素的半衰期十分长,并且衰变的产物又是新的放射性元素,所以放射性废物与其他废物相比在处理和处置上有许多不同之处。

1. 放射性废液的处理

放射性废水的处理方法主要有稀释排放法、放置衰变法、混凝沉降法、离子变换法、蒸发法、沥青固化法、水泥固化法、塑料固化法以及玻璃固化法等。

2. 放射性废气的处理

放射性废气主要由以下各种物质组成:①挥发性反射性物质(如钌和卤素等);②含氚的氢气和水蒸气;③惰性放射性气态物质(如氪、氙等);④表面吸附有放射性物质的气溶胶和微粒。在核设施正常运行时,任何泄漏的放射性废气均可纳入废液中,只是在发生重大事故及以后一段时间,才会有放射性气态物释出。

通常情况下,采取预防措施将废气中的大部分放射性物质截留住甚为重要,可选取的废气处理方法有过滤法、吸附法和放置法。

3. 放射性固体废物的处理

放射性固体废物可采用埋藏、煅烧等方法处置。如果是可燃性固体废物则多采用煅烧法。

4. 放射性废物的处置

对放射性废物进行处置的总目标是确保废物中的有害物质对人类环境不产生危害。其基本方法是通过天然或人工屏障构成的多重屏障层以实现有害物质同生物圈的有效隔离。根据废物的种类、性质、放射性核素成分和比活度以及外形大小等可分为以下四种处置类型。

(1) 扩散型处置法:此法适用于比活度低于法定限值的放射性废气或废水,在控制条件下向环境排入大气或水体。

(2) 管理型处置法:此法适用于不含铀元素的中、低放固体废物的浅地层处置。将废物填埋在距地表有一定深度的土层中,其上面覆盖植被,作出标记牌告。

(3) 隔离型处置法:此法适用于数量少,比活度较高、含长寿命 α 核素的高放射性废物。废物必须置于深地质层或其他长期能与人类生物圈隔离的处所,以待其充分衰减。其工程设施要求严格,需特别防止核素的迁出。

(4) 再利用型处置法:此法适用于极低放射性水平的固体废物。经过前述的去污处理,在不需任何安全防护条件下可加以重复或再生利用。

放射性废物的处置与利用是相当复杂的问题,特别是高放射性废物的最终处置,目前在世界范围内还处于探索与研究中,尚无妥善的解决办法。

复习与思考

7-1 什么叫噪声?噪声污染有哪些特征?

7-2 你在生活中遇到过何种噪声污染?你感受到的噪声危害表现在哪些方面?

7-3 污染城市声环境的噪声源有几类?你所在的城市哪类是主要的噪声源?

7-4 噪声控制的基本途径和措施涉及哪三方面?

7-5 为什么说噪声源的控制是控制噪声污染的根本途径?如何控制噪声源?

7-6 常用的吸声材料有哪些?多孔吸声材料为什么能够吸声?

7-7 试述穿孔板共振吸声结构和薄板共振吸声结构的吸声原理。

7-8 阻性消声器和抗性消声器的消声原理是什么?

7-9 汽车噪声控制应用了哪些降噪技术?

7-10 噪声控制方法有哪些展望?

7-11 人为电磁辐射源包括哪些类型?其对人体和环境的危害有哪些?

7-12 电磁辐射污染的控制方法有哪些?

7-13 人工放射性污染源主要来自哪几个方面?其对人体会产生哪些不良效应?

7-14 如何控制放射性污染?

第8章 环境规划与管理

8.1 环境规划与管理的含义

从20世纪70年代初,人们逐步认识到,要想解决一个地区的环境问题,首先应该从全局出发采取综合性的预防措施。环境规划就是在这种情况下逐步发展起来的,并逐步被纳入国民经济和社会发展规划之中。

历史经验证明,人类"野蛮征服"自然的发展模式已被世人所唾弃,现在已进入必须与自然和谐相处的可持续发展时期。人类的经济和社会活动必须既遵循经济规律,又遵循生态规律,否则终将受到大自然的惩罚。环境规划就是人类为协调人与自然的关系,使人与自然达到和谐而采取的主要行动之一。

8.1.1 环境规划的含义

1972年联合国人类环境会议上世界各国共同探讨了保护全球环境战略,一致认识到各国社会经济发展规划中缺乏环境规划是导致环境问题产生的重要原因,在《人类环境宣言》中明确指出"合理的计划是协调发展的需要和保护与改善环境的需要相一致的","人的定居和城市化工作需加以规划","避免对环境的不良影响","取得社会、经济和环境三方面的最大利益","必须委托适当的国家机关对国家的环境资源进行规划、管理或监督,以期提高环境质量"。根据会议所提出的环境规划原则,各国开始编制环境规划。

我国环境保护法第四条规定:"国家制定的环境保护规划必须纳入国民经济和社会发展规划,国家采取有利于环境保护的经济、技术政策和措施,使环境保护工作同经济建设和社会发展相协调。"将环境规划写入环境保护法中,为制定环境规划提供了法律依据。

环境规划是指为使环境与社会经济协调发展,把"社会—经济—环境"作为一个复合生态系统,依据社会经济规律、生态规律和地学原理,对其发展变化趋势进行研究而对人类自身活动和环境所做的时间和空间上的合理安排。

环境规划的目的在于发展经济的同时保护好环境,使经济社会与环境协调发展。环境规划实质上是一种为克服人类经济社会活动和环境保护活动的盲目和主观随意性所采取的科学决策活动。它是国民经济和社会发展的有机组成部分,是环境管理的首要职能,是环境决策在时间、空间上的具体安排,是规划管理者对一定时期内环境保护目标和措施作出的具体规定,是一种带有指令性的环境保护方案。

环境规划的内涵:

(1) 环境规划是在一定条件下的优化,它必须符合特定历史时期的技术、经济发展水平和能力;

(2) 环境规划的主要内容是合理安排人类自身活动与所处环境的协调发展,其中包括对人类经济社会活动提出符合环境保护需求的约束要求,也包括对环境保护和建设做出的安排和部署;

(3) 环境规划依据系统论原理、生态学原理、环境经济学理论和可持续发展等理论,充分体现这一学科的交叉性、边缘性等特点;

(4) 环境规划的研究对象是"社会—经济—环境"这一大的复合生态系统,它可能指整个国家,也可能指一个区域(城市、省区、流域)。

在传统的国民经济与社会发展规划中,引进环境规划的主要考虑是:

(1) 扩大发展的范畴。除经济社会发展指标外,需要增加资源环境和生态保护的指标,既要求经济效益又要求环境效益。发展不仅是为了创造丰富的物质财富,更要维护与创造一个适合于人类生存的良好环境。

(2) 这是健全可持续发展的基础,即要正确处理局部与整体、眼前与长远利益的关系,正确处理发展与环境的关系,以使环境能永续地为人类社会的可持续发展提供条件和保障。

8.1.2 环境管理的定义

现代环境管理学是20世纪70年代初产生并逐步发展的一门跨学科领域的综合性学科。经过30余年环境管理的实践,对其基本含义有了比较一致的认识。

1. 环境管理的提出

1972年斯德哥尔摩人类环境会议以前,环境问题常常只被看做是污染问题。斯德哥尔摩会议讨论了经济发展与环境问题的相互联系和相互依赖的关系,并在《联合国人类环境会议宣言》中提出"保护和改善人类环境是关系到全世界各国人民的幸福和经济发展的重要问题,也是全世界各国人民的迫切希望和各国政府的责任"。会议提出了环境管理的原则,包括指定适当的国家机关管理环境资源;应用科学和技术控制环境恶化和解决环境问题;开展环境教育和发展环境科学研究;确保各国际组织在环境保护方面的有效和有力的协调作用等。1974年,联合国环境规划署和联合国贸易与发展会议在墨西哥联合召开的资源利用、环境与发展战略方针专题讨论会上形成了三点共识:

(1) 全人类的一切基本需要应得到满足;

(2) 要发展以满足需要,但又不能超出生物圈的容许极限;

(3) 协调这两个目标的方法即环境管理。

2. 环境管理的含义

1974年,美国学者休威尔(G. H. Sewell)编写的《环境管理》中对环境管理的含义作了专门论述,指出"环境管理是对损害人类自然环境质量的人的活动(特别是损害大气、水和陆地外貌的质量的人的活动)施加影响"。并说明,"施加影响"系指"多人协同活动,以求创造一种美学上令人愉快,经济上可以生存发展,身体上有益于健康的环境所做出的自觉的、系统的努力。"该定义指出了环境管理的实质是规范和限制人类的观念和行为。曾任联合国环境规划署执行主席的穆斯塔法·托尔巴指出,环境管理是指依据人类活动(主要是经济活动)对环境影响的原理,制定与执行环境与发展规划,并且通过经济、法律等各种手段,影响人的行为,达到经济与环境协调发展的目的。

1987年,多诺尔(Dorney)在《环境管理专业实践》中认为环境管理是一个"桥梁专业","它致力于系统方法发展信息协调技术","在跨学科的基础上,根据定量和未来学的观点,处理人工环境的问题。"这一定义强调了环境管理跨学科的性质。

1987年,刘天齐主编的《环境技术与管理工程概论》中对环境管理的含义做出了如下论述:"通过全面规划,协调发展与环境的关系;运用经济、法律、技术、行政、教育等手段,限制人类损害环境质量的活动;达到既要发展经济满足人类的基本需要,又不超出环境的容许极限。"

2000年,叶文虎主编的《环境管理学》一书中认为,环境管理是"通过对人们自身思想观念和行为进行调整,以求达到人类社会发展与自然环境的承载能力相协调。也就是说,环境管理是人类有意识的自我约束,这种约束通过行政的、经济的、法律的、教育的、科技的等手段来进行,它是人类社会发展的根本保障和基本内容"。这是从管理的目标、任务和方法手段几方面较具体说明了环境管理的含义。

2003年,《环境科学大辞典》中认为,环境管理有两种含义:①从广义上讲,环境管理是指在环境容量的允许下,以环境科学的理论为基础,运用技术的、经济的、法律的、教育的和行政的手段,对人类的社会经济活动进行管理;②从狭义上讲,环境管理是指管理者为了实现预期的环境目标,对经济、社会发展过程中施加给环境的污染和破坏性影响进行调节和控制,实现经济、社会和环境效益的统一。

进入 20 世纪 90 年代以来,随着全球环境问题日趋严重,国内外学者对环境管理的认识也在不断深化。根据国内外学者的研究成果,要比较全面地理解环境管理的含义,应该注意以下几个基本问题。

(1) 协调发展与环境的关系:建立可持续发展的经济体系、社会体系和保持与之相适应的可持续利用的资源和环境基础,这是环境管理的根本目标。

(2) 动用各种手段限制人类损害环境质量的行为:人在管理活动中扮演着管理者和被管理者的双重角色,具有决定性的作用。因此,环境管理实质上是要限制人类损害环境质量的行为。

(3) 环境管理是一个动态过程:环境管理要适应科学技术和经济规模的迅猛发展,及时调整管理对策和方法,使人类的经济活动不超过环境承载力和环境容量。而且,环境管理也和任何管理程序一样,通过履行管理的规划、组织、协调和控制职能开展工作。

(4) 环境管理是跨学科领域的新兴综合学科:环境管理面对的是由人类社会和自然环境组成的复合系统,承担着将自然规律和社会规律相耦合的重要责任,是二者之间的"桥梁专业"。因而它既需汲取社会科学中的经济学、管理学、社会学和伦理学等精髓,也需吸收自然科学中的生态学、生物学和环境科学等学科的成果。

(5) 环境保护是国际社会共同关注的问题:环境管理需要各国超越文化和意识形态等方面的差异,采取协调合作的行动。

8.1.3 环境规划与环境管理的关系

环境规划与管理已被国内外 30 多年的实践证明是环境保护工作行之有效的主要途径。环境规划与环境管理紧密相连,难以分割。但是,两者又存在各自独立的内容和体系。两者的相关相容性和差异性可从以下几方面说明。

1. 环境规划与环境管理的共同核心——环境目标

环境管理是关于特定环境目标实现的管理活动,环境目标可根据环境质量保护和改善的需要,采用多种表达形式。而环境规划的核心亦是环境目标决策,涉及目标的辨识和目标实现手段的选择。为实现共同的环境目标,应使环境规划与环境管理具备共同的工作基础。

当然,从时空特征出发,环境规划被看做探索未来的科学方法,而环境管理更关心当前环境问题的解决,并通过各种管理手段为实现环境目标而努力。

2. 环境管理的首要职能——规划职能

从现代管理的职能来看,无论是三职能说(规划、组织和控制)、五职能说(规划、组织、指挥、协调和控制),还是七职能说(规划、组织、用人、指导、协调、报告和预算),均将规划职能作为管理的首要职能。

在环境管理中,环境预测、决策和规划这三个概念,既相互联系又相互区别:环境预测是环境决策的依据;环境规划是环境决策的具体安排,它产生于环境决策之后;预测是规划的前期准备工作,是使规划建立在科学分析基础上的前提。因此,从环境管理职能来看,环境规划是环境预测与环境决策的产物,是环境管理的重要内容和主要手段,是环境管理部门的一项重要的职能。

3. 环境规划与管理具有共同的理论基础

从学科领域来看,环境规划属于规划学的分支,环境管理属于管理学的分支,在内容和方法学体系上存在一定差异。但是,从理论基础分析,现代管理学、生态学、环境经济学、环境法学、系统工程学、环境伦理学、可持续发展理论等又是两者共同的基础,同属自然科学与社会科学交叉渗透的跨学科领域。

共同的理论基础、共同的目标、密切联系的工作程序、跨学科领域的基本特征形成了"环境规划与管理"课程。

8.1.4 环境规划与管理的目的、任务和作用

1. 环境规划与管理的目的

环境规划与管理的目的就是要解决环境问题,协调社会经济发展与保护环境的关系,实现人类社会的可持续发展。

环境问题的产生以及伴随社会经济迅速发展而变得日益严重,根源在于人类的思想和观念上的偏差,从而导致人类社会行为的失当,最终使自然环境受到干扰和破坏。因此,改变人类的思想观念,从宏观到微观对人类自身的行为进行规划与管理,逐步恢复被损害的环境,并减少或消除新的发展活动对环境的破坏,保证人类与环境能够持久地、和谐地协同发展下去,这是环境规划与管理的根本目的。具体来说,环境规划与管理的根本目的就是通过对可持续发展思想的传播,使人类社会的组织形式、运行机制以至管理部门和生产部门的决策、计划和个人的日常生活等各种活动,符合人与自然和谐相处的原则,并以制度、法律、体制和观念等形式体现出来,创建一种可持续的发展模式和生产消费模式以及新的社会行为规则。

2. 环境规划与管理的任务

环境问题的产生有思想观念和社会行为这两个层次的原因。为了实现环境规划与管理的目的,环境规划与管理的基本任务有两个,一是转变人类社会的一系列基本观念,二是调整人类社会的行为。

(1) 观念的转变是解决环境问题最根本的办法,它包括发展观、科技观、价值观、自然伦理道德观和消费观等。观念决定着人类的行为,只有转变了过去那种视环境为征服对象的观念,才能从根本上去解决环境问题。但观念的转变是一项长期任务,不是一蹴而就的事,因此,环境规划与管理的一项长期的根本任务就是环境文化的建设。即通过建设环境文化来帮助人们转变观念。所谓的环境文化是以人与自然和谐为核心和信念的文化,环境文化渗透到人们的思想意识中去,就能使人们在日常的生活和工作中自觉地调整自身的行为,以达到与自然环境和谐的境界。

(2) 调整人类社会的行为是更具体也更直接的调整。人类社会行为主要包括政府行为、市场行为和公众行为三种。政府行为是指国家的管理行为,诸如制定政策、法律、法令、发展计划并组织实施等。市场行为是指各种市场主体包括企业和生产者个人在市场规律的支配下,进行商品生产和交换的行为。公众行为则是指公众在日常生活中诸如消费、居家休闲、旅游等方面的行为。这三种行为都可能会对环境产生不同程度的影响。因此,调整人类社会行为,提倡环境友好型行为方式是环境规划与管理的基本任务。

环境规划与管理的两项任务是相互补充、相辅相成的。环境文化的建设对解决环境问题能够起到根本性的作用,但是文化建设是一项长期的任务,短期内对解决环境问题效果并不明显;行为的调整可以比较快地见效,而且行为的调整可以促进环境文化的建设。所以说,在环境规划与管理中,应同等程度地重视这两项工作,不可有所偏废。

3. 环境规划与管理的作用

环境规划与管理具有如下作用。

(1) 促进环境与经济、社会可持续发展。环境规划与管理的重要作用就在于协调环境与经济、社会的关系,预防环境问题的发生,促进环境与经济、社会的可持续发展。

(2) 保障环境保护活动纳入国民经济和社会发展计划。环境保护是我国经济生活中的重要组成部分,它与经济、社会活动有着密切联系,因此必须将环境保护活动纳入国民经济和社会发展计划之中,进行综合决策,才能得以顺利进行。环境规划就是环境保护的行动计划,而环境管理则是实施环境规划的基本保障。

(3) 实施环境政策、法规和制度的主要途径。所谓政策、法规和制度,系指国家或地区为实现一定历史时期的路线和任务而规定的行动准则。我国已颁布的一系列环境法规"三大政策"和"八项环境管理制度"需要通过强化环境规划与管理得以实施,环境规划与管理已成为我国实施环境政策、法规和制度的主要途径。

(4) 实现以较小的投资获取较佳的环境效益。环境是人类生存的基本要素,又是经济发展的物质源泉,在有限的资源和资金条件下,如何用较少的资金,实现经济和环境的协调发展,显得十分重要。环境规划与管理正是运用科学的方法,在发展经济的同时,实现以较小的投资获取较佳环境效益、社会效益和经济效益的有效措施。

8.2 环境规划与管理的对象和手段

8.2.1 环境规划与管理的对象

环境规划与管理是从现代管理学角度研究生态经济系统的结构和运动规律的学科,是一门边缘性、综合性、实践性很强的专业管理学科。任何管理活动都是针对一定的管理对象而展开的。研究管理对象,也就是研究"管什么"的问题。可以从"现代系统管理"的"五要素论"和人类社会经济活动主体两个方面展开环境规划与管理对象的研究。

1. 现代系统管理的"五要素论"

管理学由"现代管理"发展到"系统管理",在研究对象上,由重视物的因素发展到重视人的因素,又发展到重视资金、信息和时空等环境要素。对于环境规划和管理,其研究对象也应包括人、物、资金、信息和时空五个方面。

(1) 人是第一个主要对象:对于以限制人类损害环境质量的行为作为主要任务的环境规划和管理来说尤其重要。管理过程各个环节的主体是人,人与人的行为是管理过程的核心。

(2) 物也是重要研究对象:环境规划和管理也可认为是实现预定环境目标而组织和使用各种物质资源的过程,即资源的开发、利用和流动全过程的管理。

环境规划与管理的根本目标是协调发展与环境的关系。从宏观上说,要通过改变传统的发展模式和消费模式去实现,保护环境就是保护生产力。从微观上讲,要管理好资源的合理开发利用,要规划和管理好物质生产、能量交换、消费方式和废物处理等各个领域。

（3）资金是系统赖以实现其目标的重要物质基础，也是规划与管理的研究对象。从社会经济角度出发，经济发展消耗了环境资源，降低了环境质量，但又为社会创造了新增资本。如果说，物的管理侧重于研究合理开发利用资源，保护环境资源，维护环境资源的持续利用，避免造成难以恢复的严重破坏，那么，资金管理则应研究如何运用新增资本和拿出多少新增资本去补偿环境资源的损失。随着我国向社会主义市场经济体制的转变，在政府的宏观调控下，市场价格机制应该在规范对环境的态度和行为方面发挥越来越重要的作用。

（4）信息是系统的"神经"，信息也是规划与管理的重要对象：信息是指能够反映管理内容的，可以传递和加工处理的文字、数据或符号，常见形式有报表、资料、报告、指令和数据等。只有通过信息的不断交换和传递，把各个要素有机地结合起来，才能实现科学的规划管理。

（5）时空条件亦是重要的研究对象：任何管理活动都是在一定的时空条件下进行的，环境规划与管理的一个突出特点是时空特性日益突出，则时空条件亦应成为重要的研究对象。规划管理活动处在不同的时空区域，就会产生不同的管理效果。管理的效果在很多情况下也表现为时间的节约。各种管理要素的组合和安排，也都存在一个时序性问题。同时，空间区域的差别往往是环境容量和功能区划的基础，而这些时空条件又构成了成功管理的要旨。

2. 人类社会经济活动主体的三个方面

环境规划与管理是以环境与经济协调发展为前提，对人类的社会经济活动进行引导并加以约束，使人类社会经济活动与环境承载力相适应，因此，环境规划与管理的对象主要是人类的社会经济活动。人类社会经济活动的主体大体可以分为三个方面。

（1）个人：个人作为社会经济活动的主体，主要是指个体的人为了满足自身生存和发展的需要，通过生产劳动或购买去获得用于消费的物品和服务。要减轻个人的消费行为对环境的不良影响，首先必须明确，个人行为是环境规划和管理的主要对象之一。为此在唤醒公众的环境意识的同时，还要采取各种技术和管理的措施。

（2）企业：企业作为社会经济活动的主体，其主要目标通常是通过向社会提供产品或服务来获得利润。无论企业的性质有何不同，在它们的生产过程中，都必须要向自然界索取自然资源，并将其作为原材料投入生产活动中，同时排放出一定数量的污染物。企业行为是环境规划与管理的又一重要对象。

（3）政府：政府作为社会经济活动的主体，其行为同样会对环境产生影响。

其中特别值得注意的是宏观调控对环境所产生的影响具有极大的特殊性,既牵涉面广、影响深远又不易察觉。由此可见,作为社会经济行为主体的政府,其行为对环境的影响是复杂的、深刻的。既有直接的一面,又有间接的一面;既可以有重大的正面影响,又可能有巨大的难以估计的负面影响。要解决政府行为所造成和引发的环境问题,关键是促进宏观决策的科学化。

8.2.2 环境规划与管理的手段

1. 行政手段

行政手段主要指国家和地方各级行政管理机关,根据国家行政法规所赋予的组织和指挥权力,制定政策、方针,颁布标准,建立法规,进行监督协调,对环境资源保护工作实施规划和管理。如环境管理部门组织制定国家和地方的环境保护政策、工作计划和环境规划,并把这些计划和规划报请政府审批,使之具有行政法规效力;运用行政权力对某些区域采取特定措施,如划分自然保护区、重点污染防治区、环境保护特区等;对一些污染严重的工业、交通、企业要求限期治理,甚至勒令其关、停、并、转、迁;对易产生污染的工程设施和项目,采取行政制约的方法,如审批开发建设项目的环境影响评价书,审批新建、扩建、改建项目的"三同时"设计方案,发放与环境保护有关的各种许可证,审批有毒有害化学品的生产、进口和使用;管理珍稀动植物物种及其产品的出口、贸易事宜。

2. 法律手段

法律手段是环境规划与管理的一种强制性手段,依法管理环境是控制并消除污染、保障自然资源合理利用并维护生态平衡的重要措施。环境规划管理一方面要靠立法,把国家对环境保护的要求、做法,全部以法律形式固定下来,强制执行;另一方面还要靠执法。环境管理部门要协助和配合司法部门与违反环境保护法律的犯罪行为进行斗争,协助仲裁;按照环境法规、环境标准来处理环境污染和环境破坏问题,对严重污染和破坏环境的行为提起公诉,甚至追究法律责任;也可依据环境法规对危害人民健康、财产,污染和破坏环境的个人或单位给予批评、警告、罚款或责令赔偿损失等。我国自 20 世纪 80 年代开始,从中央到地方颁布了一系列环境保护法律、法规。目前,已初步形成了由国家宪法、环境保护基本法、环境保护单行法规、其他部门法中关于环境保护的法律规范、环境标准、地方环境法规以及涉外环境保护的条约、协定等所组成的环境保护法体系。值得重视的是,随着环境问题的新变化和环境保护工作的新需要,要适时地加强法律的制定和修订工作。

3. 经济手段

经济手段是指利用价值规律，运用价格、税收、信贷等经济杠杆，控制生产者在资源开发中的行为，限制损害环境的社会经济活动，奖励积极治理污染的单位，促进节约和合理利用资源，充分发挥价值规律在环境管理过程中的杠杆作用。其方法主要包括各级环境管理部门对积极防治环境污染而在经济上有困难的企业、事业单位发放环境保护补助资金；对排放污染物超过国家规定标准的单位，按照污染物的种类、数量和浓度征收排污费和实行排污权交易；对违反规定造成严重污染的单位和个人处以罚款；对排放污染物损害人群健康或造成财产损失的排污单位，责令对受害者赔偿损失；对积极开展"三废"综合利用、减少排污量的企业给予税收减免和利润留成的奖励；推行开发、利用自然资源的征税制度等。

4. 技术手段

技术手段是指借助那些既能提高生产率，又能把对环境污染和生态破坏控制到最小限度的工艺技术以及先进的污染治理技术等来达到保护环境目标的手段，包括通过环境监测、环境统计对本地区、本部门、本行业污染状况进行调查；制定环境标准；编写环境报告书和环境公报；交流推广无污染、少污染的清洁生产工艺及先进治理技术；组织开展环境影响评价工作；组织环境科研成果和环境科技情报的交流等。许多环境政策、法律、法规的制定和实施都涉及许多科学技术问题，所以环境问题解决得好坏，在极大程度上取决于科学技术。没有先进的科学技术，就不能及时发现环境问题，而且即使发现了，也难以控制。

5. 宣传教育手段

宣传教育是环境管理不可缺少的手段。环境宣传既普及环境科学知识，又是一种思想动员。通过报刊、杂志、电影、电视、广播、展览、专题讲座、文艺演出等各种文化形式广泛宣传，使公众了解环境保护的重要意义和内容，提高全民族的环境意识，激发公民保护环境的热情和积极性，把保护环境、热爱大自然、保护大自然变成自觉行动，形成强大的社会舆论，从而制止浪费资源、破坏环境的行为。环境教育可以通过专业的环境教育培养各种环境保护的专门人才，提高环境保护人员的业务水平；还可以通过基础的和社会的环境教育提高社会公民的环境意识，来实现科学管理环境以及提倡社会监督的环境管理措施。例如，把环境教育纳入国家教育体系，从幼儿园、中小学抓起加强基础教育，搞好成人教育以及对各高校非环境专业学生普及环境保护基本知识等。

8.3 环境规划与管理的内容

8.3.1 环境规划的内容

环境规划的基本内容集中了各类专项规划共性的原则、方法、指标和程序。包括环境规划的原则和程序、环境目标和指标体系、环境评价和预测、环境功能区划、环境规划方案的设计和比较以及环境规划的实施。

1. 环境规划的原则

环境规划必须坚持以可持续发展战略为指导，围绕促进可持续发展这个根本目标。制定环境规划必须遵循以下基本原则。

1）促进环境与经济社会协调发展的原则

保障环境与经济社会协调、持续发展是环境规划最重要的原则。环境是一个多因素的复杂系统，包括生命物质和非生命物质，并涉及社会、经济等许多方面的问题。环境系统与经济系统和社会系统相互作用、相互制约，构成一个不可分割的整体。

环境规划必须将经济、社会和自然系统作为一个整体来考虑，研究经济和社会的发展对环境的影响（正影响和负影响）、环境质量和生态平衡对经济和社会发展的反馈要求与制约，进行综合平衡，遵循经济规律和生态规律，做到经济建设、城乡建设、环境建设同步规划、同步实施、同步发展，使环境与经济、社会发展相协调。实现经济效益、社会效益和环境效益的统一。

2）遵循经济规律和生态规律的原则

环境规划要正确处理环境与经济的关系，实现环境与经济协调发展，必须遵循经济规律和生态规律。在经济系统中，经济规模、增长速度、产业结构、能源结构、资源状况与配置、生产布局、技术水平、投资水平、供求关系等都有着各自及相互作用的规律。在环境系统中，污染物产生、排放、迁移转换，环境自净能力，污染物防治，生态平衡等也有自身的规律。在经济系统与环境系统之间的相互依赖、相互制约的关系中，也有着客观的规律性。要协调好环境与经济、社会发展，必须既要遵循经济规律，又要遵循生态规律，否则会造成环境恶化、危害人类健康、制约经济正常发展的恶果。

3）环境承载力有限的原则

环境承载力是指在一定时期内，在维持相对稳定的前提下，环境资源所能容纳的人口规模和经济规模的大小。地球的面积和空间是有限的，它的资源是有限的，显然，环境对污染和生态破坏的承载能力也是有限的。人类的活动必须保持在地球承载力的极限之内。如果超过这个限度，就会使自然环境失去平衡稳定的能力，引起质量上的衰退，并造成严重后果。因此，人类对环境资源的开发利用，必须维持自然资源的再生功能和环境质量的恢复能力，不允许超过生物圈的承载容量或容许极限。在制定环境规划时，应该根据环境承载力有限的原则，对环境质量进行慎重的分析研究，对经济社会活动的强度、发展规模等做出适当的调节和安排。

4）因地制宜、分类指导的原则

环境和环境问题具有明显的区域性。不同地区在其地理条件、人口密度、经济发展水平、能量资源的储量、文化技术水平等方面，也是千差万别。环境规划必须按区域环境的特征，科学制定环境功能区划，在进行环境评价的基础上，掌握自然系统的复杂关系，分清不同的机理，准确地预测其综合影响，因地制宜地采取相应的策略措施和设计方案。坚持环境保护实行分类指导，突出不同地区和不同时段的环境保护重点和领域。要把城市环境保护与城市建设紧密结合，实行城市与农村环境整治的有机结合，防治污染从城市向农村转移。按照因地制宜的原则，从实际出发，才能制定切合实际的环境保护目标，才能提出切实可行的措施和行动。

5）强化环境管理的原则

环境规划要成为指导环境与经济社会协调发展的基本依据，必须适应我国建立社会主义市场经济体制的趋势，必须充分运用法律、经济、行政和技术等手段，充分体现环境管理的基本要求。在环境规划中，必须坚持以防为主、防治结合、全面规划、合理布局、突出重点、兼顾一般的环境管理的主要方针。做到新建项目不欠账，老污染源加快治理。坚持工业污染与基本建设和技术改造紧密结合，实行全过程控制，建立清洁文明的工业生产体系。积极推行经济手段的运用，坚持"污染者负担"和"谁开发谁保护，谁破坏谁恢复，谁利用谁补偿，谁受益谁付费"的原则。只有把强化环境管理的原则贯穿到环境规划的编制和实施之中，才能有效避免"先污染、后治理"的旧式发展道路。

2. 环境规划的工作程序和主要内容

1）环境规划的基本程序

环境规划是协调环境资源的利用与经济社会发展的科学决策过程。环境规划因对象、目标、任务、内容和范围等不同，编制环境规划的侧重点各不相同，但规划编制的基本程序大致相同，主要包括：编制环境规划工作计划、现状调查和评价、环境预测分析、确定环境规划目标、制订环境规划方案、环境规划方案的申报和审批、环境规划方案的实施等步骤（图8-1）。

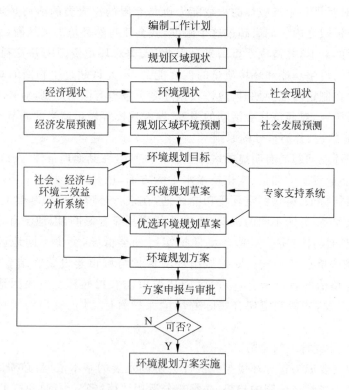

图 8-1　环境规划编制基本程序

2) 环境规划的主要步骤和内容

(1) 编制环境规划的工作计划。在开展规划工作前,有关人员要根据环境规划目的和要求,对整个规划工作进行组织和安排,提出规划编写提纲,明确任务,制订翔实的工作计划。

(2) 环境、经济和社会现状调查与评价。环境与经济、社会相互依赖、相互制约。随着工业化进程加快,尤其是科技进步,经济和社会发展在人地系统中的主导作用越来越明显。经济和社会发展规划是制定环境规划的前提和依据;但经济和社会发展又受环境因素的制约,经济和社会发展要充分考虑环境因素,满足环境保护要求。在某些条件下,环境因素又可能变为某些方面的决定因素。因此,区域经济和社会发展规模、速度、结构、布局应在环境规划中给以概要说明(包括现状及发展趋势),以阐述经济发展对资源需求的增大和伴生的环境问题,以及人口、技术和社会变化带来的消费需求增长及其环境影响。

环境、经济和社会现状调查与评价的内容主要包括:自然环境特征调查(如地质地貌、气象条件和水文资料、土壤类型、特征及土地利用情况、生物资源种类和生态习性,环境背景值等);生态调查(主要有水土保持面积、自然保护区面积、土地沙化和盐渍化情况、森林覆盖率、绿地覆盖率等);污染源调查(主要包括工业污染源、农业污染源、生活污染源、交通运输污染源、噪声污染源、放射性和电磁辐射污染源等。在分类调查时,要与另外的分类,即大气污染源、水污染源、土壤污染源、固体废物污染源、噪声污染源等结合起来汇总分析);环境质量调查(主要调查区域大气、水、噪声及生态等环境质量,大多可以从环境保护部门历年的监测资料获得);环境保护措施的效果调查(主要是对环境保护工程措施的削减效果及其综合效益进行分析评价);环境管理现状调查(主要包括环境管理机构、环境保护工作人员业务素质、环境政策法规和标准的实施情况、环境监督的实施情况等);社会环境特征调查(如人口数量、密度分布,产业结构和布局,产品种类和产量,经济密度,建筑密度,交通公共设施,产值,农田面积,作物品种和种植面积,灌溉设施,渔牧业等);经济社会发展规划调查(如规划区内的短、中、长期发展目标,包括国民生产总值、国民收入、工农业生产布局以及人口发展规划、居民住宅建设规划、工农业产品产量、原材料品种及使用量、能源结构、水资源利用等)。

通过规划区域内环境、经济和社会现状调查与评价,明确区域内存在的主要环境问题,为环境预测分析提供方向和依据。

(3) 环境预测分析。环境预测是根据所掌握的区域环境信息资料,结合国民经济和社会的发展状况,对区域未来的环境变化(包括环境污染和生态环境质量变化)的发展趋势做出科学的、系统的分析,预测未来可能出现的环境问题。包括预测这些环境问题出现的时间、分布范围及可能产生的危害,并有针对性地提出防治可能出现的环境问题的技术措施及对策。它是环境决策的重要依据,没有科学的环境预测就不会有科学的环境决策,当然也就不会有科学的环境规划。环境预测通常需要建立各种环境预测模型。环境预测的主要内容如下。

① 社会和经济发展预测。社会发展预测重点是人口预测,包括人口总数、人口密度以及分布等;经济发展预测包括能源消耗预测、国民生产总值预测、工业部门产值预测以及产业结构和布局预测等内容。社会和经济发展预测是环境预测的基本依据。

② 资源供需预测。自然资源是区域经济持续发展的基础。随着人口的增长和国民经济的迅速发展,我国许多重要自然资源开发强度都较大,特别是水、土地和生物资源等。在资源开发利用中,应该既要做好资源的合理开发和高效利用,同时分析资源开发和利用过程中的生态环境问题,关注其产生原因并预测其发展趋势。所以,在制定环境规划时必须对资源的供需平衡进行预测分析,主要有水资源的供需平衡分析、土地资源的供需平衡分析、生物资源(森林、草原、野生动植物等)供需平衡分析、矿产资源供需平衡分析等。

③ 污染源和主要污染物排污总量预测。污染源和主要污染物排污总量预测包括大气污染源和主要污染物排污总量预测、水污染源和主要污染物排污总量预测，固体废物产生源及排放量预测、噪声源和污染强度预测等。

④ 环境质量预测。根据污染源和主要污染物排污总量预测的结果，结合区域环境质量模型（如大气质量模型、水质模型等），分别预测大气环境、水环境、土壤环境等环境质量的时间、空间变化。

⑤ 生态环境预测。生态环境预测包括城市生态环境预测、农村生态环境预测、森林环境预测、草原和沙漠生态环境预测、珍稀濒危物种和自然保护区发展趋势的预测、古迹和风景区的变化趋势预测等。

⑥ 环境污染和生态破坏造成的经济损失预测。环境污染和生态破坏会给区域经济发展和人民生活带来损失。环境污染和生态破坏造成的经济损失预测，就是根据环境经济学的理论和方法，预测因环境污染和生态破坏而带来的直接和间接经济损失。

(4) 确定环境规划目标。环境目标是在一定的条件下，决策者对环境质量所想要达到的状况或标准，是特定规划期限内需要达到的环境质量水平与环境结构状态。

环境目标一般分为总目标、单项目标、环境指标三个层次。

总目标是指区域环境质量所要达到的要求或状态。

单项目标是依据规划区环境要素和环境特征以及不同环境功能所确定的环境目标。

环境指标是体现环境目标的指标体系，是目标的具体内容和环境要素特征和数量的表述。在实际规划工作中，根据规划区域对象、规划层次、目的要求、范围、内容而选择适当的指标。指标选取的基本原则是：科学性原则、规范化原则、适应性原则、针对性原则、超前性原则和可操作性原则。指标类型主要包括：主要污染物减排指标、环境质量指标、污染控制指标、环境管理与环境建设指标、环境保护投资及其他相关指标等。

需特别强调的是，环境规划目标必须科学、切实、可行。确定恰当的环境目标，即明确所要解决的问题及所达到的程度，是制定环境规划的关键。规划目标要与该区域的经济和社会发展目标进行综合平衡，针对当地的环境状况与经济实力、技术水平和管理能力，制定出切合实际的规划目标及相应的措施。目标太高，环境保护投资多，超过经济负担能力，环境目标会无法实现；目标太低，就不能满足人们对环境质量的要求，造成严重的环境问题。因此，在制定环境规划时，确定恰当的环境保护目标是十分重要的，环境规划目标是否切实可行是评价规划好坏的重要标志。

① 确定环境目标的原则。确定环境目标,需要遵循这些原则:a. 要考虑规划区域的环境特征、性质和功能要求;b. 所确定的环境目标要有利于环境质量的改善;c. 要体现人们生存和发展的基本要求;d. 要掌握好"度",使环境目标和经济发展目标能够同步协调,能够同时实现经济、社会和环境效益的统一。

② 环境功能区划与环境目标的确定。功能区是指对经济和社会发展起特定作用的地域或环境单元。环境功能区划是依据社会发展需要和不同区域在环境结构、环境状态和使用功能上的差异,对区域进行合理划分。进行环境功能分区是为了合理进行经济布局,并确定具体环境目标,也便于进行环境管理与环境政策执行。环境功能区,实际上是社会、经济与环境的综合性功能区。

环境功能区划可分为综合环境功能区划和分项(专项)环境功能区划两个层次,后者包括大气环境功能区划、水环境功能区划、声环境功能区划、近海海域环境功能区划等。

环境功能区划中应考虑以下原则。

a. 环境功能与区域总体规划相匹配,保证区域或城市总体功能的发挥。

b. 根据地理、气候、生态特点或环境单元的自然条件划分功能区,如自然保护区、风景旅游区、水源区或河流及其岸线、海域及其岸线等。

c. 根据环境的开发利用潜力划分功能区,如新经济开发区、生态绿地等。

d. 根据社会经济的现状、特点和未来发展趋势划分功能区,如工业区、居民区、科技开发区、教育文化区、开发经济区等。

e. 根据行政辖区划分功能区,按一定层次的行政辖区划分功能,往往不仅反映环境的地理特点,而且也反映某些经济社会特点,有其合理性,也便于管理。

f. 根据环境保护的重点和特点划分功能区,特别是一些敏感区域,可分为重点保护区、一般保护区、污染控制区和重点整治区等。

根据规划区内各区域环境功能不同分别采取不同对策确定并控制其环境质量。确定环境保护目标时,至少应包括环境总体目标(战略目标)、污染物总量控制目标和各环境功能区的环境质量目标三项内容。

在区域环境规划的综合环境功能区划中,常划分出以下几类区域。

a. 特殊(重点)保护区:包括自然保护区、重要文物古迹保护区、风景名胜区、重要文教区、特殊保护水域或水源地、绿色食品基地等。

b. 一般保护区:主要包括生活居住区、商业区等。

c. 污染控制区:往往是现状的环境质量尚好,但需严格控制污染的工业区。

d. 重点治理区:通常是受污染较严重或受特殊污染物污染的区域。

e. 新建经济技术开发区:根据环境管理水平确定,一般应该从严要求。

f. 生态农业区:应满足生态农业的相关要求。

(5) 提出环境规划方案。环境规划方案是指实现环境目标应采取的措施以及相应的环境保护投资。在制定环境规划时,一般要作多个不同的规划方案,通过对各方案的定性、定量比较,综合分析各自的优缺点,得出经济上合理、技术上先进、满足环境目标要求的最佳方案。

方案比较和优化是环境规划过程中的重要步骤和内容,在整个规划的各个阶段都存在方案的反复比较。环境规划方案的确定应考虑如下方面:比较的项目不易太多,方案要有鲜明的特点,要抓住起关键作用的问题做比较,注意可比性;确定的方案要结合实际,针对不同方案的关键问题,提出不同规划方案的实施措施;综合分析各方案的优缺点,取长补短,最后确定最佳方案;对比各方案的环保投资和三个效益的统一,目标是效果好、投资少、不应片面追求先进技术或过分强调投资。

(6) 环境规划方案的申报与审批。环境规划的申报与审批,是把规划方案变成实施方案的基本途径,也是环境管理中一项重要工作制度。环境规划方案必须按照一定的程序上报有关决策机关,等待审核批准。

(7) 环境规划方案的实施。环境规划的实用价值主要取决于它的实施程度。环境规划的实施既与编制规划的质量有关,又取决于规划实施所采取的具体步骤、方法和组织。实施环境规划要比编制环境规划复杂和困难。环境规划按照法定程序审批下达后,在环境保护部门的监督管理下,各级政府有关部门,应根据规划提出的任务要求,强化规划执行。实施环境规划的具体要求和措施,归纳起来有如下几点。

① 切实把环境规划纳入国民经济和社会发展计划中。保护环境是发展经济的前提和条件,发展经济是保护环境的基础和保证。要切实把环境规划的指标、环境技术政策、环境保护投入以及环境污染防治和生态环境建设项目纳入国民经济与社会发展规划,这是协调环境与社会经济关系不可缺少的手段。同时,以环境规划为依据,编制环境保护年度计划,把规划中所确定的环境保护任务、目标进行分解、落实使之成为可实施的年度计划。

② 强化环境规划实施的政策与法律的保证。政策与法律是保证规划实施的重要方面,尤其是在一些经济政策中,逐步体现环境保护的思想和具体规定,将规划结合到经济发展建设中,是推进规划实施的重要保证。

③ 多方面筹集环境保护资金。把环境保护作为全社会的共同责任。政府要积极推动落实"污染者负担"原则,工厂、企业等排污者要积极承担污染治理的责任,同时政府要加大对公共环境建设的投入,鼓励社会资金投入环境保护基础设施建设。通过多方面筹集环境保护建设资金,确保环境保护的必要资金投入。

④ 实行环境保护的目标管理。环境规划是环境管理制度的先导和依据,而管

理制度又是环境规划的实施措施与手段。要把环境规划目标与政府和企业领导人的责任制紧密结合起来。

⑤ 强化环境规划的组织实施,进行定期检查和总结。组织管理是对规划实施过程的全面监督、检查、考核、协调与调整,环境规划管理的手段主要是行政管理、协调管理和监督管理,建立与完善组织机构,建立目标责任制,实行目标管理,实行目标的定量考核,保证规划目标的实现。

8.3.2 环境管理的内容

环境管理的内容比较广泛,不同的分类方法,有不同的结果。

1. 按管理领域划分

所谓管理领域,是指环境管理行动要落实到的地方,是指在自然环境中的什么地方、人类活动中的哪个方面。

环境管理行动落实在人类社会的产业活动中,如工业、农业、服务业,即为产业环境管理,其管理内容为在这些产业活动中向环境排放污染物的行为,如管理工厂企业排放废水、废气、废渣,农田化肥农药污染,餐厅油烟气污染,歌厅噪声污染,及开展清洁生产、ISO 14000 标准认证等。

环境管理行动落实在水、土、气、声、辐射、生态等自然环境要素上,即为要素环境管理,其管理内容为环境要素的环境质量、环境承载力以及水体、土壤、大气、噪声、辐射等污染物排放的管理。

环境管理行动落实在一定的区域范围内,如城市、农村、流域、开发区等,即为区域环境管理,其管理内容为该区域范围内人类作用于该区域环境的行为,如城市建设、农田污染、流域水污染控制、开发区环境规划等。

环境管理行动落实在环境管理的主体上,可以分为政府环境管理、企业环境管理、公众环境管理。

2. 按环境物质流划分

环境管理根据"环境—社会系统"中的物质流划分,可分为自然资源环境管理、产业环境管理、废弃物环境管理和区域环境管理四大领域。

1) 自然资源环境管理

自然资源的开发利用是人类社会生存发展的物质基础,也是人类社会与自然环境之间物质流动的起点。因此,自然资源的保护与管理,成为环境管理的起点和首要环节,其实质是管理自然资源开发和利用过程中的各种社会行为,不破坏人与自然的和谐。其主要内容包括土地资源、水资源、矿产资源、森林资源、草地资源、生物多样性资源、海洋资源的管理等。

2）产业环境管理

产业活动是人类社会通过社会组织和劳动将开采出来的自然资源进行提炼、加工、转化,生产人类所需要的生活和生产资源、创造物质财富的过程,是人类经济社会发展的重要方面。同时,不恰当的产业活动也是破坏生态、污染环境的主要原因,因此,产业环境管理的目的是创建一个资源节约和环境友好的生产过程。其内容有两个层次。在宏观上,政府通过法律、行政、标准等手段从国家的层面上控制整个社会经济活动对生态和环境的破坏;在微观上,企业作为环境管理的主体搞好企业自身的环境保护工作。

3）废弃物环境管理

废弃物,或称为环境废弃物,是指人类从自然环境中开采自然资源,并对其进行加工、转化、流通、消费后产生并排放到自然环境中去的有害的物质或因子。废弃物环境管理的目的和任务就是运用各种环境管理的政策和技术方法,尽可能地减少废弃物向自然环境中的排放,或者使排放的废弃物能与自然环境的容纳能力（环境容量和环境承载力）相协调,达到保证环境质量的目的。废弃物环境管理不仅注重废弃物本身的管理,还要从区域的角度,关注废弃物排放到环境之后产生的环境影响,并根据环境质量情况对废弃物的排放提出要求。

4）区域环境管理

区域是地球表层相对独立的面积单元,是个相对的地域概念。人类社会的所有活动,都必然落实到区域上,而自然环境本身也具有非常明显的区域特征。

复习与思考

8-1 什么是环境规划？如何理解其内涵？
8-2 什么是环境管理？如何理解其内涵？
8-3 环境规划与环境管理是怎样的关系？
8-4 环境规划与管理的目的和任务是什么？
8-5 环境规划与管理的对象包括哪些？
8-6 环境规划与管理应采用哪些主要手段？
8-7 图解环境规划的工作程序和主要内容。
8-8 环境规划方案的实施应采取哪些措施？
8-9 按环境物质流划分,环境管理包括哪些内容？

第9章 环境法治

9.1 环境法及其功能与地位

9.1.1 环境法的定义

环境法或称环境立法,是 20 世纪 60 年代以来才逐步产生和发展起来的一个新兴法律部门,其名称往往因"国"而异,例如,中国一般称为"环境保护法",日本称为"公害法",欧洲各国多称为"污染控制法",美国称为"环境法"等。至于其定义也并不统一,但可以将其概括为:为了协调人类与自然环境之间的关系,保护和改善环境资源并进而保护人体健康和保障经济社会的可持续发展,由国家制定或认可并由国家强制力保证实施的调整人们在开发、利用、保护、改善环境资源的活动中所产生的各种社会关系的行为规范的总称。该定义主要包括以下几个方面的含义:

(1) 环境法的目的是通过防治环境污染和生态破坏,协调人类与自然环境之间的关系,保证人类按照自然客观规律特别是生态学规律开发、利用、保护、改善人类赖以生存和发展的环境资源,维护生态平衡,保护人体健康和保障经济社会的可持续发展。

(2) 环境法产生的根源是人与自然环境之间的矛盾,而不是人与人之间的矛盾,其调整对象是人们在开发、利用、保护、改善环境资源,防治环境污染和生态破坏的生产、生活或其他活动中所产生的环境社会关系。环境法通过直接调整人与人之间的环境社会关系,促使人类活动符合生态学规律及其他自然客观规律,从而间接调整人与自然界之间的关系。

(3) 环境法是由国家制定或认可并由国家强制力保证实施的法律规范,是建立和维护环境法律秩序的主要依据。由国家制定或认可,具有国家强制力和概括性、规范性,是法律属性的基本特征。这一特征使得环境法同社团、企业等非国家机关制定的规章制度区别开来,也同虽由国家机关制定,但不具有国家强制力或不具有规范性、概括性的非法律文件区别开来。同时,环境法以明确、普遍的形式规定了国家机关、企事业单位、个人等法律主体在环境保护方面的权利、义务和法律责任,建立和保护人们之间环境法律关系的有条不紊状态,人们只有遵守和切实执行环境法,良好的环境法律秩序才能得到维护。

9.1.2 环境法的功能与地位

环境法产生与发展的根本原因在于环境问题的严重化以及强化国家环境管理职能的需要,并因各个国家国情的不同而各具特色。但纵观各国环境法的任务和功能,其法律规定又往往具有相似性,大都同时兼顾环境效益、经济效益和社会效益等多个目标,强调在保护和改善环境资源的基础上,保护人体健康和保障经济社会的可持续发展。例如,《中华人民共和国环境保护法》(1989年)第1条规定:"为保护和改善生活环境和生态环境,防治污染和其他公害,保障人体健康,促进社会主义现代化建设的发展,制定本法。"美国《国家环境政策法》(1969年)规定其目的在于防止环境恶化,保护人体健康,使人口和资源使用平衡,提高人民生活水平和舒适度,提高再生资源的质量,使易枯竭资源达到最高程度的再利用等。此外,也有个别国家(如日本和匈牙利等),法律规定其环境法的唯一目的和任务是保护环境资源、保障人体健康,即放弃经济优先的思想,强调对人体健康和环境利益的绝对保护。

由于环境法的保护对象系整个人类环境和各种环境要素、自然资源,再加上环境法本身不仅要符合技术、经济、社会等方面的状况、要求,还必须遵循自然客观规律,特别是生态学规律。因此,环境法的实施过程,实质上就是以国家强制力为后盾,通过行政执法、司法、守法等多个环节来调整人与人之间的社会关系,使人们的活动特别是经济活动符合生态学等自然客观规律,从而协调人类与自然环境之间的关系,使人类活动对环境资源的影响不超出生态系统可以承受的范围,使经济社会的发展建立在适当的环境资源基础之上,实现可持续发展。也可以说,在现代国家行使其管理职能必须坚持"依法治国"、"依法行政"的基本原则之下,环境管理就是依据环境法的规定,对与环境资源的开发、利用、保护、改善等有关的事项进行监管和调控的活动。由此可见环境法在保护环境资源、实施可持续发展战略中的极端重要性。联合国《21世纪议程》对包括环境法在内的法律规范在实现可持续发展过程中的重要性和必要性也作出了精辟的概括,指出:"在使环境与发展的政策转化为行动的过程中,国家的法律和规章是最重要的工具,它不仅通过'命令和控制'的手段予以执行,而且还是经济计划和市场工具的一个框架。"因此,各国"必须发展和执行综合的、有制裁力的和有效的法律和条例",而这些法律和条例必须根据周密的社会、生态、经济和科学原则制定。《中国21世纪议程——中国21世纪人口、环境与发展白皮书》也进一步强调:"与可持续发展有关的立法是可持续发展战略和政策定型化、法制化的途径,与可持续发展有关的立法实施是把可持续发展战略付诸实现的重要保障。在今后的可持续发展战略和重大行动中,有关法律和法规的实施占重要地位。"

9.2 环境法的体系与实施

9.2.1 环境法体系的概念

环境法体系是由一国现行的有关保护和改善环境与自然资源、防治污染和其他公害的各种规范性文件所组成的相互联系、相辅相成、协调一致的法律规范的统一体。它包括有关保护环境和自然资源、防治污染和其他公害的实体法律规范、程序法律规范和有关环境管理的法律规范,也包括环境标准、技术监测等方面的技术性的法律规范。

我国现阶段的环境立法孕育于1949年新中国成立至1973年全国第一次环境保护会议,经历了艰难的初步发展时期,虽然在我国各部门法中,环境法成为独立的法律部门和形成比较完善的法律体系,起步较晚,但是从1979年《中华人民共和国环保法(试行)》的颁布实施开始,环境立法得以迅速发展。迄今为止,据不完全统计,我国已制定环境法律6部,资源保护法律9部,环境行政法规28件,环境规章70余件,地方环境法规和规章900余件,同时还制定了大量的环境标准。因此我国环境法体系已初具规模并日趋完善。

9.2.2 我国环境法体系的构成

我国的环境法体系是以宪法关于环境保护的法律规定为基础,以环境保护基本法为主干,由防治污染、保护资源和生态等一系列单行法规、相邻部门法中有关环境保护法律规范、环境标准、地方环境法规以及涉外环境保护的条约协定所构成。具体结构框架如图9-1。

1. 宪法中关于环境保护的法律规定

宪法是国家的根本大法。宪法关于保护环境资源的规定在整个环境法体系中具有最高法律地位和法律权威,是环境立法的基础和根本依据。包括我国在内的许多国家在宪法中都对环境保护作了原则性规定。如我国《宪法》第9条规定:"矿藏、水流、森林、山岭、草原、荒地、滩涂等自然资源,都属于国家所有,即全民所有;由法律规定属于集体所有的森林和山岭、草原、荒地、滩涂除外。国家保障自然资源的合理利用,保护珍贵的动物和植物。禁止任何组织或者个人用任何手段

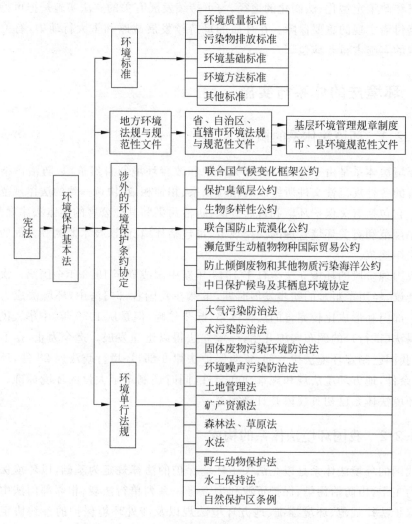

图 9-1 我国环境法体系示意图

侵占或者破坏自然资源。"第 10 条规定:"城市的土地属于国家所有。农村和城市郊区的土地,除由法律规定属于国家所有的以外,属于集体所有;宅基地和自留地、自留山,也属于集体所有。国家为了公共利益的需要,可以依照法律规定对土地实行征用。任何组织或者个人不得侵占、买卖、出租或者以其他形式非法转让土地;一切使用土地的组织和个人必须合理地利用土地。"第 22 条第 2 款规定:"国家保护名胜古迹、珍贵文物和其他重要历史文化遗产。"第 26 条规定:"国家保护和改善生活环境和生态环境,防治污染和其他公害。国家组织和鼓励植树造林,保护林木。"

2. 环境保护基本法

环境保护基本法是环境法体系中的主干,除宪法外占有核心地位。环境保护基本法是一种实体法与程序法结合的综合性法律。对环境保护的目的、任务、方针政策、基本原则、基本制度、组织机构、法律责任等作了主要规定。

我国的《中华人民共和国环境保护法》、美国的《国家环境政策法》、日本的《环境基本法》等都是环境保护的综合性法律。这些法律通常对环境法的基本问题,如适用范围、组织机构、法律原则与制度等做出了原则规定。因此,它们居于基本法的地位,成为制定环境保护单行法的依据。

3. 环境保护单行法规

环境保护单行法是针对某一特定的环境要素或特定的环境社会关系进行调整的专门性法律法规,如《水污染防治法》、《大气污染防治法》等。相对于基本法——母法来说,也可称它们为子法。这些专项的法律法规,通常以宪法和环境保护基本法为依据,是宪法和环境保护基本法的具体化。因此,环境保护单行法的有关规定一般都比较具体细致,是进行环境管理、处理环境纠纷的直接依据。在环境法体系中,环境保护单行法具有量多面广的特点,是环境法的主体部分,主要由以下几方面的立法构成。

(1) 土地利用规划法:包括国土整治、城市规划、村镇规划等法律法规。目前我国已经颁布的有关法律法规主要有《中华人民共和国城乡规划法》、《中华人民共和国村庄和集镇规划建设管理条例》等。

(2) 环境污染和其他公害防治法。由于环境污染是环境问题中最突出、最尖锐的部分,所以污染防治是我国环境法体系的主要部分和实质内容所在,基本上属小环境法体系,如水、气、声、固废等污染防治法。目前,我国已经颁布的此类单行法律法规主要有《大气污染防治法》、《水污染防治法及其实施细则》、《海洋环境保护法及其实施细则》、《环境噪声污染防治法》、《固体废物污染环境防治法》、《放射性污染防治法》、《淮河流域水污染防治暂行条例》等。

(3) 自然资源保护法。这类法规制定的目的是保护自然环境和自然资源免受破坏,以保护人类的生命维持系统,保存物种遗传的多样性,保证生物资源的永续利用。如土地资源保护法、矿产资源保护法、水资源保护法、森林资源保护法、草原资源保护法、渔业资源保护法等。目前,我国已经颁布的有关法律法规主要有《土地管理法》及其实施细则、《矿产资源法》及其实施细则、《水法》、《森林法》及其实施细则、《草原法》、《渔业法》及其实施细则、《水产资源繁殖保护条例》、《基本农田保护法》、《土地复垦规定》、《取水许可和水资源费征收管理条例》、《森林防火条例》、《草原防火条例》等。

（4）生态保护法。生态保护法包括野生动植物保护法、水土保持法、湿地保护法、荒漠化防治法、海洋带保护法、绿化法以及风景名胜、自然遗迹、人文遗迹等特殊景观保护法等。目前,我国已经颁布的有关法律法规主要有《野生动物保护法》及其实施细则、《水土保持法》及其实施细则、《自然保护区条例》、《风景名胜区条例》、《野生植物保护条例》、《城市绿化条例》等。

4. 其他部门法中关于环境保护的法律规范

由于环境保护的广泛性,专门的环境立法尽管在数量上十分庞大,但仍然不能对涉及环境的社会关系全部加以调整。所以我国环境法体系中也包括了其他部门法如行政法、民法、刑法、经济法中有关环境保护的一些法律规范,它们也是环境法体系的重要组成部分。例如,《治安管理处罚法》第 58 条规定:"违反关于社会生活噪声污染防治的法律规定,制造噪声干扰他人正常生活的,处警告;警告后不改正的,处 200 元以上 500 元以下的罚款",第 63 条规定:"刻画、涂污或者以其他方式故意损害国家保护的文物、名胜古迹的,处 200 元以下罚款或者警告;情节严重的,处 5 日以上 10 日以下拘留,并处 200 元以上 500 元以下的罚款。"再如《民法通则》第 83 条关于不动产相邻关系的规定;《民法通则》第 123 条关于高度危险作业侵权的规定,第 124 条关于环境污染侵权的规定;《刑法》第六章第六节关于"破坏环境资源保护罪"的规定;《对外合作开采石油资源条例》第 24 条关于作业者、承包者在实施石油作业中应当保护渔业资源和其他自然资源,防止对大气、海洋、河流、湖泊、陆地等环境的污染和损害的规定;等等,均属于环境法体系的重要组成部分。

5. 环境标准

环境标准是环境法体系的特殊组成部分。环境标准是国家为了维护环境质量,控制污染,从而保护人体健康、社会财富和生态平衡而制定的具有法律效力的各种技术指标和规范的总称。它不是通过法律条文规定人们的行为规则和法律后果,而是通过一些定量化的数据、指标、技术规范来表示行为规范的界限,来调整人们的行为。

环境标准的制定像法规一样,要经国家立法机关的授权,由相关行政机关按照法定程序制定和颁布。

环境标准的实施与监督是环境标准化工作的重要内容。环境标准发布后,各有关部门都必须严格执行,任何单位不得擅自更改或降低标准;各级环境保护行政主管部门,要为实施环境标准创造条件,制订实施计划和措施,充分运用环境监测等手段,监督、检查环境标准的执行;对因违反标准造成不良后果或重大事故者,要依法追究其法律责任。

1) 环境标准分类

根据《环境保护标准管理办法》(1999年4月1日)的规定,我国的环境标准由五类两级组成。五类,是指环境质量标准、污染物排放标准、环境基础标准、环境方法标准以及其他标准;两级,是指环境标准按级别分为国家级和地方级。我国的国家标准有强制性标准和推荐性标准之分。《标准化法》第7条规定:"保障人体健康,人身、财产安全的标准,法律、行政法规规定强制执行的标准都是强制性标准。"因此,国家环境标准中的环境质量标准和污染物排放标准属于强制性标准。考虑到行为污染特性,环境保护主管部门委托行业制定相关的行业标准。强制性国家环境标准用"GB"表示,推荐性国家环境标准用"GB/T"表示,行业环境标准用"HJ/T"表示。

(1) 环境质量标准。以维护一定的环境质量,保护人群健康、社会财富和促进生态良性循环为目标,规定环境中各类有害物质(或因素)在一定时间和空间内的允许含量,叫做环境质量标准。环境质量标准反映了人群、动植物和生态系统对环境质量的综合要求,也标志着在一定时期国家为控制污染在技术上和经济上可能达到的水平。环境质量标准体现环境目标的要求,是评价环境是否受到污染和制定污染物排放标准的依据。

(2) 污染物排放标准。为了实现国家的环境目标和环境质量标准,对污染源排放到环境中的污染物的浓度或数量所作的限量规定就是污染物排放标准。制定排放标准的直接目的是控制污染物的排放量,达到环境质量的要求。污染物排放标准为污染源规定的最高允许排污限额(浓度或总量),是确认排污行为是否合法的法律根据,超过排放标准要承担相应的法律责任。

(3) 环境基础标准。国家对环境保护工作中需要统一的技术术语、符号、代码、图形、指南、导则及信息编码等所作的规定,叫做环境基础标准。其目的是为制定和执行各类环境标准提供一个统一的准则,避免各标准相互矛盾,它是制定其他环境标准的基础。环境基础标准只有国家标准。

(4) 环境方法标准。国家为监测环境质量和污染物排放,规范环境采样、分析测试、数据处理等技术所作的规定,叫做环境监测方法标准,简称环境方法标准。它是使各种环境监测和统计数据准确、可靠并具有可比性的保证。就法律意义而言,环境基础标准和环境方法标准是辨别环境纠纷中争议双方所出示的证据是否合法的依据。只有当有争议各方所出示的证据是按照环境监测方法标准所规定的采样、分析、试验办法得出,并以环境基础标准所规定的符号、原则、公式计算出来的数据时,才具有可靠性和与环境质量标准、污染物排放标准的可比性,属于合法证据;反之,即为没有法律效力的证据。环境方法标准只有国家标准。

在环境法体系中,环境标准的重要性主要体现在,它为环境法的实施提供了数量化基础。

(5) 其他标准。除上述四类之外的环境标准均归入其他标准,如环境标准样品标准和环境仪器设备标准。环境标准样品标准是指对于用来标定仪器、验证测量方法、进行量值传递或质量控制的材料或物质必须达到的要求所作的规定,简称环境样品标准。它是检验方法准确与否的主要手段。环境仪器设备标准是指为了保证污染治理设备的效率和环境监测数据的可靠性和可比性,对环保仪器、设备的技术要求所作的规定。

这五类环境标准相辅相成,共同起效,具有密不可分的关系。环境质量标准规定环境质量目标,是制定污染物排放标准的主要依据;污染物排放标准是实现环境质量标准的主要手段;环境基础标准是制定环境质量标准、污染物排放标准、环境方法标准的基础;环境方法标准是实现环境质量标准、污染物排放标准的重要手段;环境样品标准及环境仪器设备标准是实现上述标准的基本物质条件及技术保证。

2) 环境标准的作用和意义

环境标准同环境保护法规相配合,在国家环境管理中起着重要作用。从环境标准的发展历史来看,它是在和环境保护法规相结合的同时发展起来的。最初,是在工业密集、人口集中、污染严重的地区,在制定污染控制的单行法规中,规定主要污染物的排放标准。20世纪50年代以后,发达国家的环境污染已经发展成为全国性公害,在加强环境保护立法的同时,开始制定全国性的环境标准,并且逐渐发展成为具有多层次、多形式、多用途的完整的环境标准体系,成为环境保护法体系中不可缺少的部分,具有重要作用和意义。

(1) 环境标准是判断环境质量和衡量环保工作优劣的准绳。

(2) 环境标准是制定环境规划与管理的技术基础及主要依据。环境标准既是环境保护和有关工作的目标,又是环境保护的手段。

(3) 环境标准是环境保护法律法规制定与实施的重要依据。环境标准用具体的数值来体现环境质量和污染物排放应控制的界限。不论是环境问题的诉讼、排污费的收取、污染治理的目标等执法依据都是环境标准。

(4) 环境标准是组织现代化生产、推动环境科学技术进步的动力。实施环境标准迫使企业对污染进行治理,更新设备,采用先进的无污染、少污染工艺,进而实现资源和能源的综合利用等。

3）我国环境标准体系

环境标准体系是指根据环境标准的性质、内容、功能，以及它们之间的内在联系，将其进行分类、分级，构成一个有机联系的统一整体。截至 2005 年 4 月 10 日，我国已经制定各类环境标准 486 项。其中，国家标准 357 项，环境保护行业标准 129 项；强制性标准 117 项，推荐性标准 369 项；环境质量标准 11 项，污染物排放标准 104 项，环境监测方法标准 315 项，环境基础标准 10 项，其他标准 46 项。另有地方环境标准 1 000 余项。我国现行环境标准体系见表 9-1。

表 9-1 我国现行环境标准体系

按控制因子分类 \ 按性质分类	环境质量标准	污染物排放标准	环境基础标准	环境方法标准	其他	合计
水环境质量标准	5	20	4	138		167
大气环境标准	2	21	3	102	1	129
固体废物与化学品		31	1	15	3	50
声学环境标准	2	8	1	6	2	19
土壤环境标准	2		1	10		13
放射性与电磁辐射		24		44		68
生态环境					6	6
其他					34	34
合计	11	104	10	315	46	486

9.2.3 环境法的实施

环境法的实施，就是在现实社会生活中具体运用、贯彻和落实环境法，使环境法主体之间抽象的权利、义务关系具体化的过程。通过环境法的实施，使义务人自觉地或者被迫地履行其法律义务，将人们开发、利用、保护和改善环境资源的活动调整、限制在环境法所允许的范围内，从而协调人类与自然环境之间的关系，实现环境法的目的和任务。因此，环境法的实施，是整个环境法制的关键环节，具有决定性的实践意义。而环境法的实施，必须坚持"以事实为依据，以法律为准绳"以及"在法律适用上人人平等"的原则。

根据实施主体的不同，可以将环境法的实施分为公力实施和私力实施两大类别。

所谓公力实施，也称国家实施，是指国家机关依照法定权限和程序，凭借国家暴力进行的环境法的实施活动，包括行政机关通过依法行使行政权对环境资源进行的监督管理，司法机关通过行使司法权进行的实施活动，检察机关通过行使检察权进行的实施活动以及立法机关通过对行政机关、司法机关、检察机关等遵守环境法情况的监督所进行的实施活动。其中行政机关对环境法的实施活动发挥着最为重要、最为基础的作用,而许多国家的环境法也都明文规定设立专门的环境行政机关,由环境行政机关负责环境法的执行和实施。

所谓私力实施,也称公民实施,是指公民个人或公民组织依据法律规定所进行的环境法的实施活动,其主要形式包括依法参与环境行政决策,依法对违反环境法的国家机关、企事业单位或公民个人提起环境诉讼或实施检举、控告、与排污者签订污染防治协议,通过立法机关的民意代表对行政机关等遵守和实施环境法的活动实施监督以及针对环境犯罪、环境侵害行为实施正当防卫和其他自力救济等。

由于公众是环境公害的直接受害者,对环境状况最了解、最敏感,是完善和实施环境法制的根本动力来源,因此无论在理论上还是在实践中,国际社会与世界各国特别是美国等发达国家都十分重视社会公众在环境法实施过程中的重要作用,强调维护公众正当的环境权益,特别是知情权、参与权和获得救济权等程序意义上的环境权,使行政机关、司法机关等的公力实施与公民私力实施密切配合,以求收到良好的实施效果。例如1992年《里约环境与环境发展宣言》原则10强调:"环境问题最好是在有关市民的参与下,在有关级别上加以处理。在国家一级,每个人都应有权适当地获得公共当局所持有的关于环境的资料,包括在其社区内的危险物质和活动的资料,并有机会参与各项决策进程。各国应通过广泛提供资料来便于和鼓励公众的认识和参与,应让人人都能有效地使用司法和行政程序,包括补偿和补救程序。"

9.3 我国环境法的基本制度

我国环境法的基本制度,是我国环境法基本原则的规范化、制度化、具体化的体现,是为保证环境法基本原则的实施而制定的。这些制度可以分为环境规划法律制度和环境管理法律制度两类。

9.3.1 环境规划法律制度

1. 环境保护计划制度

环境保护计划,是指由国家或地方人民政府及其行政管理部门依照一定法定程序编制的关于环境质量控制、污染物排放控制及污染治理、自然生态保护以及其他与环境保护有关的计划。环境保护计划是各级政府和各有关部门在计划期内要实现的环境目标和所要采取的防治措施的具体体现。

环境保护计划制度主要规定在《环境保护法》第4、12、22~24条之中。其内容主要包括四类：污染物排放控制和污染治理计划、自然生态保护计划、城市环境质量控制计划以及其他有关环境保护的计划等。

对环境保护计划实行国家、省（自治区、直辖市）、市（地）、县四级管理制，由各级计划行政主管部门负责组织编制。各级环境保护主管部门负责编制环境保护计划建议和监督、检查计划的落实和具体执行。其他有关部门则主要是根据计划和环境保护部门的要求，组织实施环境保护计划。

2. 土地利用规划制度

人类社会和经济活动，总是带来土地利用方式的改变，不同的土地利用方式又带来不同的环境影响。因此，土地利用规划管理是环境规划管理的重要内容。

土地利用规划制度是国家根据各地区的自然条件、资源状况和经济发展需要，通过制定土地利用的全面规划，对城镇设置、工农业布局、交通设施等进行总体安排，以保证社会经济的可持续发展，防止环境污染和生态破坏。

1998年我国颁布的《土地管理法》专设一章——土地利用总体规划。要求各级政府依据国家经济和社会发展规划、国土整治和资源环境保护的要求、土地供给能力及各项建设对土地的需求，编制土地利用总体规划。我国已经颁布执行的法规有城市规划、县镇规划和村镇规划等。

9.3.2 环境管理法律制度

1. 环境影响评价制度

环境影响评价是指对规划和建设项目实施后可能造成的环境影响进行分析、预测和评估，提出预防或者减轻不良环境影响的对策和措施，进行跟踪监测的方法与制度。

1979年《环境保护法（试行）》中，规定实行环境影响评价报告书制度；1986年颁布了《建设项目环境保护管理办法》；1998年颁布了《建设项目环境保护管理条例》，针对评价制度实行多年的情况对评价范围、内容、程序、法律责任等作了修改、补充和更具体的规定，从而确立了完整的环境影响评价制度。

2003年《环境影响评价法》正式施行。该法以法律形式，将环境影响评价的范围从建设项目扩大到有关规划，确立了对有关规划进行环境影响评价的法律制度。

在环境影响评价制度实施过程中，国家环境保护总局发布了一系列环境影响评价技术导则，包括：①《环境影响评价技术导则》总纲（HJ/T 2.1—1993）；②《环境影响评价技术导则》大气环境（HJ/T 2.2—1993）；③《环境影响评价技术导则》地面水环境（HJ/T 2.3—1993）、《环境影响评价技术导则》声环境（HJ/T 2.4—

1993）；④《环境影响评价技术导则》非污染生态影响（HJ/T 19—1997）；⑤《开发区区域环境影响评价技术导则》（HJ/T 131—2003）；⑥《规划环境影响评价技术导则（试行）》（HJ/T 130—2003）。这些系列标准促使我国的环境影响评价制度更趋完善。

2. "三同时"制度

"三同时"制度是指新建、改建、扩建项目和技术改造项目以及区域性开发建设项目的污染治理设施必须与主体工程同时设计、同时施工、同时投产的制度。"三同时"制度是我国首创的，它是在总结我国环境管理实践经验的基础上，被我国法律所确认的一项重要的控制新污染源的法律制度。它与环境影响评价制度相辅相成，是防止新污染和破坏的两大"法宝"，是加强开发建设项目环境管理的重要措施，是防治我国环境质量恶化的有效的经济手段和法律手段。

1973年的《关于保护和改善环境的若干规定》最早提出"三同时"制度。1979年的《环境保护法（试行）》和1989年的《环境保护法》重申了"三同时"的规定。1986年的《建设项目环境保护管理办法》、1998年的《建设项目环境保护管理条例》对"三同时"制度又进一步作了具体规定。

3. 排污收费制度

排污收费制度是指一切向环境排放污染物的单位和个体生产经营者，应当依照国家的相关规定和标准，缴纳一定费用的制度。排污费可以计入生产成本，排污费专款专用，主要用于补助重点排污源的治理等。这项制度是"污染者付费"环境政策的具体体现。

我国实行排污收费制度的根本目的不是收费，而是防治污染、改善环境质量的一项经济手段和经济措施。排污收费制度只是利用价值规律，通过征收排污费，给排污单位施以外在的经济压力，促进其污染治理，节约和综合利用资源，减少或消除污染物的排放，实现保护和改善环境的目的。

1978年12月，中央批转的原国务院环境保护领导小组《环境保护工作汇报要点》首次提出在我国实行排放污染物收费制度。1979年的《环境保护法（试行）》作了如下规定："超过国家规定的标准排放污染物，要按照其排放数量和浓度收取排污费。"1982年12月，国务院在总结22个省、市征收排污费试点经验的基础上，颁布了《征收排污费暂行办法》，对征收排污费的目的、范围、标准、加收和减收的条件、费用管理使用等作了具体规定。

《征收排污费暂行办法》颁布后，1984年《水污染防治法》第15条又作了如下规定："企事业单位向水体排放污染物的，按照国家规定缴纳排污费；超过国家或者地方规定的污染物排放标准的,按照国家规定缴纳超标准排污费",即凡向水体排放污染物超标或不超标都要收费。1996年《水污染防治法》第15条作了如下规定:"企业事业单位向水体排放污染物的,按照国家规定缴纳排污费;超过国家或者地方规定的污染物排放标准的,按照国家规定缴纳超标准排污费。排污费和超标准排污费必须用于污染的防治,不得挪作他用。"2008年《水污染防治法》第24条作了如下规定:"直接向水体排放污染物的企业事业单位和个体工商户,应当按照排放水污染物的种类、数量和排污费征收标准缴纳排污费。排污费应当用于污染的防治,不得挪作他用。"

根据我国颁布的《标准化法》第7、14、20条规定可知,我国现行的污染物排放标准属强制性标准,违反排放标准即违法,对不执行者将予以行政处罚。可以认为,以超标与否,作为判定是否违法的界限。2000年4月,第二次修订后颁布的《大气污染防治法》第48条作出了"超标者处10万元以下罚款,并限期治理"的规定。

4. 排放污染物许可证制度

许可证制度是指:"对环境有不良影响的各种规划、开发、建设项目,排污设施或经营活动,其建设者或经营者需要事先提出申请,经主管部门审查、批准、颁发许可证后才能从事该项活动。"这项制度包括排污申报登记制度和排污许可证制度两个方面,以及排污申报、确定污染物总量控制目标和分配排污总量削减指标、核发排污许可证、监督检查执行情况四项内容。这是一项与我国污染物排放总量控制计划相匹配的环境管理制度。

1) 排污许可证制度的基本内容

排污许可证制度的基本内容分为以下两点。

(1) 排污申报登记制度:所谓排污申报登记,是指直接或间接向环境排放污染物、噪声或固体废物者,需按照法定程序就排放污染物的具体状况,向所在地环境保护行政主管部门进行申报、登记和注册的过程。

排污申报登记的目的在于使环境保护部门了解和掌握企业的排污状况,同时将污染物的排放管理纳入环境行政管理的范围,以利于环境监测以及国家或地方对污染物排放状况的统计分析。

(2) 排污许可证制度:排污许可证,是指凡是需要向环境排放各种污染物的单位或个人,都必须事先向环境保护主管部门办理排污申报登记手续,然后经过环境保护主管部门批准,获得"排放许可证"后方能从事排污行为的一系列环境行政过程的总称。

排污许可证制度的实施,是排污申报登记的延伸或结果,获准污染物的排放许可也是排污单位履行排污申报登记制度之后所要达到的最终目的。排污申报登记是实行排污许可证制度的前提,排污许可证是对排污者排污的定量化。

2) 许可证的管理程序

许可证的管理程序大致如下。

(1) 申请:申请人向主管机关提出书面申请,并附有为审查所必需的各种材料。例如,图表、说明或其他资料。

(2) 审查:一般是在新闻媒体上公布该项申请,在规定的时间内征求公众和各方面的意见,必要时则需召开公众意见听证会。主管机关在听取各方面意见后,综合考虑该申请对环境的影响,对申请进行审查。

(3) 决定:做出颁发或拒发许可证的决定。同意颁发许可证时,主管机关可依法规定特定持证人应尽的义务和各种限制条件;拒发许可证应说明拒发的理由。

(4) 监督:主管机关要对持证人执行许可证的情况随时进行监督检查,包括索取有关资料、检查现场设备、监督排污情况、发出必要的行政命令等。在情况发生变化或持证人的活动影响公众利益时,可以修改许可证中原来规定的条件。

(5) 处理:如持证人违反许可证规定的义务或限制条件,而导致环境损害或其他后果,主管机关可以中止、吊销许可证,对于违法者还要依法追究其法律责任。

3) 制度的实施和发展

1982年颁布的《征收排污费暂行办法》最早提出施行排污申报登记制度,其主要目的在于以此作为排污收费的依据。后来在1989年颁布的《中华人民共和国环境保护法》第27条中明确规定:"排放污染物的企业事业单位,必须依照国务院环境保护行政主管部门的规定申报登记。"《大气污染防治法》第11条规定:"向大气排放污染物的单位,必须按照国务院环境保护部门的规定,向所在地的环境保护部门申报拥有的污染物排放设施、处理设施和正常作业条件下排放污染物的种类、数量、浓度,并提供防治大气污染方面的有关技术资料。"《水污染防治法》第14条规定:"直接或者间接向水体排放污染物的企业事业单位,应当按照国务院环境保护部门的规定,向所在地的环境保护部门申报登记拥有的污染物排放设施、处理设施和在正常作业条件下排放污染物的种类、数量和浓度,并提供防治水污染方面的有关技术资料。"

排污许可证制度,力求控制污染物总量,注重整个区域环境质量的改善。这项制度的实行,深化了环境管理工作,使对污染源的管理更加科学化、定量化。

5. 污染集中控制制度

污染集中控制制度是指针对污染分散控制的问题,改变过去一家一户治理污染的做法,把有关污染源汇总在一起,经分析比较,进行合理组合,在经济效益、环境效益和社会效益优化的前提下,采取集中处理措施的污染控制方式。实践证明,推行集中控制,有利于使有限的环保投资获得最佳的总体效益。

为有效地推行污染集中控制制度,必须有一系列有效措施加以保证。

(1) 必须以规划为先导。污染集中控制与城市建设密切相关,如完善城市排水管网,建立城市污水处理厂,发展城市煤气化和集中供热,建设城市垃圾处理厂,发展城市绿化等。因此,集中控制必须与城市建设同步规划,同步实施。

(2) 必须突出重点,划定不同的功能区划,分别整治。

(3) 必须与分散控制相结合,构建区域环境污染综合防治体系。

(4) 疏通多种渠道落实资金。要实现集中控制必须落实资金。应充分利用环保基金贷款、建设项目环保资金、银行贷款及地方财政补贴等多种渠道筹措资金。疏通多种资金渠道是推行污染集中控制的保证。

(5) 地方政府协调是关键。污染集中控制不仅涉及企业,也涉及地方政府各部门,充分依靠地方政府的协调,是污染集中控制方案得以落实的基础。

实践证明,污染集中控制在环境管理上具有重要的战略意义。实行污染集中控制有利于集中人力、物力、财力解决重点污染问题;有利于采用新技术,提高污染治理效果;有利于提高资源利用率,加速有害废物资源化;有利于节省防治污染的总投入;有利于改善和提高环境质量。这种制度实行的时间虽不长,但已显示出强大的生命力。

6. 污染限期治理制度

《环境保护法》第29条规定:"对造成环境严重污染的企业事业单位,限期治理……限期治理企事业单位必须如期完成治理任务。"所谓污染源限期治理制度,是指对超标排放的污染源,由国家和地方政府分别做出必须在一定期限内完成治理达标的决定。这是一项强制性的法律制度。

限期治理污染是以污染源调查、评价为基础,以环境保护规划为依据,突出重点,分期分批地对污染危害严重,群众反映强烈的污染物、污染源、污染区域采取的限定治理时间、治理内容及治理效果的强制性措施,是人民政府为了保护人民的利益对排污单位采取的法律手段。被限期的企事业单位必须依法完成限期治理任务。

在环境管理实践中执行限期治理污染制度,可以提高各级领导的环境保护意识,推动污染治理工作;可以迫使地方、部门、企业把污染治理列入议事日程,纳入计划,在人、财、物方面做出安排;可以促进企业积极筹集污染治理资金;可以集中有限的资金解决突出的环境污染问题,做到少投资,见效快,有较好的环境与社会效益;有助于环境保护规划目标的实现和加快环境综合整治的步伐。

继1978年国家规定的第一批限期治理项目完成后,1989年国家环境保护委员会和国家计划委员会下达了第二批污染限期治理项目140个,1996年国家又下达了第三批污染限期治理项目121个。随后各省都开展了污染源限期治理项目验收等工作。

确定限期治理项目要考虑如下条件:①根据城市总体规划和城市环境保护规划的要求对区域环境整治作出总体规划;②首先选择危害严重、群众反映强烈、位于敏感地区的污染源进行限期治理;③要选择治理资金落实和治理技术成熟的项目。

7. 环境保护目标责任制

环境保护目标责任制是一种具体落实地方各级人民政府和有污染的单位对环境质量负责的行政管理制度。这项制度规定了各级政府行政首长应对当地的环境质量负责,企业领导人应对本单位污染防治负责,并将他们在任期内环境保护的任务目标列为政绩进行考核。环境保护目标责任制被认为是八项环境管理制度的龙头制度。

第二次全国环境保护会议后,在我国各级政府中推行的环境保护目标责任制,通过将环保目标的逐级分解、量化和落实,突出了各级地方政府负责人的环境责任,解决了环境管理的保证条件和动力机制,促使环境管理系统内部活动有序,系统边界分明,环境责任落实,改变了环境管理孤军作战的被动局面。

1997年3月8日中央政治局常委召开座谈会,亲自听取环境保护工作汇报,表明了党中央对环境问题的高度重视,开创了地方政府"一把手亲自抓"环境管理,环境保护主管部门负责编制和检查、落实环境规划,各相关部门积极配合强化环境管理的新局面。

这一制度把贯彻执行环境保护基本国策作为各级领导的行动规范,推动了我国环境保护工作全面、深入的发展。

8. 城市环境综合整治定量考核制度

城市环境综合整治定量考核制度简称"城考",是因城市环境综合整治的需要而制定的。该制度以城市为单位,以城市政府为主要考核对象,对城市环境综合整治的情况,按环境质量、污染控制、环境建设和环境管理四大类指标进行考核并评分。这项制度是一项由城市政府统一领导负总责,有关部门各尽其职、分工负责,环境保护部门统一监督的管理制度。

城市环境综合整治的概念最早是在1984年《中共中央关于经济体制改革的决

定》中提出来的。《中共中央关于经济体制改革的决定》中明确指出:"城市政府应该集中力量做好城市的规划、建设和管理,加强各种公用设施的建设,进行环境的综合整治。"为了贯彻这一精神,1985年国务院召开了第一次"全国城市环境保护工作会议",会议通过了《关于加强城市环境综合整治的决定》,确定了我国城市环境保护工作的发展方向——综合整治。

此后,国家在认真总结吉林省的做法和经验的基础上,于1989年初制定了较为完善的考核办法、程序和标准。经过几次调整考核指标,由最初的19项最后确定为24项,包括7项环境质量指标、6项污染控制指标、6项环境建设指标和5项环境管理指标。

自1989年开始在全国重点城市实施城考制度以来,截至2005年底,全国参与"城考"的城市已达500个,占全国城市总数的76%。自2002年起,国家环保总局每年发布《中国城市环境管理和综合整治年度报告》,并向公众公布结果和排名。这已成为衡量城市环境保护和管理工作绩效的重要参考资料。

2003年国家环境保护总局发布了《关于印发生态县、生态市、生态省建设指标(试行)的通知》,在全国各地掀起了创建生态县、生态市和生态省的高潮,标志着我国城市综合整治进入了新的发展阶段。

9.4 环境法律责任

9.4.1 环境法律责任的概念

所谓的环境法律责任,是指环境法主体因违反其法律义务而应当依法承担的、具有强制性的否定性法律后果。

9.4.2 环境法律责任的种类

1. 环境法律责任的分类

环境法律责任按其性质可以分为环境行政责任、环境民事责任和环境刑事责任三种类型。

1) 环境行政责任

所谓环境行政责任,是指违反环境法和国家行政法规中有关环境行政义务的规定者所应当承担的行政方面的法律责任。这种法律责任又可分为行政处分和行政处罚两类。

(1) 行政处分。行政处分是指国家机关、企业、事业单位依照行政隶属关系,根据有关法律法规,对在保护和改善环境,防治污染和其他公害中有违法、失职行为,但尚不够刑事处罚的所属人员的一种制裁。

环境保护法规定的行政处分,主要是对破坏和污染环境,危害人体健康、公私财产的有关责任人员适用。如《中华人民共和国环境保护法》第38条规定:"对违反本法规定,造成环境污染事故的企业事业单位,由环境保护行政主管部门或者其他依照法律规定行使环境监督管理权的部门根据所造成的危害后果处以罚款;情节较重的,对有关责任人员由其所在单位或者政府主管机关给予行政处分。"此外,《中华人民共和国水污染防治法》、《中华人民共和国大气污染防治法》、《中华人民共和国固体废物污染环境防治法》、《中华人民共和国噪声污染防治法》等都作了类似规定。

行政处分由国家机关或单位依据相关的法律对其下属人员实施,包括警告、记过、记大过、降级、降职、开除留用、开除7种。

(2) 行政处罚。行政处罚是行政法律责任的一个主要类型,它是指国家特定的行政管理机关依照法律规定的程序,对犯有轻微的违法行为者所实施的一种处罚,是行政强制的具体表现。行政处罚的对象是一切违反环境法律法规,应承担行政责任的公民、法人或者其他组织。行政处罚的依据是国家的法律、行政法规、行政规章、地方性法规。行政处罚的形式由各项环境保护法律、法规或者规章,根据环境违法行为的性质和情节规定。就环境法来说主要是警告、罚款、没收财物、取消某种权利、责令支付整治费用和消除污染费用、责令赔偿损失、剥夺荣誉称号等。

2) 环境民事责任

所谓环境民事责任,是指公民、法人因污染或破坏环境而侵害公共财产或他人人身权、财产权或合法环境权益所应当承担的民事方面的法律责任。

《中华人民共和国环境保护法》规定:"造成环境污染危害的,有责任排除危害,并对直接受到损害的单位或者个人赔偿损失。"《中华人民共和国水污染防治法》、《中华人民共和国大气污染防治法》、《中华人民共和国固体废物污染环境防治法》、《中华人民共和国环境噪声污染防治法》等都作了类似规定,这些都是环境民事责任的法律依据。

在人们行为中只要有污染和破坏环境的行为,并造成了损害后果,损失的行为与损害后果之间存在着因果关系就要承担环境民事责任。

环境民事责任的种类主要有排除侵害、消除危险、恢复原状、返还原物、赔偿损失和收缴、没收非法所得及进行非法活动的器具、罚款等。

上述责任种类可以单独适用,也可以合并适用。其中因侵害人体健康或生命而造成财产损失的,根据《中华人民共和国民法通则》第119条的规定,其赔偿范围是:"侵害公民身体造成受害的,应当赔偿医疗费、因误工减少的收入、残废者生活补助费等费用;造成死亡的,并应当支付丧葬费、死者生前抚养的人必要的生活费等费用。"对侵害财产造成损失的赔偿范围,应当包括直接受到财产损失者的直接经济损失和间接经济损失两部分。直接经济损失是指受害人因环境污染或破坏而导致现有财产的减少或丧失,如所养的鱼死亡、农作物减产等。间接经济损失是指受害人在正常情况下应当得到,但因环境污染或破坏而未能得到的那部分利润收入,如渔民因鱼塘受污染、鱼苗死亡而未能得到的成鱼的收入等。

追究责任人的环境民事责任时,可以采取以下办法:由当事人之间协商解决;由第三人、律师、环境行政机关或其他有关行政机关主持协调;由当事人向人民法院提起民事诉讼;也有的通过仲裁解决,特别是对涉外的环境污染纠纷。

3) 环境刑事责任

所谓环境刑事责任是指因故意或者过失违反环境法,造成严重的环境污染和环境破坏,使人民健康受到严重损害者应当承担的以刑罚为处罚形式的法律责任。

《中华人民共和国刑法》及《中华人民共和国环境保护法》所规定的主要环境处罚有两种形式。一种形式是直接引用刑法和刑法特别法规,另一种形式是采用立法类推的形式。《中华人民共和国环境保护法》、《中华人民共和国水污染防治法》、《中华人民共和国大气污染防治法》、《中华人民共和国固体废物污染环境防治法》、《中华人民共和国环境噪声污染防治法》等均有依法追究刑事责任、比照或依照《中华人民共和国刑法》某种规定追究刑事责任的条款。

2011年2月25日全国人大常委会发布了《中华人民共和国刑法》修正案。

修订后的《中华人民共和国刑法》在分则第六章中增加了第六节,专节规定了破坏环境资源保护罪。这将更有利于制裁污染破坏环境和资源的犯罪,有利于遏制我国环境整体仍在恶化的趋势,这可以说是我国惩治环境犯罪立法的一大突破。

修订后的《中华人民共和国刑法》除了上述专门的破坏环境资源保护罪的规定外,在危害公共安全罪、走私罪、渎职罪中还有一些涉及环境和资源犯罪的规定。主要有放火烧毁森林罪、投毒污染水源罪,可依《中华人民共和国刑法》第114条追究刑事责任;违反化学危险物品管理规定罪,可依《中华人民共和国刑法》第136条追究刑事责任;走私珍贵动物及其制品罪,走私珍贵植物及其制品罪,可依《中华人民共和国刑法》第151条追究刑事责任;非法将境外固体废物运输进境罪,可依《中华人民共和国刑法》第155条追究刑事责任;而林业主管部门工作人员超限额发放林木采伐许可证、滥发林木采伐许可证罪,环境保护监督管理人员失职导致重大环境污染事故罪,国家机关工作人员非法批准征用、占用土地罪,则分别依照《中华人民共和国刑法》第407条、408条、410条追究刑事责任。

对于污染环境罪的制裁,最低为三年以上有期徒刑或者拘役,最高为十年以上有期徒刑。对于破坏资源罪的制裁,最低为三年以上有期徒刑、拘役、管制或者罚金,最高为十年以上有期徒刑。对于走私国家禁止进出口的珍贵动物及其制品、珍稀植物及其制品罪的制裁,最低为五年以上有期徒刑,最高为无期徒刑或者死刑。单位犯破坏环境资源保护罪,对单位判处罚金并对直接负责的主管人员和其他直接责任人员进行处罚。我国修订后的刑法对破坏环境资源罪在刑罚上增加了刑种和量刑的档次,提高了法定最高刑。

2. 案例分析

甲地区的某生活用品厂成立于1970年,并于当年投入生产。从1985年起,当地的土地管理部门开始批准在该厂附近进行房地产开发,并陆续有住户入住。1995年该生活用品厂因适应新经济形式的需要而添加了新的生产项目,但该新项目的生产操作产生了大量的黑色粉末和噪声,使得当地居民的居住环境非常差,整天都不敢开窗户。周围的居民认为生活用品厂的行为对他们造成了环境污染,损害了他们的合法权益,严重影响了他们的正常生活,故诉至法院要求其消除影响并进行经济赔偿。而庭审中该生活用品厂则认为,首先其排污并不违反相关行政法规的排污标准;其次他们建厂在先,房地产开发在后;再次本地区的政府部门并未对厂子周围的地区进行明确的功能划分,究竟该地区属于居住区还是工业区尚未可知,故不同意周围居民的诉讼请求。

此案在审理中主要存在以下三种意见:第一种意见认为,本案中生活用品厂并没有超过国家的排污标准,不违反国家保护环境防止污染的规定,所以生活用品厂不负赔偿责任。第二种意见认为,虽然根据我国防治环境污染的有关法律规定,生活用品厂应当承担赔偿责任,但因生活用品厂成立在前,住宅区建筑在后,而且该地区并没有划分居住区和工业区,所以应由当地居民自己承担相应的责任,生活用品厂不承担赔偿责任。第三种意见认为,生活用品厂应当承担赔偿责任,其提出的抗辩事由都是从行政法的角度来评价其自身行为的,并不能否认其实施侵权行为的事实,而且也没有不可抗力等其他免责事由,故不能在民法意义上构成其能够污染环境而不必进行民事赔偿的抗辩事由。

最后,在法院的主持下,双方在自愿的基础上达成了调解协议,由生活用品厂对每位原告分别进行一次性经济赔偿4万元至6.5万元不等。

复习与思考

9-1 什么是环境法?环境法包括哪几方面的含义?

9-2 什么是环境法体系?我国环境法体系是怎样构成的?

9-3 简述环境标准的作用和意义。
9-4 为什么说环境法的实施,是整个环境法制的关键环节?
9-5 我国环境法的基本制度主要分为哪两类?
9-6 什么是环境保护计划制度?它是如何制定和实施的?
9-7 什么是环境保护目标责任制?它为什么被认为是八项环境管理制度的龙头制度?
9-8 什么是环境法律责任?环境法律责任主要有几种类型?

第10章 环境伦理观

10.1 环境伦理观的由来与发展

环境伦理观是对人类环境伦理道德的建立,将人类的善恶、正义、平等、责任等传统的用于人与人关系的道德观念扩大到人与自然的关系上,它不仅表现人类行为中人与人之间的利益关系,而且表现人与自然的利益关系,认为破坏环境、危害其他物种的生存权利也是不道德的。

10.1.1 环境伦理观的产生

由环境问题所引起的一个深刻变化问题就是道德观念的变化。随着人们环境意识的加强,环境与道德的关系问题也越来越被人们所重视,环境伦理观的产生就是这种关注的结果。

环境伦理观产生于20世纪40年代,是与工业革命以后的世界范围内经济的高速增长和社会的快速发展所带来的日益严重的环境问题分不开的。环境伦理正是基于对全球环境问题的关注,基于对人类生存危机的关注和对濒临失衡的地球的关注而形成的一种伦理道德关系。20世纪环境危机的出现使人们开始重新认识和反思人类与自然的伦理关系。环境伦理学家通过对环境危机的伦理学反思,从人类与自然伦理关系的研究中看到了"环境危机的实质是文化和价值问题,而非技术和经济问题"。归根结底,环境问题是人的问题,是人类与环境关系不协调的结果。而这种不协调正是由于人类长期以来不承认自然的价值、不承认人与自然的伦理道德关系所造成的。如果人类其他生物和生态环境的存在,仅仅看做为人类服务的工具,那么人类就会无所顾忌地去掠夺它们,就不会考虑到它们自身存在的价值,就谈不上对它们的尊重与关心。所以从深层次上看,环境问题的实质是环境伦理问题,是人的价值取向和伦理道德问题,是人类对自己生活方式的选择问题。

环境伦理学又称生态伦理学或环境哲学,是从道德的角度研究人与自然关系的学说。

环境伦理学是由法国哲学家、诺贝尔和平奖得主施韦慈和英国哲学家莱昂波德初创的。施韦慈早在1923年出版的《文化哲学》一书中就提出了建立环境伦理学的构想。他指出:"对生物进行等级高低的划分并认为人处在最高等的位置纯属主观臆断,大自然中所有的生物都是平等的。"他还指出:"传统伦理学中善的观念过于狭隘,应加以扩展。凡是维护生命、完善生命和发展生命的行为都是善的。人和生物的关系应该是一种特别紧密的、互相感激的关系,现代技术经济实践的破坏性后果达到了十分惊人的程度,必须禁止一些做法、限制一些做法、提倡一些做法。而要实现这些,除在科学、法律等领域寻找措施外,还应到道德领域中寻找措施。"莱昂波德于1949年出版的《大地伦理学》是第一部系统的环境伦理学专著,它标志着环境伦理学作为一门学科的正式形成。莱昂波德在其书中提出了几个重要的环境伦理学观点:

(1) 必须重新确定人类在自然界中的地位。人类并非自然界的主人、统治者,而是自然界中极普通的一员。

(2) 仅考虑人类的经济功利需要而不关心生态平衡是远远不够的。人类只有从自然的整体出发,而不是从自己的局部出发,才能正确认识自己与自然交往行为的正当与否。凡是有助于维护生物群落的完整性、稳定性的行为就是正当的,否则就是错误的。

(3) 要把权利这一概念从人类延伸到自然界的一切实体与过程中。所有花草树木、飞禽走兽都有自己生存繁殖的权利,人类并无权利去践踏它们。

施韦慈和莱昂波德的观点为环境伦理学的建立奠定了基础,他们的某些观点是正确的,但有些观点是不科学的。我们所说的"尊重生命"、"爱护生命",不是说人类不能利用生物资源和自然环境,而是要有一个限度,这个限度就是环境伦理学的道德标准。

在施韦慈和莱昂波德之后,1971年,美国佐治亚大学的布莱克斯通(W. Blackstone)教授组织的一次会议拉开了发展环境伦理的序幕,这次会议的文集《治学与环境危机》于1974年正式出版,记载了哲学家对环境问题的关注。1973年,澳大利亚哲学家理查德·希尔万(Richard Sylvan)在第15届世界哲学大会作了题为"需要一种全新的、环境伦理吗?"的演讲。1974年,澳大利亚哲学家约翰·帕斯莫尔(John Passmore)出版了《人对自然的责任:生态问题与西方传统》一书。1975年,霍尔姆斯·罗尔斯顿在国际主流学术期刊《伦理学》上发表了《存在着生态伦理吗?》。上述文章均成为现代伦理学的经典之作。

随着对环境伦理学问题的讨论逐渐深入,专门论述环境伦理学的杂志《环境伦理学》(*Environmental Ethics*)于1979年在美国新墨西哥大学创刊。此后又有一些杂志相继出现,如《农业与环境伦理学杂志》(加拿大)、《地球伦理学季刊》(美国)等。一些权威的哲学杂志,如《伦理学》、《探索》、《哲学》等也发表大量讨论环境伦理学的文章。一些大学还开设了环境伦理学课程,有的还可以攻读这个专业的学位,许多专门的教科书相继问世。1989年底,霍尔姆斯·罗尔斯顿发起了成立环境伦理学学会,该学会会员如今已遍布包括中国在内的许多国家。

10.1.2 中国古代的生态智慧

如前所述,远在农业文明年代,人与自然的关系还不是那么对立,这在中国悠久灿烂的传统文化中有所反映。当时,人与自然的关系被称为"天人关系",在古代哲学家提出的"天人合一论"中,有着一系列有关尊重生命和保护自然的生态智慧,值得我们今天学习和领会。

著名思想家、教育家孔子曾经说:"天地之性人为贵,大人者与天地合其德。"

王阳明则说:"大人者,有与天地万物为一体之人心。"庄子也说:"天地与我并存,而万物与我合一。"他们所说的"天"、"地"和"万物",都是指大自然,他们都是在提倡尊重自然,服从自然界的一切规律,与自然界和谐相处。

荀子提倡变革自然,但同时指出变革自然需要兼得天时、地利与人和。"若是则万物得宜,事变得应,上得天时,下得地利,中得人和,则财货浑浑如泉涌,涓涓如河海,暴暴如山丘,不时焚烧,无所藏之,夫天下何患乎不足也。若否则万物失宜,事变失应,上失天时,下失地利,中失人和,天地敖然,若烧若焦。"他几乎已经描绘出了如果遵从自然规律,则经济发展一定能够成功而持久,反之,如果违背了客观自然规律,则必将面临可怕的环境灾难的情景。

汉代思想家董仲舒对天人合一的进一步论述是:"天地人,万物之本也。天生之,地养之,人成之。天生之以孝悌,地养之以衣食,人成之以礼乐。三者互为手足,合成以体,不可无也。"非常生动地描绘了人与自然之间亲密、协调的关系。

荀子有关赞天地之化育的精辟论述:"草木荣华滋硕之时,则斧斤不入山林,不夭其生,不绝其长也;鱼鳖鳅鳝孕别之时,网罟毒药不入泽,不夭其生,不绝其长也。"这与当代环境伦理学关于保护生物多样性的论述是多么相像。

无独有偶,《吕氏春秋》也有这样的记载:"竭泽而渔,岂不获得?而明年无鱼;焚烧而田,岂不获得?而明年无兽。"深刻地说明了要保护自然、遵守自然规律的道理。

虽然上述生态伦理智慧都产生于遥远的古代,但它们却具有跨越时代的永恒价值。现代环境伦理学家们注意到了这一点,他们认为,中国古代的生态智慧是现代环境伦理学的宝贵的精神资源。

10.1.3　西方环境伦理学的代表性观点

环境伦理学主要涉及人类在处理与自然的关系时的行为准则和责任义务,其中代表性的观点有如下几种。

1. 生命中心主义

这种观点认为,地球上的一切生物,包括动物和植物,都有其自身的固有价值,因此都应当受到同等的尊重。

提出生命中心主义的目的在于保护野生的动植物免受人类伤害。由于人类在组成社会、进行生产和发展文化的过程中,已经具备了其他生物无与伦比的力量和优势,因此只有从价值观上肯定野生动植物也像人一样具有不可剥夺的"权利"与"价值",才能避免人类对自然生物的伤害,并使人类承担起对自然的伦理责任。

2. 地球整体主义

这种观点认为不仅生命体具有其内在的价值,包括土地、岩石和自然景观在内的整个自然界都有其"固有的价值"和"权利"。有人提出了所谓的"大地伦理",这里"大地"包括了土壤、水、植物、动物等,即整个自然生态系统,认为它们都应该受到尊重与爱护。

3. 代际均等的环境伦理观

这种观点是以人类为中心的,但考虑到了人类各成员之间的平等关系,而且从"代内"扩大到了"代际"。即认为在享有自然资源与良好环境方面,我们的子孙后代与我们当代人享有同等的权利。从子孙后代的权益考虑,当代人应该约束自己的行为,制定对自然的道德规则与义务,使自然环境得到保护。

上述几种观点虽然考虑问题的出发点和角度不全相同,但根本目标和思想取向是一致的,都是试图建立人与自然之间的伦理关系,以解决人类面临的日益严重的生态破坏和环境污染问题。

10.2　环境伦理学的内容

10.2.1　环境伦理学的定义

环境伦理学是关于人与自然关系的伦理信念、道德态度和行为规范的理论体系,是一门尊重自然的价值和权利的新的伦理学。它根据现代科学所揭示的人与自然相互作用的规律性,以道德为手段从整体上协调人与自然的关系。它不是传统伦理学向自然领域的简单扩展,而是在人类反思生态环境问题的基础上产生的一门新兴学科。

10.2.2 环境伦理学的主要内容

环境伦理学主要包括以下三方面的内容。

1. 尊重与善待自然

环境伦理学要回答的基本问题是:自然界到底有没有价值?有什么样的价值?人类对待自然界的正确态度是什么?人类对于自然界应该承担什么样的义务?

1) 自然界的价值

自然界对于人类的价值是多种多样的。具体如下。

(1) 维生的价值:人类生活在地球上,离不开自然界里的空气、水、阳光,需要大自然给我们提供各种动植物作为营养。从这方面说,自然生态为人类提供了最基本的生活与生存的需要。

(2) 经济的价值:人类在发展经济的过程中,需要从大自然开采各种资源(例如,石油产品的开发利用),这些资源经过加工、改造成为产品以供人类利用,也可以作为商品得到流通,都具有极大的经济价值。这种经济价值首先是大自然所赋予的。

(3) 娱乐和美感上的价值:自然生态不只满足人类的物质方面的需要,还可以使人们获得精神与文化上的享受。例如,人们到郊外旅游度假,可以解除身心疲劳,在消遣中发现娱乐的价值;大自然的种种奇观,以及野地里的各种奇葩异草和珍奇动物,可以使人们获得很高的美学享受。

(4) 历史文化的价值:人类的活动离不开自然,人类发展历程的每一步脚印都铭刻在自然界的景观和场所里。自然界是人类文明进步的最好见证和记录,它可以使人类获得历史的归宿感和认同感。此外,人类的历史要比自然史短暂得多,自然界是一所丰富的自然历史博物馆,它记录了地球上出现人类以前的久远的历史。

(5) 科学研究与塑造性格的价值:科学研究是人类特有的一种高级智力活动,从起源上说,科学研究来自对自然的想象、好奇和探索。大自然是人类从事科学研究最重要的源泉之一。例如,生命科学和仿生技术的发展,就植根于对大自然中生命现象的观察和研究。除满足人类科学研究方面的好奇心之外,大自然还有塑造人类性格的价值。例如,大自然有助于人类生存技能的培养,自然野地让人们有重新获得谦卑感与均衡感的机会。我们生活在一个日益都市化、生活节奏紧张的环境中，对大多数人来说，天然的荒郊野地具有怡悦身心的作用，人们可以从大自然中获得某些野趣。更何况，人类的生存和发展，需要有面对危害、挑战和敢于冒险的精神与性格，而这些性格与品格在大自然中可以得到磨炼。

以上论述的大自然的价值，都是对人类在地球上的生存和发展具有相当重要性的"有用的"价值。其实，大自然还具有其自身的价值。这种价值可称为"内在的价值"。对自然的内在价值的发现，要求我们超越"人类中心主义"的立场，即不从人类自己的利益和好恶出发，而从整个地球的进化来看待自然。这时候，我们发现自然界值得珍惜的重要价值之一是它对生命的创造。地球上除人类这一高级生物种类之外，还有成千上万的其他生物物种，它们和人类一样具有对外部环境的感觉和适应性能力，这种生命的创造是大自然的奇迹，也是人类应对自然生态表示尊重与敬意的原因之一。地球作为"生物圈"值得珍惜的另一种价值是它的生态区位的多样性与丰富性。自然在进化的过程中不仅创造出越来越多的生命物种，而且创造出多种多样适宜生命物种居住和繁衍的生态环境。各种不同的生命物种以"生态群落"的形式出现，各有其不同的生态环境，处于不同的生态区位；而这些适合生命体生存和生长的各种生态环境是由大自然所提供的。除创造了生命和为各种生命物种提供生存与生活的合适环境之外，大自然的价值还表现在它作为一个系统所具有的稳定性与统一性。迄今为止，地球已有近46亿年的历史，地球在进化的过程中，不断创造出新的物种和多样多样的生态区域，而且保持着自己的完整性和稳定性。这种生态系统的完整性和统一性，体现着地球作为一个整体的价值高于其他的局部价值。就是说，从地球这个生态系统来看，包括人类在内的地球上的任何生命物种，以及地球生态系统中的任何组成部分，都是地球这一生态系统某一功能的执行者，它们各自的价值不能大于地球这一生态系统的整体价值。

2) 人类对自然界的责任和义务

对自然生态价值的认识与承认导致了人类对它的责任和义务。人类对自然生态的责任与义务，从消极的意义上说，是要控制和制止人类对环境的破坏，防止自然生态的恶化；而从积极的意义说，则是要保护和爱护自然，为自然生态的自组织进化和达到新的动态平衡创造并提供更有利的条件和环境。从维持和保护自然生态的价值出发，环境伦理学要求人类尊重自然、善待自然，具体应做到以下几点。

(1) 尊重地球上一切生命物种。地球生态系统中的所有生命物种都参与了生态进化的过程，并且具有它们生存的目的性和适应环境的能力。它们生态价值方面是平等的。因此，人类应该平等地对待它们，尊重它们的自然生存权利。这方面，人类应该放弃自以为高于或优于其他生物而"鄙视"较"低"等生物的看法。相反，人类作为自然进化中最为晚出的成员，其优越性是建立在其具有道德与文化之上的。人类特有的这种道德与文化能力,不仅意味着人类是自然生态系统中迄今为止能力最强的生命形式,同时也是评价力最强的生命形式。从环境伦理来看,人类的伦理道德意识不只表现在爱同类,还表现在平等地对待众生万物和尊重它们的自然生命权利上。人类应当体会到,保有、珍惜生命是善;摧毁、遏阻生命是恶。

平等对待众生万物,不意味着抹杀它们之间的差别,而是平等地考虑到所有生命体的生态利益。由于每一种生命物种在自然进化阶梯中位置的不同,它们的要求与利益也不一样。在对待不同生物物种时,我们可以而且应该采取区别对待的原则。例如草原上生存着羊和狼,为了获得更多的食物和保护自身的安全,人类圈养羊而赶走狼;然而草原上狼的数量过少,放养羊的数量过多,最终将破坏草原的生态,因此,从生态平衡和环境伦理的角度,人类应当适度尊重狼的存在。推而广之,人类应当对草原生态环境中存在的各种生命体,采取平等而有区别的方式对待,从而使草原生态环境能持久地维系其中的各类生命活动。所以说,区别性地对待不同的生物,在道德上不仅许可,而且是必需的。

(2) 尊重自然生态的和谐与稳定。地球生态系统是一个交融互摄、互相依存的系统。在整个自然界,无论海洋、陆地和空中的动植物,乃至各种无机物,均为地球这一"整体生命"不可分割的部分。作为自组织系统,地球虽然有其遭受破坏后自我修复的能力,但它对外来破坏力的忍受终究是有极限的。对地球生态系统中任何部分的破坏一旦超出其忍受值,便会环环相扣,危及整个地球生态,并最终祸及包括人类在内的所有生命体的生存和发展。因此,为了保护人类和其他生命体的生态价值,首要的是必须维持它的稳定性、整合性和平衡性。在整个自然进化的过程中,只有人类最有资格和能力担负起保护地球自然生态及维持其持续进化的责任,因为人类是地球进化史上晚出的成员,处于整个自然进化的最高级,只有人类对整个自然生态系统的这种整体性与稳定性具有理性的认识能力。

(3) 顺应自然地生活。顺应自然地生活不是指人类要放弃自己改造和利用自然的一切努力,返回到生产极不发达的原始人的生活中去,而是说,人类应该从自然中学习到生活的智慧,过一种有利于环境保护和生态平衡的生活。历史的发展证明,人类的活动可能与自然生态的平衡相适应,也可能会破坏自然的生态平衡。由于人类在自然生态系统中与自然的关系是对立统一的,因此,即便是人类认识到要保育与爱护自然环境,但在历史发展的过程中,还是会遇到人类自身利益与生态利益相冲突、人类价值与生态价值不一致的情形。为此,所谓顺应自然地生活,就是要从自然生态的角度出发,将人类的生存利益与生态利益的关系加以协调。如下几条原则是一种顺应自然的生活所必须遵循的。

① 最小伤害性原则:这一原则从保护生态价值与生态资源出发,要求在人类利益与生态利益发生冲突时,采取对自然生态的伤害减至最低限度的做法。例如,

人类在与各种野生动物或有机体相遇时,只有当自己遭受和可能遭受到这些生物体和有机体的伤害或侵袭时,才允许采取自卫的行为,而那些主动伤害生物体和有意招来伤害的行为则是不符合这一原则的。又如,人类为了提高自己的免疫能力,不可避免地要用动物或生物体进行试验;在选择不同试验对象能达到同样的目的时,我们应该尽量选用较低等的动物而不选用较高等的动物。这一原则还要求我们在改变自然生态环境时慎重行事,尤其是在其后果不可预测时更应如此。例如,当我们必须毁坏一片自然环境以修建高速公路、机场或房屋时,最小伤害原则要求选择将生态破坏减小至最低的方案。

② 比例性原则:所有生物体的利益,包括人类利益在内,都可以区分为基本利益和非基本利益。前者关系到生物体的生存,而后者却不是生存所必需的。比例性原则要求人类利益与野生动植物利益发生冲突时,对基本利益的考虑应大于对非基本利益的考虑。从这一原则出发,人类的许多非基本利益应该让位于野生动植物的基本利益。例如,在拓荒时代,人类曾经为了生存的需要而不得不猎取兽皮,这与当今社会一些人为了显示豪华高贵而穿着兽皮服装,其利益要求的层次是不一样的。同样,为了娱乐而打猎与远古时代人类为了生存而捕获野生动物也属于不同层次的两种需要。比例性原则要求我们不应为了追求人们消费性的利益而损害自然生态的利益。

③ 分配公正原则:在人类与自然生物的关系中,有时会遇到基本利益相冲突的情形。就是说,冲突的双方都是为着维持自己的基本生存,而发生自然资源占有的争执。这时候,依据分配公正原则,双方应该共享双方都需要的自然资源。例如,在发展经济的过程中,为了不至于使野生动植物消失,人类可划分野生动植物保护区,实行轮作、轮耕和轮猎等。这样,人类只是消费了野生动物和自然资源的一部分,野生动植物至少还有一片不受人类干扰的生存环境和活动空间。分配公正原则还要求我们在自然资源的利用上尽可能地实行功能替代,即用一种资源来代替另一种更为宝贵和稀缺的资源。例如,用人造合成药剂代替直接从珍贵野生动物体内提取某些生物性药素,用人造皮革作为某种珍贵野生动物皮毛的代用品等。

④ 公正补偿原则:在人类谋求基本需要和经济的活动中,不可避免地给自然野地和野生动植物造成很大的危害。这时候,根据公正补偿原则,人类应当对自然生态的破坏予以补偿。例如,人们由于发展经济曾经毁掉了大片的森林,但从保护和维持自然生态平衡出发,必须大力植树造林。这条原则尤其适用于我们对濒危物种的保护和处理。大自然在演化过程中,一方面不断地产生新物种,另一方面也淘汰一些不适应环境的物种,但自然进化的倾向是使物种不断地增多和繁衍。人类的活动使自然界的物种趋于减少。工业革命以来,自然界中不少物种已永久地

消失,而且这种趋势还在不断加剧。因此,我们应该按照公正补偿原则,对濒危物种加以保护,为它们创造出适宜于生存和繁衍的生态环境。

2. 关心个人并关心人类

环境伦理学在关心人与自然的关系的同时,也关心人与人的关系,因为人类本身就是自然中的一个种群,人类与自然发生各种关系时,必然牵涉人与人之间的关系。只有既考虑了人对自然的根本态度和立场,又考虑了人如何在社会实践中贯彻这种态度和立场,环境伦理学才是完善的。环境伦理学要求我们确立这样的行为原则:关心个人并关心人类。

从权利角度看,环境权是个人的基本人权。1972年联合国环境与发展大会发布的《里约热内卢宣言》指出:"人类拥有与自然相协调的、健康的生产和活动的权利。"人类对环境的保护和对环境污染的治理,都应当是为了保护人类的这种权利。但必须看到,人类对环境的行为往往不是个人的行为,而是需要群体的努力与合作才能奏效的。另一方面,任何人对待环境的做法和行为,其环境后果也是不限于个人的,会对周围乃至整个人类产生影响。例如,居住在河流上游的人们,应当看到自己排放废水对河流的污染会对生活在下游的人们造成危害,因此应采取谨慎行事的态度,切实治理污染。还有,某些国家将有害废弃物转移到另一些国家的做法,就是损害他国人民环境权益的做法,是不能容许的。又如,发达国家长期以来释放的大量温室气体,引起了全球气候变暖的严重倾向,威胁着全人类的生存和发展,就应该率先减排温室气体,采取有效的措施减缓全球气候变暖。随着全球经济一体化和各国间交往的密切,当今世界较之以往任何时候都更加成为一个整体,生态环境问题已无国界可分。在这种情况下,环境伦理学要求我们确立如下原则,作为在环境问题上处理个人与人类之间关系的行为准则:

(1)正义原则。从生态价值观与人类的整体利益出发,那种不顾及环境后果,仅仅追求生产率增长的行为不仅是不道德的,而且是不正义的,因为它直接侵犯了每个人平等享用自然环境的权利。按照环境伦理学,任何向自然界排放污染物以及肆意破坏自然环境的行为都是非正义的,应该受到社会的谴责;而任何有利于维护生态价值和环境质量的行为都是正义的,应该受到社会的褒扬。

(2)公正原则。公正原则要求我们在治理环境和处理环境纠纷时维持公道,造成环境污染的企业应该承担责任治理环境和赔偿损失。某些企业不承担责任、采取落后的工艺进行生产,导致环境污染,这种行为不仅侵犯了社会公众的利益,而且对于其他采取先进工艺、承担环境责任的企业是不公正的。应该强调的是,环境伦理学中的公正原则其实是"公益原则",因为自然环境和自然资源属于全社会及至全人类所有,对它的使用和消耗要兼顾个人、企业和社会的利益,这才是公正的。

(3) 权利平等原则。在环境和资源的使用和消耗上,要讲究全人类权利的平等。权利平等原则不仅适用于人与人之间、企业与企业之间,而且适用于地区与地区、国与国之间。应该看到,地球上每个人都享有平等的环境权利,不应因种族、肤色、经济水平、政治制度的不同而有丝毫的差异。在人类的经济活动中,往往有人只顾自己、只顾地方却不顾他人,不顾他乡、他国,这是不道德和不公正的。发达国家利用自己的技术和经济优势,消耗大量的资源,而且用不平等的方式掠夺穷国的资源,是不符合环境伦理的原则的,应该做的是节制自己的奢侈和浪费行为,并帮助穷国发展经济,摆脱贫困。

(4) 合作原则。在环境问题上,地球是一个整体,命运相连,休戚与共。而且全球性环境问题具有扩散性、持续性的特点,任何一个国家和地区采取单独的行动都不能取得良好的效果,也不能保证自己免受环境问题的危害。因此,在解决环境问题时,特别是解决全球性环境问题的过程中,地区与地区、国与国之间要进行充分的合作。

总之,环境问题不仅是人与自然的关系问题,而且涉及人与人之间、地区与地区、国与国之间的利益与关系的调整。自然环境的保护取决于地球上所有人的共同努力,更需要人与人之间的合作。因此,环境伦理学要求人们关心个人与关心全人类。

3. 着眼当前并思虑未来

人与其他生物一样,都具有繁衍和照顾后代的本能。人类不同于其他生物之处在于:除了这种本能之外,他还意识到个体对后代承担的道德义务与责任。在环境伦理学中,人类与子孙后代的关系问题之所以引起重视,是因为环境问题直接牵涉当代人与后代人的利益,在环境问题上,如同个人利益和价值同群体利益的价值有时会不一致一样,人类的当前利益、价值与长远的、子孙后代的利益和价值也难免会发生冲突,环境伦理要求我们在这种冲突发生时,要兼顾当代人与后代人的利益,要着眼当前并思虑未来。在涉及后代人的利益时,如下几条原则是必须考虑的。

(1) 责任原则。人类除了对自然界应尽责任,个人除了对社会应尽责任外,还必须对后代负起责任。环境伦理学强调,环境权不仅适用于当代人类,而且适用于子孙后代。因此,如何确保子孙后代有一个合适的生存环境,是当代人责无旁贷的义务和责任。可持续发展的定义是"能够满足现代人类的需求,又不致损害未来人类满足其需求能力的发展"。因此,当代人类不可推卸的责任就是要把一个完好的地球传给子孙后代。

(2) 节约原则。地球上可供人类利用的资源是有限的,为子孙后代的利益着想,人类不仅要保护和维持自然生态的平衡,而且要节约地使用地球上的自然资源。地球上可供人类利用的资源有两大类:不可再生的资源和可再生的资源。不可再生的资源只有一次性的使用价值,如被当代人消耗殆尽,后代人将得不到这类资源;可再生性资源尽管可以再生,但它的再生往往需要很长的时间。还有许多的自然环境,一旦被当代人改变,将永远无法复原,从这个意义上说,自然环境也是不可再生的。环境伦理学要求人类奉行节约的原则,具体应体现在人类的生产方式和生活方式上。资源节约的生产方式要求我们改革生产工艺,减少对资源的消耗,尽可能采取循环利用、重复利用的系统,并尽量回收废弃物,把一切废弃物转化成为有用的资源。在生活方式上,应该提倡节俭朴素,反对铺张浪费,尽可能地使用绿色产品。总之,节约原则的实施不仅仅出于经济上节约成本的考虑,而是为子孙后代留下一个可供永续利用的自然环境。

(3) 慎行原则。人类改变和利用自然行为的后果有时不是显而易见的,而且这些后果有时可能对当代人有利,给后代人却会带来长远的不利影响。这就要求我们在进行各种活动时采取慎行原则。当我们采取一项改变自然的计划时,一定要顾及它的长远的生态后果,防止给后代人造成损害。人类在这方面已经有过失误的教训。例如,为了提高农作物单位面积的产量,我们大量地施用无机化肥,其结果是土地的日益贫瘠;又如,某些农药的施用,在短期内可以达到消灭虫害的目的,但从长远来看,却导致整个自然食物链的破坏,其长期的恶果将要由子孙来承担;又如,人类对热带雨林的破坏,不仅造成地球表面气温的上升,而且使地球上许多物种已经灭绝或濒临消失,给后代人造成的损失更是无法估量。在人类利用和改造自然力量空前巨大的今天,慎行原则要求人类对科学技术可能出现的后果进行充分的估算,要克服认为科学技术只是"中立"手段的传统看法。事实上,人类的技术是一把"双刃剑",它一刃对着自然,一刃对着人类自己。也许,人类对于技术给人类自己带来和可能带来的短期后果容易了解和认识,但对其可能给人类和整个自然生态系统造成的长远后果还缺乏预见和认识,目前受到普遍关注的全球气候变暖问题就是一个例子。慎行原则的意义就在于提醒人们,地球不仅是我们当代人的,更是子孙后代、千秋万代的;我们的行为不仅要对当代人负责,更要对后代人负责。

综上所述,环境伦理学将人类对待自然、全人类和子孙后代的态度和责任作为一种道德原则看待,其目的就在于更好地规范人们对待自然的行为,以有利于地球生态系统,包括人类社会这个子系统的长期、持续和稳定地发展。一种全面的环境伦理,必须兼顾自然生态的价值、个人与全人类的利益和价值,以及当代人与后代人的价值与利益。虽然从总体和一般性的原理看,自然与人类、个体与群体、当代与后代之间的利益是可以兼顾的,互相一致的,但在人类的实践活动中,已经出现了这些利益与价值之间的冲突。因此,在论述了环境伦理学的原则和内容的基础上,我们还有必要对人类的行为方式进行分析和研究。

10.2.3 学习和研究环境伦理学的意义

环境伦理学不是抽象的理论探讨,而是有着明确的价值取向。它来源于对现实环境问题的思考,目的是为环境保护实践提供道德的理论支撑。它以人类与大自然的高度统一性作为出发点,要求人们认清人在自然界的位置,认清人对自然的依赖性,明确自己对自然的责任和义务,这是人类在寻求摆脱环境危机过程中的理性思考的结果。把道德关怀和道义的力量纳入人与自然关系的调整中,这本身就是时代的根本要求。今天,环境伦理学正在成为环境保护强有力的思想武器,它唤醒人们的生态良知,要求人们诉诸切身的行动,共同投入到拯救地球、开创未来的伟大事业中去。1993年6月5日,围绕第20个世界环境日,一批青年环境工作者发起了"中国青年环境论坛"。在首届学术年会上,他们发表了《中国青年绿色宣言》,其核心思想是"人类需要对其思想和行为发动一场深刻变革,并建立新的技术体系、新的生产体系,将漠视自然的传统文明形态转变为以尊重自然和保护自然为重要特征的新文明形态"。他们表达的思想恰恰是环境伦理学所倡导的。学习环境伦理学的根本目的就是要把环境伦理学的立场、观点和方法运用于我们实际的生活之中,使之能成为我们生活的信念和行动的原则。具体地说,学习环境伦理学的意义如下。

1. 实现思维方式的根本性转变

当代严重的生态与环境问题表明人类只考虑自己的利己主义观念和行为已经造成了恶劣的后果,大自然已经向我们提出了转变思维方式的要求。如何有效抑制人类不断膨胀的物质占有欲望,把我们对美好生活的追求转变到注重充实精神生活的高度上来,是我们的社会和文化所面临的紧迫课题。环境伦理学正是在这个意义上强调了超越狭隘的人类中心主义视野的必然性,它把人类的道德视野扩展到了自然的领域,从而能够用更宽广的视角重新确认人类生活的价值与意义。在这样一个层面上,我们可以重新审视和评价近代以来人类文明的发展模式,彻底反省现代的政治理念与经济结构。其结果必然会要求我们的思维方式有一个根本性变革,即从对自然的征服者转变成为地球生态共同体中的普通一员。迄今为止,在地球的文明史上,只有人拥有这样一种能力,能够大规模地改变自然环境,同样,也只有人拥有这样一种能力,能够反思自己的错误,自觉地转变自己的角色。人的理性和智慧应该体现在他有能力认识到自己是大自然的朋友和伙伴,而不是大自然的征服者。

2. 明确我们对自然的责任和义务

明确我们对自然的责任和义务,这种思维方式的转变有助于我们认清自己在自然界的位置,能够以道德的方式生活。在人类出现以前,地球自然系统通过植物生产者、动物消费者和微生物分解者的三角关系实现了精妙的无废物的循环,人类的出现打破了这种最经济的循环方式。人类力量的增强使自然系统增加了新的角色,即人类充当调控者的角色,这是自然赋予人类最重要的责任。然后,迄今为止,人类的所作所为已经证明我们是一个不称职的调控者,我们滥用了自然赋予的权力。作为地球上最后出现的物种,我们是年轻的,也是幼稚的,我们需要成熟,需要反省自己的错误。在这个意义上,环境伦理学为我们在处理人与自然关系上的行为是否恰当提供了基本判断的道德依据,因而能够引导我们并使我们认识到,我们的责任不是最大限度地按照人的意志去改变自然,而是学会最大限度地适应自然。我们对自然所负有的责任和义务就是要最大限度地去维护地球生态系统的稳定、和谐与美丽。道理非常地明白,地球生态环境的命运与人类的命运紧密相关,维护地球生态系统的稳定、和谐与美丽,无论对于地球生态系统还是对于我们自身都是有利的,我们都是受益者!所以,尊重生命、尊重自然和保护生态环境是作为一个有道德的人必须履行的义务。

3. 唤起我们的生态意识和生态良知

环境伦理学告诉我们,地球是人类的家园,地球的完整性表明了地球变化与地球生命变化相互依存,协同进化。当今地球生态系统的异常特征反映了地球生态过程的异常变化,这种异常变化的持续可能危及人类和地球生命。因此,我们需要有一种危机意识。这种危机意识能够唤起我们的生态良知,从而激发潜藏于我们内心的生态意识。当我们拥有了这种生态意识,我们就能把这种意识升华为个人的品格和道德情操。生态意识是本来就潜藏于人的内心的东西,是一种狭隘的自我观念在心理上不断扩展的结果。个人狭隘的自我观念可以通过家人、朋友、他人、全人类的认同,最终演变成为一种与生态系统和生物圈相互渗透的自我意识,这是生态意识由浅入深的发展过程。一个人与他人和他物的认同能力越强,生态意识就越能自然地在深层显现。美国环境伦理学家 J. B. 克里考特就很形象地描述了这种生态意识,他说:"当我盯着褐色的淤泥堵塞的河水,看着一抹黑色的从孟菲斯来的工业、市政污水,跟随在后的是不断从辛辛那提、路易斯维尔或圣路易斯漂来的一种不知名的混色线呢的碎片渣滓,我感到了一种明显的疼痛。它并不是清楚地局限在我四肢中的哪一肢上,也不像一阵头疼或恶心。但是,它却是非常真实的。我并不想在河中游泳,不需要喝这里的水,也不想在它的沿岸买不动产。

我的狭隘的个人利益未受到影响,但是,不知怎么我个人还是受到了伤害。在自我发现的那一刹那间,我想到,这河是我的一部分。"这就是我们所说的生态意识。

环境伦理学不只是要提示人与自然关系中的伦理关系,更重要的是要通过对这种关系的阐释建立起一种行动的原则,而能否将行动的原则付诸实施则需要我们每一个人的努力。

10.3 环境伦理观与人类行为方式

在实施可持续发展战略的过程中,有三类人物发挥着最重要、最关键的作用,他们是决策者、企业家和公众。他们是否树立了环境伦理观将在很大程度上决定他们的行为方式,影响可持续发展战略的实施。

10.3.1 环境伦理对决策者行为的影响

1. 环境伦理观对决策者的重要性

在相当长的时期里,人类一直认为自然资源是取之不尽的,而生态环境是用之不竭的,因而存在乱采滥用的倾向;决策者也倾向于制定加快开发资源、高速发展经济的政策。

每个国家的各级政府和官员都应该把保护地球作为重要的政治目标,使保护环境的要求进入所有的决策领域,全面改变单纯追求经济增长的发展模式。在决策过程中,环境伦理观所发挥的重要作用体现在以下五个方面:

(1) 决策者应充分尊重每个社会群体的利益,所制定的政策在不同区域之间,特别是贫困和富足的地区之间,应保障人们公平分享地球资源和共同分担保护责任;

(2) 决策者应具有睿智的长远眼光,所制定的政策不仅应满足当代人的生存与发展的需要,而且应为后代留下足够的生存与发展的资源条件;

(3) 决策者应具有无私的博爱胸怀,所制定的政策不仅应满足人类的生活与生产的必需,而且还要为地球上其他生物保留足够的生存空间,保护它们免受不必要的摧残和屠杀;

(4) 决策者应具有深刻的自然情怀,所制定的政策应促进人们节俭和有效地利用所有资源,不仅使人类对自然界的影响降为最低,而且有助于保护生态过程和自然界的多样性;

(5) 决策者应如同尊重物质文明一样尊重人类精神成果,所制定的政策不仅能有效保护世界文化的多样性,而且能促进各文化体系的健康发展。

只有具备了环境伦理观,对于大到全球气候变化的应对措施、南极的开发与保护问题、臭氧层保护措施、国家的能源战略等,小到对盗猎藏羚羊的禁令、无公害蔬菜的推广办法、人道屠宰的标准、建筑节能标准等一系列政策问题,世界各国、国家各级政府才能在新的思维和观念平台上达到共识,做出正确的决策。在我国目前的条件下,只有具备环境伦理观的各级决策人物,才能够努力贯彻实施科学发展观,带领人民坚决走可持续发展的道路,建设资源节约、环境友好、生态良好的社会。

2. 环境伦理观指导下的决策

在 1997 年的世界环境日,联合国环境规划署发表了《环境伦理的汉城宣言》,对世界各国政府的决策提出了行动指南,包括政策协调、预防措施、接近群众、支持环境友好技术、推进平等、环境教育和国际合作等七个方面的决策行动。

1) 政策协调

为了使政策有利于保障整个生命系统的可持续性,决策者必须在更宽广的范围内平衡各相关部门的利益与责任,在更深远的层次上协调人类与自然的关系。

在这方面,中国黄河流域生态保护和水资源合理利用是有代表性的一个事例。

历史上奔流不息的黄河自 1972 年开始出现断流现象,以后逐年加剧,最为严重的是 1997 年的断流长达 700km、226 天。人们对上游生态环境的破坏以及全流域水资源的过度开发是黄河断流的根本原因。黄河水资源的 90% 以上被用于浇灌数量不断增长的农田,但由于灌溉设施不配套,灌水方式落后,每年造成 100 亿~120 亿 m^3 的水资源浪费。

黄河断流的现象反映出人们对待黄河的矛盾心态,一方面黄河是中华文明的摇篮,被尊为母亲河;而另一方面,黄河长期受到人们"不道德"的损害,她仅仅因为对人类有用而被称颂,而自身存在的价值被完全漠视。1998 年中国 163 位院士联名呼吁:"行动起来,拯救黄河。"他们指出:黄河断流的现实,令所有的炎黄子孙进行深刻反思,解决黄河断流首先要加强对黄河水资源的统一管理,加强保护和恢复黄河全流域的植被,特别是中上游的植被。

1999 年中国国务院授权黄河水利委员会对黄河资源实行统一调度和合理配置,通过水量调度公报、快报和省界断面及枢纽泄流控制日报制度,实施黄河水量实时和精细的统一调度。这一政策很快收到了实效,自 2000 年以后黄河即使在大旱之年也再未断流。2006 年国务院颁布的《黄河水量统一调度条例》正式实施,从法律上明确了黄河水量调度的管理体制,即水利部和国家发展和改革委员会负责黄河水量调度的组织、协调、监督、指导;黄河水利委员会负责黄河水量调度的组织实施和监督检查;有关地方人民政府的水行政主管部门和黄河水利委员会所属管理机构,负责所辖范围内黄河水量调度的实施和监督检查。在这样的科学决策下,黄河有限的水资源在时空分布上得到了调整,保证了沿黄地区科学合理地用水。

黄河流域的治理、保护和发展需要政府进行科学认证,协调全局,有力监管,而这些都需要决策者具有公正和平等、尊重和关爱的环境伦理观。在这样的前提下,才能从根本上转变长期以来人们对黄河的掠夺型利用方式,使黄河永葆生命力,永续造福于人类。

2) 预防措施

决策者在制定任何发展项目的同时,必须严格实施环境影响评价(EIA),确保项目建设对环境的不利影响最小化;而"在那些可能受到严重的或不可逆转的环境损害的地方,不能使用缺乏充分和可靠科学依据的技术,不能延误采用防止环境退化的经济有效的措施"(《里约宣言》)。

在这方面,中国青藏铁路建设的环境影响评价与保护性预防措施是一个成功典范。

青藏铁路北起青海省西宁市,南至西藏自治区拉萨市,西至格尔木的1期工程已于1984年建成,由格尔木至拉萨的2期工程于2006年建成。青藏铁路2期工程全长1 142km,其中经过海拔4 000m以上地段960km,经过多年连续冻土地段550km,经过九度地震烈度区216km,是世界上施工难度最大、海拔最高和最长的高原铁路,被国际社会誉为"可与长城媲美的伟大工程"。

更值得称道的是:由于决策者具有敏锐的环境意识,工程执行严格的环境影响评价,使穿越在生态脆弱的青藏高原上的青藏铁路在铁路选线、工程施工和实际运营时,对高原生态环境、江河水源、自然景观及野生动植物均未造成过度的负面影响。

青藏铁路经过海拔4 650m的错那湖,它是当地藏族人民心中的"天湖",铁路离湖最近处只有几十米。为防止施工污染湖水,建设者们用24万多个沙袋沿错那湖一侧堆起一条近20km的防护"长城",将美丽宁静的"天湖"与热火朝天的施工工地隔开。

为了不影响野生动物种群的栖息和繁殖,青藏铁路在设计时尽可能避开保护区,在沿线野生动物经常通过的地方,设置了33处野生动物通道,其中包括著名的可可西里、三江源地区"以桥代路"的铁道线,既保证了藏羚羊等野生动物迁徙,还减少了对沿线草地、冻土和湿地生态环境的破坏。

为了减少建设对当地生态环境的干扰,青藏铁路尽量减少车站设置;对沿线必须设置的车站,采用了太阳能、电能、风能等清洁能源;运营后产生的各类垃圾集中收集堆放,定期运交高原下邻近城市的垃圾场集中处理。

在这些设计和建设中实施的污染预防与生态防护措施中,显示出决策者对大自然的尊敬、对其他生命的关照、对自我行为的约束，这些正是环境伦理观所要求的。

3）接近群众

决策者在制定有关发展和环境保护的政策和计划时，必须反映所有相关人员的利益，并接受他们无拘束的评判。为了使公众充分参与决策，相关政策资料应尽可能提供给公众，给予他们充分的时间提出意见，并将合理的意见与建议纳入政策中。

美国等西方国家的环境保护运动是自下而上开展的，从20世纪60年代开始，公众环境意识被唤起和激发，民众针对已经出现的环境公害，经由民间组织向企业抗议、向法院起诉、向议会呼吁游说，最终通过立法，实现对环境污染和生态破坏的治理、补偿、监督和控制。这段历史促使决策者认识到：公众参与既是现代民主社会的基本要求，也是环境保护的基础。因此，许多发达国家政府已把环境保护的公众参与确定为公民的一项基本权利，在环境基本法、环境法案或其他综合性环境法中明确了公众参与的实体和程序性权利。

与发达国家所走过的道路不同的是，早期中国公众的环境意识较为淡薄，环境保护主要依靠政府来推动；自20世纪90年代以后，在国际社会的影响下面临日益加剧的国内环境问题，中国公众的环境意识不断提高，决策者通过政务公示、举报信箱、科研与调查、听证会等方式和渠道鼓励公众参与环境保护，对现行或拟定政策提出建议和意见。

从环境伦理观出发，为了既保证当代人公平合理地分配资源又为子孙后代留下足够其生存与发展的资源，决策者必须保障政策制定过程的公开与透明。

4）支持环境友好技术

环境友好技术，是经过研究和评估后，确认对各环境要素影响小、资源消耗水平低、废物产生量少的技术。决策者应支持和鼓励对环境友好技术的研究与应用。为此政府应该给予必要的财政补贴，创造有利的条件，启动环境友好技术的发展和应用，并推动科学技术情报资料的交流。

美国环保局和许多行业协会自20世纪90年代以来倡导和实施了一系列自愿性伙伴合作计划，对推动环境友好技术的发展起到了积极作用。这些计划在设计中体现出决策者对大自然的人文关怀，在实施中体现出决策者对参加企业的鼓励与信任。

1995年，美国环保局与其他联邦机构、工业部门和学术机构共同合作，启动了"绿色化学项目"。"绿色化学"是一种全新的、有别于传统化学工业的化学物质生产系统，从原料的选择到工艺的设计，都将减少或消除有毒有害物质的使用和产生，因此绿色化品生产将从根本上保障对人体和环境的安全。绿色化学项目有力地推动了美国企业实施清洁生产，企业在参加项目时虽然也获得了一定的补助金或奖励，但更为重要的是企业可获得巨大的经济回报，同时加强了企业长期生存与发展的能力，因为不进行绿色革新，一个传统污染型的企业已很难在美国立足。

进入 21 世纪，美国环保局又启动了"国家环境表现跟踪计划（national environmental performance track）"，鼓励已达到法律要求的企业，自己选择可行的环境目标，例如，开发更加环境友好的技术或产品，加强管理以减少事故和风险，提高资源使用效率以减少废物的产生，减少土地侵占和保护周边的生态环境等，承诺不断提高环境表现，超越现行的环境标准，使其环境表现达到更有利于公众、社会和环境的行为水平。

中国多年来对企业实施"一控双达标"等环境法规与政策，企业整体污染预防能力和管理水平稳步提高，在此基础上，2001 年中国环保总局借鉴美国环保局开展的鼓励型环境管理模式和成功经验，推出了"中国环境友好企业"计划，推动企业走上了环境友好的绿色发展道路。

5）推进平等

环境伦理观主张代内平等和代际平等，而代内平等是代际平等的前提，它要求同一时代的不同地域、不同人群之间对资源利用和环境保护所带来的利益与所支付的代价实行公平的负担和分配。当前国际社会越来越重视社会弱势群体的发展，如妇女、贫困者、残疾者、土著人、老人、儿童等群体的需求和呼吁，因为他们的需求往往与其赖以生存的土地、水源、林区、草原等各类环境的可用性和安全性相关联。因此，决策者应当跳出自身的利益圈，倾听弱势群体的需求，鼓励他们参与环境保护，在人人有机会参与的前提下，才能保证弱势群体能够分享到因发展和环境政策而产生的利益，促进社会平等。

以妇女为例，首先，她们在社会生活中扮演多重角色——每一位母亲是孩子的第一个老师，大多数妻子决定了家庭的生活方式与消费模式，女性在工作中影响到周围人们的视觉，一些女性领导已经对决策过程起着重要的作用；其次，妇女的天性和母爱精神使她们更亲近环境，热爱环境；最后，妇女更易受到环境污染和破坏的损害，而且这种损害对人类后代的健康也带来潜在的威胁。因此，1995 年在北京召开的联合国第四次世界妇女大会上将"妇女与环境"列为一个重要领域，会议《行动纲领》还特别强调："妇女对无害生态环境的经验及贡献必须成为 21 世纪议程上的中心组成部分。除非承认并支持妇女对环境管理的贡献，否则可持续发展就将是一个可望而不可即的目标。"

6）环境教育

政府决策者应通过各种渠道传播环境伦理观，对社会各阶层进行环境教育，特别是为青少年设计环境意识与环境伦理观的教育内容。

当前一系列新的环境伦理观念与学说已构成一门"环境伦理学",它把伦理道德的对象从人与人的关系扩展到人与自然的关系,承认并尊重生命和自然界的生存权利。世界上许多国家已在基础教育中增加了有关环境保护的课程和户外活动,一些自然科学的课程内容也从新的视角作了修订,如地理课中增加了全球气候变暖对南极和北极影响的内容,生物课中增加了保护生物多样性的内容;在高等教育中,很多学校面向各种专业的学生开设了"环境保护与可持续发展"的公共课,一些专业也增加了有关环境思考的设计与技术课程,如建筑节能技术、绿色化工工艺、环保汽车设计等。

此外,决策者还应当认识到:环境教育不仅仅局限于学校和课堂,而是扩展到全社会和大自然;在环境教育中重要的是传递一种理念与态度,不应该只限于知识资料的整理与传达。在一些动物园,管理人员已经将一些写有"肉可食用"、"骨可入药"、"皮可制革"的恶劣标牌更换为"人类的朋友"、"国家一级保护动物"等;在一些旅游景点,管理人员在景区内严格控制客流量和经营活动,拆除有损自然景观、大兴土木的人工建筑,设置介绍环境保护知识、动植物常识、民族传统文化的标牌;一些城市管理者不再为清除杂草而喷洒除草剂,让生命力顽强的野草为城市增添些绿色,也不再为消除积雪而投洒盐水,通过人力铲雪把宝贵的雪水填进树坑。有时,一个小的决策变化,会对公众产生深刻的教育意义。

7) 国际合作

"只有一个地球",世界各国应共同承担保护地球环境的责任。具体行动包括:各地区和国家积极参与合作,共同执行对环境有利的政策,遵守已建立起来的多边协议;相互交流制定政策的经验和科技进展情报,以利于全球环境保护和改善,并对即将来临的环境问题提出早期警报。

世界各国在联合国的号召和组织下所进行的保护臭氧层的国际合作行动,已经取得突破性的进展。

自20世纪70年代,科学家们通过观测和分析发现南极上空平流层中的臭氧浓度降低。1976年联合国环境规划署第一次讨论了臭氧层的破坏问题,1977年通过了第一个《关于臭氧层行动的世界计划》。1985年3月联合国在维也纳召开"保护臭氧层外交大会",通过了《保护臭氧层维也纳公约》,明确要求缔约国采取适当的国际合作与行动措施以保护臭氧层。同年10月,英国科学家在南极观察站首次发现了巨大的臭氧"空洞",这一事实促使许多国家积极响应联合国的呼吁。《维也纳公约》于1988年9月生效,中国于1989年9月加入,截至2005年3月,加入《维也纳公约》的国家达到190个。

为使《维也纳公约》要求得到落实,1987年联合国环境规划署组织召开了"保护臭氧层公约关于含氯氟烃议定书全权代表大会",大会形成了《关于消耗臭氧层物质的蒙特利尔议定书》,明确了受控物质的种类、受控物质控制时间表以及有关措施。截至 2005 年 3 月,加入《蒙特利尔议定书》的国家已有 189 个。

虽然联合国与各缔约国具有国际合作与共同行动的良好意愿,但《蒙特利尔议定书》的执行过程并非一帆风顺,各国因国情历史不同、经济水平不同而产生分歧,其中一个焦点问题是:发达国家应该如何对发展中国家实施真正的援助?由于发达国家工业化历史长,产生污染多,是造成臭氧层耗损的主要责任者,典型的臭氧层损耗物质(ODS)——氟利昂(CFCs)即由美国杜邦公司首先合成制造,《蒙特利尔议定书》考虑到这一差别,已确定发展中国家受控时间表可比发达国家相应延迟 10 年。尽管如此,由于制冷、消防、电子等行业的重要原料多为 ODS,为支持这些行业的持续发展,就必须研发替代品并进行大规模生产,这需要强大的经济与科技支撑,是许多发展中国家难以承受的;而在另一方面,以杜邦公司为代表的发达国家的企业已率先研制出氟利昂替代品,为了完成《蒙特利尔议定书》规定的 ODS 淘汰时间表,按照常规的国际贸易合作模式,发展中国家如果无力开展耗费时间与财力的自主研发,就必须支付给发达国家大笔技术转让费以获取替代品生产技术。从环境伦理的角度看,在前几代人所处时代的不公平发展的历史背景下,《蒙特利尔议定书》并没有真正提出当代人公平发展的可行办法,所以中国等众多发展中国家当时没有立即加入《蒙特利尔议定书》。

在发展中国家的强烈呼吁下,联合国于 1989 年就在赫尔辛基缔约方第一次会议之后,开始了《蒙特利尔议定书》的修正工作,并于 1990 年在伦敦召开第二次缔约方大会,提出了《伦敦修正案》。《伦敦修正案》确定建立一种多边基金机制,将接受发达国家的捐款并向发展中国家提供资金和技术援助,以确保国家间的技术转让在最优惠的条件下进行。《伦敦修正案》得到许多发展中国家的肯定,1991 年 6 月中国政府向联合国正式提出签约,《伦敦修正案》自 1992 年 8 月 10 日开始对中国生效。

这以后,联合国每年召开的缔约国大会都会回顾和审议《蒙特利尔议定书》的实施进展,并对受控物质种类、淘汰时间表等内容进行补充和调整,形成《哥本哈根修正案》、《北京修正案》等重要文件。中国在国际合作中,一方面在多边基金框架下,与联合国环境规划署、联合国工业与发展组织、联合国开发计划署和世界银行等 4 个国际执行机构建立密切的工作关系,至 2007 年 1 月,争取到近 450 个项目,获得可淘汰 10.8 万 t ODS 的 7 亿美元赠款;另一方面中国积极参加历次缔约方会议和有关国际会议,努力推动国际履约谈判,并向国际社会派送了多名国内专家,协助其他国家编制淘汰 ODS 的战略方案,维护了发展中国家利益。

在世界各国的共同努力下,全球 ODS 使用量有了大幅度下降,到 1993 年底,使用哈龙、氟利昂的总量比 1986 年下降了 58%;从 1994 年起,对流层中的 ODS

浓度开始下降；2000年起平流层中的ODS在达到最大浓度后也开始下降。科学家预测臭氧层将在21世纪中期缓慢复原。

从各项国际环境条约的执行过程看，《蒙特利尔议定书》及其修正案是全球范围内履约情况最好的，为世界各国共同应对全球环境问题提供了典范。近年来全球气候变暖已成为世人瞩目的焦点问题，世界各国如何携手应对这一环境问题，将影响到人类未来的生存与发展。借鉴臭氧层保护行动的成功经验，联合国已于1992年提出《联合国气候变化框架公约》，于1997年通过《京都议定书》，作为应对全球气候变化的基本框架；然而，同样是受发展历史和经济水平所决定，发达国家与发展中国家承担的仍然是"共同但有区别的责任"，由于减少温室气体的排放量与每个国家的能源和发展战略紧密相关，这一次的公约与议定书的签约和履约将是一个漫长的过程，但只要遵循环境伦理观的思想的原则，人类一定会寻找出解决之道。

10.3.2 环境伦理观对企业家行为的影响

在环境伦理指导下的决策必然使工业发展的模式发生根本性转变；企业家也需要站在一个更高的高度，重新审视企业行为是否符合环境伦理观的要求。

1. 环境伦理观指导下的企业理念

工业生产是人类高强度影响环境的活动。传统的工业发展模式以资源消耗型为主，产业链是一个经历原料——产品——废物的直线型过程。人类从环境中摄取原料、向环境中排放废物，自然环境既是工业生产原材料的廉价仓库，又是其废弃物的免费排放场。

环境伦理观要求企业的发展不应以牺牲环境、破坏资源为代价，而要在生产全过程以及产品生命周期的每个环节体现对自然的尊重和对资源的珍惜。在这一观念影响下，企业界提出生态工业的理念，将自然的生态原理应用到工业生产过程中，使直线型产业链转变为封闭循环型产业链结构，从而提高资源利用率，以达到自然资源合理与有效利用的目的。

在21世纪，美国的保尔·霍根等环保人士提出了"自然资本论"，将经济发展所需要的资本总结为4种：以劳动和智力、文化和组织形式出现的人力资本，由现金、投资和货币手段构成的金融资本，包括基础设施、机器、工具和工厂在内的加工资本，以及由资源、生命系统和生态系统构成的自然资本。"自然资本论"第一次真正赋予了自然资源以资本平等地位，为工业发展提供了一条新型发展方案，其中包括提高资源的利用率、模仿生态系统的物质循环模式、以提高服务和产品性能替代提供产品实物、向自然资源投资等重要措施。这些措施已经逐渐渗透进工商业系统并影响到企业家对企业发展战略的选择。

当前企业环境问题所引发的伦理、首先责任越来越复杂而新奇,它要求企业权衡科技、经济、社会、伦理等多方面因素,往往要考虑长远,而且要勇于面对未知事物和承担环保责任。

2. 环境伦理观指导下的企业行为

《环境伦理的汉城宣言》对企业家提出了行动指南,包括开展环境友好的工商业实践、扩大企业责任、实施环境管理体系等三方面的行动。

1) 开展环境友好的工商业实践

企业应该效法自然,使同样的产出消耗最少的能源和物资,以及排放最少的废物。为此,应广泛采用环境友好的生产工艺,节约使用能源和材料,增加使用再循环物资和可再生资源,减少排放有害物,利用废旧物资生产。同时,为支持环境友好的工商业实践,金融和保险机构也必须增加对环境有利的投资。

在美国推行"绿色化学项目"时,有很多企业积极设计全新的"绿色工艺"和"绿色化学品"。例如,Bayer公司改进了亚氨基-双琥珀酸钠合成途径,生产原料为可生物降解的、环境友好的螯合剂,在合成过程中不产生任何废物,并减少了有毒物质氰酸(HCN)的使用,Bayer公司因此荣获2001年度"替代合成途径奖"。又如,PPG公司开发了一种含稀有金属钇的涂料,以阳离子电解沉降法,可以将此涂料覆于材料表面,替代含铅涂料,用于汽车的防腐层和雷管的电镀层,新涂料毒性小于含铅涂料,而稳定性是铅涂料的两倍,PPG公司因此荣获2001年度"设计更安全化学品奖"。

在中国推出"中国环境友好企业"计划的几年中,也涌现出一批批推行清洁生产业绩优秀的企业和生态工业园区,其中山东鲁北化工企业集团的绿色实践已走过30多年的历史。

鲁北化工前身是一家小硫酸厂,利用工厂濒临渤海、地处黄河三角洲的地理与资源条件,企业在创建之时就自筹试验经费,承担了国家"六五"攻关项目——石膏制硫酸联产水泥技术试验,此后历经"七五"成果产业化、"八五"和"九五"工程放大与创新配套联动,不断发展壮大,开创了"磷铵—硫酸—水泥联产"、"海水—水多用"以及"清洁发电与盐、碱联产"等三条绿色生态产业链。这三条绿色生态产业链将不同的产品依其内在的联系,实施科学的排列组合,所开发应用的技术涵盖了多个行业,涉及系统科学、生态学、环境工程、化工工艺等,各系统之间相互关联形成了一个完整的工业系统,整套系统实现了资源的最有效利用,消除了污染的排放,取得了经济、社会和环境的最佳效益。目前鲁北化工已跻身为中国最大的复合肥生产基地和规模宏大的海水资源综合利用基地。

2) 扩大企业责任

企业必须认识到它们的环境责任不仅仅停留在生产环节,而要扩大到生产的全过程,并关注产品生命周期的各个阶段,包括产品的回收利用和最终处置。对于一个有远见的企业,必须摒弃"末端治理"的生产方式和"消费主义"的生活主张,由此还可能触发新的商机。

在全球石油资源紧张与发展低碳经济的压力下,英国石油公司和壳牌石油已经开始企业改造,发展燃料电池、风力、太阳能等各种替代能源,希望早日从"石油公司"脱胎换骨为"能源公司"。全球多家汽车公司纷纷开发以天然气、液化气、电力、太阳能、氢燃料电池等为能源的清洁汽车。

雷·安德森是全球最大的室内装饰公司——美国界面公司的创始人,对于企业环境问题的深刻反思促使他对公司业务做出具有根本性转变的决定,界面公司将出售地毯改为出租地毯,并不再以生产整块地毯为主要业务,而是大量生产小块的地毯,同时为客户提供地毯拼接铺盖的服务,这样地毯一旦有破损或玷污,公司可派人来只取下几小块进行修补、清洗或更换即可,这样就节约了大量资源,公司与客户之间的关系也从一次交易的短暂接触发展成持续不断的互惠关系。

美国冷气机制造商开利公司推出了"凉爽服务",业务从"卖冷气机"转为"出租舒适",公司派人到顾客家中免费安装冷气机,负责维持最舒适的温度,甚至还为顾客重新设计室内照明,安装特殊窗户,以便在提供凉爽舒适的生活品质时还能进一步降低冷气系统的能源耗用量,而顾客则定期缴付服务费。

在受环境伦理观影响的全球经济浪潮下,明智的企业家一定会改变观念,对企业重新设计和定位,使企业在主动承担更多环保责任的同时,获得更长久的经济利益,在社会上树立更积极的企业形象。

3) 实施环境管理体系

企业需要有一套制度化的环境管理体系,定期审计生产和经营活动,检查对环境产生的影响,防止污染和治理污染,使对环境造成的压力最小化。企业可将污染防止和治理技术所需的费用打入预算,作为正常生产活动的一部分。

环境管理体系,是一个企业内部全面管理体系的组成部分,它包括为制定、实施、实现、评审和保持环境方针所需的组织机构、规划活动、机构职责、惯例、程度、过程和资源,还包括企业的环境方针、目标和指标等管理方面的内容。目前全球企业最常用的环境管理体系是 ISO 14000 环境管理体系,此外石油、天然气等行业推行的是健康、安全与环境(HSE)管理体系。

通过实施环境管理体系,一个企业开展环境友好的实践就不再是一时或一事的行为,可转化为企业运营的长期行动。环境伦理观将逐步融入企业文化之中。

10.3.3　环境伦理观对公众行为的影响

在环境伦理观的影响下,人们的日常生活方式和消费模式也在悄悄发生改变,通过适度消费、健康饮食、环保居家、绿色出行等的实践,每个人留在地球上的生态足迹正在缩小。

1. 环境伦理观指导下的现代生活理念

从根本上追溯,环境污染、生态退化、物种灭绝的原因在于人类自身对"更多、更全、更舒适"生活的过度追求。中国可可西里的藏羚羊被盗猎者屠杀,濒于灭绝,是因为一条以藏羚羊腹部底绒织成的"沙图什"披肩,在英国和意大利可以卖到上万美元;全球原始森林面积急剧缩减,无数原本生机勃勃的参天大树被砍伐,是由于人们偏爱"纯天然"实木家具或地板;为出行快捷方便,越来越多的家庭购买汽车,全球石油资源因此而加速消耗,城市空气质量也因此日益恶化。这样的事例比比皆是,工业革命所带来的经济高速增长,也使许多地区陷入"更多的工作,更多的消费,以及对地球更多的损害"的困境之中。

人类开始反思:什么是高质量的生活?拥有更多的财富能够得到幸福吗?事实上,超过一定界限后,更多的物质并不带来更多的充实,心理学家的调查证实"在富裕和极端贫穷的国家中得到关于幸福水平的记录并没有什么差别"。

人类的生命源泉来自大自然,虽然现代社会已经纺织一张"无所不能"的消费网络,但人类的衣、食、住、行终究离不开大自然的馈赠。环境伦理观呼唤人们要从心底尊重我们的"衣食父母"——地球。

20世纪90年代,美国学者艾伦·杜宁鼓励人们走出消费误区,走向"持久文化"运动。"持久文化"的核心就是量入为出,人类可以提取地球资源的利息而不是本金,摆脱无节制的消费,人类可以在友谊、家庭和有意义的工作中寻求充实,实现个人价值。当前,以适度消费为核心的绿色消费正在全球兴起,作为一种新文化,绿色消费是我们的权利,运用这个权利,人类可以过一种简朴而丰富的高品格生活;绿色消费是我们的义务,履行这个义务,地球上更多的生命体和生态环境可以有尊严地长存。

2. 环境伦理观指导下的公民行为

《环境伦理的汉城宣言》对公民也提出了行动指南,包括选择对环境有利的生活方式、积极参与、关怀与同情等三方面的行动。

1) 对环境有利的生活方式

公民应当学会合理规划,拒绝浪费的生活方式;学会理性消费,拒绝奢侈的物质消费。用对环境有利的生活和消费方式寻求保护我们这个星球的途径。

2) 积极参与

普通公众是环境污染的最大受害群体,为了改善决策质量,并保证公众利益有专门的代表,公民在道德上和在政治上应积极参与环保公共事务的决策过程,充分行使宪法赋予的知情权、参与权、表达权和监督权。

(1) 公众可进行环保投诉和建议:对发生在身边的引资、立项、征地、勘察、建厂及施工等涉及环保的工作,公众可以通过有效的途径,如利用环保信箱、市长电话等及时提出批评、投诉、举报和建议,将可能的污染控制在预期和前期。

(2) 公众可发挥监督和举报的力量:任何污染源的出现,都不会是悄无声息的,知情者要勇于承担起投诉和举报的责任,不让污染事件在身边继续蔓延和扩大。

(3) 公众可积极参加相关的调查:环保部门经常进行社会问卷调查或开通24小时的电子信访调查,公众可自由充分地向环保部门表达自己的观点和立场,提出自己的建议和意见。

(4) 公众可充分利用宣传工具:公众可通过广播、电视和网上的交流,与相关部门的负责人定期或不定期地沟通,即时咨询制度和事务,了解环保的新规定和要求,更好地行使自己的知情权和参与权。

公众广泛参与环境事务,将促进政府政策走向平等和平衡。

3) 关怀与同情

为了实现环境伦理观所提倡的生命平等的理念,每个公民应主动帮助那些在环境上、经济上和社会上处于弱势的群体,如贫困人群、少数民族、受灾群众、残疾人等,保障他们与其他人公平地分享环境资源;社区可以将界限扩大到所有活着的生命,使生活于其中的有益动植物均受到关怀。

社区在引领环保生活中大有可为,如开展垃圾分类、募捐赈灾、增加无障碍设施、植树种草、家庭旧物交换、环保宣传等。每个热心环保公益的公民,都可以把一个人、一个家的经验与社区邻居分享,使社区成为和谐发展的社会单元。

复习与思考

10-1 环境伦理观是在什么背景下产生的?

10-2 中国古代哲人的智慧,对于当前解决环境问题具有什么启示?

10-3 环境伦理观的主要内容是什么?

10-4 学习和研究环境伦理学的主要意义是什么?

10-5 在决策过程中,决策者为什么要遵循环境伦理观的思想原则?

10-6 为应对全球气候变化,决策者、企业家和个人应分别做什么努力?

10-7 请对建设绿色大学提出一些建议。

第11章 清洁生产

11.1 清洁生产的产生与发展

11.1.1 清洁生产的产生

清洁生产是在环境和资源危机的背景下,国际社会在总结了各国工业污染控制经验的基础上提出的一个全新的污染预防的环境战略。它的产生过程,就是人类寻求一条实现经济、社会、环境、资源协调发展的可持续发展道路的过程。

18世纪工业革命以来,随着社会生产力的迅速发展,人类在创造巨大物质财富的同时,也付出了巨大的资源和环境代价。到20世纪中期,世界人口迅速增长和工业经济的迅猛发展,资源消耗速度加快,废弃物排放明显增加;再加上认识上的误区,致使环境问题日益严重,公害事件屡屡发生,以致全球性的气候变暖、臭氧层被破坏及有毒化学品的泛滥和积累等已严重威胁到整个人类的生存环境以及社会经济发展的秩序;经济增长与资源环境之间的矛盾日渐凸显。

20世纪60年代开始,工业对环境的危害已引起社会的关注,70年代西方一些国家的企业开始采取应对措施,对策是将污染物转移到海洋或大气中,认为大自然能吸纳这些污染。但是,人们很快意识到,大自然在一定时间内对污染的吸收承受能力是有限的,因而,又根据环境的承载能力计算污染物的排放浓度和标准,采用将污染物稀释后排放的对策。实践证明,这种方法也不可能有效减少环境污染。这时工业化国家开始通过各种方式和手段对生产过程末端的废弃物进行处理,这就是所谓的"末端治理"。末端治理的着眼点是侧重于污染物产生后的治理,客观上却造成了生产过程与环境治理分离脱节;末端治理可以减少工业废物向环境的排放量,但很少能影响到核心工艺的变更;末端治理作为传统生产过程的延长,不仅需要投入大量的设备费用、维护开支和最终处理费用,而且本身还要消耗大量资源、能源,特别是很多情况下,这种处理方式还会使污染在空间和时间上发生转移而产生二次污染。所以很难从根本上消除污染。

面对环境污染日趋严重、资源日趋短缺的局面,工业化国家在对其污染治理过程进行反思的基础上,逐步认识到要从根本上解决工业污染问题,必须以"预防为主",将污染物消除在生产过程之中,而不是仅仅局限于末端治理。20世纪70年代中期以来,不少发达国家的政府和各大企业集团公司纷纷研究开发和采用清洁工艺(少废无废)技术、环境无害技术,开辟污染预防的新途径。

1976年,欧共体在巴黎举行的"无废工艺和无废生产国际研讨会"上,首次提出了清洁生产的概念,其核心是消除产生污染物的根源,达到污染物最小量化及资源和能源利用的最大化。这种旨在实现经济、社会和生态环境协调发展的新的环境保护策略,迅速得到了国际社会各界的积极倡导。

1989年5月,在总结了各国清洁生产相关活动之后,联合国环境规划署工业与环境规划中心(UNEPIE/PAC)正式制订了《清洁生产计划》,提出了国际普遍认可的包括产品设计、工艺革新、原辅材料选择、过程管理和信息获得等一系列内容和方法的清洁生产总体框架。之后,世界各国也相继出台了各项有关法规、政策和法律制度。

1992年,在联合国环境与发展大会上,呼吁各国调整生产和消费结构,广泛应用环境无害技术和清洁生产方式,节约资源和能源,减少废物排放,实施可持续发展战略。清洁生产正式写入《21世纪议程》,并成为通过预防来实现工业可持续发展的专用术语。从此,在全球范围内掀起了清洁生产活动的高潮。经过几十年不断地创新、丰富与发展,清洁生产现已成为国际环境保护的主流思想,有力地推动了全世界的可持续发展进程。

11.1.2 清洁生产的发展

1. 国外清洁生产的发展

清洁生产是国际社会在总结工业污染治理经验教训的基础上,经过30多年的实践和发展逐渐趋于成熟,并为各国政府和企业所普遍认可的、实现可持续发展的一条基本途径。

1976年,欧共体提出了"清洁生产"的概念,1979年4月欧共体理事会正式宣布推行清洁生产政策,开始拨款支持建立清洁生产示范工程。20世纪80年代,美国化工行业提出的污染预防审计也逐步在全球推广,逐步发展为清洁生产审计。1984年、1987年又制定了欧共体促进开发"清洁生产"的两个法规,明确对清洁生产工艺示范工程在财政上给予支持。1984年有12项、1987年有24项得到财政资助。欧共体并建立了信息情报交流网络,由该网络让其成员国得到有关环保技术及市场情报信息。

欧洲许多国家已把清洁生产作为一项基本国策。最初开展清洁生产工作的国家是瑞典(1987年),随后,荷兰、丹麦、德国、奥地利等国也相继开展清洁生产工作,在生产工艺过程中减少废物的思想得到了广泛关注。一些国家开始要求企业进行废物登记和环境审计,工业污染管理开始出现从终端处理向废物减量的战略性转变。20世纪90年代初,许多环境管理工具(如废物减量机遇分析、环境审计、风险评估和安全审计等)被开发出来,并得到各国政府的推荐和企业的采用。

美国国会1990年10月通过了"污染预防法",把污染预防作为美国的国家政策,取代了长期采用的末端处理的污染控制政策,要求工业企业通过设备与技术改造、工艺流程改进、产品重新设计、原材料替代以及促进生产各环节的内部管理来减少污染物的排放,并在组织、技术、宏观政策和资金方面做了具体的安排。

发达国家的这一系列工业污染防治策略得到了联合国环境规划署的极大重视。1992年在巴西里约热内卢召开的联合国环境与发展大会制定的《21世纪议程》,将清洁生产作为实现可持续发展的重要内容,号召各国工业界提高能效,开发更先进的清洁技术,更新、替代对环境有害的产品和原材料,实现环境和资源的保护与合理利用。加拿大、荷兰、法国、美国、丹麦、日本、德国、韩国、泰国等国家纷纷出台有关清洁生产的法规和行动计划,世界范围内出现了大批清洁生产国家技术支持中心、非官方倡议以及手册、书籍和期刊等,实施了一大批清洁生产示范项目。

1992年10月联合国环境规划署召开了巴黎清洁生产部长级会议和高级研讨会议,指出目前工业不但面临着环境的挑战,同时也正获得新的市场机遇。清洁生产是实现持续发展的关键因素,它既能避免排放废物带来的风险和处理、处置费用的增长,还会因提高资源利用率、降低产品成本而获得巨大的经济效益。会议还制定了在世界范围内推行清洁生产的计划与行动措施。

1994年联合国工业发展组织和联合国环境署联合发起了"全球范围创建发展中国家清洁生产中心计划"。在各国政府的大力支持下,联合国工发组织和联合国环境署启动的国家清洁生产中心项目在约30个发展中国家建立了国家清洁生产中心,这些中心与十几个发达国家的清洁生产组织共同构成了一个巨大的国际清洁生产的网络,建立了全球、区域、国家、地区多层次的组织与联络。

联合国环境规划署自1990年起,每两年召开一次清洁生产国际高级研讨会,1998年在汉城举行了第五届国际清洁生产高级研讨会,会上出台了《国际清洁生产宣言》。发表这个宣言的目的是加快将清洁生产采纳为全球工业可持续发展战略的进程。截至2002年3月底,包括我国已有300多个国家、地区或地方政府、公司以及工商业组织在《国际清洁生产宣言》上签名。联合国环境规划署的另一重要举措是促进清洁生产投资的机制与战略研究示范,促进各界向清洁生产投资。

联合国环境规划署在2000年的第六届清洁生产国际高级研讨会上对清洁生

产发展状况作了这样的概括:"对于清洁生产,我们已经在很大程度上达成全球范围内的共识,但距离最终目标仍有很长的路,因此,必须做出更多的承诺"。

在 2002 年第七次清洁生产国际高级研讨会上,联合国环境规划署建议各国进一步加强政府的政策制定,使清洁生产成为主流,尤其是提高国家清洁生产中心在政策、技术、管理以及网络等方面的能力。此次会议上,联合国环境规划署与环境毒理学及化学学会(SETAC)共同发起了"生命周期行动",旨在在全球推广生命周期的思想。会议还提出,清洁生产和可持续消费密不可分,建议改变生产模式与改变消费模式并举,进一步把可持续生产和消费模式融入商业运作和日常生活,乃至国际多边环境协议的执行中。联合国环境规划署和工业发展组织的一系列活动,有力地推动了在全世界范围内的清洁生产浪潮。

2005 年 2 月 16 日作为联合国历史上首个具有法律约束力的温室气体减排协议,《京都议定书》生效。《京都议定书》在减排途径上提出三种灵活机制,即清洁发展机制、联合履约机制和排放贸易机制,对解决全球环境难题具有里程碑式的意义。2007 年 9 月,亚太经合组织(APEC)领导人会议首次将讨论气候变化和清洁发展作为主要议题。

近年来美国、澳大利亚、荷兰、丹麦等发达国家在清洁生产立法、组织机构建设、科学研究、信息交换、示范项目和推广等领域已取得明显成就。发达国家清洁生产政策有两个重要的倾向:其一是着眼点从清洁生产技术逐渐转向清洁产品的整个生命周期;其二是从多年前大型企业在获得财政支持和其他种类对工业的支持方面拥有优先权转变为更重视扶持中小企业进行清洁生产,包括提供财政补贴、项目支持、技术服务和信息等措施。

国际推进清洁生产活动,概括起来具有如下特点:

(1) 把推行清洁生产和推广国际标准组织 ISO 14000 的环境管理制度(EMS)有机地结合在一起。

(2) 通过自愿协议推动清洁生产,自愿协议是政府和工业部门之间通过谈判达成的契约,要求工业部门自己负责在规定的时间内达到契约规定的污染物削减目标。

(3) 政府通过优先采购,对清洁生产产生积极推动作用。

(4) 把中小型企业作为宣传和推广清洁生产的主要对象。

(5) 依赖经济政策推进清洁生产。

(6) 要求社会各部门广泛参与清洁生产。

(7) 在高等教育中增加清洁生产课程。

(8) 科技支持是发达国家推进清洁生产的重要支撑力量。

2. 中国清洁生产的发展

我国从20世纪70年代开始环境保护工作,当时主要是通过末端治理方式解决环境问题;随着国际社会对解决环境问题的反思,80年代我国开始探索如何在生产过程中消除污染。

清洁生产引入中国十几年来,已在企业示范、人员培训、机构建设和政策研究等方面取得了明显的进展,是国际上公认的清洁生产搞得最好的发展中国家。

1992年,中国积极响应联合国环境与发展大会倡导的可持续发展的战略,将清洁生产正式列入《环境与发展十大对策》,要求新建、扩建、改建项目的技术起点要高,尽量采用能耗物耗低、污染物排放量少的清洁生产工艺。

1993年召开的第二次全国工业污染防治工作会议,明确提出工业污染防治必须从单纯的末端治理向生产全过程控制转变,积极推行清洁生产,走可持续发展之路,从而确立了清洁生产成为中国工业污染防治的思想基础和重要地位,拉开了中国开展清洁生产的序幕。

1994年,我国制定了《中国21世纪议程》,专门设立了"开展清洁生产和生产绿色产品"的领域,把建立资源节约型工业生产体系和推行清洁生产列入了可持续发展战略与重大行动计划中。从此,我国把清洁生产作为优先实施的重点领域,以生态规律指导经济生产活动,环境污染治理开始由末端治理向源头治理转变。

1994年12月,国家环保总局成立了国家清洁生产中心与行业和地方清洁生产中心。

1995年,修改并颁布了《中华人民共和国大气污染防治法(修订稿)》,条款中规定"企业应当优先采用能源利用率高、污染物排放少的清洁生产工艺,减少污染物的产生",并要求淘汰落后的工艺设备。

1996年8月,国务院颁布《关于环境保护若干问题的决定》,明确规定所有大、中、小型新建、扩建、改建和技术改造项目要提高技术起点;采用能耗物耗小,污染物排放量少的清洁生产工艺。

1997年4月,国家环保总局制定并发布了《关于推行清洁生产的若干意见》,要求各级环境保护行政主管部门将清洁生产纳入日常的环境管理中,并逐步与各项环境管理制度有机结合起来。为指导企业开展清洁生产工作,国家环保总局还同有关工业部门编制了《企业清洁生产审计手册》以及啤酒、造纸、有机化工、电镀、纺织等行业的清洁生产审计指南。

1997年召开了"促进中国环境无害化技术发展国际研讨会"。

1998年10月,中国国家环保总局的官员代表我国政府在《国际清洁生产宣言》上郑重签字,我国成为《宣言》的第一批签字国之一,更表明了我国政府大力推动清洁生产的决心。

1998年11月,国务院令(第253号)《建设项目环境保护管理条例》明确规定:工业建设项目应当采用能耗物耗小、污染物排放量少的清洁生产工艺。中共中央十五届四中全会《关于国有企业改革若干问题的重大决定》明确指出:鼓励企业采用清洁生产工艺。

1999年,全国人大环境与资源保护委员会将《清洁生产法》的制定列入立法计划。

1999年5月,国家经贸委发布了《关于实施清洁生产示范试点的通知》,选择北京、上海等10个试点城市和石化、冶金等5个试点行业开展清洁生产示范和试点。与此同时,陕西、辽宁、江苏、山西、沈阳等许多省市也制定和颁布了地方性的清洁生产政策和法规。

2000年,国家经贸委公布关于《国家重点行业清洁生产技术导向目录》(第一批)的通知,并于2003年、2006年分别公布第二批、第三批的通知。

在联合国环境规划署、世界银行、亚洲银行的援助和许多外国专家的协助下,中国启动和实施了一系列推进清洁生产的项目,清洁生产从概念、理论到实践在中国广为传播。涉及的行业包括化学、轻工、建材、冶金、石化、电力、飞机制造、医药、采矿、电子、烟草、机械、纺织印染以及交通等。建立了20个行业或地方的清洁生产中心,近16 000人次参加了不同类型的清洁生产培训班。有5 000多家企业通过了ISO 14000环境管理体系认证,1994—2003年,我国已颁布了包括纺织、汽车、建材、轻工等51个大类产品的环境标志标准,共有680多家企业的8 600多种产品通过认证,获得环境标志,形成了600亿元产值的环境标志产品群体。

在立法方面,已将推行清洁生产纳入有关的法律以及有关的部门规划中。我国在先后颁布和修订的《中华人民共和国大气污染防治法》、《中华人民共和国水污染防治法》、《中华人民共和国固体废物污染防治法》和《淮河流域水污染防治暂行条例》等法律法规中,将实施清洁生产作为重要内容,明确提出通过实施清洁生产防治工业污染。2002年6月全国人大发布了《中华人民共和国清洁生产促进法》,该法已于2003年1月正式实施,说明了我国的清洁生产工作已走上法制化的轨道。

2003年4月18日,国家环保总局以国家环境保护行业标准的形式,正式颁布了石油炼制业、炼焦行业、制革行业3个行业的清洁生产标准,并于同年6月1日起开始实施。

2003年12月,为贯彻落实《中华人民共和国清洁生产促进法》,国务院办公厅转发了国家环保总局和国家发改委及其他9个部门共同制定的《关于加快推行清洁生产的意见》。《意见》提出:推行清洁生产必须从国情出发,发挥市场在资源配置中的基础性作用,坚持以企业为主体、政府指导推动,强化政策引导和激励,逐步形成企业自觉实施清洁生产的机制。

国家对企业实施清洁生产的鼓励政策也在逐步落实之中,如有关节能、节水、综合利用等方面税收减免政策;支持清洁生产的研究、示范、培训和重点技术改造项目;对符合《排污费征收使用管理条例》规定的清洁生产项目,在排污费使用上优先给予安排;企业开展清洁生产审核和培训等活动的费用允许列入经营成本或相关费用科目;中小企业发展基金应安排适当数额支持中小企业实施清洁生产;建立地方性清洁生产激励机制;引导和鼓励企业开发清洁生产技术和产品;在制定和实施国家重点投资计划和地方投资计划时,把节能、节水、综合利用,提高资源利用率,预防工业污染等清洁生产项目列为重点领域。

国家发展改革委员会和国家环保总局还共同发布《国家重点行业清洁生产技术导向目录》,目前已经发布的目录涉及冶金、石化、化工、轻工、纺织、机械、有色金属、石油和建材等重点行业。我国的多年实践证明,清洁生产是实现经济与环境协调发展的有效手段。据统计,2004年与1998年相比,全国万元产值二氧化硫、烟尘和粉尘排放量,水泥行业分别下降49.8%、79.1%和68.8%,电力行业分别下降5.7%、32.3%和19.0%。万元产值废水和COD排放量,钢铁行业分别下降82.1%和78.3%,造纸行业分别下降59.4%和83.8%,这在很大程度上是企业实施清洁生产的结果。

在发展农业清洁生产方面,国家积极提倡采用先进生产技术,促进生态平衡,提供无污染、无公害农产品。截至2005年6月底,全国共有9 043个生产单位的14 088个产品获得全国统一标志的无公害农产品认证,全国共有3 044家企业的7 219个产品获得绿色食品标志使用权,认证有机食品企业近千家。

应该看到,目前我国清洁生产在运行机制和具体实施过程中还存在一些问题。主要表现在三个方面:①企业参加清洁生产审计的热情不高;②清洁生产审计的成果持续性差;③清洁生产在我国没有规模化发展。

2005年12月3日,国务院下发了《关于落实科学发展观 加强环境保护的决定》,其中明确提出"实行清洁生产并依法强制审核"的要求,把强制性清洁生产审核摆在了更加重要的位置。这对推动我国环境保护工作具有重要意义。

2005年12月,国家环境保护总局印发《重点企业清洁生产审核程序的规定》。迄今为止,全国通过清洁生产审核的5 000多家企业中,属于强制性清洁生产审核的就有500多家。但从实际进展情况来看,我们推动清洁生产审核的力度还不够大。应当把清洁生产审核作为引导、督促企业发展循环经济、实施清洁生产的切入点,作为实现经济与环境协调发展的有效手段来抓。

2006年7月,国家环保总局继续批准并发布了8个行业清洁生产标准。这

8个行业是：啤酒制造业、食用植物油工业(豆油和豆粕)、纺织业(棉印染)、甘蔗制糖业、电解铝业、氮肥制造业、钢铁行业和基本化学原料制造业(环氧乙烷/乙二醇)。清洁生产标准已经成为重点企业清洁生产审核、环境影响评价、环境友好企业评估、生态工业园区示范建设等环境管理工作的重要依据。

2007年底，国家发展和改革委员会发布了包装、纯碱、电镀、电解、火电、轮胎、铅锌、陶瓷、涂料等行业清洁生产评价指标体系(试行)。

2008年7月1日，国家环境保护部发布了《关于进一步加强重点企业清洁生产审核工作的通知》(环发[2008]60号)以及重点企业清洁生产审核评估、验收实施指南(试行)。

2008年9月26日，国家环境保护部发布了《国家先进污染防治技术示范名录》(2008年度)和《国家鼓励发展的环境保护技术目录》(2008年度)。

2009年9月26日，《国务院批转发展改革委等部门关于抑制部分行业产能过剩和重复建设 引导产业健康发展若干意见的通知》(国发[2009]38号)第三条第(二)款规定"对使用有毒、有害原料进行生产或者在生产中排放有毒、有害物质的企业限期完成清洁生产审核"。

截至2009年底，国家环境保护部已经组织开展了53个行业的清洁生产标准的制定工作。

2010年4月22日，国家环境保护部发布了《关于深入推进重点企业清洁生产的通知》(环发[2010]54号)，通知要求依法公布应实施清洁生产审核的重点企业名单，积极指导督促重点企业开展清洁生产审核，强化对重点企业清洁生产审核的评估验收，及时发布重点企业清洁生产公告。

2010年9月3日、2010年12月8日和2011年7月19日，国家环境保护部分别公告了第1批、第2批和第3批实施清洁生产审核并通过评估验收的重点企业名单，共计6 439家。

总之，清洁生产在中国蕴藏着很大的市场潜力。随着市场竞争的加剧、经济发展质量的提高，我国企业开展清洁生产的积极性会越来越高，这也必将拉动需求市场的发展，预计在今后几年中，清洁生产将会在中国形成一个快速生长期，为进一步促进中国经济的良性增长和可持续发展做出积极的贡献。

11.2 清洁生产的概念和主要内容

11.2.1 清洁生产的概念

1989年，联合国环境规划署(UNEP)与环境规划中心提出了清洁生产的定义,并在1990年英国坎特布里召开的第一次国际清洁生产高级研讨会上正式推出:"清洁生产是指对工艺和产品不断运用综合性的预防战略,以减少其对人体和环境的风险。"

1996年UNEP对该定义作了进一步的完善:

"清洁生产是一种新的创造性的思想,该思想将整体预防的环境战略持续地应用于生产过程、产品和服务中,以增加生态效率和减少人类与环境的风险。

——对于生产过程,要求节约原材料和能源,淘汰有毒原材料,降低所有废弃物的数量和毒性;

——对于产品,要求减少从原材料提炼到产品最终处置的整个生命周期的不利影响;

——对于服务,要求将环境因素纳入设计和所提供的服务中。"

UNEP的定义将清洁生产上升为一种战略,该战略的特点为持续性、预防性和整体性。

1994年,《中国21世纪议程》对清洁生产作出的定义是:"清洁生产是指既可满足人们的需要,又可合理使用自然资源和能源,并保护环境的生产方法和措施,其实质是一种物料和能源消费最小的人类活动的规划和管理,将废物减量化、资源化和无害化,或消灭于生产过程之中。"由此可见,清洁生产的概念不仅含有技术上的可行性,还包括经济上的可盈利性,体现了经济效益、环境效益和社会效益的统一。

2003年,《中华人民共和国清洁生产促进法》关于清洁生产的定义是:

"清洁生产是指不断采取改进设计、使用清洁的能源和原料、采用先进的工艺技术与设备、改善管理、综合利用等措施,从源头削减污染,提高资源利用效率,减少或者避免生产、服务和产品使用过程中污染物的产生和排放,以减轻或者消除对人类健康和环境的危害。"

以上诸定义虽然表述方式不同,但内涵是一致的。从清洁生产的定义可以看出,实施清洁生产体现了四个方面的原则:

(1)减量化原则,即资源消耗最少、污染物产生和排放最小;

(2)资源化原则,即"三废"最大限度地转化为产品;

(3)再利用原则,即对生产和流通中产生的废弃物,作为再生资源充分回收利用;

(4)无害化原则,尽最大可能减少有害原料的使用以及有害物质的产生和排放。

值得注意的是,清洁生产只是一个相对的概念,所谓清洁的工艺、清洁的产品,以至清洁的能源都是和现有的工艺、产品、能源比较而言的,因此,清洁生产是一个持续进步、创新的过程,而不是一个用某一特定标准衡量的目标。推行清洁生产,本身是一个不断完善的过程,随着社会经济发展和科学技术的进步,需要适时地提出新的目标,争取达到更高的水平。清洁生产不包括末端治理技术,如空气污染控制、废水处理、焚烧或者填埋。清洁生产的理念适用于第一、第二、第三产业的各类组织和企业。

11.2.2 清洁生产的主要内容

清洁生产主要包括三方面的内容。

(1) 清洁的能源。清洁的能源是指:新能源的开发以及各种节能技术的开发利用;可再生能源的利用;常规能源的清洁利用,如使用型煤、煤制气和水煤浆等洁净煤技术。

(2) 清洁的生产过程。尽量少用和不用有毒有害的原料;采用无毒、无害的中间产品;选用少废、无废工艺和高效设备;尽量减少或消除生产过程中的各种危险性因素,如高温、高压、低温、低压、易燃、易爆、强噪声、强振动等;采用可靠和简单的生产操作和控制方法;对物料进行内部循环利用;完善生产管理,不断提高科学管理水平。

(3) 清洁的产品。产品设计应考虑节约原材料和能源,少用昂贵和稀缺的原料;利用二次资源作原料。产品在使用过程中以及使用后不含危害人体健康和破坏生态环境的因素;产品的包装合理;产品使用后易于回收、重复使用和再生;使用寿命和使用功能合理。

清洁生产内容包含两个"全过程"控制。

(1) 产品的生命周期全过程控制。即从原材料加工、提炼到产品产出、产品使用直到报废处置的各个环节采取必要的措施,实现产品整个生命周期资源、能源消耗及污染物排放的最小化。

(2) 生产的全过程控制。即从产品开发、规划、设计、建设、生产到运营管理的全过程,采取措施,提高资源、能源利用效率,预防污染的发生。

清洁生产的内容既体现于宏观层次上的总体污染预防战略之中,又体现于微观层次上的企业预防污染措施之中。在宏观上,清洁生产的提出和实施使污染预防的思想直接体现在行业的发展规划、工业布局、产业结构调整、工艺技术以及管理模式的完善等方面。如我国许多行业、部门提出严格限制和禁止能源消耗高、资源浪费大、污染严重的产业和产品发展,对污染重、质量低、消耗高的企业实行关、停、并、转等,都体现了清洁生产战略对宏观调控的重要影响。在微观上,清洁生产通过具体的手段措施达到生产全过程污染预防。如应用生命周期评价、清洁生产审核、环境管理体系、产品环境标志、产品生态设计、环境会计等各种工具,这些工具都要求在实施时必须深入组织的生产、营销、财务和环保等各个环节。

针对企业而言,推行清洁生产主要进行清洁生产审核,对企业正在进行或计划进行的工业生产进行预防污染分析和评估。这是一套系统的、科学的、操作性很强的程序。从原材料和能源、工艺技术、设备、过程控制、管理、员工、产品、废物这八条途径,通过全过程定量评估,运用投入-产出的经济学原理,找出不合理排污点位,确定削减排污方案,从而获得企业环境绩效的不断改进、企业经济效益的不断提高。

推行农业清洁生产,是指把污染预防的综合环境保护策略,持续应用于农业生产过程、产品设计和服务中,通过生产和使用对环境温和的绿色农用品(如绿色肥料、绿色农药、绿色地膜等),改善农业生产技术,提供无污染、无公害农产品,实现农业废弃物减量化、资源化、无害化,促进生态平衡,保证人类健康,实现持续发展的新型农业生产。

11.3 清洁生产审核

最有效的清洁生产措施是源头削减。而削减污染的基础是掌握污染的起因和起源,有的放矢地实施污染预防和削减方案,达到清洁生产的目的。在筹划、实施清洁生产之前,应对整个生产过程进行清洁生产审核,即科学地核查与评估,找出问题,以便改进。

11.3.1 清洁生产审核概述

1. 清洁生产审核的概念和目标

《清洁生产审核暂行办法》所称的清洁生产审核,是指按照一定程序,对生产和服务过程进行调查和诊断,找出能耗高、物耗高、污染重的原因,提出减少有毒有害物料的使用、产生,降低能耗、物耗以及废物产生的方案,进而选定技术经济及环境可行的清洁生产方案的过程。

企业的清洁生产审核是一种对污染来源、废物产生原因及其整体解决方案的系统的分析和实施过程,旨在通过实行预防污染的分析和评估,寻找尽可能高效率利用资源(如原辅材料、能源、水资源等)、减少或消除废物的产生和排放的方法,是企业实行清洁生产的重要前提和基础。持续的清洁生产审核活动会不断产生各种清洁生产的方案,有利于组织在生产和服务过程中逐步实施,从而使其环境绩效持续得到改进。

开展清洁生产审核的目标如下:

(1) 核对有关单元操作、原材料、产品、用水、能源和废弃物的资料。

(2) 确定废弃物的来源、数量以及类型，确定废弃物削减的目标，制定经济有效的削减废弃物产生的对策。

(3) 提高企业对由削减废弃物获得效益的认识和知识。

(4) 判定企业效率低的瓶颈部位和管理不善的地方。

(5) 提高企业经济效益、产品质量和服务质量。

2. 清洁生产审核的对象和特点

组织实施清洁生产审核的最终目的是减少污染、保护环境、节约资源、降低费用、增强组织和全社会的福利。清洁生产审核的对象是组织，其目的有两个：一是判定组织中不符合清洁生产的方面和做法；二是提出方案并解决这些问题，从而实现清洁生产。

清洁生产审核虽然起源并发展于第二产业，但其原理和程序同样适用于第一产业和第三产业。因此，无论是工业型组织，如工业生产企业，还是非工业型组织，如服务行业的酒店、农场等任意类型的组织，均可开展清洁生产审核活动。

第一产业：农业。农业的迅猛发展，在为人们丰富了餐桌的同时，也产生了农业环境的污染，尤其是近年来农业面源污染呈现上升趋势。例如随着畜禽养殖业的快速发展，其环境污染总量、污染程度和分布区域都发生了极大的变化。目前我国畜禽养殖业正逐步向集约化、专业化方向发展，不仅污染量大幅度增加，而且污染呈集中趋势，出现了许多大型污染源；畜禽养殖业正逐渐向城郊地区集中，加大了对城镇环境的压力。由于畜禽养殖业多样化经营的特点，使得这种污染在许多地方以面源的形式出现，呈现出"面上开花"的状况。同时养殖业和种植业日益分离，畜禽粪便用于农田肥料的比重大幅度下降；畜禽粪便乱排乱堆的现象越来越普遍，使环境污染日益加重。农业方面的环境问题还表现在水资源的极大浪费、化肥污染、农药的污染等许多方面。

第二产业：工业。工业企业是推进清洁生产的重中之重，尤其是重点企业是清洁生产审核的重点。《重点企业清洁生产审核程序的规定》中规定的重点企业包括：

(1) 污染物超标排放或者污染物排放总量超过规定限额的污染严重企业（即"双超"类重点企业）。

(2) 生产中使用或排放有毒有害物质的企业（有毒有害物质是指被列入《危险货物品名录》(GB 12268)、《危险化学品名录》、《国家危险废物名录》和《剧毒化学品目录》中的剧毒、强腐蚀性、强刺激性、放射性（不包括核电设施和军工核设施）、致癌、致畸等物质），即"双有"类重点企业。

第三产业：服务业。如餐饮业、酒店、洗浴业等，在水污染、大气污染和噪声扰民问题上已越来越引起人们的关注。相当一部分城市餐饮业造成的大气污染、洗浴业造成的水资源过度消耗,已到了不容忽视的地步;相当一部分学校、银行等组织,资源浪费的问题也十分突出。这些行业节能、降耗潜力巨大。

清洁生产审核具有如下特点:

(1) 具有鲜明的目的性。清洁生产审核特别强调节能、降耗、减污,并与现代企业的管理要求相一致,具有鲜明的目的性。

(2) 具有系统性。清洁生产审核以生产过程为主体,考虑与生产过程相关的各个方面,从原材料投入到产品改进,从技术革新到加强管理等,设计了一套发现问题、解决问题、持续实施的系统而完整的方法。

(3) 突出预防性。清洁生产审核的目标就是减少废弃物的产生,从源头削减污染,从而达到预防污染的目的,这个思想贯穿在整个审核过程的始终。

(4) 符合经济性。污染物一经产生需要花费很高的代价去收集、处理和处置它,使其无害化,这也就是末端处理费用往往使许多企业难以承担的原因,而清洁生产审核倡导在污染物产生之前就予以削减,不仅可减轻末端处理的负担,同时可减少原材料的浪费,提高原材料的利用率和产品的得率。事实上,国内外许多经过清洁生产审核的企业都证明了清洁生产审核可以给企业带来经济效益。

(5) 强调持续性。清洁生产审核非常强调持续性,无论是审核重点的选择还是方案的滚动实施均体现了从点到面、逐步改善的持续性原则。

(6) 注重可操作性。清洁生产审核的每一个步骤均能与企业的实际情况相结合,在审核程序上是规范的,即不漏过任何一个清洁生产机会,而在方案实施上则是灵活的,即当企业的经济条件有限时,可先实施一些无/低费方案,以积累资金,逐步实施中/高费方案。

3. 清洁生产审核的思路

清洁生产审核首先是对组织现在的和计划进行的产品生产和服务实行预防污染的分析和评估。在实行预防污染分析和评估的过程中,制定并实施减少能源、资源和原材料使用,消除或减少产品和生产过程中有毒物质的使用,减少各种废弃物排放的数量及其毒性的方案。

清洁生产审核的总体思路可以用 3 个英文单词——where(哪里)、why(为什么)、how(如何)来概括。具体来说就是查明废弃物产生的位置、分析废弃物产生的原因以及如何减少或消除这些废弃物。图 11-1 表述了清洁生产审核的思路。

(1) 废弃物在哪里产生?可以通过现场调查和物料平衡找出废弃物的产生部位并确定其产生量。

(2) 为什么会产生废弃物?这要求分析产品生产过程的每一个环节。

(3) 如何消除这些废弃物?针对每一个废弃物产生的原因,设计相应的清洁

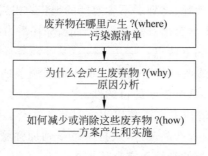

图 11-1　清洁生产审核思路框图

生产方案,包括无/低费方案和中/高费方案,通过实施这些清洁生产方案来消除这些废弃物产生的原因,达到减少废弃物产生的目的。

审核思路中提出要分析污染物产生的原因和提出预防或减少污染产生的方案,这两项工作该如何去做呢?这就设计到审核中思考这些问题的 8 个途径或者说生产过程的 8 个方面。首先,让我们来看看生产过程的 8 个方面。清洁生产强调在生产过程中预防或减少污染物的产生,由此,清洁生产非常关注生产过程,这也是清洁生产与末端治理的重要区别之一。那么,从清洁生产的角度又是如何看待企业的生产和服务过程的呢?

抛开生产过程千差万别的个性,概括出其共性,得出如图 11-2 所示的生产过程框架图。

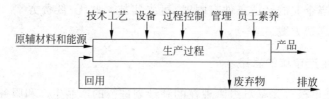

图 11-2　生产过程框架图

从图 11-2 可以看出,一个生产和服务过程可抽象成 8 个方面,即原辅材料和能源、技术工艺、设备、过程控制、管理、员工等 6 个方面的输入,得出产品和废弃物两个方面的输出。不得不产生的废弃物,要优先采取可回收利用或循环使用措施,剩余部分才向外界环境排放。也就是说,清洁生产审核思路中提出的分析污染物产生的原因和提出预防或减少污染产生的方案都要从这 8 个途径或 8 个方面入手。

(1) 原辅材料和能源。原材料和辅助材料本身所具有的特性,例如毒性、难降解性等,在一定程度上决定了产品及其生产过程对环境的危害程度,因而选择对环境无害的原辅材料是清洁生产所要考虑的重要方面。

企业是我国能源消耗的主体,以冶金、电力、石化、有色、建材、印染等行业为主,尤其对于重点能耗企业(国家规定年综合能耗1万t以上标煤企业为重点能耗企业;各省市部委将年综合能耗5 000t以上标煤企业也列为重点能耗企业),节约能源是常抓不懈的主题。我国的节能方针是"开发和节约并重,以节约为主"。可见节能降耗将是我国今后经济发展相当长时期的主要任务。据统计,产品能耗中国比国外平均水平多40%,我国仅机电行业的节能潜力就在1 000亿千瓦时(kW·h),节能空间十分巨大。同时,有些能源在使用过程中(例如煤、油等的燃烧过程)直接产生废弃物,而有些则间接产生废弃物(例如一般电的使用本身不产生废弃物,但火电、水电和核电的生产过程均会产生一定的废弃物),因而节约能源、使用二次能源和清洁能源也将有利于减少污染物的产生。

除原辅材料和能源本身所具有的特性以外,原辅材料的储存、发放、运输,原辅材料的投入方式和投入量等也都有可能导致废弃物的产生。

(2)技术工艺。生产过程的技术工艺水平基本上决定了废弃物的数量和种类,先进而有效的技术可以提高原材料的利用效率,从而减少废弃物的产生。结合技术改造预防污染是实现清洁生产的一条重要途径。反应步骤过长、连续生产能力差、生产稳定性差、工艺条件过高等技术工艺上的原因都可能导致废弃物的产生。

(3)设备。设备作为技术工艺的具体体现在生产过程中也具有重要作用,设备的适用性及其维护、保养情况等均会影响到废弃物的产生。

(4)过程控制。过程控制对许多生产过程是极为重要的,例如化工、炼油及其他类似的生产过程,反应参数是否处于受控状态并达到优化水平(或工艺要求),对产品的得率和优质品的得率具有直接的影响,因而也就影响到废弃物的产生量。

(5)产品。产品本身决定了生产过程,同时产品性能、种类和结构等的变化往往要求生产过程作相应改变和调整,因而也会影响到废弃物的种类和数量。此外,产品的包装方式和用材、体积大小、报废后的处置方式以及产品储运和搬运过程等,都是在分析和研究与产品相关的环境问题时应加以考虑的因素。

(6)废弃物。废弃物本身所具有的特性和所处的状态直接关系到它是否可在现场再用和循环使用。"废弃物"只有当其离开生产过程时才成为废弃物,否则仍为生产过程中的有用材料和物质,对其应尽可能回收,以减少废弃物排放的数量。

(7)管理。我国目前大部分企业的管理现状和水平,也是导致物料、能源的浪费和废物增加的一个主要原因。加强管理是企业发展的永恒主题,任何管理上的松懈和遗漏,如岗位操作过程不够完善、缺乏有效的奖惩制度等,都会严重影响到废弃物的产生。通过组织的"自我决策、自我控制、自我管理"方式,可把环境管理融于组织全面管理之中。

（8）员工。任何生产过程中，无论自动化程度多高，从广义上讲均需要人的参与，因而员工素质的提高及积极性的激励也是有效控制生产过程和废弃物产生的重要因素。缺乏专业技术人员、缺乏熟练的操作工人和优良的管理人员以及员工缺乏积极性和进取精神等都有可能导致废物的增加。

废物产生的数量往往与能源、资源利用率密切相关。清洁生产审核的一个重要内容就是通过提高能源、资源利用效率，减少废物产生量，达到环境与经济"双赢"目的。当然，以上8个方面的划分并不是绝对的，在许多情况下存在着相互交叉和渗透的情况。例如一套大型设备可能就决定了技术工艺水平；过程控制不仅与仪器、仪表有关系，还与管理及员工有很大的联系等。但这8个方面仍各有侧重点，原因分析时应归结到主要的原因上。注意对于每一个废弃物产生源都要从以上8个方面进行原因分析，并针对原因提出相应的解决方案（方案类型也在这8个方面之内），但这并不是说每个废弃物产生都存在8个方面的原因，它可能是其中的一个或几个。

11.3.2 清洁生产审核的工作程序

组织实施清洁生产审核是推行清洁生产的重要途径。基于我国清洁生产审核示范项目的经验，并根据国外有关废物最小化评价和废物排放审核方法与实施的经验，国家清洁生产中心开发了我国的清洁生产的审核程序，包括7个阶段、35个步骤。组织清洁生产审核工作程序见图11-3。其中第二阶段预评估、第三阶段评估、第四阶段方案的产生和筛选以及第六阶段方案实施是整个审核过程中的重点阶段。

整个清洁生产审核过程分为两个时段审核，即第一时段审核和第二时段审核。第一时段审核包括筹划和组织、预评估、评估与方案的产生和筛选4个阶段。第一时段审核完成后应总结阶段性成果，提供清洁生产审核中期报告，以利于清洁生产审核的深入进行。第二时段审核包括方案的可行性分析、方案实施和持续清洁生产3个阶段。第二时段审核完成后应对清洁生产审核全过程进行总结，提交清洁生产审核(最终)报告，并展开下一阶段清洁生产(审核)工作。

1. 策划和组织

策划和组织是企业进行清洁生产审核的第一阶段。

通过宣传教育使企业的领导和职工对清洁生产有初步的、比较正确的认识。这一阶段的工作重点是取得企业高层领导的支持和参与、组建清洁生产审核小组、制订审核工作计划和宣传清洁生产思想。

第11章 清洁生产

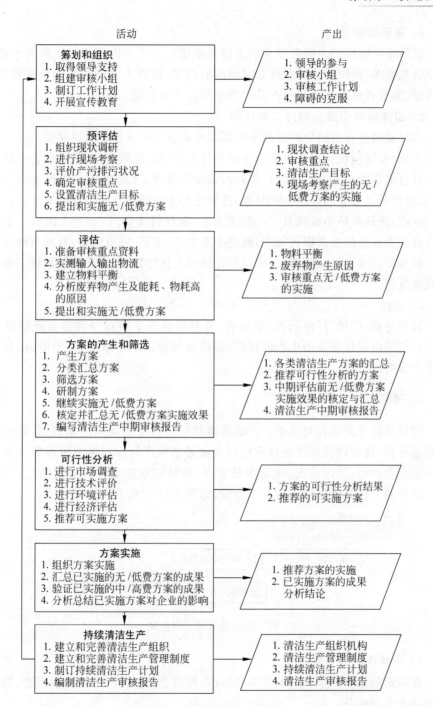

图 11-3　清洁生产审核程序图

1) 领导的参与

清洁生产审核的关键是领导的支持及承诺。为了争取领导的支持及承诺,可以从法规要求、组织的目标或社会对组织的期望、高投入和高成本的末端控制、经济效益、消费者对组织的绿色产品的需求等几个方面做工作。

2) 组建审核小组和制订工作计划

有权威的企业清洁生产审核小组是实施清洁生产审核的组织保证。

首先,推选组长。组长由企业主要领导人、厂长、经理直接兼任,或者由其任命一位具有丰富的生产、管理经验,掌握污染防治技术,了解审核工作程序的人员担任,必须授予其必要的权限,为他(她)能够在企业内顺利开展工作创造条件。

其次,选择审核小组成员。一般情况下,全日制成员由 3~5 人组成。小组成员应具备企业清洁生产审核知识,熟悉企业生产、工艺、环境保护、管理等情况。

审核小组成立后,制订出一个比较详细的工作计划,这样才能使审核工作有条不紊地进行。

3) 宣传

运用电视、广播、厂内刊物、黑板报、各种会议等手段进行清洁生产的宣传教育。宣传的内容包括清洁生产的作用、如何开展清洁生产审核、克服障碍、各类清洁生产方案成效等。

2. 预评估

预评估的目的是在对企业生产的基本情况进行全面调查的基础上,通过定性和定量分析,确定清洁生产审核重点和企业清洁生产目标。这一阶段的工作重点是评价企业产污、排污状况,确定审核重点,并针对审核重点设置清洁生产目标。这一阶段的工作具体可以分为 6 个步骤,如图 11-4 所示。

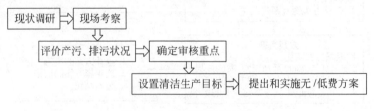

图 11-4 预评估工作步骤

1) 现状调研和考察

在确定清洁生产审核的对象和目标前,应对企业的情况进行全面调查,为下一步现状考察做准备。

(1) 现状调研的内容包括:①企业概况;②企业的生产状况;③企业的环境

保护状况;④企业的管理状况。

(2)现场考察:有时收集的资料数据不能反映企业当前的运行情况,因此需要进一步进行现场考察,为确定审核对象提供准确可靠的依据。同时,通过现场考察,发现明显的无/低费清洁生产方案。

进行现场考察应在正常的生产条件下进行。重点考察的内容包括:①能耗、水耗、物耗大的部位;②污染物产生排放多、毒性大、处理处置难的部位;③操作困难、易引起生产波动的部位;④物料的进出口处;⑤设备陈旧、技术落后的部位;⑥事故多发处;⑦设备维护情况;⑧实际的生产管理状况以及岗位责任制的执行情况。

2)确定审核重点

通过对现场考察与现状调研的分析,可以确定本轮的审核重点。

备选审核重点着眼于备选审核重点是否具有清洁生产潜力,特别是污染物产生排放超标严重的环节;物耗、能耗和水耗大的生产单元;生产效率低下,严重影响正常生产的环节等。

在分析、综合各审核重点的情况后,要对这些备选审核重点进行科学排序,从中确定本轮审核重点。一般一次选择一个审核重点。

常用的确定审核重点的方法是简单比较法及权重总和记分排序法。

3)设置清洁生产目标

设置清洁生产目标时,应考虑与企业经营目标和方针相一致。

清洁生产目标要定量化,具有灵活性、可操作性和激励作用。

4)提出和实施无/低费方案

企业存在一类只需少量投资或不投资、技术性不强,但很容易在短期内得到解决的问题,解决这个问题的方案称为无/低费方案。

通常可从下列几个方面找到无/低费方案线索:原料和能源、生产工艺和设备维护、产品、生产管理、废物的处理与循环利用。

3. 评估

该阶段的工作重点是实测输入输出物流,建立物料平衡,分析废物产生的原因,提出解决问题的思路。具体工作可以分为5个步骤,如图11-5所示。

1)准备审核重点资料

根据调研和现场考察所得的资料,可以绘制出审核重点的污染点工艺框图和工艺单元功能表,以清晰地表明整个工艺流程中,各原、辅材料,水和水蒸气的

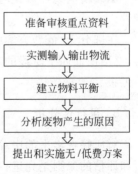

图11-5 评估工作步骤

加入点,各废弃物的排放点。

2) 实测和编制物料平衡

测算物料和能量平衡是清洁生产审核工作的核心。

实地测量和估算审核重点的物料和能量的输入输出以及污染物排放,建立物料和能量平衡,可准确判断审核重点的废物流,确定废物的数量、成分和去向,从而寻找审核重点的清洁生产机会。

3) 分析废物产生原因

分析废物产生原因可从影响生产过程的 8 个方面(原、辅料和能源,技术工艺,设备,过程控制,产品,废物,管理和员工)进行分析。

4. 方案的产生和筛选

通过方案的产生、筛选、研制,为下一阶段的可行性分析提供足够的清洁生产方案。这一阶段的工作步骤如图 11-6 所示。

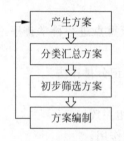

图 11-6　实施方案的产生和筛选

1) 产生方案

清洁生产方案按其费用的多寡分为无费用、低费用、中费用和高费用方案四类。

选择清洁生产方案时,要有针对性,根据物料平衡结果和废弃物产生原因的分析结果选择方案;与国内外同行业先进技术水平类比寻找清洁生产机会;组织行业专家进行技术咨询,选取技术突破点。

2) 汇总及筛选方案

对收集的清洁生产方案,应进行筛选,合并类似的方案,最后整合出优化拟采用的各类方案。

3) 方案编制

编制清洁生产方案时,应遵循以下原则:系统性、综合性、闭合性、无害性、合理性。

在部分无/低费方案已实施的情况下,审核小组应编写清洁生产中期审核报告,总结前面四个阶段的工作,把审核工作以及已取得的成效向企业领导及全厂职工汇报。

5. 可行性分析

对所筛选出来的中/高费清洁生产方案进行分析和评估,选择出最佳方案。分析和评估的原则是先进行技术评估,再进行环境评估,最后进行经济评估。只有通过了技术、环境评估的方案,方可进行经济评估。这一阶段的工作具体划分为 5 个步骤,如图 11-7 所示。

图 11-7 实施方案的可行性分析步骤

1) 市场调查

市场调查主要是调查同类产品的市场需求、价格等,并预测今后的发展趋势等。

2) 技术评估

技术评估是对审核重点筛选出来的中/高费方案技术的先进性、适用性、可操作性和可实施性等进行分析。

3) 环境评估

对技术评估可行的方案,方可进行环境评估。清洁生产方案应具有显著的环境效益,同时要强调在新方案实施后不会对环境产生新的破坏。

4) 经济评估

对技术评估和环境评估均可行的方案,再进行经济评估。

经济评估是从企业角度,按照国内现行市场价格,对清洁生产方案进行综合性的全面经济分析,将拟选方案的实施成本与可能取得的各种经济收益进行比较,计算出方案实施后在财务上的获利能力和清偿能力,并从中选出投资最少、经济效益最佳的方案,为投资决策提供科学依据。

6. 方案实施

在总结前几个阶段已实施的清洁生产方案成果的基础上,统筹规划推荐方案的实施。并在实施后,及时地进行跟踪评价,为调整、制定下一轮的清洁生产行动积累资料,同时,又可以使企业领导和职工及时了解清洁生产给企业带来的效益,使他们更积极主动地参与到清洁生产的活动中来。这一阶段的工作具体可以细分为 4 个步骤,如图 11-8 所示。

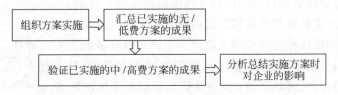

图 11-8 清洁生产方案的实施步骤

1) 组织方案实施

可行性分析后推荐的方案,主要是中/高费方案,需要一定的资金、设备和技术、工艺保证。对于该类方案在组织实施时,可以从以下几个方面着手:资金筹措、征地、厂房设备选型、配套公共设施和设备安装、人员培训、试车和验收。

2) 评价实施方案的效果

可通过调研、实测和计算对已实施的无/低费方案所取得的环境效益和经济效益进行评价。可通过技术、环境、经济和综合评价对已实施的中/高费方案所取得的成果进行汇总。总结已实施方案所取得的效果,分析实施方案对企业的影响,为继续推行清洁生产打好基础。

7. 持续清洁生产

因为清洁生产是一个相对的概念,相对于现阶段的生产情况,也许是清洁的,随着社会的发展和科技进步,现在的"清洁"可能会变成"不清洁"。因此,持续清洁生产应在企业内长期、持续地推行。

在该阶段应建立和管理清洁生产工作的组织机构、建立促进实施清洁生产的管理制度、制订持续清洁生产计划以及编写本轮清洁生产审核报告。

这一阶段的工作具体可细分为 4 个步骤,如图 11-9 所示。

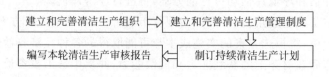

图 11-9 持续清洁生产工作步骤

1) 建立和完善清洁生产组织和制度

在总结前面工作的基础上,进一步完善清洁生产组织。在建立完善清洁生产组织的同时,还应建立完善的管理制度,巩固清洁生产成效。

2) 制订持续清洁生产计划和编写清洁生产审核报告

一轮清洁生产不可能解决企业内存在的所有问题,企业应不断地开展清洁生产审核,不断地寻求新的清洁生产机会。通常两三年开展一轮审核,把上一轮没解决的问题,想办法解决,因此,应制订持续的清洁生产计划。

清洁生产审核报告是审核完成后的总结文件及主要验收材料。

清洁生产审核报告应说明本轮清洁生产审核任务的由来和背景;说明清洁生产审核过程;总结归纳清洁生产已取得的成果和经验,特别是中/高费方案实施后,所取得的经济、环境效益;发现并找出影响正常生产效率、影响经济效益、带来环境问题的不利环节、组织机构操作规范及管理制度方面存在的问题等,及时修正这些不利因素,使其适应清洁生产的需要,将清洁生产持续地进行下去。

附：清洁生产审核报告主要内容

第一章 前言。项目来源、背景；企业概况、建厂时间、历史发展变迁；主要产品、市场、产值利税；企业人员数目、人才结构、技术水平分布、文化水平分布。

第二章 审核准备。组织清洁生产审核领导小组、审核工作小组名单、审核工作计划、宣传教育内容和材料。

第三章 预审核。绘制组织总物流图；设备状况,主要生产设备技术水平和自动化控制水平(与国内外同行业比较)；组织管理模式和实际管理水平,组织机构图；环保概况,各车间"三废"产生、处理处置、排放情况,污染控制设施运行情况、环保管理情况等；主要产品产量、原辅材料消耗、水电气消耗等；确定的本次审核重点、清洁生产目标(节能、节水、降耗或削减废弃物)。

第四章 审核。带污染点工艺流程框图、工艺单元表和单元功能说明、物料平衡做法,按工艺单元给出的物料平衡图、水平衡图、能量平衡图等,各平衡结果分析。

第五章 实施方案的产生和筛选。清洁生产方案产生方法、筛选方法,清洁生产方案分类表。

第六章 实施方案的确定。清洁生产中/高费用方案简介,技术、经济和环境可行性评估,确定采用的中/高费用方案实施计划。

第七章 方案实施效益分析。各类清洁生产方案实施后的实际与预期经济效益、环境效益对比和分析,清洁生产目标完成情况和原因分析,清洁生产对组织综合素质的影响分析等。

第八章 持续清洁生产计划。清洁生产技术研究与开发计划、员工清洁生产再培训计划、下轮清洁生产审核初步计划等。

第九章 总结与建议。

11.4 清洁生产的实施途径

11.4.1 清洁生产实施的主要方法与途径

清洁生产是一个系统工程,需要对生产全过程以及产品的整个生命周期采取污染预防和资源消耗减量的各种综合措施,不仅涉及生产技术问题,而且涉及管理问题。推进清洁生产就是在宏观层次上(包括清洁生产的计划、规划、组织、协调、评价、管理等环节)实现对生产的全过程调控,在微观层次上(包括能源和原材料的选择、运输、储存,工艺技术和设备的选用、改造,产品的加工、成型、包装、回收、处理,服务的提供,以及对废弃物进行必要的末端处理等环节)实现对物料转化的全过程控制,通过将综合预防的环境战略持续地应用于生产过程、产品和服务中,尽可能地提高能源和资源的利用效率,减少污染物的产生量和排放量,从而实现生产过程、产品流通过程和服务对环境影响的最小化,同时实现社会经济效益的最大化。

工农业生产过程千差万别,生产工艺繁简不一。因此,推进清洁生产应该从各行业的特点出发,在产品设计、原料选择、工艺流程、工艺参数、生产设备、操作规程等方面分析生产过程中减污增效的可能性,寻找清洁生产的机会和潜力,促进清洁生产的实施。近年来,国内外的实践表明,通过资源的综合利用、改进产品设计来革新产品体系、改革工艺和设备、强化生产过程的科学管理、促进物料再循环和综合利用等是实施清洁生产的有效途径。

1. 资源的综合利用

资源的综合性,首先表现为组分的综合性,即一种资源通常都含有多种组分;其次是用途的综合性,同一种资源可以有不同的利用方式,生产不同的产品,可找到不同的用途。资源的综合利用是推行清洁生产的首要方向,因为这是生产过程的"源头"。如果原料中的所有组分通过工业加工过程的转化都能变成产品,这就实现了清洁生产的主要目标,见图 11-10。

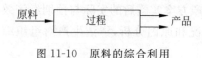

图 11-10 原料的综合利用

这里所说的综合利用,有别于"三废的综合利用",这里是指并未转化为废料的物料,通过综合利用就可以消除废料的产生。资源的综合利用也可以包括资源节约利用的含义,物尽其用意味着没有浪费。

资源综合利用,增加了产品的生产,同时减少了原料费用,减少了工业污染及其处置费用,降低了成本,提高了工业生产的经济效益,可见是全过程控制的关键部位。资源综合利用的前提是资源的综合勘探、综合评价和综合开发,见图 11-11。

图 11-11 资源综合利用的全过程

1) 资源的综合勘探

资源的综合勘探要求对资源进行全面、正确的鉴别,考虑其中所有的成分。随着科学技术的发展,对资源的认识范围正在扩大。如 20 世纪 70 年代初,苏联学者密尔尼科夫院士提出了"综合开发地下资源"的概念。按照他的概念,地下资源包括如下内容:

(1) 矿床可分为单一矿体和综合矿体。前者是矿物化学组成相近的一个矿体或相近的一组矿体,后者是矿物的化学组成相差很大的一组矿体,如矿体中有铁矿、铝土矿、白垩、沙子、粘土等。

(2) 矿山剥离废石。

(3) 选矿和冶金的废料,如选矿场的尾矿,冶金厂的炉渣,尾矿、选矿场、冶金厂的废水等。

(4) 地下淡水、矿坑水和热水,如某一铅矿山每年可供水 1 亿 m^3,用于半沙漠地区的灌溉,经济效益不在矿石之下。

(5) 地热。

(6) 天然和人工的地下洞穴,可用来安置工业设备、放原料或受纳废料。

在勘探的时候应该顾及上述内容。

2) 资源的综合评价

资源的综合评价,以矿藏为例,不但要评价矿藏本身的特点,如矿区地点、储量、品位、矿物组成、矿物学和岩相学特点、成矿特点等,还要评价矿藏的开发方案、选矿方案、加工工艺、产品形式等,同时还要评价矿区所在地交通、动力、水源、环境、经济发展特点、相关资源状况等,综合评价的结果应储存在全国性的资源数据库内。

3) 资源的综合开发

资源的综合开发,首先是在宏观决策层次上,从生态经济大系统的整体优化出发,从实施持续发展战略的要求出发,规划资源的合理配置和合理投向,在使资源发挥最大效益的前提下,组织资源的综合开发。其次在资源开采、收集、富集和储运的各个环节中要考虑资源的综合性,避免有价组分遭到损失。对于矿产资源来说,随着高品位矿产资源的逐渐耗竭,中低品位资源的高效利用技术的突破在缓解资源危机、促进清洁生产上的重要性将更加突出。例如,我国已探明磷矿资源总量居世界第二,但以中低品位为主,P_2O_5 平均含量不足 17%,P_2O_5 含量大于 30% 的富矿仅占总量的 8%,国土资源部已把磷列为我国 2010 年后不能满足国民经济发展需要的 20 种矿产之一。在现有技术经济条件下,我国中低品位磷矿成为一种"鸡肋"资源,"食之无味,弃之可惜"。因此,开发中、低品位磷矿资源高效利用技术已成为一项紧迫的重大战略任务,在 2006 年 6 月召开的两院院士大会上,中国工程院课题组提出的 17 项重大节约工程中,"磷资源节约及综合利用工程"为其中一项。华南农业大学新肥料资源研究中心经过 10 多年的研究,研发出系列"中低品位磷矿资源的高效利用技术",并获得 5 项国内外发明专利,该技术突破了现有磷肥生产的资源局限,无须对中低品位的磷矿进行精选,且生产过程无须加入硫酸或少量加入硫酸即可,这一新技术可望为国内处于低谷的传统磷肥注入活力,提高市场竞争力,对磷肥产业提高经济效益和磷矿资源的合理利用均具有重大的战略意义。

4) 资源的综合利用

资源的综合利用,首先要对原料的每个组分列出清单,明确目前有用和将来有用的组分,制订利用的方案。对于目前有用的组分要考察它们的利用效益;对于目前无用的组分,显然在生产过程中将转化为废料,应将其列入科技开发的计划,以期尽早找到合适的用途。在原料的利用过程中应对每一个组分都建立物料平衡,掌握它们在生产过程中的流向。

实现资源的综合利用,需要实行跨部门、跨行业的协作开发,一种可取的形式是建立原料开发区,组织以原料为中心的利用体系,按生态学原理,规划各种配套的工业,形成生产链,使在区域范围内实现原料的"吃光榨尽"。

2. 改进产品设计

改进产品设计的目的在于将环境因素纳入产品开发的全过程,使其在使用过程中效率高、污染少,在使用后易回收再利用,在废弃后对环境危害小。近年来,产品的"绿色设计"、"生态设计"等设计理念的贯彻实施,是清洁生产实施的重要手段。

目前,这种以"不影响产品的性能和寿命的前提下尽可能体现环境目标"为核心的产品设计主要涉及以下几方面:

(1) 消费方式替代设计。如利用电子邮件替代普通信函、无纸办公等。

(2) 产品原材料环境友好型设计。它包括尽量避免使用或减少使用有毒有害化学物质、优先选择丰富易得的天然材料替代合成材料、优先选择可再生或次生原材料等。

(3) 延长产品生命周期设计。它包括加强产品的耐用性、适应性、可靠性等以利长效使用以及易于维修和维护等。

(4) 易于拆卸的设计。其目的在于产品寿命完结时,部件可翻新和重新使用,或者可安全地把这些零件处理掉。

(5) 可回收性设计,即设计时应考虑这种产品的未来回收及再利用问题。它包括可回收材料及其标志、可回收工艺及方法、可回收经济性等,并与可拆卸设计息息相关。如一些发达国家已开始执行"汽车拆卸回收计划",即在制造汽车零件时,就在零件上标出材料的代号,以便在回收废旧汽车时,进行分类和再生利用。

3. 革新产品体系

在当前科学技术迅猛发展的形势下,产品的更新换代速度越来越快,新产品不断问世。人们开始认识到,工业污染不但发生在生产产品的过程中,有时还发生在产品的使用过程中,有些产品使用后废弃、分散在环境中,也会造成始料未及的危害。如作为制冷设备中的冷冻剂以及喷雾剂、清洗剂的氟氯烃,生产工艺简单,性能优良,曾经成为广泛应用的产品,但自1985年发现其为破坏臭氧层的主要元凶后,现已被限制生产和限期使用,由氨、环丙烷等其他对环境安全的物质代替氟氯烃。

以甲基叔丁基醚(MTBE)替代四乙基铅作为汽油抗爆剂,不仅可以防止铅污染,而且还能有效提高汽油辛烷值,改善汽车性能,降低汽车尾气中CO含量,同时降低汽油生产成本。因此,自20世纪90年代初至今,MTBE的需求量、消费量一直处于高增长状态,目前世界汽油用MTBE年产能力超过2 100万t。然而,MTBE是一种对水的亲和力极大而对土壤几乎没有亲和力、在非光照条件下难降解、具有松油气味的有机物,其从地下储油箱(油库)渗漏并进入地下水源中能造成严重污染(水中MTBE含量达到$2\mu g/L$即有明显的松油气味,对人们的身体健康会产生严重影响,无法饮用)。美国地质调查局在1993年和1994年对美国8个城市地下水进行调查发现,MTBE是地下水中含量排第二位的有机化合物(第一位是三氯甲烷)。在美国加利福尼亚,地下储油箱对地下水的污染是最严重的。1995年末,圣莫尼卡城市管理局检测了该城饮用水井中的MTBE,结果于1996年6月被迫关闭了一些水井,致使这座城市损失了71%的市内水源,约占其耗水量的1/2,为了解决水荒,不得不从外部调水,一年就要花3 500万美元。此外,在美国的湖泊和水库中也发现有MTBE的污染,它们来自轮船的发动机和地表径流,甚至内华达州的高山上也受到它的污染。为此,美国加州以水污染为由禁止使用MTBE,美国国家环境保护部门也有类似动作。以MTBE替代四乙基铅解决了汽车尾气铅污染等问题,但又出现了水体污染新问题,这种"按下葫芦浮起瓢"的情况不仅说明环境问题的复杂多变性和人类改善环境的斗争的长期性、艰巨性,同时说明"更新产品体系"对清洁生产的必要性和迫切性。

在农业生产中,主要的农业生产资料——肥料和农药产品体系同样在不断地更新。肥料产品由单纯的有机肥到化学肥料,极大地提高了农业生产力,特别是粮食产量。据联合国粮农组织估计,发展中国家粮食的增产中55%来自化学肥料。

然而,目前普通化学肥料利用率低、浪费巨大、污染严重的问题已成为阻碍农业清洁生产的重要因素之一。在我国,完全放弃化学肥料回归单纯的有机肥料是无法满足13亿人口的生活甚至生存需求的。因此,研制开发高效、无污染的"环境友好型肥料",提高肥料的利用率,在保证增产的同时减少肥料损失造成的污染,是当今肥料科技创新的重要任务。近年来,在国家"863"项目支持下,以"控释肥料,生物肥料,有机无机复合肥料"等为代表的"环境友好型肥料"产品的研制开发为肥料产品的更新提供了有力的技术保障,是今后肥料的发展方向。同样,农药由剧毒、高残留的有机氯和有机磷农药到低毒、高效、低残留的氨基甲酸酯类农药的更新有力地促进了农业清洁生产,目前正朝着环境友好型的植物性杀虫剂的开发应用以及生物防治方向发展。

由此可见,污染的预防不但体现在生产全过程的控制之中,而且还要落实到产品的使用和最终报废处理过程中。对于污染严重的产品要进行更新换代,不断研究开发与环境相容的新产品。

4. 改革工艺和设备

工艺是从原材料到产品实现物质转化的基本软件。一个理想的工艺是:工艺流程简单,原材料消耗少,无(或少)废弃物排出,安全可靠,操作简便,易于自动化,能耗低,所用设备简单等。设备的选用是由工艺决定的,它是实现物料转化的基本硬件。改革工艺和设备是预防废物产生、提高生产效率和效益、实现清洁生产最有效的方法之一,但是工艺技术和设备的改革通常需要投入较多的人力和资金,因而实施时间较长。

工艺设备的改革主要采取如下四种方式。

1) 生产工艺改革

开发并采用低废或无废生产工艺和设备来替代落后的老工艺,提高生产效率和原料利用率,消除或减少废物,这是生产工艺改革的基本目标。例如,采用流化床催化加氢法代替铁粉还原法旧工艺生产苯胺,可消除铁泥渣的产生,废渣量由 2 500kg/t 产品减少到 5kg/t 产品,并降低了原料和动力消耗,每吨苯胺产品蒸汽消耗可由 35t 降为 1t,电耗由 220kW·h 降为 130kW·h,苯胺收率达到 99%。

采用高效催化剂提高选择性和产品收率,也是提高产量、减少副产品生产和污染物排放量的有效途径。例如,北京某合成橡胶厂丁二烯生产的丁烯氧化脱氢装置原采用钼系催化剂,由于转化率和选择性低,污染严重,后改用铁系 B-02 催化剂,选择性由 70% 提高到 92%,丁二烯收率达 60%,且大大削减了污染物的排放,见表 11-1 和表 11-2。

表 11-1　丁烯氧化脱氢废水排放对比（以生产 1t 丁二烯计）

催化剂名称	废水量 /(t/t)	COD /(kg/t)	—C=O /(kg/t)	—COOH /(kg/t)	pH
铁系 B-02 催化剂	19.5	180	12.6	1.78	6.32
钼系催化剂	23	220	39.6	30.6	2～3

表 11-2　丁烯氧化脱氢废气排放对比（以生产 1t 丁二烯计）

催化剂名称	废气排放量 /(m³/h)	CO /(m³/h)	CO_2 /(m³/h)	烃类 /(m³/h)	有机氧化物 /(kg/h)
铁系 B-02 催化剂	1 974	12.83	268.71	12.37	0.04
钼系催化剂	4 500	319	669	54.5	139.7

在工艺技术改造中采用先进技术和大型装置，以期提高原材料利用率，发挥规模效益，在一定程度上可以帮助企业实现减污增效。

需要强调的是，废物的源削减应与工艺开发活动充分结合，从产品研发阶段起就应考虑到减少废物量，从而减少工艺改造中设备改进的投资。1991年，美国一家大型化工厂改进了其烯烃生产工艺，不仅消除了对甲醇的需求，而且每年削减苯和甲醇的排放量68.1 t。该厂重新设计了生产装置，并且将裂解炉气干燥器的位置调整到预冷却器的前方，这一工艺改革措施消除了在预冷器中加入甲醇以防止水合物的形成，并且使未受甲醇污染的苯可返回到生产工艺中使用。该项目投资700万美元，但每年节省甲醇费用仅25万美元，按照这种投资偿还率，如果不考虑减少苯对员工和社区的污染危害则很难实施。但是，如果将这一方案结合到新装置设计中，则新增投资很少即可实行。

2) 改进工艺设备

可以通过改善设备和管线或重新设计生产设备来提高生产效率，减少废物量。如优选设备材料，提高可靠性、耐用性；提高设备的密闭性，以减少泄漏；采用节能的泵、风机、搅拌装置等。例如，北京某石油化工厂乙二醇生产中的环氧乙烷精制塔原设计采用直接蒸汽加热，废水中COD负荷很大；后来改用间接蒸汽加热，不但减少了废水量和COD负荷，而且还降低了产品的单位能耗，提高了产品的收率，每年减少污水处理费用20.8万元，节约物料消耗31.17万元，经济、环境效益十分显著。

波兰Ostrowiec钢铁厂生产的钢铁制品最后一道工序是进行表面处理和涂饰。原来采用压缩空气枪进行喷涂，其涂料利用率低、废料产生量大、污染严重。该厂对喷涂工序开展了废料审计工作，试图通过改革工艺和改进管理达到提高喷涂质量、减少涂料消耗以及降低污染物排放量的目的。审计结果表明，改变现状的关键在于替代目前使用的压缩空气喷枪。压缩空气喷枪和较为先进的高压喷枪、静电喷枪工作性能比较及高压喷枪和静电喷枪的经济指标测算见表 11-3 和表 11-4。波兰这家企业通过采用比较先进的喷枪,明显地降低了涂料的消耗,提高了物料的利用率,减少了废料的排放和处理费用,降低了成本,改进了质量,改善了劳动条件和企业的形象,得到这些综合效益投资很小,而且这些投资在很短的时间内即可收回。

表 11-3　三种喷枪的工作性能比较

性能指标	压缩空气喷枪	高压喷枪	静电喷枪
喷涂效率/%	30~50	65~70	85~90
涂料用量/m³	8.0	6.8	5.6
溶剂用量/m³	6.5	1.6	1.6
废料量/kg	2 400	1 400	500

表 11-4　高压喷枪和静电喷枪的经济指标测算

	高压喷枪	静电喷枪
投资/美元	4 800	13 000
节省费用/(美元/年)	38 500	39 400
投资回收期/月	1.5	4

3) 优化工艺控制过程

在不改变生产工艺或设备的条件下进行操作参数的调整,优化操作条件常常是最容易而且最便宜的减废方法。大多数工艺设备都是采用最佳工艺参数(如温度、压力和加料量)设计以取得最高的操作效率,因而在最佳工艺参数下操作,避免生产控制条件波动和非正常停车,可大大减少废物量。

以乙烯生产为例,由于设备管理不好或者公用工程(水、电、蒸汽)可靠性差以及各种设备、仪表性能不佳等原因,会导致设备运转不稳定,甚至局部或全部停车。一旦停车,物料损失和污染均十分严重。30×10^4 t/a 规模的乙烯设备每停车 1 次,火炬排放的物料约为 1 000 t(以原料计),直接经济损失约 40 万元;如按照产品价值计算间接经济损失,则可达 700 万元。从停车到恢复正常生产期间,各塔、泵等还会出现临时液体排放,增加废水中油、烃类的含量,有毒有害物质含量也会成倍增加。

4) 加强自动化控制

采用自动控制系统调节工作操作参数,维持最佳反应条件,加强工艺控制,可增加生产量、减少废物和副产品的产生。如安装计算机控制系统监测和自动复原工艺操作参数,实施模拟结合自动定点调节。在间歇操作中,使用自动化系统代替手工处置物料,通过减少操作失误,降低产生废物及泄漏的可能性。

中国经济发展中普遍存在技术含量低、技术装备和工艺水平不高、创新能力不强、高新技术产业化比重低、能耗高、能源消费结构不合理、国际竞争力不强等问题,这些问题已经成为制约中国经济可持续发展的主要因素,急需利用高新技术进行改造和提升。在改革工艺和设备中首先应分析产品的生产全过程,将那些消耗高、浪费大、污染严重的陈旧设备和工艺技术替换下来,通过改革工艺和设备,使生产过程实现少废化或无废化。

5. 生产过程的科学管理

有关资料表明,目前的工业污染有30%以上是由于生产过程中管理不善造成的,只要加强生产过程的科学管理、改进操作,不需花费很大的成本,便可获得明显减少废弃物和污染的效果。在企业管理中要建立一套健全的环境管理体系,使环境管理落实到企业中的各个层次,分解到生产过程的各个环节,贯穿于企业的全部经济活动中,与企业的计划管理、生产管理、财务管理、建设管理等专业管理紧密结合起来,使人为的资源浪费和污染排放减至最小。

主要管理方法如下:

(1) 调查研究和废弃物审计。摸清从原材料到产品的生产全过程的物料、能耗和废弃物产生的情况,通过调查,发现薄弱环节并改进。

(2) 坚持设备的维护保养制度,使设备始终保持最佳状况。

(3) 严格监督。对于生产过程中各种消耗指标和排污指标进行严格的监督,及时发现问题,堵塞漏洞,并把员工的切身利益与企业推行清洁生产的实际成果结合起来进行监督、管理。

6. 物料再循环和综合利用

工业生产中产生的"三废"污染物质从本质上讲,都是生产过程中流失的原材料、中间产物和副产物。因此,对"三废"污染物进行有效的处理和回收利用,既可以创造财富,又可以减少污染。开展"三废"综合利用是消除污染、保护环境的一项积极而有效的措施,也是企业挖潜、增效截污的一个重要方面。

在企业的生产过程中,应尽可能提高原料利用率和降低回收成本,实现原料闭路循环。在生产过程中比较容易实现物料闭路循环的是生产用水的闭路循环。根据清洁生产的要求,工业用水组成原则上应是供水、用水和净水组成的一个紧密的体系。根据生产工艺要求,一水多用,按照不同的水质需求分别供水,净化后的水重复利用。我国已经开展了一些实用的综合利用技术,如小化肥厂冷却水、造气水闭路循环技术,可以大大节约水资源,减少水体热污染;电镀漂洗水无排或微排技术,实行了漂洗水的闭路循环,因而不产生电镀废水和废渣;利用硝酸生产尾气制造亚硝酸钠;利用硫酸生产尾气制造亚硫酸钠等。

此外,一些工业企业产生的废物,有时难以在本厂有效利用,有必要组织企业间的横向联合,使废物进行复用,使工业废物在更大的范围内资源化。肥料厂可以利用食品厂的废物加工肥料,如味精废液COD很高,而其丰富的氨基酸和有机质可以加工成优良的有机肥料。目前,一些城市已建立了废物交换中心,为跨行业的废物利用协作创造了条件。

7. 必要的末端处理

在目前技术水平和经济发展水平条件下,实行完全彻底的无废生产是很困难的,废弃物的产生和排放有时还难以避免,因此需要对它们进行必要的处理和处置,使其对环境的危害降至最低。此处的末端处理与传统概念的末端处理相比区别如下:

(1) 末端处理是清洁生产不得已而采取的最终污染控制手段,而不应像以往那样处于实际上的优先考虑地位。

(2) 厂内的末端处理可作为送往厂外集中处理的预处理措施,因而其目标不再是达标排放,而只需要处理到集中处理设施可以接纳的程度。

(3) 末端处理重视废弃物资源化。

(4) 末端处理不排斥继续开展推行清洁生产的活动,以期逐步缩小末端处理的规模,乃至最终以全过程控制措施完全替代末端处理。

为实现有效的末端处理,必须开发一些技术先进、处理效果好、投资少、见效快、可回收有用物质、有利于组织物料再循环的实用环保技术。目前,我国已经开发了一批适合国情的实用环保技术,需要进一步推广。同时,有一些环保难题尚未得到很好的解决,需要环保部门、有关企业和工程技术人员继续共同努力。

11.4.2 清洁生产实施的政策法规保障

中国清洁生产的实践表明,现行条件下,由于企业内部存在一系列实施清洁生产的障碍约束,要使作为清洁生产主体的企业完全自发地采取自觉主动的清洁生产行动是极其困难的。单纯依靠培训和企业清洁生产示范推动清洁生产,其作用也不能保证清洁生产广泛、持久地实施。通过政府建立起适应清洁生产特点和需要的政策、法规,营造有利于调动企业实施清洁生产的外部环境,将是促进中国清洁生产发展的关键。自1993年我国开始推行清洁生产以来,在促进清洁生产的经济政策和产业政策的颁布实施以及相关法律法规建设方面取得了较快的发展,为推动我国清洁生产向纵深发展提供了一定的政策法规保障。

1. 促进清洁生产的经济政策

经济政策是根据价值规律,利用价格、税收、信贷、投资、微观刺激和宏观经济调节等经济杠杆,调整或影响有关当事人产生和消除污染行为的一类政策。在市场经济条件下,采用多种形式和内容的经济政策措施是推动企业清洁生产的有效工具。经济政策虽然不直接干预企业的清洁生产行为,但它可使企业的经济利益与其对清洁生产的决策行为或实施强度结合起来,以一种与清洁生产目标一致的方式,通过对企业成本或效益的调控作用有力地影响企业的生产行为。

1) 税收鼓励政策

税收手段的目的在于通过调整比价和改变市场信号以影响特定的消费形式或生产方法,降低生产过程和消费过程中产生的污染物排放水平,并鼓励有益于环境的利用方式。由于产品的当前价格并没有包括产品的全部社会成本,没有将产品生产和使用对人体健康和环境的影响包括在产品价格中,通过税收手段,可以将产品生产和消费的单位成本与社会成本联系起来,为清洁生产的推行创造一个良好的市场环境。运用税收杠杆,采用税收鼓励或税收处罚等手段,促进经营者、引导消费者选择绿色消费。

我国为加大环境保护工作的力度,鼓励和引导企业实施清洁生产,制定了一系列有利于清洁生产的税收优惠政策,主要包括:

(1) 增值税优惠。企业购置清洁生产设备时,允许抵扣进项增值税额,以此来降低企业购买清洁生产设备的费用,刺激清洁生产设备的需求;对利用废物生产产品和从废物中回收原料的企业,税务机关按照国家有关规定,减征或者免征增值税。

(2) 所得税优惠。对企业投资采用清洁生产技术生产的产品或有利于环境的绿色产品的生产经营所得税及其他相关税收,给予减税甚至免税的优惠。允许用于清洁生产的设备加速折旧,以此来减轻企业税收负担,增加企业税后所得,激活企业对技术进步的积极性。

(3) 关税优惠。对出口的清洁产品,实施退税,提高我国环保产品价格竞争力,开拓海外市场;对进口的清洁生产技术、设备实行免税,加快企业引进清洁生产技术和设备的步伐,消化吸收国外先进的技术。如对城市污水和造纸废水部分处理设备实行进口商品暂定税率,享受关税优惠。

(4) 营业税优惠。对从事提供清洁生产信息、进行清洁生产技术咨询和中介服务机构采取一定的减税措施,促进多功能全方位的政策、市场、技术、信息服务体系的形成,为清洁生产提供必要的社会服务。

(5) 投资方向调节税优惠。在固定资产投资方向调节税中,对企业用于清洁生产的投资执行零税率,提高企业投资清洁生产的积极性。如建设污水处理厂、资源综合利用等项目,其固定资产投资方向调节税实行零税率。

(6) 建筑税优惠。建设污染治理项目,在可以申请优惠贷款的同时,该项目免交建筑税。

(7) 消费税优惠。对生产、销售达到低污染排放限值的小轿车、越野车和小客车减征一定比例的消费税。

2) 财政鼓励政策

财政政策是世界各国推行清洁生产的重要手段,通常采用优先采购、补贴或奖金、贷款或贷款加补贴的形式鼓励企业实施清洁生产计划项目。我国企业,特别是中小型企业,在推进清洁生产项目的过程中最大的障碍是资金问题。由于资金缺乏,致使许多企业即使找到实现减污降耗的先进技术和改造方案也无法付诸实施。因此,采取积极的财政政策,帮企业在一定程度上解决技改资金问题,对加速我国清洁生产的实施具有关键性的作用。目前,我国在财政方面对清洁生产主要采取以下鼓励政策。

(1) 各级政府优先采购或按国家规定比例采购节能、节水、废物再生利用等有利于环境与资源保护的产品。一方面通过对清洁产品的直接消费,为清洁生产注入资金;另一方面通过政府的示范、宣传,鼓励和引导公众购买、使用清洁产品,从而促进清洁生产的发展。

(2) 建立清洁生产表彰奖励制度,对在清洁生产工作中做出显著成绩的单位和个人,由政府给予表彰和奖励。

(3) 国务院和县级以上各级地方政府在本级财政中安排资金,对清洁生产研究、示范和培训以及实施国家清洁生产重点技术改造项目给予资金补助。

(4) 政府鼓励和支持国内外经济组织通过金融市场、政府拨款、环境保护补助资金、社会捐款等渠道依法筹集中小型企业清洁生产投资资金。开展清洁生产审核以及实施清洁生产的中小型企业可以向投资基金经营管理机构申请低息或无息贷款。

(5) 列入国家重点污染防治和生态保护的项目,国家给予资金支持;城市维护费可用于环境保护设施建设;国家征收的排污费优先用于污染防治。

2. 促进清洁生产的其他相关政策

1) 对中小型企业实施清洁生产的特别扶持政策

中小型企业实施清洁生产可获得国家的特别扶持,主要包括:

(1) 企业产业范围若符合《中小企业发展产业指导目录》的内容,可以向"中小企业发展专项资金"申请支持。

(2) 生产或开发项目若是"具有自主知识产权、高技术、高附加值,能大量吸纳就业,节能降耗,有利于环保和出口"的项目,可以向"国家技术创新基金"申请支持。

(3) 企业的产品若符合《当前国家鼓励发展的环保产业设备(产品)目录》的要求,根据具体情况,可以获得相关的鼓励和扶持政策支持,如抵免企业所得税、加快设备折旧、贴息支持或补助等。

(4) 对利用废水、废气、废渣等废弃物作为原料进行生产的中小型企业,可以申请减免有关税负。

2) 对生产和使用环保设备的鼓励政策

原国家经贸委和国家税务总局联合先后发布公告,公布了第一批(2000年)和第二批(2002年)《当前国家鼓励发展的环保产业设备(产品)目录》,包括水污染设备、空气污染治理设备、固体废弃物处理设备、噪声控制设备、节能与可再生能源利用设备、资源综合利用与清洁生产设备、环保材料与药剂等八类。

相关的鼓励和扶持政策包括:

(1) 企业技术改造项目凡使用目录中的国产设备,按照财政部、国家税务总局《关于印发〈技术改造国产设备投资抵免企业所得税暂行办法〉的通知》(财税字[1999]290号)的规定,享受投资抵免企业所得税的优惠政策。

(2) 企业使用目录中的国产设备,经企业提出申请,报主管税务机关批准后,可实行加速折旧办法。

(3) 对专门生产目录内设备(产品)的企业(分厂、车间),在符合独立核算、能独立计算盈亏的条件下,其年净收入在30万元(含30万元)以下的,暂免征收企业所得税。

(4) 为引导环保产业发展方向,国家在技术创新和技术改造项目中,重点鼓励开发、研制、生产和使用列入目录的设备(产品);对符合条件的国家重点项目,将给予贴息支持或适当补助。

(5) 使用财政性质资金进行的建设项目或政府采购,应优先选用符合要求的目录中的设备(产品)。

3) 对相关科学研究和技术开发的鼓励政策

国家对相关科学研究和技术开发的鼓励政策和促进措施主要包括:

(1) 遵照《中华人民共和国清洁生产促进法》,各级政府应在各个方面对清洁生产科学研究和技术开发提供支持,包括制定相应的财税政策、提供相关信息、组织科技攻关等。

（2）国家和行业科技部门，应将阻碍清洁生产的重大技术问题列入国家或行业科研计划，组织跨行业、跨部门的研究力量进行联合攻关或直接从国外引进此类技术；国家有关部门应针对行业清洁生产技术规范、与清洁生产相关的科研成果及引进的清洁生产关键技术，组织有关专家进行评价、筛选，为清洁生产的企业减少技术风险。

（3）国家应促进相应研究和开发的支持及服务系统的建设，加强、改进信息的搜集与交流、各类标准的制定与实施、科研设备的配置等。

（4）国家应努力推动技术成果的转化，推进科技成果的产业化。

（5）国家应通过有效的政策措施，鼓励企业消化吸收国外的先进技术和设备，提高清洁装备的国产化水平。

4）对国际合作的鼓励政策

当前，我国在经验缺乏、资金也不十分充裕的条件下，通过国际合作，学习国外的先进经验，吸引外资和国外的先进技术，开展清洁生产，是一条行之有效的途径。为此，《中华人民共和国清洁生产促进法》第6条提出，国家鼓励开展有关清洁生产的国际合作。在具体的国际合作方面，合作类型包括各种多边及双边合作，合作方式可以多种多样，如合作开发、技术转让、培训、建立机构、资金支持、政策与法律支持等。

近年来，国家在鼓励清洁生产领域的国际合作方面做了很多工作，从中央政府到地方政府，都对这一领域的合作予以广泛的关注，促进了多边以及双边合作的广泛开展。例如，联合国环境规划署参与、世界银行贷款支持的"中国环境技术援助项目清洁生产子项目"（B-4项目），世界银行赠款的JGF项目——"中国乡镇企业废物最小化管理体系的建立研究"，中加清洁生产合作项目，以及亚洲银行资助的清洁生产项目等，都对推进我国清洁生产工作发挥了重要作用。

3. 我国现行环境和资源保护法规对清洁生产的保障

从形式意义上看，除了1999年10月通过的《太原市清洁生产条例》外，在2002年6月29日九届全国人大常委会通过《中华人民共和国清洁生产促进法》之前，我国并没有专门性的清洁生产立法。但从实质意义上看，我国有关环境、能源与科技发展等许多法律制度中已经或多或少地包含了引导清洁生产的内容。

《中国环境与发展十大对策》（1992年）强调了清洁生产，要求建设项目技术起点要高，尽量采用能耗物耗小、污染物排放量少的清洁工艺。1993年10月第二次全国工业污染防治工作会议的重要内容就是实现"三个转变"，推行清洁生产。《中国21世纪议程》（1994年）将清洁生产列为重点项目之一。《中华人民共和国国民经济和社会发展"九五"计划和2010年远景目标纲要》中把推行清洁生产作为一项重要的环境保护措施。《国家环境保护"九五"计划和2010年远景目标》中明确提出,将"结合技术进步,积极推行清洁生产"作为工业污染防治的主要任务之一。

1987年颁布实施并在1995年和2000年两次修订的《大气污染防治法》、1996年修订并实施的《水污染防治法》和1995年(2005年修改)颁布实施的《固体废物污染环境防治法》等环境污染防治法律法规,均明确提出实施清洁生产的要求,规定发展清洁能源,鼓励和支持开展清洁生产,尽可能使污染物和废物减量化、资源化和无害化。如《大气污染防治法》第9条规定,国家对大气污染防治技术的研究推广予以鼓励,并鼓励和支持清洁能源的开发;第19条对严重污染大气环境的落后生产工艺和设备的淘汰进行了严格规定;第25、26和34条对清洁能源的使用和支持鼓励作了规定。又如《固体废物污染环境防治法》第4条规定:"国家鼓励支持清洁生产,减少固体废物的产生量。国家鼓励、支持综合利用资源,对固体废物实行充分回收和合理利用,并采取有利于固体废物综合利用活动的经济、技术政策和措施。"此外,《固体废物污染环境防治法》第3、17、26、27、30条以及《水污染防治法》的第11、22和23条等都规定了有关清洁生产的内容。

《节约能源法》(1997年)力图推动节能技术和工艺设备的采用,提高能源利用率,促进国民经济向节能型转化,同时减少污染物,禁止新建耗能过高的工业项目,淘汰耗能过高的产品、设备。《国务院关于环境保护若干问题的决定》(1996年)中明确规定,所有建设和技术改造项目,要提高技术起点,采用能耗物耗小,污染产生量少的清洁生产工艺。《建设项目环境保护管理条例》(1998年)规定:工业建设项目应当采用能耗物耗小、污染物产生量少的清洁生产工艺。1997年4月国家环境保护局制定的《关于推行清洁生产的若干意见》,对结合现行环境管理制度的改革、推行清洁生产,提出了基本框架、思路和具体做法。

在推行清洁生产时,我国将其与工业产业结构、产品结构的调整相结合,要求在制定产业政策时,严格限制或禁止可能造成严重污染的产业、企业和产品,要求工业企业采用能耗物耗小、污染物产生量少的有利于环境的原料和先进工艺、技术和设备,采用节约用水、用能、用地的生产方式。1995年以后,修改的《大气污染防治法》、《水污染防治法》和制定的《固体废物污染环境防治法》、《环境噪声污染防治法》中,都明确规定了严格限制或禁止生产、销售、使用、进口严重污染环境的落后工艺和设备。《国务院关于环境保护若干问题的决定》(1996年)和1996年9月经国务院同意、国家环保局发布的《关于贯彻〈国务院关于环境保护若干问题的决定〉有关问题的通知》,作出对严重污染的"十五小"企业实行取缔、关闭或责令停产、转产的"关、停、禁、转、改"的规定。

4.《中华人民共和国清洁生产促进法》及其基本内容

2002年6月29日《中华人民共和国清洁生产促进法》经九届全国人民代表大会常务委员会通过,自2003年1月1日起施行。该法是目前世界上第一部以推进清洁生产为目的的法律,该法的实施具有重要的意义,它把经济、社会的可持续发展用法律的形式固定下来,明确规定了政府推行清洁生产的责任,对企业提出实施清洁生产的要求,并对企业实施清洁生产给予支持鼓励。本法共分六章四十二条,主要内容如下:

第一章,总则。本章明确了实施清洁生产的目的,主要是提高资源的利用率,减少和避免污染物的产生,保护和改善环境,保障人体健康,促进经济和社会可持续发展。界定了清洁生产的定义:"本法所称清洁生产,是指不断改进设计,使用清洁的能源和原料,采用先进的工艺技术和设备,改善管理、综合利用等措施,从源头削减污染,提高资源利用效率,减少或者避免生产、服务和产品使用过程中污染的产生和排放,以减轻或者消除对人类健康和环境的危害。"国家鼓励和促进清洁生产,各级政府应把清洁生产纳入国民经济和社会发展计划以及环境保护、资源利用、产业发展、区域开发等规划。国家鼓励开展有关清洁生产的科学研究、技术开发和国际合作,组织宣传普及清洁生产知识,推广清洁生产技术。

第二章,清洁生产推行。第二章提出了国家应制定有利于实施清洁生产的财政税收政策、产业政策、技术开发和推广政策,县级以上人民政府应合理规划本行政区的经济布局,调整产业结构,发展循环经济,促进企业在资源和废物综合利用等领域进行合作,实现资源的高效利用和循环使用。各级政府的有关行政主管部门,应组织并支持建立清洁生产信息系统和技术咨询服务体系,向社会提供有关清洁生产的方法、技术、工艺和设备。国家对浪费资源和严重污染环境的落后生产技术、工艺设备和产品实行限期淘汰制度,支持清洁生产的示范和推广工作。教育行政主管部门,应把清洁生产技术和管理课程纳入有关高等教育、职业教育和技术培训体系。培养清洁生产管理和技术人员,提高国家工作人员、企业经营管理者和公众的清洁生产意识,加强对清洁生产实施的监督。

第三章,清洁生产实施。首先,(对新、改、扩建项目进行环境影响评价提出了要求)要求项目在原料使用、资源消耗、资源综合利用以及污染的产生与处置方面进行分析论证,优先采用资源利用率高以及污染物产生量少的清洁生产技术、工艺和设备;要求企业在进行技术改造过程中,采用无毒、无害或低毒、低害的原料,替代毒性大、危害严重的原料;采用资源利用率高、污染产生量少的工艺和设备,替代资源利用率低、污染物产生量多的工艺和设备;对生产过程中产生的废物、废水和余热进行综合利用或者循环使用;采用能够达到国家或者地方规定的污染物排放标准和污染物总量控制指标的污染防治技术。

本章对矿产资源的勘查、开采,做出了明确规定,要求采用有利于合理利用资源、保护环境和防止污染的勘查、开采方法和工艺技术,提高资源利用水平。

企业应当对生产和服务过程中的资源消耗以及废物的产生情况进行监测,并根据需要对生产和服务实施清洁生产审核。企业根据自愿原则,通过环境管理体系认证,提高清洁生产水平。

第四章,鼓励措施。国家建立清洁生产表彰奖励制度,对在清洁生产中做出显著成绩的单位和个人,由政府给予表彰和奖励,对使用废物生产产品和从废物中回收原料的,税务机关按照国家有关规定,减征或者免征增值税。企业用于清洁生产审核和培训的费用可以列入企业的经营成本。

第五章,法律责任。对污染物排放超过国家或地方规定的排放标准或经地方人民政府核定的污染物排放总量指标的企业,使用有毒、有害原料进行生产或者在生产中排放有毒、有害物质的企业,应定期实施清洁生产审核。如不实施清洁生产审核或不如实报告审核结果的,地方政府环保行政主管部门应责令其限期改正,拒不改正的要处以十万元以下罚款。

第六章,附则。

复习与思考

11-1 清洁生产产生的背景是什么?

11-2 国内外清洁生产的发展状况有哪些共性?

11-3 清洁生产主要包括哪三方面的内容?

11-4 什么是清洁生产审核?清洁生产审核的目标是什么?

11-5 清洁生产审核的对象和特点是什么?

11-6 简述清洁生产审核的思路。

11-7 清洁生产审核的工作程序分为哪几个阶段?各个阶段的主要工作内容和工作重点有哪些?

11-8 为什么说资源的综合利用是推行清洁生产的首要方向?

11-9 如何通过"改进产品设计、创新产品体系"来促进清洁生产的实施?

11-10 举例说明工艺和设备的改革是实现清洁生产最有效的方法之一。

11-11 企业清洁生产意义上的科学管理包括哪些方面的内容?

11-12 简述《中华人民共和国清洁生产促进法》的基本内容。

第12章 循环经济

12.1 循环经济的产生与发展

12.1.1 循环经济的产生

循环经济思想最早萌芽于环境保护运动思潮崛起的时代。

首先,从理论溯源上讲。经济学和生态学是当代的两个既密切关联又对立紧张的学科和领域。在世界范围内颇有影响的美国后现代思想家小约翰·科布(John B. Cobb, Jr.)认为,经济学家和生态学家之间的争论乃是一种现代主义者和后现代主义者之间的争论。经济学和生态学之间的关系是人类今天面临的最重要问题。争论的实质是有关环境与发展的关系问题,并为彻底解决全球性问题提供最佳方案。生态学家们的思想虽然仍受到传统势力的挑战,但是他们的判断更接近于客观事实,即经济发展最重要的目标必须具有可持续性,否则当达到增长的极限时,整个人类将被卷入一场由可怕的破坏而导致的灾难之中。不管这场争论如何,"后现代的绿色经济思想"、"后现代的稳态经济思想"、"后现代的可持续发展经济理论"等思想的出现,都是循环经济理念的萌芽,它的目的在于寻求一个"既是可持续的,又是可生活的社会"。

20世纪60年代,美国经济学家肯尼思·E. 鲍尔丁(Kenneth E. Boulding)提出了"宇宙飞船经济理论",这是循环经济理论的雏形。鲍尔丁受当时发射的宇宙飞船的启发,用来分析地球经济的发展。他认为,宇宙飞船是一个孤立无援、与世隔绝的独立系统,靠不断消耗自身原存的资源存在,最终它将因资源耗尽而毁灭。唯一使之延长寿命的方法就是实现飞船内的资源循环,尽可能少地排出废物。同理,地球经济系统如同一艘宇宙飞船,尽管地球资源系统大得多,地球寿命也长得多,但是也只有实现对资源循环利用的循环经济,地球才能得以长存。显然,宇宙飞船经济理论具有很强的超前性,但当时并没有引起大家的足够重视。即使是到了人类社会开始大规模环境治理的20世纪70年代,循环经济的思想更多地还是先行者的一种超前性理念。当时,世界各国关心的仍然是污染物产生后如何治理以减少其危害,即所谓的末端治理。20世纪80年代,人们才开始注意到要采用资源化的方式处理废弃物,但是对于是否应该从生产和消费的源头上防止污染产生,还没有统一的认识。

20世纪90年代以后,特别是可持续发展理论形成后的近几年,源头预防和全过程控制代替末端治理开始成为各国环境与发展政策的真正主流。人们开始提出一系列体现循环经济思想的概念,如"零排放工厂"、"产品生命周期"、"为环境而设计"等。随着可持续发展理论日益完善,人们逐渐认识到,当代资源环境问题日益严重的根源在于工业化运动以来高开采、低利用、高排放为特征的线性经济模式,为此提出了人类社会的未来应建立一种以物质闭环流动为特征的经济,即循环经济,从而实现环境保护与经济发展的双赢,真正体现"代内公平"和"代际公平"这一可持续发展的公平性原则。随着"生态经济效益"、"工业生态学"等理论的提出与实践,标志着循环经济理论初步形成。

12.1.2 循环经济的发展历程

循环经济的发展经历了三个阶段:20世纪80年代的微观企业试点阶段、20世纪90年代的区域经济模式——生态工业园区阶段和21世纪初的循环型社会建设阶段。换言之,循环经济的发展趋势也正经历着由企业层面上的"小循环"到区域层面上的"中循环"再到社会层面上的"大循环"的纵向过渡。

1. 单个企业的早期响应阶段

在企业层面上,可以称之为循环经济的"小循环"。根据生态效率的原则,推行清洁生产,减少产品和服务中物料和能源的使用量,实现污染物排放的最小化。20世纪80年代末,当时世界500强的杜邦公司,开始了循环经济理念的应用试点。公司的研究人员把循环经济"3R"原则发展成为与化工生产相结合的"3R制造法",即资源投入减量化(Reduce)、资源利用循环化(Recycle)和废物资源化(Reuse),以少排放甚至"零排放"废物。他们通过放弃使用某些环境有害型的化学物质、减少某些化学物质的使用量,以及发明回收本公司副产品的新工艺等,到1994年已经使生产造成的塑料废物减少了25%,空气污染物排放量减少了70%。同时,他们在废塑料如废弃的牛奶盒和一次性塑料容器中回收化学物质,开发出了耐用的乙烯材料等新产品。

2. 新型区域经济模式——生态工业园的实践阶段

在区域层面上,可以称之为循环经济的"中循环"。20世纪80年代末到90年代初,一种循环经济化的工业区域——生态工业园区应运而生了。它是按照工业生态学的原理,通过企业或行业间的物质集成、能量集成和信息集成,形成企业或行业间的工业代谢和共生关系而建立的。特别是丹麦卡伦堡生态工业园在循环经济的生态型生产中脱颖而出,它通过企业间的副产品交换,把火电厂、炼油厂、制药厂和石膏厂联结起来,形成生态循环链,不仅大大减少了废物的产生量和处理的费用,还减少了新原料的投入,形成了生产发展和环境保护的良性循环。

目前,生态工业园区(ecological industrial parks,EIPs)已经成为循环经济的一个重要发展形态,作为许多国家工业园区改造的方向,也正在成为我国第三代工业园区的主要发展形态。

3. 循环型社会建设阶段

在社会层面上,可以称之为循环经济的"大循环"。它通过全社会的废旧物资的再生利用,实现消费过程中和消费过程后物质和能量的循环。在该阶段,许多国家通常以循环经济立法的方式加以推进,最终实现建立循环型社会。

12.1.3 发展循环经济的战略意义

发展循环经济具有如下战略意义。

(1) 发展循环经济是实现可持续发展的必由之路。1992年联合国环境与发展委员会在巴西里约热内卢召开的"环境与发展大会",通过了《环境与发展宣言》和《21世纪议程》两个纲领性文件,标志着可持续发展的理念已得到全世界范围内的普遍认可。可持续发展战略强调的是环境与经济的协调,关注资源的永续利用和生态环境的保护,而循环经济则是从资源环境是支撑人类经济发展的物质基础出发,通过"资源—产品—废弃物—再生资源"的反馈式循环过程,使所有的物质和能量在这个永续的循环中得到持久合理的利用,实现用尽可能小的资源消耗和环境成本,获得尽可能大的经济效益和社会效益。因此,循环经济与可持续发展在根本上是一致的,发展循环经济是实现可持续发展的必由之路。

(2) 发展循环经济是解决环境危机的根本途径。大量的事实证明,水、大气、固体废物的大量产生,与资源利用效率低密切相关,同粗放式的经济增长模式存在着内在联系。废物只不过是另一种形式的资源,用合理的方式循环利用资源,不仅可以避免废物的大量产生,减少污染,还能减少新鲜资源的开采量,提高资源的利用效率。据测算,我国能源利用率若能达世界先进水平,每年可减少排放 SO_2 400万 t;固体废物综合利用率如能提高一个百分点,每年可减少 1 000 万 t 废物的排放;粉煤灰综合利用率若能提高 20 个百分点,就可以减少排放近 4 000 万 t,这将使环境危机得到很大程度的缓解。

(3) 推行循环经济模式是适应国际贸易发展的需要。世界许多国家的发展已经显示出,迫切需要通过能源、资源的有效利用和多次回收、再利用、再循环来设计、改造产品,并且改变相应的生产和消费模式。因此,国际贸易中也显示了未来的趋势是能够把社会发展从不断加剧的物耗型模式转向高效、循环利用资源的生产与消费模式的贸易导向。目前具有代表性的贸易-环境政策有:绿色标志、包装回收、再循环的环境法令和政策。也就是说,环境因素将成为国际贸易中的贸易壁垒。

发展循环经济是国际经济一体化和环境一体化趋势对于发展中国家的必然要求。正处于高速发展的工业化阶段的发展中国家,若不适应国际经济发展的要求将面临难以同他国竞争,贸易条件日益恶化的局面。因此,发展中国家应当积极适应国际经济、贸易发展中对产品生产和服务的生态化要求,抵御绿色贸易壁垒的消极影响,改变粗放的单向型线性特征的发展模式,提高经济增长的质量,从而提高国家在国际贸易中的竞争力。

(4) 发展循环经济是全面实现小康社会的目标和建立和谐社会的必然选择。改革开放以来,我国在经济建设上虽取得了举世瞩目的成就,但我国的环境问题也越来越突出,比如 1990—2001 年,废水排放量从 354 亿 t 上升到 428 亿 t,增长 20.9%;工业废气排放量从 85 000 亿 m^3 上升到 160 863 亿 m^3,增长 89.3%;工业固体废物产生量从 5.8 亿 t 上升到 8.9 亿 t,增长 53.4%。所以,发展循环经济,走新型的生态化发展道路刻不容缓。

全面建设小康社会,就必须实现"可持续发展能力不断增强,生态环境得到改善,资源利用效率显著提高,促进人与自然的和谐,推动整个社会走上生产发展、生活富裕、生态良好的文明发展道路"。因此,发展循环经济是全面实现小康社会的目标和建立和谐社会的必然选择。

12.2 循环经济的内涵和主要原则

12.2.1 循环经济的定义

目前,循环经济的理论研究正处于发展之中,还没有十分严格的关于循环经济的定义。一般而言,循环经济(circular economy 或 recycle economy)一词是对物质闭环流动型(closing material cycle)经济的简称,是以物质、能量梯级和闭路循环使用为特征,在资源环境方面表现为资源高效利用,污染低排放,甚至污染"零排放"。

德国 1996 年出台的《循环经济和废物管理法》中,把循环经济定义为物质闭环流动型经济,明确企业生产者和产品交易者担负着维持循环经济发展的最主要责任。

我国《循环经济促进法》中将循环经济定义为：循环经济是指将资源节约和环境保护结合到生产、消费和废物管理等过程中所进行的减量化、再利用和资源化活动的总称。

减量化是指减少资源、能源使用和废物产生、排放、处理处置的数量及毒性、种类等活动，还包括资源综合开发，不可再生资源、能源和有毒有害物质的替代使用等活动。

再利用是在符合标准要求的前提下延长废旧物资或者物品生命周期的活动。

资源化是指通过收集处理、加工制造、回收和综合利用等方式，将废弃物质或者物品作为再生资源使用的活动。

在一般情况下，应当在综合考虑技术可行、经济合理和环境友好的条件下，按照减量化、再利用和资源化的先后次序来发展循环经济。

从这个定义中可以看出，循环经济在经济运行形态上强调了"资源—产品—再生资源"的物质流动格局；在过程手段上，强调了减量化、再利用和资源化的活动。同时，定义强调了循环经济在经济学意义上的范畴，即循环经济依然是指社会物质资料的生产和再生产过程，只不过这些物质生产过程以及由它决定的交换、分配和消费过程要更多地、自觉地纳入资源节约和环境保护的因素。事实上，只有从经济角度而非单纯的环境管理角度，循环经济才能担负得起调整产业结构、增长方式和消费模式的重任。

循环经济倡导的是一种建立在物质不断循环利用基础上的经济发展模式，它要求把经济活动按照自然生态系统的模式，组织成一个物质反复循环流动的过程，使得整个经济系统以及生产和消费的过程基本上不产生或者只产生很少的废物。

简言之，循环经济是按照生态规律利用自然资源和环境容量，实现经济活动的生态化转向，它是实施可持续发展战略的必然选择和重要保证。

12.2.2 循环经济的内涵

所谓循环经济，本质上是一种生态经济，它要求运用生态学规律来指导人类社会的经济活动。与传统经济相比，循环经济的不同之处在于：传统经济是一种由"资源→产品→废物"单向流动的线性经济，其特征是高开采、低利用、高排放。在这种经济中，人们高强度地把地球上的物质和能源提取出来，然后又把污染物和废物毫无节制地排放到环境中去，对资源的利用是粗放的和一次性的，线性经济正是通过把部分资源持续不断地变成垃圾，以牺牲环境来换取经济的数量型增长的。与此不同，循环经济倡导的是一种与环境和谐的经济发展模式。它要求把经济活动组织成一个"资源→产品→再生资源→再生产品"的反馈式流程，其特征是低开采、高利用、低排放。所有物质和能源要能在这个不断进行的经济循环中得到合理和持久的利用,以把经济活动对自然环境的影响降低到尽可能小的程度。循环经济为工业化以来的传统经济转向可持续发展的经济提供了战略性的理论范式,从而从根本上消解长期以来环境与发展之间的尖锐冲突。循环经济和传统经济的比较见表 12-1。

表 12-1 循环经济和传统经济的比较

比较项目	传统经济	循环经济
运动方式	物质单向流动的开放性线性经济(资源→产品→废物)	循环型物质能量循环的环状经济(资源→产品→再生资源→再生产品)
对资源的利用状况	粗放型经营,一次性利用;高开采、低利用	资源循环利用,科学经营管理;低开采,高利用
废物排放及对环境的影响	废物高排放;成本外部化,对环境不友好	废物零排放或低排放;对环境友好
追求目标	经济利益(产品利润最大化)	经济利益、环境利益与社会持续发展利益
经济增长方式	数量型增长	内涵型发展
环境治理方式	末端治理	预防为主,全过程控制
支持理论	政治经济学、福利经济学等传统经济理论	生态系统理论、工业生态学理论等
评价指标	第一经济指标(GDP、GNP、人均消费等)	绿色核算体系(绿色 GDP 等)

循环经济力求在经济发展中,遵循生态学规律,将清洁生产、资源综合利用、生态设计和可持续消费等融为一体,实现废物减量化、资源化和无害化,达到经济系统和自然生态系统的物质和谐循环,维护自然生态平衡。简要来说,循环经济就是把清洁生产和废物的综合利用融为一体的经济,它本质上是一种生态经济,要求运用生态学规律来指导人类社会的经济活动。只有尊重生态学原理的经济才是可持续发展的经济。

循环经济的发展模式表现为"两低两高",即低消耗、低污染、高利用率和高循环率,使物质资源得到充分、合理的利用,把经济活动对自然环境的影响降低到尽可能小的程度,是符合可持续发展原则的经济发展模式,其内涵要求做到以下几点。

(1) 要符合生态效率。把经济效益、社会效益和环境效益统一起来,充分使物质循环利用,做到物尽其用,这是循环经济发展的战略目标之一。循环经济的前提和本质是清洁生产,这一论点的理论基础是生态效率。生态效率追求物质和能源利用效率的最大化和废物产量的最小化,正是体现了循环经济对经济社会生活的本质要求。

(2) 提高环境资源的配置效率。循环经济的根本之源就是保护日益稀缺的环境资源,提高环境资源的配置效率。它根据自然生态的有机循环原理,一方面通过将不同的工业企业、不同类别的产业之间形成类似于自然生态链的产业生态链,从而达到充分利用资源、减少废物产生、物质循环利用、消除环境破坏,提高经济发展规模和质量的目的。另一方面它通过两个或两个以上的生产体系或环节之间的系统耦合,使物质和能量多级利用、高效产出并持续利用。

(3) 要求产业发展的集群化和生态化。大量企业的集群使集群内的经济要素和资源的配置效率得以提高,达到效益的极大化。由于产业的集群,容易在集群区域内形成有特殊的资源优势与产业优势和多类别的产业结构。这样才有可能形成核心的资源与核心的产业,成为生态工业产业链中的主导链,以此为基础,将其他类别的产业与之连接,组成生态工业网络系统。

但是,从内涵上讲,不能简单地把循环经济等同于再生利用,"再生利用"尚缺乏做到完全循环利用的技术,循环本质上是一种"递减式循环",而且通常需要消耗能源,况且许多产品和材料是无法进行再生利用的。因此,真正的"循环经济"应该力求减少进入生产和消费过程的物质量,从源头节约资源使用和减少污染物的排放,提高产品和服务的利用效率。

12.2.3 循环经济的技术特征

循环经济的技术体系以提高资源利用效率为基础,以资源的再生、循环利用和无害处理为手段,以经济社会可持续发展为目标,推进生态环境的保护。

循环经济是中国新型工业化的高级形式,主要有四大技术经济特征:

(1) 提高资源利用效率,减少生产过程的资源和能源消耗。这既是提高经济效益的重要基础,同时也是减少污染排放的重要前提。

(2) 延长和拓宽生产技术链,即将污染物尽可能地在生产企业内进行利用,以减少生产过程中污染物的排放。

(3) 对生产和生活用过的废旧产品进行全面回收,可以重复利用的废弃物通过技术处理成为二次资源无限次的循环利用。这将最大限度地减少初次资源的开采和利用,最大限度地节约利用不可再生的资源,最大限度地减少废弃物的排放。

(4) 对生产企业无法处理的废弃物进行集中回收和处理,扩大环保产业和资源再生产业,扩大就业,在全社会范围内实现循环经济。

12.2.4 循环经济的主要原则

循环经济的主要原则包括七大基础原则和三大操作原则。

1. 循环经济的七大基础原则

1) 大系统分析的原则

循环经济是比较全面地分析投入与产出的经济,它是在人口、资源、环境、经济、社会与科学技术的大系统中,研究符合客观规律、均衡经济、社会和生态效益的经济。人类的经济生产从自然界取得原料,并向自然界排出废物,而自然资源是有限的,生态系统的承载能力也是一定的,如果不把人口、经济、社会、资源与环境作为一个大系统来考虑,就会违反基本客观规律。

2) 生态成本总量控制的原则

如果把自然生态系统作为经济生产大系统的一部分来考虑,我们就应该考虑生产中生态系统的成本。所谓生态成本,是指当我们进行经济生产给生态系统带来破坏后,再人为修复所需要的代价。在向自然界索取资源时,必须考虑生态系统有多大的承载能力,人为修复被破坏的生态系统需要多大的代价,因此要有一个生态成本总量控制的概念。

3) 尽可能利用可再生资源的原则

循环经济要求尽可能利用太阳能、水、风能等可再生资源替代不可再生资源,使生产循环与生态循环耦合,合理地依托在自然生态循环之上。如利用太阳能替代石油,利用地表水代替深层地下水,用生态复合肥代替化肥等。

4) 尽可能利用高科技的原则

国外目前提倡生产的"非物质化",即尽可能以知识投入来替代物质投入,就我国目前发展水平来看,即以"信息化带动工业化"。目前称为高技术的信息技术、生物技术、新材料技术、新能源和可再生能源技术及管理科学技术等都是以大量减少物质和能量等自然资源的投入为基本特征的。

5) 把生态系统建设作为基础设施建设的原则

传统经济只重视电力、热力、公路、铁路等基础设施建设,循环经济认为生态系统建设也是基础设施建设,如森林生态系统的建设、草原生态系统的建设、湿地生态系统的建设等。通过这些基础设施建设来提高生态系统对经济发展的承载能力。

6) 建立绿色 GDP 统计与核算体系的原则

建立企业污染的负国民生产总值统计指标体系,即从工业增加值中减去测定的与污染总量相当的负工业增加值,并以循环经济的观点来核算。这样可以从根本上杜绝新的大污染源的产生,并有效制止污染的反弹。

7) 建立绿色消费制度的原则

以税收和行政等手段,限制以不可再生资源为原料的一次性产品的生产与消费,促进一次性产品和包装容器的再利用,或者使用可降解的一次性用具。

2. 循环经济的三大操作原则

循环经济以"减量化(Reduce)、再利用(Reuse)、再循环(Recycle)"作为其操作准则,简称为"3R"原则。

1) 减量化原则

减量化原则属于输入端方法,目的是减少进入生产和消费流程的物质量。换言之,人们必须学会预防废物的产生而不是产生后再去治理。在生产中,厂商可以通过减少每个产品的物质使用量、通过重新设计制造工艺来节约资源和减少污染物的排放;例如,对产品进行小型化设计和生产既可以节约资源,又可以减少污染物的排放;再如用光缆代替传统电缆,可以大幅度减少电话传输线对铜的使用,既节约了铜资源,又减少了铜污染。在消费中,人们可以通过选购包装少的、可循环利用的物品,购买耐用的高质量物品,来减少垃圾的产生量。

2) 再利用原则

再利用原则属于过程性方法,目的是延长产品服务的时间;也就是说人们应尽可能多次地以多种方式使用人们生产和所购买的物品。如在生产中,制造商可以使用标准尺寸进行设计,使电子产品的许多元件可以非常容易和便捷地更换,而不必更换整个产品。在生活中,人们在把一样物品扔掉之前,可以想一想家中、单位和其他人再利用它的可能性。通过再利用,人们可以防止物品过早地成为垃圾。

3) 再循环原则

再循环原则即资源化原则,属于输出端方法,即把废弃物变成二次资源重新利用。资源化能够减少末端处理的废物量,减少末端处理如垃圾填埋场和焚烧场的压力,从而减少末端处理费用,既经济又环保。

需要指出的是,"3R"原则在循环经济中的作用、地位并不是并列的。循环经济不是简单地通过循环利用实现废弃物资源化,而是强调在优先减少资源能源消耗和减少废物产生的基础上综合运用"3R"原则。循环经济的根本目标是要求在经济流程中系统地避免和减少废物,而废物再生利用只是减少废物最终处理量的方式之一。德国在1996年颁布的《循环经济与废物管理法》中明确规定:避免产生—循环利用—最终处置。首先,要减少源头污染物的产生量,因此产业界在生产阶段和消费者在使用阶段就要尽量避免各种废物的排放。其次,是对于源头不能削减又可利用的废弃物和经过消费者使用的包装废物、旧货等要加以回收利用,使它们回到经济循环中去;只有当避免产生和回收利用都不能实现时,才允许将最终废物(称为处理性废物)进行环境无害化的处置。以固体废弃物为例,循环经济要求的分层次目标是,通过预防减少废弃物的产生;尽可能多次使用各种物品;完成使用功能后,尽可能使废弃物资源化,如堆肥、做成再生产品等;对于无法减少、再使用、再循环或者堆肥的废物进行无害化处置,如焚烧或其他处理;最后剩下的废物在合格的填埋场予以填埋。

"3R"原则的优先顺序是,减量化—再利用—再循环(资源化)。减量化原则优于再使用原则,再使用原则优于再循环利用原则,本质上再使用原则和再循环利用原则都是为减量化原则服务的。

减量化原则是循环经济的第一原则,其主张从源头就应有意识地节约资源、提高单位产品的资源利用率,目的是减少进入生产和消费过程的物质流量、降低废弃物的产生量。因此,减量化是一种预防性措施,在"3R"原则中具有优先权,是节约资源和减少废弃物产生的最有效方法。

再使用原则优于再循环利用原则,它是循环经济的第二原则,属于过程性方法。依据再使用原则,生产企业在产品的设计和加工生产中应严格执行通用标准,以便于设备的维修和升级换代,从而延长其使用寿命;在消费中应鼓励消费者购买可重复使用的物品或将淘汰的旧物品返回旧货市场供他人使用。

再循环利用原则本质上是一种末端治理方式,它是循环经济的第三原则,属于终端控制方法。废物的再生利用虽然可以减少废弃物的最终处理量,但不一定能够减少经济活动中物质和能量的流动速度和强度。再循环利用主要有以下特点:①依据再循环利用原则,为减少废物的最终处理量,应对有回收利用价值的废弃物进行再加工,使其重新进入市场或生产过程,从而减少一次资源的投入量;②再循环利用是针对所产生废物采取的措施,仅是减少废物最终处理量的方法之一,它不属于预防措施而是事后解决问题的一种手段,在减量化和再使用均无法避免废物产生时,才采取废物再生利用措施;③有些废物无法直接回收利用,要通过加工处理使其变成不同类型的新产品才能重新利用。再生利用技术是实现废弃物资源化的处理技术,该技术处理废弃物也需要消耗水、电和化石能源等物质,所需的成本较高,同时在此过程中也会产生新的废弃物。

12.3 循环经济的实施

12.3.1 实施循环经济的框架

循环经济具体体现在经济活动的三个重要层面上,分别通过运用"3R"原则实现三个层面的物质闭环流动。

1. 企业层面(小循环)

1992年世界工商企业可持续发展理事会(WBCSD)向环境与发展会议提交的

报告《变革中的历程》提出生态经济效益的新概念。它要求组织企业生产层面上物料和能源的循环,从而达到污染排放的最小量化。WBCSD 提出,实施生态经济效益的企业应该做到:

(1) 尽力减少产品和服务中的物料使用量。
(2) 减少产品和服务中的能源使用量。
(3) 减少有害、特别是有毒物质的排放。
(4) 促使和加强物质的循环使用。
(5) 最大限度地利用可再生资源。
(6) 设计和制造耐用性高的产品。
(7) 提高产品与服务的服务强度。

企业层面(小循环)是循环经济的微观层次,厂内物料循环主要有下列几种情况。

(1) 将工艺中流失的物料回收后仍作为原料返回原来的工序之中,如造纸厂"白水"中回收纤维再作纸浆。
(2) 将生产过程中生成的废物经适当处理后作为原料或原料替代物返回原生产流程中。如铜电解精炼中的废电解液,经处理后提出其中的铜再返回到电解精炼流程中;许多工艺用水,经初步处理后可回到原工艺中。
(3) 将某一工序中生成的废料经适当处理后用于另一工序中。

美国杜邦化学公司是实施企业循环经济的一个典型例子。20 世纪 80 年代末,当时居世界大公司 500 强第 23 位的杜邦公司,开始循环经济理念的实验。公司的研究人员把循环经济的"3R"原则发展成为与化工生产相结合的"3R"制造法,以少排放以至零排放废弃物,改变了只管资源投入,而不管废弃物排出的生产理念。通过改变、替代某些有害化学原料,生产工艺中减少化学原料使用量,回收本公司产品的新工艺等方法,到 1994 年,该公司已经使生产造成的废弃物减少了 25%,空气污染物排放量减少了 70%。同时,从废塑料和一次性塑料容器中回收化学原料、开发耐用的乙烯材料"维克"等新产品,达到了在企业内循环利用资源、减少污染物排放、局部做到零排放的成果。

2. 区域层面(中循环)

一个企业内部循环毕竟有局限性,因此,鼓励企业间物质循环,组成"共生企业"就成为必然趋势。1989 年在通用汽车公司研究部任职的福罗什和加劳布劳斯提出了"工业生态系统"的思想,他们在《科学美国人》杂志上发表了题为"可持续发展工业发展战略"的文章,提出了生态工业园区的新概念,要求在企业与企业之间形成废物的输出输入关系,其实质是运用循环经济思想组织企业共生层次上的物质和能源的循环。20世纪80年代末90年代初一种循环经济的"新工厂"——生态工业园区就应运而生了,即按照工业生态学的原理,通过企业间的物质集成、能量集成和信息集成,形成企业间的工业代谢和共生关系。

1993年起,生态工业园区建设逐渐在各国推开。为了推动这一工作,美国总统可持续发展委员会(PCSD)专门组建了生态工业园区特别工作组,此外除了早期的丹麦卡伦堡,在加拿大的哈利法克、荷兰的鹿特丹、奥地利的格拉兹等地也出现了类似的计划。此外,奥地利、法国、英国、意大利、瑞典、荷兰、爱尔兰、日本、印度尼西亚、菲律宾、印度等国都在开展生态工业园区的建设。

丹麦小镇卡伦堡近郊的生态工业园,堪称目前世界上最典型、最成功的。卡伦堡生态工业园区是在企业之间实现循环生产,即通过生态工业园区把不同的工厂联结起来,形成网络循环,使得一家工厂的废气、废热、废水、废渣等成为另一家工厂的原料和能源。这个生态工业园区的主要企业是火电厂、炼油厂、制药厂和石膏板厂。这四个企业形成一个生产链,一个企业通过贸易方式利用其他企业生产过程中产生的废弃物作为自己生产中的原料,形成了生产发展和环境保护的良性循环。

我国从1999年开始基于循环经济理念的生态工业示范园区的建设。首先启动广西贵港国家生态工业(制糖)示范园区的规划建设,除广西贵港之外,还有:南海国家生态工业园区;包头国家生态工业示范园区;石河子国家生态工业示范园区;长沙黄兴国家生态工业示范园区;鲁北国家生态工业示范园区以及辽宁省在鞍山、本溪、大连、抚顺、阜新、葫芦岛、沈阳等8市实施的循环经济试点。目前,我国海南、黑龙江、吉林、浙江、山东和福建等省已提出建设生态省的规划;辽宁提出了循环经济省的规划;天津、贵阳和南京等市已提出要建设循环经济生态型的城市。

我国最典型的一个案例就是广西贵港国家生态工业(制糖)示范园区。该园区以上市公司贵糖(集团)股份有限公司为核心,以蔗田系统、制糖系统、酒精系统、造纸系统、热电联产系统、环境综合处理系统为框架,通过盘活、优化、提升、扩张等步骤,建设生态工业(制糖)示范园区。

在区域层次上除建立生态工业园区式的工业生态系统(industrial ecology)外,还有生态农业园和生态园区(生活小区)等。

我国生态住宅园区也已启动试点,建设部于2001年提出《绿色生态住宅小区建设要点与技术导则》,为创造接近自然生态的生活环境,对绿色生态住宅的绿化面积、植物品种和数量、绿化工程建设、废物的管理和处置系统等做了规定。上海市住宅发展局和上海市环境保护局联合研究并进一步细化这一导则,于2003年提出了《上海市生态住宅小区技术实施细则(2001—2005)》(试行),对住宅小区的环境规划设计、建筑节能、室内空气质量、小区水环境、材料与资源、生活垃圾管理与收集系统六个方面提出具体要求和评分。

3. 社会层面（大循环）

目前,发达国家的循环经济已经从20世纪80年代的微观企业试点到20世纪90年代区域经济的新型工厂——生态工业园区,进入了第三阶段——21世纪宏观经济立法阶段。更有人提出,21世纪应该建立以再利用和再循环为基础,以再生资源为主导的世界经济。早在1986年德国就颁布了《废弃物限制及废弃物处理法》,1991年,德国首次按照循环经济思路制定了《包装条例》,要求德国生产商和零售商对于用过的包装,首先要避免其产生,其次要对其回收利用,以大幅度减少包装废物填埋与焚烧的数量。1996年德国公布更为系统的《循环经济和废物管理法》,把物质闭路循环的思想从包装问题推广到所有的生活废物。规定对废物首先是避免产生,然后是循环使用和最终处置。

2001年4月,日本开始实行八项循环经济法律,即《推进建立循环型社会基本法》、《特定家用电器再商品化法》、《促进资源有效利用法》、《食品循环再生利用促进法》、《建筑工程资材再利用法》、《容器包装再利用法》、《绿色食品采购法》和《废弃物处理法》。目前,已形成以《循环型社会形成推进基本法》为核心和基础,以《废弃物处理法》和《资源有效利用促进法》及5部特定物品回收利用的法律为主体,并辅之以《绿色采购法》等3部法律构成了一个包括11部法律的比较完整的法律体系。《推进建立循环型社会基本法》作为母法,提出了建立循环型经济社会的根本原则:"根据相关方面共同发挥作用的原则,通过促进物质的循环,减轻环境负荷,谋求实现经济的健康发展,构筑可持续发展的社会。"可以说,这是世界上第一部循环经济法。此外,在美国、北欧、法国、英国、意大利、西班牙和荷兰等发达国家和地区,在新加坡、韩国等高收入的发展中国家都制定了多部单项的资源循环利用和发展循环经济的法律。

在社会层面上,主要是在全社会建立物资循环——针对消费后排放的循环经济,从社会整体循环的角度,发展旧物质调剂和资源回收产业(中国称为废旧物资业,日本称为社会静脉产业),这样能在整个社会的范围内形成"自然资源—产品—再生资源"的循环经济环路。20世纪90年代起,以德国为代表,发达国家将生活垃圾处理的工作重点从无害化转向减量化和资源化,这实际上是在全社会范围内,在消费过程中和消费过程后的广阔层次上组织物质和能源的循环。其典型模式是德国的双轨制回收(DSD)系统。它针对消费后排放的废物,通过一个非政府组织,接受企业的委托,对其包装废物进行回收和分类,分别送到相应的资源再利用厂或直接返回到原制造厂进行循环利用。DSD系统在德国十分成功地实现了包装废物在整个社会层次上的回收利用。

12.3.2 实施循环经济的支持体系

循环经济在本质上是一种生态经济,在发展过程中,既要遵循生态学规律,同时又要遵循经济学规律。违背生态规律的经济增长,必将失去环境资源的支撑;而偏离经济规律的经济活动,也同样难以持久。实施循环经济的支持体系包括技术支撑体系、法律法规保障体系、政策引导体系、组织机构、道德与社会文化体系(公众参与)等。

1. 技术支撑体系

实施循环经济需要有技术保障,循环经济的技术载体是环境无害化技术或环境友好技术。环境无害化技术的特征是合理利用资源和能源,实施清洁生产,减少污染排放,尽可能地回收废物和产品,并以环境可接受的方式处置残余的废物。环境无害化技术主要包括预防污染的少废或无废的工艺技术和产品技术,但同时也包括治理污染的末端技术。

(1)清洁生产技术:这是一种无废、少废生产的技术,通过清洁生产技术实现产品的绿色化和生产过程向零排放迈进。它是环境无害化技术体系的核心。当然,清洁生产技术不但需要技术上的可行性,还需经济上的可赢利性,才有可能实施。

(2)废物利用技术:通过废物再利用技术实现废物的资源化处理,并实现产业化。目前,比较成熟的废物利用技术有废纸加工再生技术、废玻璃加工再生技术、废塑料转化为汽油和柴油技术、有机垃圾制成复合肥料技术、废电池等有害废物回收利用技术等。

(3)污染治理技术:污染治理技术即环境治理技术。生产及消费过程中产生的污染物质通过废物净化装置来实现有毒、有害废物的净化处理。其特点是不改变生产系统或工艺程序,只是在生产过程的末端(或者社会上收集后)通过净化废物实现污染控制。废物净化处理的环保产业正成为一个新兴的产业部门并迅速发展,主要包括:水污染控制技术;大气污染控制技术;固体废物处理处置技术;噪声污染治理技术;土壤污染治理技术等。

2. 法律法规保障体系

发展循环经济是整个国家的需要,有必要加快制定必要的循环经济法规,使循环经济有法可依,有章可循。其中最重要的就是要在借鉴西方发达国家循环经济立法的基础上,循序渐进地构建我国的循环经济法律保障体系。

(1) 整合现有的环境保护法律及其制度,使其逐步符合循环型社会的立法要求。我国现行的环境保护法律、法规,尽管其名义目标是保护环境。但严格地说,对建立循环型社会(循环经济)反而是有障碍的。大部分环境法律、法规是针对末端控制(EOP)并以指令性控制(CACS)为主,简单地告诉企业什么该做、什么不该做。这样,企业的环境目标只是实现污染物的达标排放,将污染物从一种类型改变为另一种类型。在这个过程中,往往产生更多其他类型的污染物。因此,应当对不能适应发展循环经济的制度进行修正,逐步扫清建立循环性社会进程中的障碍。

(2) 根据我国各个行业的循环利用技术水平高低,逐步将建设工程的材料、包装物、家电、汽车等对环境可能产生较大危害的物质纳入循环经济法的调整范围,在这个过程中,政府应当发挥表率作用,立法应首先对政府的绿色采购行为进行规制;最后,根据各地的经济发展水平和技术能力,制定调整循环经济的地方性法律、法规,以点带面,促进循环经济的发展。

(3) 我们还可仿效发达国家的相关立法,在技术条件允许的情况下,要求生产者对其产品承担循环利用的义务,并用经济手段和政策导向鼓励、刺激生产者提高其制造产品的耐用性,但这些立法不可操之过急,只有在技术条件较为成熟的情况下,才能循序渐进地逐步推行。

3. 政策引导体系

循环经济政策体系应包括三个方面:基本政策、核心政策和基础政策。

1) 基本政策

基本政策是循环经济发展的最根本和普遍适用的指导政策,其目的是确定循环经济在社会经济发展中的战略地位,提出循环经济发展的总体战略目标、步骤、主要制度和措施。

2) 核心政策

核心政策是直接推动循环经济重点领域的政策,即指生产和消费领域,包括四个重点产业体系——生态工业体系、生态农业体系、绿色服务业体系及废旧资源再利用和无害化处置产业。

3) 基础政策

基础政策是指更大程度为循环经济重点领域实践创造良好制度环境的政策。它包括经济结构调整政策、贸易政策和有利于资源环境保护的产权制度;财政、金融、税收和价格政策;国民经济核算制度、审计制度和干部考核制度等方面。

鉴于我国国情,三种政策层面不可能完全同步进行。基础政策的变革在目前情况下,阻力和难度大,需要漫长的时间。目前,可行的突破口是核心政策。

4．完善的组织机构保障

1）发挥政府优势，从上到下推动循环经济发展

西方国家在经济发达的条件下发展循环经济，而我国是在从粗放到集约的过程中发展循环经济。发展循环经济是实现我国可持续发展的必由之路。因此，需要各级党政官员增强发展循环经济的紧迫感，充分发挥政府的主导作用，建立从上到下组织机构来推动循环经济的发展。

2）建立完善的废物分类、收集、利用和处置机构

（1）政府负责组建。在我国，废物分类、收集、利用和处置机构如垃圾填埋场、危险废物处置场等多由政府负责组建。在一定历史时期（当经济欠发达、公众收入较低且环保意识有待提高时）具有其必要性，由于不是按市场经济法则运行，必然产生弊病。当然，对于危险废物处置由政府负责或由政府监督是必要的。

（2）企业按经济规律回收、利用和处置废物。这类企业各国都有，当然以赢利为目的，通常以个体或小企业为主。对于许多废物可能再生利用成本高而无利可图，他们便不愿处置。例如，收集、分类、利用和处置生活垃圾、建筑垃圾、某些工业废物是无利润的，这种情况下需通过政府或其他组织通过收费来弥补其损失，也就是有偿处置。

（3）回收中介机构。非营利性的社会中介机构可以在政府公共组织和企业营利性组织之外发挥独特作用。中介机构并不直接处置废物，而是组织机构。如德国DSD是一个专门组织回收包装废物的非营利的社会中介机构。它由生产厂、包装物生产厂、商业部门和垃圾回收部门联合组成，政府对它规定废物回收利用指标并进行法律监控，而组织内部实施民主管理，在1998年运行过程中出现盈利，在1999年它将盈利部分返回或减少第二年收费，这是一个成功的组织。

中介机构也可以有其他形式，如日本大阪有一个废品回收情报网络，出版《大阪资源循环月刊》，组织旧货调剂交易会。中介组织使政府、企业、市民相互联系，通过沟通信息、调剂余缺、推动废物减量化运动发展。

5．公众参与

社会公众参与环境保护和循环经济活动的程度，既标志该社会文明、成熟程度，也是环境保护、循环经济成功的必要保证。环境保护发展的初级阶段主要由政府通过法律、行政方法来控制环境污染；第二阶段是企业逐渐由被动转向主动，并通过市场经济将环境保护提高到新的阶段，但只有全社会民众全部发动起来，尽量减少废物排放，节约而合理使用资源，反复利用资源，环境保护和循环经济才能真正达到完满的第三阶段，例如，一些国家居民主动参与各种环境保护政策、法规、措

施的听证会,监督和保证法律、法规的实施,在休息日自动地将自己过剩的物品放在家门口,让其他人选用,其价格低廉且自由交易,这也是一种很好的循环利用资源的方法。

实施循环经济不仅需要政府的倡导,企业的自律和技术的支持,更需要提高广大社会公众的参与意识和参与能力。第一,要充分发挥舆论导向的作用,广泛运用各种宣传工具,加强对发展循环经济重要意义的宣传教育工作,尤其是加强对少年儿童的教育尤为重要,做到以教育影响孩子,以孩子影响家长,以家庭影响社会,不断提高社会公众对实现零排放或低排放社会的意识。第二,要积极引导社会公众绿色消费。鼓励社会公众购买和使用节能、节水、废物再生利用等有利于环境与资源保护的产品,培养他们的清洁生产、清洁消费和反复利用意识,尽量减少废弃物的发生,尽可能减少包装垃圾,对购买的"一次性"易耗品应加强反复使用和多次使用,不要随意丢弃。第三,要定期开展绿化环境、美化家园、净化市容的系列活动。要发动市民开展公共垃圾分类收集活动。鼓励市民积极参与废旧资源回收和垃圾减量工作,开展经常性的环保志愿者行动。积极开展创建生态省、国家环保模范市、生态示范区、生态工业园区、绿色村镇和绿色社区的活动,使循环经济的理念更加深入人心,做到持久、纵深地发展。

12.4 循环经济在中国的发展

循环经济在我国的发展十分迅速。循环经济理念从20世纪90年代末引入我国至今,大致经历了两个主要阶段。

12.4.1 研究探索阶段

从20世纪90年代末到2002年,循环经济在我国进入了研究探索阶段。人们从关注发达国家,如德国、日本循环经济模式开始,探索实现我国可持续发展的一条有效途径。于是,循环经济成为学术研究的前沿和热点。与发达国家大规模的立法推进实践的模式不同,我国最初主要侧重于理论研讨和试点探索。研究内容和进展主要涉及如下方面。

(1) 研究我国发展循环经济的重大意义及其与实施可持续发展战略的关系。学者们提出循环经济的兴起将必然昭示着人类经济、社会与文化全方位、多层次的变革,发展循环经济是实现可持续发展的关键。

(2) 发展循环经济理论体系,总结循环经济的概念、原则、层次,分析循环经济的理论基础。提出创新产业结构,即补充以维护和改善环境为目的的环境建设产业和以减少废物排放建立物质循环为目的的资源回收利用产业,并在此基础上构建新的产业体系等思想。

（3）在技术专业领域开展了一些产品生命周期评价及生态材料的研究工作。

（4）提出发展循环经济必须解决政策、立法、管理、制度、技术和观念上的诸多问题。并且对构建循环型社会，提高生态意识，倡导可持续生产和消费方式，深化政府环境管理体系和管理机制的调整提出了多种观点；在循环经济立法方面的研究也成为近几年的研究热点。

（5）在实践方面国内开展了几个生态省、市和生态园区试点探索。如辽宁的生态省建设，贵阳的生态市试点，广西贵港糖业集团，天津泰达等企业集团的生态工业园建设等；对生态工业园区的规划设计和指标体系做了探索，提出培育生态产业园区孵化机制，制定生态产业园区的规划指南和技术导则的思想。

12.4.2 全面推动、实施阶段

我国循环经济发展十分迅速，2002年以后，政府充分认识到，作为世界人口大国，又处于工业化的高速发展阶段的中国，资源环境问题已经成为制约其持续发展的瓶颈，形势十分严峻。在政府推动下，建设节约型社会、发展循环经济很快纳入政府议事日程，进入全面实施阶段。

首先是将循环经济作为政府决策目标和投资的重点领域，循环经济理念全面纳入经济社会发展总体规划和各分项规划中，且坚持节约优先的原则，以建设节约型社会为突破口向前推进。这个时期的循环经济发展倡导从企业清洁生产、建设生态产业园区和建设生态省、生态市等三个层面，以及从废物资源再生利用产业化等不同领域来运作，通过各个层次和领域的试点、示范建设，全面提升产业生态化水平，提高资源利用效率，加快循环经济体系建设。并且通过政府引导，广泛开展舆论宣传和示范活动，社会公众已经对循环经济逐步认同和拥护。

政府推进方面主要是编制系列规划，制定政策、法规，完善相关标准体系，落实各项措施，积极开展示范试点，加快培育发展循环经济的机制。思路是力争形成政策引导、经济激励、市场驱动、全民参与的新局面。

陆续出台了相关的法规和文件，如《中华人民共和国清洁生产促进法》(2003年1月1日起实施)、《中华人民共和国固体废物管理法修正案》(2005年4月1日起实施)、《国务院关于加快发展循环经济的若干意见》(2005年7月出台)、《中华人民共和国循环经济促进法》(2009年1月1日起实施)、《中华人民共和国可再生能源法》(2010年4月1日起实施)等，相关的优惠政策也在逐步实施，将循环经济和节约型社会建设的步骤推向实质阶段。

在科学研究方面，相关研究的学术领域更加广泛。政府、高校和科研院所相继成立了循环经济研究机构，从事关于政策机制的、法律法规的、相关技术的研究和

开发,理论研究也与产业、政策、经济、法律等相关领域结合,走向学科交叉和深入发展的新阶段。

《国务院关于加快发展循环经济的若干意见》(国办 22 号文件)的出台,标志着我国循环经济由研究探索和理念倡导阶段正式进入了国家行动阶段。循环经济作为转变经济增长方式、进行资源节约型和环境友好型社会建设的重要途径,在我国第十一个社会经济五年规划和中共十七大会议中都得到了体现。这一阶段的特征是伴随着示范试点的深入开展,正式启动了战略、立法、政策的全方位研究、探索和制定工作。

22 号文件明确提出了 2010 年循环经济发展目标,要建立比较完善的发展循环经济的法律法规体系、政策支持体系、体制与技术创新体系和激励约束机制。资源利用效率大幅度提高,废物最终处置量明显减少,建成大批符合循环经济发展要求的典型企业。推进绿色消费,完善再生资源回收利用体系。建设一批符合循环经济发展要求的工业(农业)生态园区和资源节约型、环境友好型城市。针对上述目标,制定了相应的指标并量化,同时提出了发展循环经济的重点环节和重点工作。

(1) 重点环节:一是资源开采环节要推广先进适用的开采技术、工艺和设备,提高采矿回收率、选矿和冶炼回收率,大力推进尾矿、废石综合利用,大力提高资源综合回收利用率。二是资源消耗环节要加强对冶金、有色、电力、煤炭、石化、化工、建材(筑)、轻工、纺织、农业等重点行业能源、原材料、水等资源消耗管理,努力降低消耗,提高资源利用率。三是废物产生环节要强化污染预防和全过程控制,推动不同行业合理延长产业链,加强对各类废物的循环利用,推进企业废物"零排放";加快再生水利用设施建设以及城市垃圾、污泥减量化和资源化利用,降低废物最终处置量。四是再生资源产生环节要大力回收和循环利用各种废旧资源,支持废旧机电产品再制造;建立垃圾分类收集和分选系统,不断完善再生资源回收利用体系。五是消费环节要大力倡导有利于节约资源和保护环境的消费方式,鼓励使用能效标志产品、节能节水认证产品和环境标志产品、绿色标志食品和有机标志食品,减少过度包装和一次性用品的使用。政府机构要实行绿色采购。

(2) 重点工作:一是大力推行节能降耗,在生产、建设、流通和消费各领域节约资源,减少自然资源的消耗。二是全面推行清洁生产,从源头减少废物的产生,实现由末端治理向污染预防和生产全过程控制转变。三是大力开展资源综合利用,最大限度实现废物资源化和再生资源回收利用。四是大力发展环保产业,注重开发减量化、再利用和资源化的技术与装备,为资源高效利用、循环利用和减少废物排放提供技术保障。

为贯彻落实 22 号文件精神,出台了国家循环经济试点方案。第一批试点单位于 2005 年 10 月公布,选择确定了钢铁、有色、化工等 7 个重点行业的 42 家企业、再生资源回收利用等 4 个重点领域的 17 家单位,国家和省级开发区、重化工业集中地区和农业示范区等 13 个产业园区,资源型和资源匮乏型城市涉及东、中、西部和东北老工业基地的 10 个省市,作为第一批国家循环经济试点单位。第一批试点单位于 2007 年 11 月公布,确定了 96 家试点单位,包括 4 个省、12 个城市、20 个工业园区和 60 家企业,并提出了 7 点要求:切实加强组织领导;编制实施规划和方案;抓好方案的组织实施;加强重点项目的组织申报,做好项目前期工作;强化能源统计、计量等基础管理;加强督促验收;做好经验的总结和推广。

《中华人民共和国循环经济促进法》旨在坚持经济和环境资源一体化的思想,既要涵盖资源节约、废物减量和循环利用等领域,又要突出重点,尽量减少与现有《清洁生产促进法》、《固体废物管理法修正案》、《节约能源法》等相关法律的冲突重叠,充分体现循环经济促进法的综合性特征,使循环经济促进法真正成为推动我国循环经济发展的基本法。《循环经济促进法》的出台使得我国发展循环经济迈入了法制化和规范化的轨道。

总之,循环经济的建设和发展已经开始影响、渗透到人类社会生活的诸多方面。

当前形势下我国所面临的主要任务是加快循环经济体系建设;形成经济社会发展的综合决策机制,通过政策引导、立法推动、经济结构调整和市场机制建设,逐步形成循环经济的运营机制;加大科研投入,开展科技创新,突破技术瓶颈,从而攻克制约循环经济进一步发展的障碍;通过循环经济信息建设、广泛的宣传教育,鼓励和引导全民参与,各行业共同行动,把建设节约型社会、大力发展循环经济的行动推向深入。

复习与思考

12-1 如何理解循环经济的概念和内涵?
12-2 发展循环经济有哪些战略意义?
12-3 简述循环经济的主要技术特征。
12-4 简述循环经济的三大操作原则。
12-5 实施循环经济需要哪些支持体系?
12-6 留心周围不合理利用资源和能源的现象和行为,思考如何改进。

参考文献

[1] 陈明. 可持续发展概论[M]. 北京：冶金工业出版社, 2010.
[2] 程发良. 环境保护与可持续发展[M]. 2版. 北京：清华大学出版社, 2009.
[3] 崔兆杰, 张凯. 循环经济理论与方法[M]. 北京：科学出版社, 2008.
[4] 崔海宁. 循环经济概论[M]. 北京：中国环境科学出版社, 2007.
[5] 方淑荣. 环境科学概论[M]. 北京：清华大学出版社, 2011.
[6] 高廷耀, 顾国维, 周琪. 水污染控制工程(下册)[M]. 3版. 北京：高等教育出版社, 2006.
[7] 国家计委, 等. 中国21世纪议程[M]. 北京：中国环境科学出版社, 1994.
[8] 郝吉明. 大气污染控制工程[M]. 3版. 北京：高等教育出版社, 2010.
[9] 韩宝平, 王子波. 环境科学基础[M]. 北京：高等教育出版社, 2013.
[10] 胡筱敏. 环境学概论[M]. 武汉：华中科技大学出版社, 2010.
[11] 金瑞林. 环境与资源保护法学[M]. 3版. 北京：高等教育出版社, 2013.
[12] 马光. 环境与可持续发展导论[M]. 2版. 北京：科学出版社, 2006.
[13] 毛东兴, 洪宗辉. 环境噪声控制工程[M]. 2版. 北京：高等教育出版社, 2010.
[14] 刘芃岩. 环境保护概论[M]. 北京：化学工业出版社, 2011.
[15] 彭晓春, 谢武明. 清洁生产与循环经济[M]. 北京：化学工业出版社, 2009.
[16] 邝仕均. 造纸工业节水与纸厂废水零排放[J]. 中国造纸, 2007, 26(8)：45-51.
[17] 曲向荣. 环境规划与管理[M]. 北京：清华大学出版社, 2013.
[18] 曲向荣. 环境工程概论[M]. 北京：机械工业出版社, 2013.
[19] 曲向荣. 清洁生产[M]. 北京：机械工业出版社, 2012.
[20] 曲向荣. 环境生态学[M]. 北京：清华大学出版社, 2012.
[21] 曲向荣. 生态学与循环经济[M]. 沈阳：辽宁大学出版社, 2009.
[22] 曲向荣. 实现循环经济的重要途径——生态工业园区建设[C]//中国环境科学学会. 中国环境科学学会学术年会论文集：A集. 北京：中国环境科学出版社, 2004：110-114.
[23] 曲向荣. 沈阳市创建国家生态市水环境质量指标达标对策研究[C]//中国环境科学学会. 中国环境科学学会学术年会论文集：A集. 北京：中国环境科学出版社, 2009：216-219.
[24] Xiangrong Qu. The present situation of water pollution in Shenyang city and control measures[J]. Environmental Materials and Environmental Management, 2011：301-304.
[25] Xiangrong Qu. Studies on strategies for realizing atmospheric environmental quality goal in creating national eco-city in Shenyang[J]. Advances in Environmental Science and Engineering, 2012：2816-2819.
[26] 钱易, 等. 环境保护与可持续发展[M]. 2版. 北京：高等教育出版社, 2010.
[27] 钱易. 清洁生产与循环经济 概念、方法与案例[M]. 北京：清华大学出版社, 2006.
[28] 王振杰, 郭亚红. 电磁辐射危害及对策[J]. 漯河职业技术学院学报, 2009, 8(2)：39-40.
[29] 邢立文. 浅谈落实科学发展观持续推进企业循环经济及节能减排[C]//中国环境科学学

会学术年会论文集：A 集. 北京：中国环境科学出版社,2009：46-48.
[30] 许兆义. 环境科学与工程概论[M]. 2 版. 北京：中国铁道出版社,2010.
[31] 叶文虎,张勇. 环境管理学[M]. 3 版. 北京：高等教育出版社,2013.
[32] 元炯亮. 清洁生产基础[M]. 北京：化学工业出版社,2009.
[33] 张淑琴,张彭. 电磁辐射的危害与防护[J]. 工业安全与环保,2008,34(3)：30-32.
[34] 张清东. 环境与可持续发展概论[M]. 北京：化学工业出版社,2013.
[35] 赵景联. 环境科学[M]. 北京：机械工业出版社,2012.
[36] 赵由才,牛冬杰. 固体废物处理与资源化[M]. 北京：化学工业出版社,2008.
[37] 左玉辉. 环境学[M]. 2 版. 北京：高等教育出版社,2009.
[38] 朱蓓丽. 环境工程概论[M]. 2 版. 北京：科学出版社,2006.
[39] 周富春,胡莺,祖波. 环境保护基础[M]. 北京：科学出版社,2008.
[40] 张凯,崔兆杰. 清洁生产理论与方法[M]. 北京：科学出版社,2005.
[41] 赵玉明. 清洁生产[M]. 北京：中国环境科学出版社,2005.
[42] 张传秀,陆春玲,严鹏程. 我国钢铁行业清洁生产标准 HJ/T 189 存在的问题与修订建议[J]. 冶金动力,2007(1)：85-90.
[43] 张天胜. 安钢第二炼轧厂清洁生产实践研究[D]. 石家庄：河北大学,2011.